数理科学特集一覧

63 年/7～17 年/12 省略
2018 年/1 素粒子物理の現状と展望
/2 幾何学と次元
/3 量子論的思考法のすすめ
/4 現代物理学の捉え方
/5 微積分の考え方
/6 量子情報と物理学のフロンティア
/7 物理学における思考と創造
/8 機械学習の数理
/9 ファインマン
/10 カラビ・ヤウ多様体
/11 微分方程式の考え方
/12 重力波の衝撃
2019 年/1 発展する物性物理
/2 経路積分を考える
/3 対称性と物理学
/4 固有値問題の探究
/5 幾何学の拡がり
/6 データサイエンスの数理
/7 量子コンピュータの進展
/8 発展する可積分系
/9 ヒルベルト
/10 現代数学の捉え方［解析編］
/11 最適化の数理
/12 素数の探究
2020 年/1 量子異常の拡がり
/2 ネットワークから見る世界
/3 理論と計算の物理学
/4 結び目的思考法のすすめ
/5 微分方程式の《解》とは何か
/6 冷却原子で探る量子物理の最前線
/7 AI 時代の数理
/8 ラマヌジャン
/9 統計的思考法のすすめ
/10 現代数学の捉え方［代数編］
/11 情報幾何学の探究
/12 トポロジー的思考法のすすめ
2021 年/1 時空概念と物理学の発展
/2 保型形式を考える
/3 カイラリティとは何か
/4 非ユークリッド幾何学の数理
/5 力学から現代物理へ
/6 現代数学の眺め
/7 スピンと物理
/8 《計算》とは何か
/9 数理モデリングと生命科学
/10 線形代数の考え方
/11 統計物理が拓く数理科学の世界
/12 離散数学に親しむ
2022 年/1 普遍的概念から拡がる物理の世界
/2 テンソルネットワークの進展
/3 ポテンシャルを探る
/4 マヨラナ粒子をめぐって
/5 微積分と線形代数
/6 集合・位相の考え方
/7 宇宙の謎と魅力
/8 複素解析の探究
/9 数学はいかにして解決するか
/10 電磁気学と現代物理
/11 作用素・演算子と数理科学
/12 量子多体系の物理と数理
2023 年/1 理論物理に立ちはだかる「符号問題」
/2 極値問題を考える
/3 統計物理の視点で捉える確率論
/4 微積分から始まる解析学の厳密性
/5 数理で読み解く物理学の世界

「数理科学」のバックナンバーは下記の書店・生協の自然科学書売場で特別販売しております

紀伊國屋書店本店(新宿)
オリオン書房ノルテ店(立川)
くまざわ書店八王子店
くまざわ書店桜ヶ丘店(多摩)
書泉グランデ(神田)
三省堂本店(神田)
ジュンク堂池袋本店
MARUZEN & ジュンク堂渋谷店
八重洲ブックセンター(東京駅前)
丸善丸の内本店(東京駅前)
丸善日本橋店
MARUZEN 多摩センター店
ジュンク堂吉祥寺店
ブックファースト新宿店
ブックファースト中野店
ブックファースト青葉台店(横浜)
有隣堂伊勢佐木町本店(横浜)
有隣堂西口(横浜)
有隣堂アトレ川崎店
有隣堂厚木店
ジュンク堂盛岡店
丸善津田沼店
ジュンク堂新潟店
ジュンク堂甲府岡島店
ジュンク堂大阪本店
紀伊國屋書店梅田店(大阪)
MARUZEN & ジュンク堂梅田店
アバンティブックセンター(京都)
ジュンク堂三宮店
ジュンク堂三宮駅前店
ジュンク堂大分店
喜久屋書店倉敷店
MARUZEN 広島店
紀伊國屋書店福岡本店
ジュンク堂福岡店
丸善博多店
ジュンク堂鹿児島店
紀伊國屋書店新潟店
紀伊國屋書店札幌店
MARUZEN & ジュンク堂札幌店
金港堂(仙台)
金港堂パーク店(仙台)
ジュンク堂秋田店
ジュンク堂郡山店
鹿島ブックセンター(いわき)

――大学生協・売店――
東京大学 本郷・駒場
東京工業大学 大岡山・長津田
東京理科大学 新宿
早稲田大学 理工学部
慶応義塾大学 矢上台
福井大学
筑波大学 大学会館書籍部
埼玉大学
名古屋工業大学・愛知教育大学
大阪大学・神戸大学 ランス
京都大学・九州工業大学
東北大学 理薬・工学
室蘭工業大学
徳島大学 常三島
愛媛大学 城北
山形大学 小白川
島根大学
北海道大学 クラーク店
熊本大学
名古屋大学
広島大学 (北 1 店)
九州大学 (理系)

SGC ライブラリ-184

物性物理とトポロジー

非可換幾何学の視点から

窪田 陽介　著

サイエンス社

まえがき

本書は，物性物理学における物質の**トポロジカル相** (topological phase) の理論の一部について，特に数学的な立場からまとめたものである．

トポロジカル相は物性物理学において近年特に注目を浴びているトピックのひとつで，例えば 2016 年には 3 人の研究者にノーベル賞が授与された．この「相」という語が何を指すかというと，例えば固相・液相・気相の三相がなじみ深いが，統計力学の教科書[269]を開くと「定性的な変化を伴わずに移り変われる一連の状態」とある．もう少し筆者の慣れた言葉で言い換えると，相とは物理状態のうち“ゆるやかな変化”で移りあうものを同一視する同値類のことである（例えば，5 度の水と 95 度の水は共に液相に属する）．トポロジカル相とは，物質の相のうち，特にハミルトニアン作用素のトポロジーによって区別されるもののことを言う．その重要な特徴は，変化に対してロバストであることと，相を特徴づける物理量が離散的な値を取ることの 2 点である．それらが最もはっきりと反映されたのが整数量子ホール効果（1975 年）で，ここではホール伝導度という物理量が定数 e^2/h の整数倍となる．もうひとつの重要な例が 2005 年のケイン (C. L. Kane) とメレ (E. J. Mele) によるトポロジカル絶縁体の研究である．ここでは，系が時間反転対称性という量子力学的な対称性を満たしていることが重要な役割を果たしている．その後の研究の中で，このような**対称性に守られたトポロジカル相**という考え方の重要性が認識されていった．ここで指導原理の一つとなっているのが，「系が非自明なトポロジカル相に属するならば，物質の内部では絶縁体のように振る舞うにもかかわらず端では金属的に振る舞う」という**バルク・境界対応**で，現在ではこれが対称性の種類によらず成り立つ一般的な原理であることが理解されている．

より数学的な立場からは，トポロジカル相の数理（の一部，自由フェルミオンの理論）には**非可換幾何学**のジオラマのような側面がある．現在では，指数定理，*KK* 理論，巡回コホモロジー，粗幾何学，捩れ *K* 理論といった非可換幾何の理論群が，一つのトピックから一望できるようになっている．その端緒となったのがベリサール (J. Bellissard) による量子ホール効果の研究[30]である（6 章）．5 章で紹介するホール伝導度の量子化やバルク・境界対応の証明は，系が格子に関する並進対称性を持っていることを前提としており，その方針はフーリエ–ブロッホ変換を介してトーラス（ブリルアン領域）の指数定理に帰着するというものである．しかし一般に，物質というのは不純物などの欠陥が入っていたり，あるいは準結晶やアモルファスのように点配置がきれいな結晶の形をしていなかったりして，並進対称性を満たすとは限らない．一方で，整数量子ホール効果などの実験結果は，そのような理論上の繊細さなどお構いなしにロバストである．この問題を解決するのが当時提案されて間もないコンヌ (A. Connes) の理論だった．そこでは，並進対称性を持たない系の運動量‘空間’に相当するものが非可換空間，すなわち作用素環として実現される．

ケイン–メレ以降の対称性によって守られたトポロジカル相の理論に対しても非可換幾何学（*K*

理論）は有効であった．基本的な対称性のクラスである 10 種類の AZ 対称性は，実は同じく 10 種類の複素・実 K 理論と 1:1 に対応する．この事実はキタエフ (A. Kitaev) の周期表として知られている．本書で紹介するのはこれよりさらに一般化された，物性物理に現れうる対称性を包括的に取り扱うもっとも一般的な枠組である**捩れ同変 K 理論**である．これは 2013 年にフリード (D. Freed) とムーア (G. Moore) が 'Twisted equivariant matter' という外連味のあるタイトルの論文で導入した．現在では，例えばトポロジカル結晶絶縁体の理論の基礎となっている．

本書について

本書では，(i) トポロジカル相の分類，(ii) バルク・境界対応の数学的証明，のふたつを軸として，分野の全体像を筆者の立場からなるべく俯瞰することを目指した．有限の紙幅では説明しきれなかったことに関する補足として，各章末に文献案内をつけた．また，関数解析，物性物理，トポロジーのうち少なくとも一つの背景を持つ読者が，どの立場から見ても馴染みのある部分と新鮮な情報が混在するよう，筆者の能力の限りで努めた．物性物理の理論に現れる数学は厳密に定式化されている部分が多く，取っつきやすい．読者にとって本書が興味のきっかけとなれば嬉しい．

数学書の前書きにはしばしば「前提知識は微積分と線形代数である」と書いてあるが，本書に関しては残念ながらそれでは少し不足で，ルベーグ積分や関数解析，トポロジーの基礎をある程度自由に用いることになった．これらを知っていれば（適宜天下り的に事実を認めることで）通読できることを目指したが，それが達成されているかどうかは読者の判断に委ねたい．

本書の構成は，順序はやや前後するが，3 部からなる．第 1 部（第 2-5 章）では，関数解析と作用素環論に関する数学的な準備から始めて，並進対称的な A 型のバルク・境界対応という本書全体の内容の雛型を理解することを目標とする．第 2 部（第 6,7,9 章）では，トポロジカル相の理論における非可換幾何学の役割，特に並進対称性を持たない系の理論的な扱い方について解説する．第 3 部（第 8,10,11 章）では，群の線形表現を超えた対称性によって守られたトポロジカル相を扱う．最後の 12 章では，議論の筋道に収まりきらない内容や，紙幅や筆者の能力の問題で触れられなかった話題について概観する．

謝辞

第一に，本書の執筆にあたって原稿に丁寧に目を通して有益なコメントをくださった数学者，物理学者の荒野悠輝氏，五味清紀氏，小澤知己氏，塩崎謙氏，林晋氏に，この場を借りて深くお礼を申し上げたい．これらの方々には常日頃からお世話になっており，本書の構成や内容にも大きな影響を受けている形跡が見られると思う．それから，本書を企画し，執筆に際しては遅筆な筆者に辛抱強く付き合ってくださった「数理科学」編集部の大溝良平氏に特別の謝意を表したい．依頼をいただいたとき，自分のような若輩が 40 年近い歴史のある分野に関する本を出版するに相応わしいかどうか悩んだが，結局「この世に本は多ければ多いほどよい」という考えからお引き受けした．今回ご依頼いただいたことは光栄であり，本書の内容でそのご期待に応えられていれば嬉しい．

2023 年 1 月

窪田 陽介

目　次

第 1 章
導入

第 1 章では，本書全体の数学的議論を動機づける物理的な背景を紹介する．まず 1.1 節では，連成ばねの古典力学における具体的な実験を例に挙げて，ハルデーン模型のバルク・境界対応を紹介する．次に 1.2 節では，物性物理における整数量子ホール効果について，量子力学の基礎から始めてホール伝導度の量子化とバルク・境界対応まで解説する．1.3 節では，対称性によって守られたトポロジカル相の例として，トポロジカル絶縁体とトポロジカル超伝導体について概説する．

1.1 連成ばねの力学

本書では，パウリ行列の記号として以下を用いる．

$$\sigma_x := \begin{pmatrix} 0 & 1 \\ 1 & 0 \end{pmatrix}, \quad \sigma_y := \begin{pmatrix} 0 & -i \\ i & 0 \end{pmatrix}, \quad \sigma_z := \begin{pmatrix} 1 & 0 \\ 0 & -1 \end{pmatrix}.$$

1.1.1 導入

まずは連成ばねの力学に関する初等的な話から始める．2 次元正方格子 X（図 1.1 左）上に配置された質量 m の質点が，辺に沿ったばね定数 k のばねによって結ばれているとする．質点 $\boldsymbol{x} \in X$ の変位を，$\psi(\boldsymbol{x}) \in \mathbb{R}^2$ と書く．このとき，ニュートンの運動方程式は

$$\frac{d^2}{dt^2}\psi(\boldsymbol{x}) = \sum_{\boldsymbol{y} \in X} H_{\boldsymbol{xy}}\psi(\boldsymbol{y}), \quad H_{\boldsymbol{xy}}\phi := \begin{cases} -2\frac{k}{m}\phi & \boldsymbol{x} = \boldsymbol{y} \text{ のとき}, \\ \frac{k}{m}\left(\begin{smallmatrix} 1 & 0 \\ 0 & 0 \end{smallmatrix}\right)\phi & \boldsymbol{x} = \boldsymbol{y} \pm (1,0) \text{ のとき}, \\ \frac{k}{m}\left(\begin{smallmatrix} 0 & 0 \\ 0 & 1 \end{smallmatrix}\right)\phi & \boldsymbol{x} = \boldsymbol{y} \pm (0,1) \text{ のとき}, \\ 0 & \text{その他}, \end{cases}$$

となるのであった．

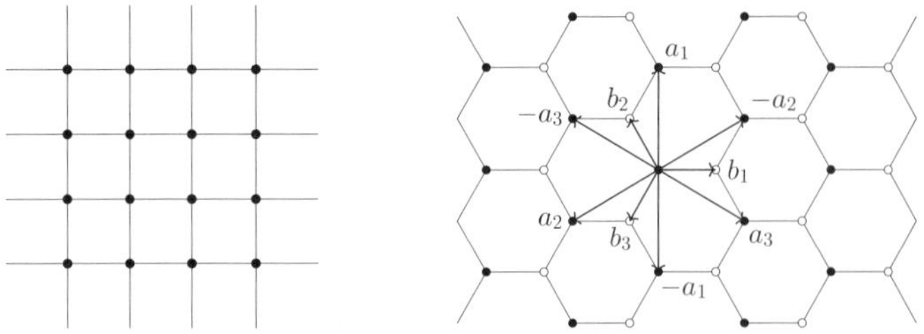

図 1.1　正方格子とハニカム格子.

X 上の $\mathbb{C}$ 値関数 ψ に作用する並進作用素 U_x, U_y を

$$(U_x\psi)(x,y) = \psi(x-1,y), \quad (U_y\psi)(x,y) = \psi(x,y-1)$$

によって定義すると，H は関数 ψ に作用する線形作用素（行列）として

$$H\psi = -2\tfrac{k}{m}\psi + \tfrac{k}{m}\left(\begin{smallmatrix}1&0\\0&0\end{smallmatrix}\right)\cdot(U_x+U_x^*)\psi + \tfrac{k}{m}\left(\begin{smallmatrix}0&0\\0&1\end{smallmatrix}\right)\cdot(U_y+U_y^*)\psi$$

と書ける．ただしここで U_x^* は U_x の随伴（cf. 定理 2.6）．これを対角化すると，運動方程式の解は H の固有値 $-\lambda_j \leq 0$ の固有関数 ψ_j の時間発展

$$\frac{d^2}{dt^2}\psi_{j,\pm}(\boldsymbol{x},t) = -\lambda_j\psi_{j,\pm}(\boldsymbol{x},t), \quad \psi_{j,\pm}(\boldsymbol{x},t) = e^{\pm i\sqrt{\lambda_j}t}\psi_j(\boldsymbol{x}),$$

の重ね合わせになる．

平方根 $\sqrt{\lambda_j}$ の分布は，この系が非自明に振動できる振動数帯に相当する．例えば，この系に $\alpha \in \mathbb{R}^2$ 方向の周期的な外力 $F = \alpha\sin(\omega t)$ を加えて揺らすことを考えると，この運動は強制振動の微分方程式 $\frac{d^2}{dt^2}\psi = H\psi + \alpha\sin(\omega t)$ によって記述される．もし ω が $\sqrt{\lambda_j}$ から外れていたら，方程式は自明な解 $\psi(\boldsymbol{x},t) = \psi_0(\boldsymbol{x})\sin(\omega t)$ しか持たず*1)，すべての質点は同じ周期で一斉に振動する．一方，ω が $\sqrt{\lambda_j}$ のいずれかと一致すれば，方程式は斉次化 $\frac{d^2}{dt^2}\psi = H\psi$ の非自明な解の分の自由度を持つ．

1.1.2　ハルデーン模型

1.1 節で扱いたいのは，前節の連成ばねにもう少し手を加えた次の模型である．まず，正方格子の代わりにハニカム格子上の質点をばねで繋ぐ．つまり，X は以下の X_A（図 1.1 右の黒点）と X_B（白点）の合併である:

$$\begin{aligned}
&X_A := \mathbb{Z}\boldsymbol{a}_1 \oplus \mathbb{Z}\boldsymbol{a}_2, \quad X_B = X_A + \boldsymbol{b}_1,\\
&\boldsymbol{a}_j := \left(\sqrt{3}\cos\left(\tfrac{2j\pi}{3} - \tfrac{\pi}{6}\right), \sqrt{3}\sin\left(\tfrac{2j\pi}{3} - \tfrac{\pi}{6}\right)\right),\\
&\boldsymbol{b}_j := \left(\cos\left(\tfrac{2(j-1)\pi}{3}\right), \sin\left(\tfrac{2(j-1)\pi}{3}\right)\right).
\end{aligned}$$

---

*1)　ここで，$\psi_0(\boldsymbol{x})$ は $\psi_0(\boldsymbol{x}) = \sum_j \frac{c_j}{\lambda_j - \omega^2}\psi_j(\boldsymbol{x})$ によって定まる関数である．ただし，c_j は $\sum_j c_j\psi_j(\boldsymbol{x}) = \alpha$ によって定まる実数．

質点 $\boldsymbol{x} \in X$ の変位 $\psi(\boldsymbol{x})$ を同一視 $\mathbb{R}^2 \cong \mathbb{C}$ のもとで複素数とみなし，2 点 $\boldsymbol{x}$, $\boldsymbol{x}+\boldsymbol{b}_1$ の変位を内部自由度とすることで ψ を X_A 上の $\mathbb{C}^2$ 値関数とみなす．

次に，各質点を天井から棒で吊るし，先端にジャイロスコープを挿入する[187]．z 軸を中心として xy 方向に角運動量 ω で回転するコマには，外力 F への応答として反作用力（ジャイロモーメント）が発生する．この運動は，コマの角運動量保存則 $\frac{d}{dt}(I\omega \boldsymbol{r}) = \boldsymbol{r} \times F$（$I$ はコマの慣性モーメント）を線形化した

$$i\frac{d}{dt}\psi(\boldsymbol{x}) = c_0\psi(\boldsymbol{x}) + c_1\sum_{\boldsymbol{y}\sim\boldsymbol{x}}\left((\psi(\boldsymbol{x})-\psi(\boldsymbol{y})) + e^{2i\theta_{\boldsymbol{xy}}}(\overline{\psi(\boldsymbol{x})}-\overline{\psi(\boldsymbol{y})})\right)$$

によって記述される．ここで c_0, c_1 は定数，$\boldsymbol{x}$ と $\boldsymbol{y}$ が隣接することを $\boldsymbol{x} \sim \boldsymbol{y}$ と書き，半直線 $\boldsymbol{xy}$ と x 軸正の向きのなす角を $\theta_{\boldsymbol{xy}}$ と置いている．右辺第 1 項が重力，第 2 項がばねの弾性力に由来するジャイロモーメントを表している．

導出の詳細は紙幅の都合により割愛する*2) が，$c_0 \gg c_1$ の条件下では，上の運動方程式の解は十分短い時間では別の（複素線形な）方程式

$$i\frac{d}{dt}\psi = s_0\psi + s_1(\Delta\psi) + s_2(\Delta_\theta^2\psi) \tag{1.1}$$

の解によって近似される．ただし，ここで

$$(\Delta\psi)(\boldsymbol{x}) = \sum_{\boldsymbol{y}\sim\boldsymbol{x}}\left(\psi(\boldsymbol{x})-\psi(\boldsymbol{y})\right), \quad (\Delta_\theta\psi)_{\boldsymbol{x}} = \sum_{\boldsymbol{y}\sim\boldsymbol{x}} e^{2i\theta_{\boldsymbol{xy}}}\left(\psi(\boldsymbol{x})-\psi(\boldsymbol{y})\right).$$

Δ は最近接の質点，Δ_θ^2 は 2 番目に近接した質点からの寄与となっている．

X 上の $\boldsymbol{a}_1$, $\boldsymbol{a}_2, \boldsymbol{a}_3$ 方向への並進作用素をそれぞれ $U_{\boldsymbol{a}_1}$, $U_{\boldsymbol{a}_2}$, $U_{\boldsymbol{a}_3}$ と置き，これらを用いて (1.1) の右辺を書き換える．作用素 Δ と Δ_θ はそれぞれ

$$\Delta = \begin{pmatrix} 3 & (-1-U_{\boldsymbol{a}_2}-U_{\boldsymbol{a}_3}^*) \\ (-1-U_{\boldsymbol{a}_2}-U_{\boldsymbol{a}_3}^*)^* & 3 \end{pmatrix},$$
$$\Delta_\theta = \begin{pmatrix} 0 & (-1-e^{\frac{2}{3}\pi i}U_{\boldsymbol{a}_2}-e^{\frac{-2}{3}\pi i}U_{\boldsymbol{a}_3}) \\ (-1-e^{\frac{2}{3}\pi i}U_{\boldsymbol{a}_2}-e^{\frac{-2}{3}\pi i}U_{\boldsymbol{a}_3})^* & 0 \end{pmatrix},$$

と書けるので，H はある定数 $t, t_1, t_2 \in \mathbb{R}$ によって

$$H = \begin{pmatrix} t+2t_2\sum_j \mathrm{Re}(e^{-\frac{2\pi i}{3}}U_{\boldsymbol{a}_j}) & t_1(-1-U_{\boldsymbol{a}_2}-U_{\boldsymbol{a}_3}^*) \\ t_1(-1-U_{\boldsymbol{a}_2}-U_{\boldsymbol{a}_3}^*)^* & t+2t_2\sum_j \mathrm{Re}(e^{-\frac{2\pi i}{3}}U_{\boldsymbol{a}_j}) \end{pmatrix} \tag{1.2}$$

と表せる．ただし，作用素 A に対して $\mathrm{Re}\,A := (A+A^*)/2$（cf. 定義 2.7）．

この H はハルデーン模型（例 1.4）と呼ばれる作用素の一種である．1 階と 2 階の違いはあるが，前節で述べたように，系の振動の様子はこの H の固有値の分布を見ることで理解できる．

一般に，このような差分作用素 H の固有値は，系の形や端に課された境界

---

*2) [187] の web ページで読める suppremental material で説明されている．ちなみに，ここでは $c_0 \gg c_1$ という仮定が実際の実験の設定とは異なるということが注意されている．

条件に依存して振る舞いを変える．以下，集合 X 上の変位関数 ψ たちのなすベクトル空間を $\ell^2(X)$ と書く（cf. 例 2.3）．

1.1.3 周期境界条件

まずは周期 L の周期境界条件を導入した有限系を考える．格子の並進対称性のなす群を $\Pi := \mathbb{Z}\boldsymbol{a}_1 \oplus \mathbb{Z}\boldsymbol{a}_2$ と置く．ここでは，トーラス $\mathbb{R}^2/L\Pi$ の格子点集合 $X_L := X/L\Pi$ を考えて，連成ばねをここに（仮想的に）配置する．関数空間 $\ell^2(X_L)$ に作用する作用素 (1.2) を H_L と書く．

関数空間 $\ell^2(X_L)$ は有限次元で並進作用素 $U_{\boldsymbol{a}_1}, U_{\boldsymbol{a}_2}$ はユニタリ行列なので，これらは同時対角化できる．$U_{\boldsymbol{a}_1}, U_{\boldsymbol{a}_2}$ の同時固有空間分解を，Π の双対格子

$$\check{\Pi} := \{\boldsymbol{k} \in \mathbb{R}^2 \mid \boldsymbol{k}\cdot\boldsymbol{v} \in \mathbb{Z} \ \ \forall \boldsymbol{v} \in \Pi\}$$

（ここで $\boldsymbol{k}\cdot\boldsymbol{v}$ は $\boldsymbol{k}$ と $\boldsymbol{v}$ の標準内積）を用いて以下のように与える:

$$\ell^2(X_L) \cong \bigoplus_{\boldsymbol{k}\in\frac{1}{L}\check{\Pi}/\check{\Pi}} E_{\boldsymbol{k}}, \quad E_{\boldsymbol{k}} := \{\psi \in \ell^2(X_L) \mid U_{\boldsymbol{a}_j}\psi = e^{2\pi i\boldsymbol{k}\cdot\boldsymbol{a}_j}\psi\}.$$

自己共役行列 H は $U_{\boldsymbol{a}_1}, U_{\boldsymbol{a}_2}$ と交換するので，各 $E_{\boldsymbol{k}}$ に作用する．その作用 $H_L(\boldsymbol{k})$ は，(1.2) 中のユニタリ $U_{\boldsymbol{a}_j}$ を $e^{2\pi i\boldsymbol{k}\cdot\boldsymbol{a}_j}$ で置き換えた

$$H_L(\boldsymbol{k}) = \sum_{j=1}^{3}\begin{pmatrix} 2t_2\cos(2\pi\boldsymbol{k}\cdot\boldsymbol{a}_j - \frac{2\pi}{3}) & t_1\exp(-2\pi i\boldsymbol{k}\cdot\boldsymbol{b}'_j) \\ t_1\exp(2\pi i\boldsymbol{k}\cdot\boldsymbol{b}'_j) & 2t_2\cos(2\pi\boldsymbol{k}\cdot\boldsymbol{a}_j + \frac{2\pi}{3}) \end{pmatrix} \quad (1.3)$$

となる[*3]．ただしここで $\boldsymbol{b}'_j := \boldsymbol{b}_j - \boldsymbol{b}_1$ と置く．$H_L(\boldsymbol{k})$ の同時固有値を $\boldsymbol{k} \in \frac{1}{L}\check{\Pi}/\check{\Pi} \subset \mathbb{R}^2/\check{\Pi}$ の関数としてプロットすると図 1.2 右のようになる．周期 L を大きくしていくとプロットは密になっていき，(1.3) 右辺の行列値関数の固有値の軌跡に収束する．この関数を H_L の**ブロッホ変換**と呼ぶ（2.4.3 節）．

今，H_L の固有値は図 1.2 右を射影したふたつの閉区間上に密に分布している．特に，$\omega = 0$ の近傍に H_L は固有値を持たない．つまり，この系を 0 に近い振動数で揺らしても連成ばねは非自明に振動しない．このように，スペクト

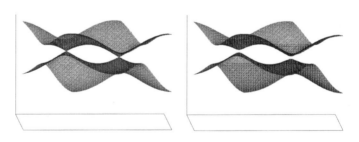

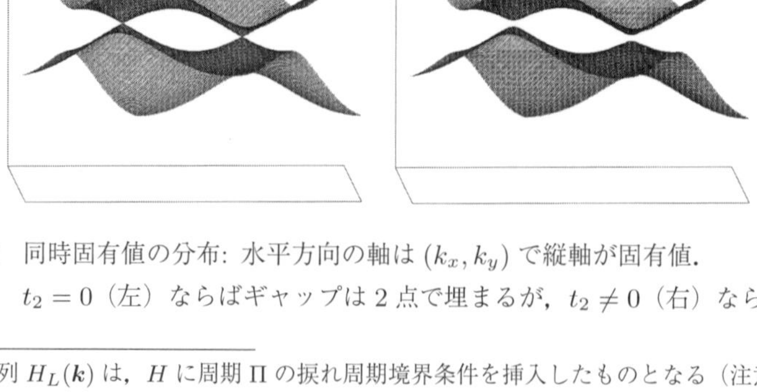

図 1.2　同時固有値の分布: 水平方向の軸は (k_x, k_y) で縦軸が固有値．
$t_2 = 0$（左）ならばギャップは 2 点で埋まるが，$t_2 \neq 0$（右）なら開く．

---

*3)　行列 $H_L(\boldsymbol{k})$ は，H に周期 Π の捩れ周期境界条件を挿入したものとなる（注意 2.54）．

ルがいくつかの閉区間上に密に分布するとき，H はバンド構造を持つといい，それぞれの区間を H のバンドと呼ぶ.

1.1.4 ディリクレ境界条件

今度は，一方向の端が固定されているディリクレ境界条件を考える．すなわち，$\boldsymbol{a}_1$ 方向には L 周期的なまま，$\boldsymbol{a}_2$ 方向を長さ L で切り落とした円筒の格子

$$X_{\partial,L} := \big(X \cap (\mathbb{R}\boldsymbol{a}_1 \times [0,L]\boldsymbol{a}_2)\big)/L\mathbb{Z}\cdot\boldsymbol{a}_1$$

の上に連成ばねを配置する．関数空間 $\ell^2(X_{\partial,L})$ に作用する H を $\hat{H}_L$ と書く．

今，並進作用素 $U_{\boldsymbol{a}_2}$ はもはや $\ell^2(X_{\partial,L})$ 上のユニタリではないが，$\hat{H}_L$ は依然としてユニタリ $U_{\boldsymbol{a}_1}$ に関する対称性を持っている．そこで，$\hat{H}_L$ と $U_{\boldsymbol{a}_1}$ の同時対角化を考える．各 $k_x \in \frac{1}{L}\mathbb{Z}/\mathbb{Z}$ に対して，$2L \times 2L$ 行列 $\hat{H}_L(k_x)$ の固有値をプロットしてみると図 1.3 右のようになる．同時固有値の分布はおおよそ図 1.2 を $\boldsymbol{a}_1$ と直交する方向に射影したもの（図 1.3 左）になっているが，追加で 2 本の線が発生していることが見て取れる．

周期境界条件の場合と異なり，$\hat{H}_L$ の固有値は振動数領域 $\omega = 0$ 近くにも $O(L)$ 個ほど，線状に並んで存在する．さらに，実はこれらの固有値に対応する固有関数は境界の近くに局在している（注意 5.13）．したがって，この系を $\omega \approx 0$ の振動数で揺らすと，連成ばねは**内部は振動しないが，その境界では振動が伝播していく**という現象が起こる*4)．

ここではディリクレ境界条件を考えたが，実は他の局所境界条件を課しても，形こそ変化するものの線が 2 本生じることは変わらない．さらに，この線の本数はハミルトニアンの変形に対してロバストになる．

1.1.5 無限系

ここまでは格子が有限集合となるような系を選んで検討してきたが，本書では主に無限に広がる系の数理モデルを扱うことになる．特に，端を持たず $\mathbb{R}^2$ 上に広がる**バルク系** H と，そこにただひとつの境界（端）を挿入した半平面

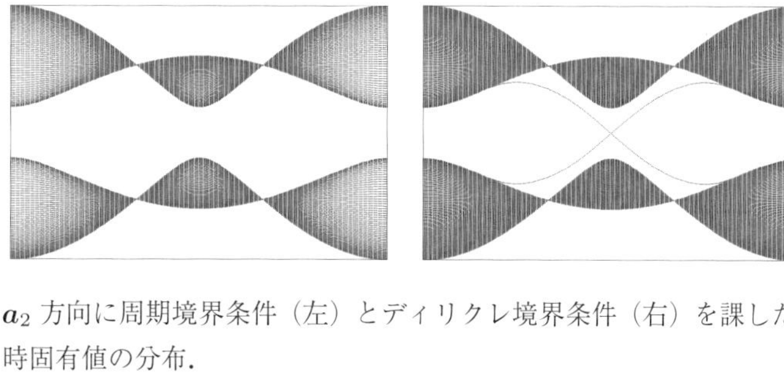

図 1.3　$\boldsymbol{a}_2$ 方向に周期境界条件（左）とディリクレ境界条件（右）を課したときの同時固有値の分布.

*4)　[187] の supplement material で，実際に実験を行った動画を視聴することができる.

$\mathbb{R}\boldsymbol{a}_1 \times \mathbb{R}_{\geq 0}\boldsymbol{a}_2$ 上で定義される**境界系** $\hat{H}$ の 2 種類が主な対象である．

まず線形代数について議論がある．ここでは，変位のベクトル空間 $\ell^2(X)$ は無限次元のヒルベルト空間をなしている．したがって，固有値や対角化の議論はそのままでは機能せず，その代替としてスペクトル（定義 2.8）を扱うことになる．無限次元作用素のスペクトルは行列の固有値とは違って連続的な領域を取りうるし，必ずしも固有関数を持つとは限らない．

あえて抽象的な無限系を扱う理由は，(1) それが有限系のスケール極限の振る舞いをよく近似すること，(2) トポロジーと相性が良いことの 2 点にある．

まず (1) について，周期系 H_L の L を大きくしていく極限を考えると，固有値の分布はバルク系のスペクトルに収束する（注意 2.53）．一方，ディリクレ系 $\hat{H}_L$ の $L \to \infty$ 極限は，系を上半平面と下半平面に制限した無限境界系 $\hat{H}_+$ と $\hat{H}_-$ のスペクトルの合併に収束している（命題 3.28）．図 1.3 に生じた 2 本の線は，実はそれぞれ $\hat{H}_+$ と $\hat{H}_-$ からの寄与である．

次に (2) について，図 1.3 に現れる線はあくまで線状に並んだ点の列でしかないため，厳密な意味では連続性を持っていない．一方，無限系の $\hat{H}$ を扱う限りにおいてはこれは連続な曲線となり，その本数は巻きつき数や交叉数といったホモトピー論的な量として検出できる．

実は，**境界系 $\hat{H}$ におけるバルクギャップを横切る線の存在は，バルク系 H のトポロジカルな性質によって特徴づけられる**（定理 5.22）．端状態の存在のロバスト性はその帰結である．この事実は物性物理において**バルク・境界対応** (bulk-boundary correspondence) と呼ばれている原理の雛型である．

1.2 整数量子ホール効果

以下，電気素量，プランク定数，光速を表す記号として e, $h = 2\pi\hbar$, c を用いる．xy 平面上を電子が運動できる物質に，面と垂直な z 方向に磁場をかけ，さらに x 方向に電流を流すことを考える．このとき，ローレンツ力によって電子の分布が y 方向に偏り，それによって電位差が発生する現象をホール効果と呼ぶ．このホール電圧は電流のほかに磁場の強さ，それ以外にも材料の形や性質にも依存するが，十分磁場が強く温度が低いような環境下では

(i) x 方向には電圧が発生しない ($V_1 = 0$),

(ii) xy 方向のホール伝導度 σ_{yx}（y 方向のホール電圧 V_2 と x 方向の電流 I の比率）が一定の値を取る領域（プラトー）が表れる，

(iii) σ_{yx} の値が e^2/h の整数倍に量子化する，

といった特異な振る舞いを示すようになる．これらを総称して**整数量子ホール効果** (integer quantum Hall effect, IQHE) と呼ぶ．

これ以上の詳細については物理の専門書（参考: 章末の文献案内）に譲ることにして，その数理的側面について議論する．整数量子ホール効果を説明する

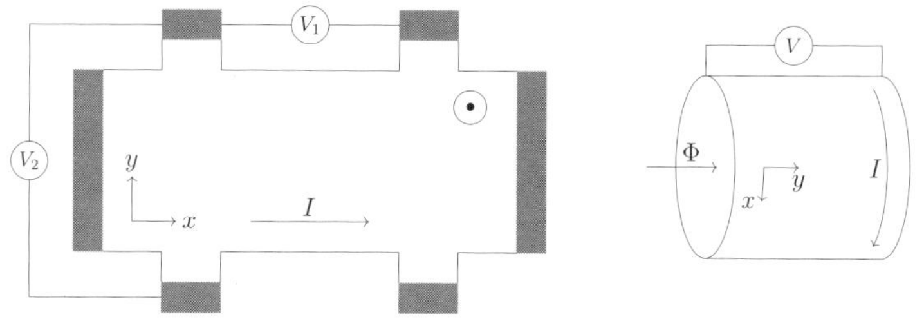

図 1.4　ホールバー（右図は x 方向に丸めたもの: cf. 1.2.7 節）.

物理理論には 2 通りのアプローチが存在する.

(1) 線形応答論における久保公式によると，電子の分布が y 方向に偏っていく非平衡の過程では，x 方向に電流が発生する（1.2.3 節）．このとき電流は物質の内部，すなわちバルクに流れている.

(2) 物質の端にはエッジ電流が流れている（1.2.4 節）．普通はふたつの端で同じ量の電流が逆向きに流れるが，両端での電子の分布に差があると電流の総量に偏りが生じる.

(1) と (2) のどちらの方法でも，ホール伝導度が量子化することは説明できる．本節では，これらのそれぞれとその関係について見ていく．以下，本節では必要に応じて 2 章以降で導入する関数解析の標準的な記法を用いる.

1.2.1　量子力学とハミルトニアン

本書全体の前提となる量子力学の基礎について，以下の 3 点だけ挙げておく.

- 観測量はヒルベルト空間上の作用素によって表現される.
- 量子的な純粋状態はヒルベルト空間のノルム 1 の元によって表現され，観測量 A の純粋状態 ψ での期待値は内積 $\langle A\psi, \psi \rangle$ によって与えられる．混合状態はこれらの線形結合で与えられる．別の言い方では，確率密度行列と呼ばれる作用素 ϱ を用いて $\mathrm{Tr}(\varrho A)$ と表現される[*5].
- 時間発展はハミルトニアン作用素を用いて記述される．t 秒後の観測量 A は作用素 $e^{itH/\hbar} A e^{-itH/\hbar}$ によって表現される.

量子ホール効果の数学的定式化を考えるには，第一義的には物質（原子配置）中にたくさんの電子が存在する量子多体系の統計力学的な振る舞いを見る必要がある．これはヒルベルト空間 $L^2(\mathbb{R}^d)$ の反対称フォック空間に作用するハミルトニアン作用素によって記述される（12.7.1 節）．これを，以下の 2 つの近似によって 1.1 節と類似した数学的設定に帰着する.

自由電子近似: 一般に電子の間の相互作用を含む多体ハミルトニアンを，1

*5)　通常の量子力学の公理では $\mathrm{Tr}(A\varrho)/\mathrm{Tr}(\varrho)$ を観測量の期待値とするが，ここではそうはしない．これは，$\mathrm{Tr}(\varrho A)$ が A の第二量子化 $d\Gamma(A)$ の多体純粋状態における期待値に一致するためである．特に，$\mathrm{Tr}(\varrho)$ は粒子数の期待値を表している（参考: 12.7.2 節）.

体系のヒルベルト空間 $L^2(\mathbb{R}^d)$ に作用する作用素によって近似する．

強束縛近似: 原子核のポテンシャルが十分に強いと仮定すると，低エネルギーの波動関数は各原子核の近傍に局在化すると考えられる．ハミルトニアンをこのような局在した波動関数のなす部分ヒルベルト空間に制限することで，離散的な格子 $\mathbb{Z}^d$ 上の波動関数に作用するとみなす（例 6.16）．

これらの近似のもとで，ハミルトニアンは以下の条件を満たす作用素となる．

仮定 1.1. ハミルトニアン H は以下の条件によって特徴づけられる．

(1) H はヒルベルト空間 $\mathcal{H} = \ell^2(\mathbb{Z}^d; \mathbb{C}^n)$ 上の有界な自己共役作用素．

(2) H は短距離性の仮定を満たす: 行列係数 $\|H_{\boldsymbol{xy}}\|$ は $d(\boldsymbol{x}, \boldsymbol{y})$ が大きくなるにつれて急減少する．

(3) H は**フェルミ準位** $\mu \in \mathbb{R}$ でスペクトルにギャップを持つ[*6)]．

(4) H は並進対称性を持つ: 任意の $\boldsymbol{v} \in \mathbb{Z}^d$ に対して $U_{\boldsymbol{v}} H U_{\boldsymbol{v}}^* = H$.

これらのうち，まず必須なのは (1), (3) である．スペクトルギャップの物理的な意味は述べてきた通りだが，トポロジーの観点からは，この種の条件は作用素のなす空間を可縮にしないために必要である．次に条件 (2) は，物理的には遠くに高速で情報が伝播しないことを意味する．数学的には粗幾何学と関係が深く，トポロジカル相が空間の広がり（次元）に依存する理由となっている（7 章）．一方，条件 (4) は弱めたり除いたりできる（6 章, 7 章）．

系の量子統計力学は以下のように記述される．前述のとおり，系の状態は確率密度行列 ϱ によって記述される．ここで考えるのはフェルミオンの平衡状態であるフェルミ–ディラック分布とその低温極限である:

$$\varrho_{\beta,\mu} = \left(1 + e^{\beta(H - \mu \cdot 1)}\right)^{-1}, \quad \varrho_{\infty,\mu} = P_\mu(H) := 1_{(-\infty,\mu]}(H). \tag{1.4}$$

ここで，H を関数に代入する操作は作用素の関数計算（定義 2.47）によって正当化される．$1_{(-\infty,\mu]}$ は集合 $(-\infty, \mu]$ 上の特性関数で，射影作用素 $P_\mu(H)$（注意 2.49）は**フェルミ射影**とも呼ばれる．

状態 ϱ における観測量 A の値の期待値は $\mathfrak{Tr}(\varrho A)$ によって計算できる．ただし，この $\mathfrak{Tr}$ は無限の広がりを持つ空間上の“正規化”されたトレースで，単位体積当たりの観測量を計算している（cf. (5.11)）．状態 ϱ の運動方程式

$$\frac{d}{dt}\varrho(t) = \frac{1}{i\hbar}[H(t), \varrho(t)]$$

はフォン・ノイマン方程式と呼ばれる．H が時間依存しない場合には，この方程式は $\varrho(t) = e^{-itH/\hbar} \varrho e^{itH/\hbar}$ と解ける．

---

*6) フェルミ準位（=絶対零度での化学ポテンシャル）とは，絶対零度では μ 以下の固有値に対応する固有状態が電子によって占有されている閾値をいう（cf. 12.7.2 節）．本書においては単に何か実数が固定されているという認識で十分である．

1.2.2 ハミルトニアンの例

例 1.2 (QWZ 模型)．正方格子 $X = \mathbb{Z}^2$ 上の $\mathbb{C}^2$ 値の波動関数に作用する

$$H = \mathrm{Im}(U_x)\sigma_x + \mathrm{Im}(U_y)\sigma_y + \big(\mathrm{Re}(U_x) + \mathrm{Re}(U_y) - 2\big)\sigma_z \tag{1.5}$$

($\mathrm{Re}\,U_x$, $\mathrm{Im}\,U_x$ については定義 2.7 を参照）は，0 でスペクトルギャップを持つ．実際，H のブロッホ変換

$$H(k_x, k_y) = \sin(k_x)\sigma_x + \sin(k_y)\sigma_y + (\cos(k_x) + \cos(k_y) - 2)\sigma_z$$

の 2 乗は，すべての $(k_x, k_y) \in (\mathbb{R}/\mathbb{Z})^2$ で正定値になることが確認できる．この模型は **QWZ 模型** (Qi–Wang–Zhang) と呼ばれる[237]．$d \neq 2$ の場合にも同様の構成によって QWZ 模型が定義できる*7)．この模型は次元に応じて様々な対称性を持ち，いずれも非自明なトポロジーを持つ（例 8.51 (4) で後述）．

例 1.3 (磁場を印加した系)．$\mathbb{R}^2$ に強さ $\theta \in C^\infty(\mathbb{R}^2)$ の磁場を印加したときの連続系のシュレディンガー作用素は，自明線束 $\mathbb{R}^2 \times \mathbb{C}$ の $U(1)$-接続

$$a_\theta = a_{\theta,x}dx + a_{\theta,y}dy \in \Omega^1(\mathbb{R}^2), \quad da_\theta = \omega_\theta := i\theta dx \wedge dy$$

の定数倍によって捩じられたラプラス型作用素（**ランダウ作用素**）になる:

$$H_{\mathrm{cont}} = -\left(\hbar\frac{\partial}{\partial x} + \frac{\mathsf{e}}{c}a_{\theta,x}\right)^2 - \left(\hbar\frac{\partial}{\partial y} + \frac{\mathsf{e}}{c}a_{\theta,y}\right)^2. \tag{1.6}$$

θ が定数関数のとき，H_{cont} のスペクトルは $(2\mathbb{N}+1)\frac{\mathsf{e}|\theta|}{\hbar c}$ に離散化する（12.3 節）．それぞれの固有値 $\lambda := (2n+1)\frac{\mathsf{e}|\theta|}{\hbar c}$ に対応する固有空間（**ランダウ準位**）への射影を p_λ と書く．

離散的な設定でも類似の現象は起こるが，事情はもう少し複雑になる．このとき，並進作用素は上の $U(1)$-接続に関する平行移動に取り替えられる．すると，x 方向の並進 U_x^θ と y 方向の並進 U_y^θ は位相シフト分の非可換性を持つようになる．すなわち $U_y^\theta U_x^\theta = e^{2\pi i\theta}U_x^\theta U_y^\theta$（5.6 節）．このとき，最近接ホッピング

$$H_\theta = U_x^\theta + (U_x^\theta)^* + U_y^\theta + (U_y^\theta)^* \tag{1.7}$$

は**ハーパー作用素**と呼ばれる．

$\theta = p/q \in \mathbb{Q}$ のときには，H_θ は周期 $q\mathbb{Z}^d$ の周期性を持ち，スペクトルは q 個の閉区間の合併となる．一方で，$\theta \notin \mathbb{Q}$ のときには H は周期を持たず，そのスペクトルは図 1.2 のようには図示することができない．実は，このとき H_θ のスペクトルはカントール集合となることが知られている（cf. 12.2 節）．

例 1.4 (ハルデーン模型)．2 次元ハニカム格子上のハミルトニアンで，以下をブロッホ変換に持つものを**ハルデーン模型** (Haldane model)[116] と呼ぶ*8):

*7) これは格子ゲージ理論におけるウィルソン–ディラック作用素と同じ作用素である[159]．

$$H(\boldsymbol{k}) = \begin{pmatrix} 2t_2 \sum_j \cos(2\pi\boldsymbol{k}\cdot\boldsymbol{a}_j - \phi) + M & t_1 \sum_j \exp(-2\pi i\boldsymbol{k}\cdot\boldsymbol{b}'_j) \\ t_1 v \exp(2\pi i\boldsymbol{k}\cdot\boldsymbol{b}'_j) & 2t_2 v \cos(2\pi\boldsymbol{k}\cdot\boldsymbol{a}_j + \phi) - M \end{pmatrix}.$$

特に $M=0$, $\phi = 2\pi/3$ の場合が (1.2) である．

この模型は，グラフェンに単位格子より細かく上下の磁場を加えた状況での 2 次元電子系のハミルトニアンとして提案された（これは実際に冷却電子系で実現されている[132]）．また，大域的には磁束の総量が 0 となっているにもかかわらず量子ホール効果が発生する**異常量子ホール効果**の例となっている．

1.2.3 バルク描像: 線形応答論

以下，座標として x, y のかわりに x_1, x_2 を用いる．x_1 方向への電流（カレント）とは，$\mathsf{X}_1\phi(\boldsymbol{x}) = x_1\phi(\boldsymbol{x})$ によって定義される位置作用素 X_1 の時間微分によって得られる観測量の e 倍のことをいう．つまり

$$J_1 = \mathsf{e}\cdot\frac{d}{dt}\bigg|_{t=0} e^{itH/\hbar}\,\mathsf{eX}_1\,e^{-itH/\hbar} = \frac{i\mathsf{e}}{\hbar}[H, \mathsf{X}_1].$$

状態 ϱ における x_1 方向へのカレントの期待値 $\mathfrak{Tr}(\varrho J_1)$ は，確率密度行列が (1.4) のような形をしているときには 0 になる（注意 5.27）．つまり，平衡状態においてはカレントは発生していない．

量子ホール効果では，電子の分布が $x_2 \ll 0$ の方に偏っていく非平衡の過程を考える．バルク描像では，このような状態の変化を x_2 方向の電場によって H を摂動した時間依存ハミルトニアン

$$H_{\varepsilon,\eta}(t) = H + f(\eta t)\cdot\varepsilon\mathsf{eX}_2$$

による時間発展によって実現する．ここで，$f(t)$ は $t \le 0$ で e^t，$t \ge 0$ で 1 を取る C^∞ 級関数とする．

この $H_{\varepsilon,\eta}$ に関する時間発展（つまり，$\frac{d}{dt}U(t,s) = \frac{1}{i\hbar}H_{\varepsilon,\eta}(t)U_{\varepsilon,\eta}(t,s)$ と $U_{\varepsilon,\eta}(t,t)=1$ によって特徴づけられたユニタリの族）を $U_{\varepsilon,\eta}(t,s)$ と置く．確率密度行列 ϱ に対して，時刻 $t=-\infty$ で ϱ となるような状態の時間発展を

$$\varrho_{\varepsilon,\eta}(t) = \lim_{s\to-\infty} U_{\varepsilon,\eta}(t,s)\varrho U_{\varepsilon,\eta}(t,s)^*,$$

によって定義する．これらに関するカレント作用素とその期待値を

$$J_1^{\varepsilon,\eta}(t) = \frac{i\mathsf{e}}{\hbar}[H_{\varepsilon,\eta}(t), \mathsf{X}_1], \quad \mathfrak{J}_{21}^{\varepsilon,\eta}(\varrho; t) := \mathfrak{Tr}(J_1^{\varepsilon,\eta}(t)\varrho_{\varepsilon,\eta}(t))$$

と置く．このとき $J_1^{\varepsilon,\eta}(t)$ は ε, η, t に依存せず $\frac{i\mathsf{e}}{\hbar}[H, \mathsf{X}_1]$ となる．このカレントの伝導度，すなわち外場を少し印加したときのカレントの応答の割合は

---

*8) 元論文 [116] を含む多くの文献では非対角項は $\sum_j \exp(2\pi i\boldsymbol{k}\cdot\boldsymbol{b}_j)$ とその随伴になっているが，ここでは $H(\boldsymbol{k})$ を $\mathbb{R}^d/\check{\Pi}$ 上の関数とするためにこのような表示を選んでいる．これらは $\mathrm{Ad}(e^{2\pi i\boldsymbol{k}\cdot\boldsymbol{b}_1} \oplus 1)$ によって互いに移りあう．

$$\sigma_{21}^{\eta}(\varrho;t) = \left.\frac{d}{d\varepsilon}\right|_{\varepsilon=0} \mathfrak{J}_{21}^{\varepsilon,\eta}(\varrho;t).$$

ここで η を 0 に近づけると $H_{\varepsilon,\eta}$ の変化はゆっくりになり，断熱過程に近づく．その極限 $\sigma_{21}(\varrho;t) := \lim_{\eta\to 0}\sigma_{21}^{\eta}(\varrho;t)$ を計算するのが以下の**久保公式**である．ただしここで $\mathcal{L}_H$ とはリウヴィル作用素 $\mathcal{L}_H := \frac{i}{\hbar}[H, \sqcup]$ を指す．

定理 1.5 (久保公式)**.** 任意の $t \geq 0$ に対して，以下の等式が成り立つ．

$$\sigma_{21}(\varrho;t) = \lim_{\eta\to 0}\frac{\mathsf{e}^2}{(i\hbar)^2}\,\mathfrak{Tr}\left([H, \mathsf{X}_1](\mathcal{L}_H+\eta)^{-1}([\mathsf{X}_2, \varrho])\right).$$

証明の概略. ここでは，近似の評価にこだわらず形式的な証明のみを述べる．リウヴィル作用素の逆の積分表示

$$(\mathcal{L}_H+\eta)^{-1}(T) = -\int_{-\infty}^{0} e^{\eta\tau}e^{-i\tau H/\hbar}Te^{i\tau H/\hbar}d\tau$$

に注意する[*9]と，時間依存する摂動論（cf. [124, Section 2]）により

$$\begin{aligned}\varrho_{\varepsilon,\eta}(t) - \varrho &\approx \int_{-\infty}^{t} e^{\eta s}e^{i(s-t)H/\hbar}\left[\frac{1}{i\hbar}\varepsilon\mathsf{e}\mathsf{X}_2, \varrho\right]e^{-i(s-t)H/\hbar}ds + o(|\varepsilon|)\\ &= -\varepsilon\frac{\mathsf{e}}{i\hbar}\cdot e^{\eta t}(\mathcal{L}_H+\eta)^{-1}([\mathsf{X}_2, \varrho]) + o(|\varepsilon|)\end{aligned}$$

と変形できる．この式の両辺を $\mathfrak{Tr}(J_1\cdot\sqcup)$ に代入すればよい． □

状態 ϱ として (1.4) の $\varrho_{\infty,\mu} = P_\mu(H)$ を考え（以下では P_μ と略記する），久保公式の断熱極限（$\varepsilon\to 0$ の極限）を取ることで，以下の **TKNN 公式** (Thouless–Kohmoto–Nightingale–den Nijs) が得られる．

定理 1.6 ([232])**.** μ が H のスペクトルでないならば，以下が成り立つ．

$$\sigma_b(H) = \lim_{\varepsilon\to 0}\sigma_{21}(P_\mu;t) = \frac{\mathsf{e}^2}{h}(2\pi i)\,\mathfrak{Tr}\left(P_\mu\big[[i\mathsf{X}_1, P_\mu], [i\mathsf{X}_2, P_\mu]\big]\right). \quad (1.8)$$

証明の概略. 一般に，射影 P_μ に対して $[P_\mu, [P_\mu, [\mathsf{X}_2, P_\mu]] = [\mathsf{X}_2, P_\mu]$ が成り立つ．これと $\mathfrak{Tr}(\mathcal{L}_H(S)T) + \mathfrak{Tr}(S\mathcal{L}_H(T)) = \mathfrak{Tr}(\mathcal{L}_H(ST)) = 0$ を用いると[*10]

$$\begin{aligned}\frac{h}{\mathsf{e}^2}\sigma_b(H) =&(2\pi i)\cdot\frac{i}{\hbar}\cdot\mathfrak{Tr}\left([H, \mathsf{X}_1]\cdot(\mathcal{L}_H+\eta)^{-1}\big([P_\mu, [P_\mu, [\mathsf{X}_2, P_\mu]]]\big)\right)\\ =&-(2\pi i)\,\mathfrak{Tr}\left([P_\mu, [\tfrac{i}{\hbar}H, \mathsf{X}_1]]\cdot(\mathcal{L}_H+\eta)^{-1}\big([P_\mu, [\mathsf{X}_2, P_\mu]]\big)\right)\\ =&(2\pi i)\,\mathfrak{Tr}([P_\mu, \mathsf{X}_1]\cdot\mathcal{L}_H(\mathcal{L}_H+\eta)^{-1}\big([P_\mu, [\mathsf{X}_2, P_\mu]]\big))\\ \xrightarrow{\eta\to 0}&(2\pi i)\,\mathfrak{Tr}\left([P_\mu, \mathsf{X}_1]\cdot[P_\mu, [\mathsf{X}_2, P_\mu]]\right)\\ =&(2\pi i)\,\mathfrak{Tr}\left(P_\mu\big[[P_\mu, i\mathsf{X}_1], [P_\mu, i\mathsf{X}_2]\big]\right).\end{aligned}$$

□

5 章で述べるように，P_μ はブロッホ変換によって $\mathbb{T}^2$ 上のベクトル束 $\mathrm{Im}\,P_\mu$ と同一視できる．このとき $\mathfrak{Tr}$ は行列値関数のトレースの積分に当たり，(1.8)

---

*9) これは，右辺の被積分項 $e^{-\eta\tau}e^{-i\tau H/\hbar}Te^{i\tau H/\hbar}$ の τ による微分を計算すると，$-(\mathcal{L}_H+\eta)(e^{-\eta\tau}e^{-i\tau H/\hbar}Te^{i\tau H/\hbar})$ となることからわかる．

*10) 最後の等号 $\mathfrak{Tr}([H, ST]) = 0$ は $\mathfrak{Tr}(ST) = \mathfrak{Tr}(TS)$ による（cf. 命題 6.34）．

右辺の被積分項は $\mathrm{Im}\, P_\mu$ のチャーン形式（ベリー曲率）に他ならない．すなわち (1.8) の右辺は第 1 チャーン数 $c_1(\mathrm{Im}\, P_\mu)$ であり，特に整数値となる．

1.2.4　境界描像: エッジ電流チャンネル

1.1 節でも見たように，x_2 方向に有界な領域 $\{(x_1, x_2) \in \mathbb{R}^2 \mid 0 \le x_2 \le L_2\}$ 上の系では，バルクハミルトニアン H が持っていたスペクトルギャップが埋まることがある．これは左右対称なスペクトルの線がギャップを横断することによってなされ，それぞれの線はふたつの境界のいずれかに局在しているのであった．すなわち，バルクギャップ内の区間 $[\mu, \mu+\delta]$ に属する端状態のなす固有空間への射影は

$$P_{[\mu,\mu+\delta]}(\hat{H}_L) = P^+_{[\mu,\mu+\delta]}(\hat{H}_L) + P^-_{[\mu,\mu+\delta]}(\hat{H}_L)$$

のように和にわかれ，$P^\pm_{[\mu,\mu+\delta]}(H)$ はそれぞれ境界 $\mathbb{R} \times \{0\}$ と $\mathbb{R} \times \{L_2\}$ の近くに局在している．また，上半平面 $\mathbb{R} \times \mathbb{R}_{\ge 0}$ 上のハミルトニアンを $\hat{H}$ と置くと，$P^-_{[\mu,\mu+\delta]}(\hat{H}_L) \approx P_{[\mu,\mu+\delta]}(\hat{H})$ が成り立つ．これらの議論は命題 3.28 によって数学的に正当化される．

今，電子の分布が $x_2 \ll 0$ 方向に偏っている状態を，化学ポテンシャルが両端で δ だけ異なる絶対零度の平衡状態，すなわち

$$\varrho^\flat_{\infty,\mu,\delta} := P_\mu(H) + P^-_{[\mu,\mu+\delta]}(H)$$

によって与える（この δ がホール電圧として計測される）．この状態に対しては注意 5.27 の議論は適用できず，$\mathfrak{Tr}(J_1 \varrho^\flat_{\infty,\mu,\delta}) = 0$ は導かれない．実際，

$$\mathfrak{J}^\flat_{21} = \frac{i\mathsf{e}}{\hbar}\, \mathfrak{Tr}(J_1 \cdot P^-_{[\mu,\mu+\delta]}(\hat{H}_L)) \approx \frac{i\mathsf{e}}{\hbar}\, \mathfrak{Tr}(J_1 \cdot P_{[\mu,\mu+\delta]}(\hat{H}))$$

となる．今，ホール電場を ε と置くと $\delta = \mathsf{e}\varepsilon L_2$ となる．$\mathfrak{Tr}^\flat := L_2\, \mathfrak{Tr}$ と置くと（cf. (5.15)），ホール伝導度は以下のように計算できる:

$$\sigma_\partial(\hat{H}) := \frac{d}{d\varepsilon}\bigg|_{\varepsilon=0} \mathfrak{J}^\flat_{21} = -\frac{\mathsf{e}^2}{i\hbar} \lim_{\delta\to 0} \frac{1}{\delta}\, \mathfrak{Tr}^\flat(P_{[\mu,\mu+\delta]}(\hat{H}) \cdot [\hat{H}, \mathsf{X}_1]). \qquad (1.9)$$

実はこの量は，$\hat{H}$ のバンド図から比較的容易に求まる．前述のとおり，x_1 軸に境界を持つハミルトニアンを x_1 方向にブロッホ変換して得られる関数 $\hat{H}(k_x)$ のスペクトルは，例えば図 1.5 のように連続的な領域（バンド）とそれらを結ぶ線から構成される．この線が μ と交叉する階数を重複度を込めて数え上げた量を**スペクトル流**と呼び，$\mathrm{sf}(\hat{H})$ と書く．ここでいう重複度とは，m 次元の固有空間を持つ固有値が下から上（上から下）に交叉するときに $+m$（$-m$）で数えるということを意味する（正確な定義は定義 3.18）．

計算（命題 5.28）から，1 本のスペクトル流の (1.9) への寄与はちょうど e^2/h であることがわかる．したがって，$\sigma_\partial(H)$ は e^2/h の整数倍となる．

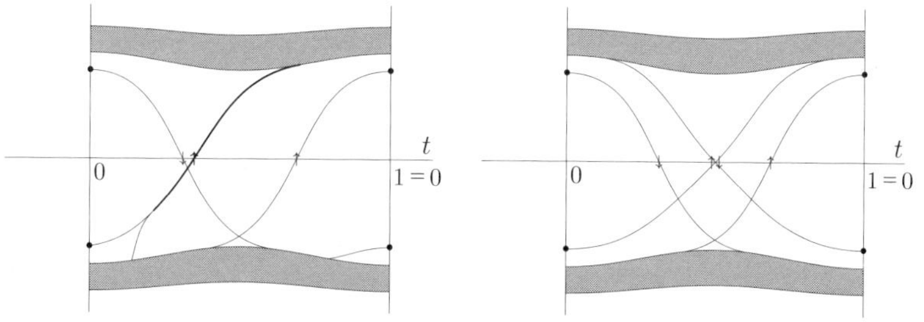

図 1.5　スペクトル流: 左図は $\mathrm{sf}(\{F_t\}) = 2$，右図は $\mathrm{sf}(\{F_t\}) = 0$.

1.2.5　バルク・境界対応

ここまでの議論で，ホール伝導度の計算方法を 2 通り与え，それぞれで整数値を取ることを示した．いずれの方法でも同じ量を計算しているので，結果は一致してほしい．この一致が量子ホール効果における**バルク・境界対応**である．

定理 1.7. 線形応答論から計算されるバルク量子ホール伝導度 $\sigma_b(H)$ と，境界チャンネル描像から計算される境界量子ホール伝導度 $\sigma_\partial(\hat{H})$ は一致する．

この主張は $c_1(\mathrm{Im}\, P_\mu) = \mathrm{sf}(\hat{H})$ と等価であり，特に物理的背景とは独立した数学的命題として意味をなす．5 章では，この等号をアティヤ–シンガーの指数定理の帰結として証明する．

注意 1.8. 実際の物質中で電流が端と内部のどちらに流れているかには諸説あり，例えば [273, 3.3 節] では電流の大きさによって端にも内部にも流れると言及されている（これに関する実験の論文として [240] を挙げておく）．実際，例えば久保公式 1.2.3 節で時刻 $t = -\infty$ での状態として，$0 < \delta' < \delta$ に関する $\varrho^{\flat}_{\infty,\mu,\delta'}$ を用いると，(1.8) と (1.9) の寄与が混在したホール伝導度が得られる．定理 1.7 の帰結として，これもやはり $\sigma_b(H)$ や $\sigma_\partial(\hat{H})$ と一致する．

1.2.6　サウレスの断熱ポンプ

1.2.7 節のための準備として，断熱的かつ周期的に時間駆動する系（フロッケ系）の輸送現象である**サウレスポンプ** (Thouless pump)[231]の理論について説明する（cf. 5.7.1 節）．これは，1 次元の周期的に時間駆動する系が，1 周期の間に粒子を一方向にトポロジカルに運搬するという現象である（この現象は実際に冷却原子系で実験的に確認されている[186]）．

ここでは，時間に周期的に依存し $(H_{t+T} = H_t)$，フェルミ準位 $\mu \in \mathbb{R}$ で一様なスペクトルギャップを持つハミルトニアン H_t を考える．以下，時刻 t での μ 以下のスペクトル射影を $P_{\mu,t}$ と置く．このような系の時間発展は微分方程式 $\left(\frac{d}{dt} + \frac{i}{\hbar} H_t\right)\psi(t) = 0$ によって記述されるが，H_t の変化が非常に遅い，すなわち $\|\dot{P}_{\mu,t}\| \ll 1$ となるとき，これは加藤の断熱発展方程式

$$\left(\frac{d}{dt}+\frac{i}{\hbar}\big(H_t+i\hbar[\dot{P}_{\mu,t},P_{\mu,t}]\big)\right)\psi(t)=0$$

によって近似できる[19], [140]．この時間発展を記述するユニタリ U_t はスペクトル射影を保つ: $U_tP_{\mu,0}U_t^*=P_{\mu,t}$．周期性から，$U_T$ は $P_{\mu,0}$ と交換する．

"断熱時間発展 U_t が 1 周期の間に電子を x_1 方向に運搬した個数" の概念を定式化したい．まず，フェルミ準位以下の波動関数だけ 1 周期だけ断熱時間発展したユニタリ $\mathsf{U}_\mu:=U_TP_{\mu,0}+(1-P_{\mu,0})$ を考える．これを半直線上のヒルベルト空間 $\ell^2(\mathbb{Z}_{\geq 0},\mathbb{C}^n)$ に制限したものは，$\ell^2(\mathbb{Z}_{\geq 0},\mathbb{C}^n)$ への射影 P_+ を用いて $\mathsf{P}_+\mathsf{U}_\mu\mathsf{P}_+$ と書ける．このとき，フレドホルム指数

$$\mathrm{Ind}(\mathsf{P}_+\mathsf{U}_\mu\mathsf{P}_+):=\dim\mathrm{Ker}(\mathsf{P}_+\mathsf{U}_\mu\mathsf{P}_+)-\dim\mathrm{Ker}(\mathsf{P}_+\mathsf{U}_\mu\mathsf{P}_+)^*$$

が U_μ の輸送を表現している．実際，U_μ が電子を左から右へ運搬しているならば左端で受け取れない不足分が $\mathsf{P}_+\mathsf{U}_\mu\mathsf{P}_+$ の余核として，左から右に運搬しているならば左端で消える過剰分が $\mathsf{P}_+\mathsf{U}_\mu\mathsf{P}_+$ の核として，それぞれ現れる．この指数は，$\hat{H}_t:=\mathsf{P}_+H_t\mathsf{P}_+$ のスペクトル流と一致する（定理 5.37）．

あるいは，電磁分極を考えてもよい．時刻 T と 0 での電子の位置の差 $U_T\mathsf{X}_1U_T^*-\mathsf{X}_1=[U_T,\mathsf{X}_1]U_T^*$ の期待値は

$$\Delta P:=\mathfrak{Tr}([U_T,\mathsf{X}_1]U_T^*\varrho_{\beta,\mu})=i\cdot\mathfrak{Tr}(\mathsf{U}_\mu[i\mathsf{X}_1,\mathsf{U}_\mu^*]) \tag{1.10}$$

によって定義される．この量は $\beta=\infty$ のときに整数となり，上で考えたフレドホルム指数と一致する（定理 5.37）．

1.2.7 ラフリンの思考実験

量子ホール伝導度の量子化のもうひとつの説明を与える**ラフリンの思考実験** (Laughlin's Gedankenexperiment)[166] について解説する．

ここでは，一定の磁場を印加したランダウ作用素 (1.6) を，図 1.4 右のように x_1 方向に長さ L_1 で仮想的に丸めた円筒 $S^1\times\mathbb{R}$ の上で考える．さらに，筒の中心に時間依存する磁束 $\Phi=\phi t$ を通す．$b=\frac{\phi}{L_1}$ と置くと，この作用素は

$$H_t=-\left(\hbar\frac{\partial}{\partial x_1}+i\frac{\mathsf{e}}{c}(-\theta\mathsf{X}_2+bt)\right)^2-\left(\hbar\frac{\partial}{\partial x_2}\right)^2 \tag{1.11}$$

となる．ここでは，x_1 方向への電流 $\mathcal{J}_1$ が全エネルギーの磁束による微分 $c\cdot\frac{dE}{d\Phi}$ によって与えられる（e.g. [264, p.33 脚注]）ことを認めて話を進める．

$T:=\frac{hc}{\mathsf{e}\phi}$ と置くと，H_{t+T} と H_t はゲージ変換 $\mathrm{Ad}(e^{2\pi i\mathsf{X}_1/L_1})$ によって移りあう．これは H_t が（一般化された意味で）周期的に駆動することを意味する．その断熱時間発展は，x_2 方向への $-\frac{bt}{\theta}$ 並進によって与えられる（注意 5.31）．

ラフリンの説明は次のようなものである．円筒を有限の長さ L_2 で切る．フェルミ準位 μ 以下にランダウ準位が N 個あるとすると，ひとつのランダウ

準位には単位体積あたり $\frac{\mathsf{e}\theta}{hc}$ 個の粒子が存在しているため，この周期的運動の間に $\mathcal{N} := L_1 L_2 N \cdot \frac{\mathsf{e}\theta}{hc}$ 個の粒子が $\Delta X_2 := -\frac{bT}{\theta}$ だけ x_2 方向に移動する．もし系が外部電場 $\varepsilon \mathsf{X}_2$ を受けていたら，エネルギーは $\Delta E := -\mathcal{N} \cdot \mathsf{e}\varepsilon\Delta X_2$ だけ変化する．x_1 方向に流れる電流は，近似的に

$$\mathcal{J}_1 \approx c \cdot \frac{\Delta E}{\Delta \Phi} = c \cdot \frac{-\mathcal{N} \cdot \mathsf{e}\varepsilon \Delta X_2}{\phi T} = c \cdot \frac{L_1 L_2 N \frac{\mathsf{e}\theta}{hc} \cdot \mathsf{e}\varepsilon}{\theta L_1} = \frac{\mathsf{e}^2}{h} N \cdot V_2$$

のように求められる（ただしここで，$V_2 := \varepsilon L_2$ が x_2 方向の両端の電位差）．

この議論は，サウレスポンプの理論を援用することでランダウ作用素以外にも適用できる．系に外部電場 $\varepsilon \mathsf{X}_2$ がかかっているとすると，フェルミ準位以下での断熱過程 U_μ によるエネルギーの変化は $\Delta E = \mathsf{e}\varepsilon\Delta P$ と書ける．一方，$\Delta\Phi = \phi T = \frac{hc}{\mathsf{e}}$ である．よって

$$\mathcal{J}_1 \approx c \cdot \frac{\Delta E}{\Delta \Phi} = \frac{\mathsf{e}^2}{h} \cdot \Delta P = \frac{\mathsf{e}^2}{h} \cdot i\,\mathfrak{Tr}(\mathsf{U}_\mu^* [i\mathsf{X}_2, \mathsf{U}_\mu])$$

が得られる．右辺はバルクや境界で計算したホール伝導度と一致する（cf. 定理 5.40）．ランダウ作用素に対しては $c_1(P_\mu) = N$ が成り立つ（注意 5.31）ことから，これは確かにラフリンの議論を再現している．

1.3　対称性に守られたトポロジカル相

前節では，$c_1(\mathrm{Im}\, P_\mu)$ という位相不変量が境界系のハミルトニアンのスペクトル流に一致するというバルク・境界対応を説明した．ここでいう“バルク系のトポロジー”は，系の持つ対称性を加味することによって多様化する．本節では，この例をいくつか見ていく．

1.3.1　量子スピンホール効果

対称性に守られたトポロジカル相の理論研究はケイン–メレ[135], [136]に端を発する．ここでは，その背景である**量子スピンホール効果** (QSHE) について説明する．これは物質のスピン流を制御するスピントロニクスという物理分野に動機づけられている[265]．以下の記述の数学的部分は 8.1 節で詳しく説明される．

スピンを持つ粒子の運動を考えることは，数学的にはヒルベルト空間として 2 次元の内部自由度を持つ $\mathcal{H}^2 = \ell^2(X; \mathbb{C}^2)$ を考えることを意味する．この空間には，**時間反転作用素**と呼ばれる反線形ユニタリ

$$\mathsf{T} := \mathcal{C} \circ (i\sigma_y) \colon \ell^2(X;\mathbb{C}^2) \to \ell^2(X;\mathbb{C}^2), \quad \text{つまり} \quad \mathsf{T}\begin{pmatrix} \psi_1 \\ \psi_2 \end{pmatrix} := \begin{pmatrix} -\overline{\psi}_2 \\ \overline{\psi}_1 \end{pmatrix}$$

が作用している．この作用素は $\mathsf{T}^2 = -1$ を満たし，内部自由度 $\mathbb{C}^2$ に作用するパウリ行列 $i\sigma_x$, $i\sigma_y$, $i\sigma_z$ と交換する．よって，これらを用いて定義されるようなハミルトニアンはやはり $\mathsf{T}H\mathsf{T}^{-1} = H$ を満たす．この対称性は後述の表 8.1 では AII 型に分類される．

スピン流と電流の理論的な違いは，単にスピン作用素 σ_z の ± 1 の固有空間で流れる向きが逆転するというのみである．もし $[H,\sigma_z]=0$ が成り立つならば，ナイーブなスピン流は $\mathcal{J}_1 := \mathfrak{Tr}(\sigma_z J_1 \varrho)$ と定義される*11)．つまりこれは，H を σ_z の ± 1 固有空間に制限して，それぞれのホール伝導度の差を取ったものである．これをもとに 1.2 節の議論を適用すると，スピン流は

$$\sigma_b^{\mathrm{spin}}(H) = \frac{\mathsf{e}^2}{h} \cdot (2\pi i)\, \mathfrak{Tr}\left(\sigma_z P_\mu\big[[i\mathsf{X}_1, P_\mu], [i\mathsf{X}_2, P_\mu]\big]\right),$$
$$\sigma_\partial^{\mathrm{spin}}(\hat{H}) = \frac{\mathsf{e}^2}{i\hbar} \cdot \lim_{\delta\to 0} \frac{1}{\delta}\, \mathfrak{Tr}^\flat(\sigma_z P_{[\mu,\mu+\delta]}(\hat{H}) \cdot [\mathsf{X}_1, H])$$

となる．時間反転対称性から，σ_z の ± 1 固有空間では電流は互いに逆向きに流れている．よって，この系には電流は流れないまま，スピン流だけが発生していることになる．また，スピンホール伝導度は必ず $\frac{\mathsf{e}^2}{h}$ の偶数倍になる．

系が σ_z 対称性を破るとこのような整数性はもはや保証されないが，次のことはわかる．σ_z 対称性を持つ H を，その過程で σ_z 対称性を破るような連続変形によって別の σ_z 不変な H' と結ぶ．このとき，H と H' のスピンホール伝導度を $\frac{h}{2\mathsf{e}^2}$ 倍した整数は必ずしも一致しないが，その偶奇は保たれる．この偶奇は，時間反転対称性に守られたハミルトニアンの持つ非自明な $\mathbb{Z}_2$-位相不変量（ケイン–メレ不変量）に由来している（8.1.3 節）．

例 1.9. ハルデーン模型（例 1.4）が時間反転対称性を持つのは $t_2=0$ のとき（これを H_0 と置く）のみだが，これはギャップを持たない（図 1.2）．そこで，H_0 を上下スピンの内部自由度を持った関数空間 $\ell^2(X,\mathbb{C}^2)$ に対角に作用させ，そこに次のふたつの項*12)

$$H_{\mathrm{SO}} = \begin{pmatrix} \mathrm{Im}(U_{\boldsymbol{a}_1}+U_{\boldsymbol{a}_2}+U_{\boldsymbol{a}_3}) & 0 \\ 0 & -\mathrm{Im}(U_{\boldsymbol{a}_1}+U_{\boldsymbol{a}_2}+U_{\boldsymbol{a}_3}) \end{pmatrix} \otimes \sigma_z,$$
$$H_{\mathrm{R}} = \begin{pmatrix} 0 & -1 \\ 1 & 0 \end{pmatrix} \otimes \sigma_0 + \begin{pmatrix} 0 & -U_{\boldsymbol{a}_1}^* \\ U_{\boldsymbol{a}_1} & 0 \end{pmatrix} \otimes \sigma_{\frac{2\pi i}{3}} + \begin{pmatrix} 0 & -U_{\boldsymbol{a}_2}^* \\ U_{\boldsymbol{a}_2} & 0 \end{pmatrix} \otimes \sigma_{\frac{4\pi i}{3}},$$

を加えることを考える（ここで $\sigma_\theta := \cos\theta\sigma_x + \sin\theta\sigma_y$）．すると，

$$H_{\mathrm{KM}} := H_0 \otimes 1 + \lambda_{\mathrm{SO}} H_{\mathrm{SO}} + \lambda_R H_{\mathrm{R}}$$

は $\mathsf{T} = \mathcal{C}(1\otimes i\sigma_y)$ による時間反転対称性を持つ．これを**ケイン–メレ模型**[135], [136]と呼ぶ．$\lambda_R = 0$ のとき，H_{KM} は $\phi = \pm\pi/2$ のハルデーン模型（例 1.4）の直和になっており，特に σ_z と交換する．

例 1.10. 正方格子上の内部自由度 4 のハミルトニアン

$$H_{\mathrm{BHZ}} = \begin{pmatrix} \epsilon_s + t_{ss}H_0 & 2t_{sp}R \\ 2t_{sp}R^* & \epsilon_p + t_{pp}H_0 \end{pmatrix},$$

*11）系が σ_z 不変でない場合には，括弧の中は自己共役作用素にならない．そのため，スピンホール伝導度の適切な定義がなんであるべきかから議論を要する[175]．

*12）これらはそれぞれ，スピン軌道相互作用とラシュバ効果という相互作用に由来する．

$$H_0 := \mathrm{Re}(U_x) + \mathrm{Re}(U_y), \quad R := \mathrm{Im}(U_y)\sigma_z - i\,\mathrm{Im}(U_x),$$

は，時間反転作用素 $\mathsf{T} \oplus \mathsf{T}$ に関する対称性を満たす．また，そのブロッホ変換は $0 < \epsilon_s - \epsilon_p \neq 4(t_{ss} + t_{pp})$ の範囲でスペクトルにギャップを持つ．この H_{BHZ} は **BHZ 模型** (Bernevig-Hughes-Zhang) と呼ばれている[37]．

この模型は，HgTe の超薄膜を CdTe で挟んだ量子井戸によって実験的に実現されている[155]．ここでは，4 次元の内部自由度は電子軌道のうち s 軌道と p 軌道のスピン自由度に由来する．

例 1.11. 時間反転対称性の下では，3 次元の物質も非自明なトポロジーを持ちうる．例えば，$\mathrm{Bi_2Se_3}$ は非自明なトポロジーを持つ例である[264, p. 107]．

この系におけるバルク・境界対応は，“H の $\mathbb{Z}_2$-不変量が奇ならば，トポロジカルにロバストな境界状態が存在する” という形で定式化される．この $\mathbb{Z}_2$-不変量は，境界系には次のような形で現れる（8.1.4 節）．時間反転対称性を持つハミルトニアンに対して，$\hat{H}(k_x)$ の固有値が $\hat{H}(-k_x)$ の固有値と一致する*13) ことから，$\hat{H}(k_x)$ のスペクトルの図を描くと図 1.5 右のように左右対称になり，通常の意味でのスペクトル流は 0 となる．しかし，$[0, 1/2]$ 上でスペクトルと 0 の交叉を数え上げると，その偶奇が位相不変量となる（8.1.4 節）．この mod 2 の量が，実はバルク系の $\mathbb{Z}_2$-不変量と一致する（定理 8.54）．

このように，“バルク系ではスペクトルギャップを持つ（絶縁体）にもかかわらず，境界にはそのトポロジーに起因した表面状態が現れる” 物質を，**トポロジカル絶縁体**と呼ぶ．

1.3.2 副格子対称性: ポリアセチレン

ハミルトニアンが 2 色に色分けされた格子 $X = X_A \sqcup X_B$ に作用している状況を考える．ただし，格子点の最近接ペアは必ず異なる色で塗分けられているとする．この格子上に，最近接項のみ非自明でそれ以外の項は 0（特に対角成分も 0）となるようなハミルトニアンが作用している状況を考える．X_A と X_B の隣り合う点の組（ユニットセル）をひとつの内部自由度とみなしてヒルベルト空間 $\mathcal{H}$ を $\ell^2(X_A) \oplus \ell^2(X_B)$ のように分解すると，H は $\mathcal{H}$ に作用する対称性 $\mathsf{S} = 1 \oplus (-1)$ と反交換している（**副格子対称性**）．

例 1.12. ポリアセチレン上の電子の運動を考える．これは 1 次元の系で，炭素原子が図 1.6 のように周期的に配置されている．このとき，ハミルトニアンが最近接のホッピングのみを持つと仮定すると，その形は

$$H = \begin{pmatrix} 0 & -(1+\delta) - (1-\delta)U_x^* \\ -(1+\delta) - (1-\delta)U_x & 0 \end{pmatrix}$$

*13) $H(k)$ の固有ベクトル ψ に対して，$\mathsf{T}\psi$ は $H(-k_x)$ の固有ベクトルである．対 $(\psi, \mathsf{T}\psi)$ はクラマース対と呼ばれている．

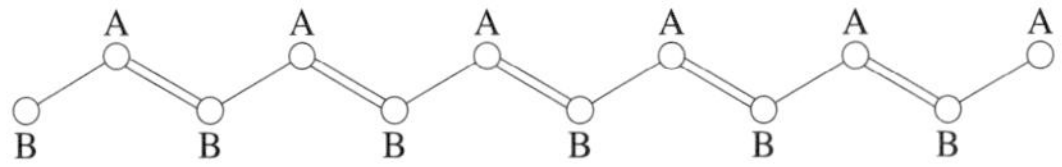

図 1.6　ポリアセチレンの原子配置.

となる．ここで，δ は 2 重結合と 1 重結合のホッピングの強さの違いを表現している．これは **SSH 模型** (Su–Schrieffer–Heeger) と呼ばれる模型である．ここでは副格子対称性のみに注目したが，この模型は複素共役 T に関する不変性も持っている．これは表 8.1 で BDI 型に分類される対称性である．

このとき，$H = \begin{pmatrix} 0 & u^* \\ u & 0 \end{pmatrix}$, $\mathsf{S} = \begin{pmatrix} 1 & 0 \\ 0 & -1 \end{pmatrix}$ と行列表示しておくと，u のブロッホ変換は $\mathbb{T} = S^1$ から $GL_n(\mathbb{C})$ への連続写像を与える．そのトポロジーは $\det u \colon \mathbb{T} \to \mathbb{C}^\times$ が $\mathbb{C}$ の原点を何周したかを数え上げる**巻きつき数** (winding number) によって分類される．この巻きつき数が非自明なとき，ディリクレ境界条件を導入したハミルトニアン H_L は端に局在した 0 エネルギー固有状態を持ち，この固有状態は $\mathsf{S}\psi = \pm\psi$ を満たす．

また，この量はカイラル偏極（ふたつの部分格子上での単位体積あたりの電磁双極子モーメントの差）$P_c := \mathfrak{Tr}(P_\mu \mathsf{S}[\mathsf{X}, P_\mu])$ とも一致する．実際，$J_H = 2P_\mu - 1$ と $\mathfrak{Tr}(u^*[\mathsf{X}, u]) = -\mathfrak{Tr}(u[\mathsf{X}, u^*])$ より，この値は

$$P_c = \frac{-i}{4} \mathfrak{Tr}\left(\begin{pmatrix} 1 & u \\ -u^* & -1 \end{pmatrix} \begin{pmatrix} 0 & [i\mathsf{X}, u] \\ [i\mathsf{X}, u^*] & 0 \end{pmatrix} \right) = \frac{i}{2} \mathfrak{Tr}(u^*[i\mathsf{X}, u]) \quad (1.12)$$

とわかるが，右辺は H の巻きつき数の $\frac{1}{2}$ 倍に一致する（定理 5.19）．

1.3.3　トポロジカル超伝導体

もうひとつの重要な例がトポロジカル超伝導体である．超伝導の BCS 理論によると，超伝導物質は電子間引力相互作用によってできる電子のペア（クーパー対）がボース粒子のように凝縮した状態を基底状態とする．系のハミルトニアンは，基底状態からの粒子と正孔からなるフェルミオン的準粒子の生成・消滅作用素 $\mathfrak{a}_{\boldsymbol{x}}, \mathfrak{a}_{\boldsymbol{x}}^*$ によって次のように記述される（12.7.3 節）*14)：

$$\mathbf{H} = \frac{1}{2} \sum_{\boldsymbol{x}, \boldsymbol{y} \in X} \begin{pmatrix} \mathfrak{a}_{\boldsymbol{x}}^* & \mathfrak{a}_{\boldsymbol{x}} \end{pmatrix} H_{\boldsymbol{xy}} \begin{pmatrix} \mathfrak{a}_{\boldsymbol{y}} \\ \mathfrak{a}_{\boldsymbol{y}}^* \end{pmatrix}, \quad H = (H_{\boldsymbol{xy}}) \in \mathbb{B}(\mathcal{H}). \quad (1.13)$$

ここで，右辺中央の作用素 H は，南部空間と呼ばれるヒルベルト空間 $\mathcal{H} = \ell^2(X; \mathbb{C}^{2n})$ に作用する．この $\mathcal{H}$ は $\mathcal{H}_+ \oplus \mathcal{H}_-$ と直和分解している．また，H はペアポテンシャルと呼ばれる連続関数 $\Delta \colon \mathbb{T}^d \to \mathbb{C}$ によって

$$H(\boldsymbol{k}) = \begin{pmatrix} H_0 + \mu & \Delta(\boldsymbol{k}) \\ -\overline{\Delta}(\boldsymbol{k}) & -H_0 - \mu \end{pmatrix}$$

*14)　この導入にとどまらず，トポロジカル超伝導の理論では多体ハミルトニアン $\mathbf{H}$ を直接扱う必要があることがしばしばある．

と書けるブロッホ変換を持つ．ここで，H_0 は最近接ホッピング（2 次元正方格子なら $\mathrm{Re}(U_x)+\mathrm{Re}(U_y)-2$），$\mu \in \mathbb{R}$ は化学ポテンシャルである．これは **BdG ハミルトニアン** (Bogoliubov–de Gennes) の南部形式と呼ばれる．

このような H は，**粒子・正孔対称性**作用素

$$\mathsf{C} := \mathcal{C} \circ \sigma_x \colon \ell^2(X;\mathbb{C}^2) \to \ell^2(X;\mathbb{C}^2), \quad \mathsf{C}\begin{pmatrix}\psi\\ \phi\end{pmatrix} = \begin{pmatrix}\bar{\phi}\\ \bar{\psi}\end{pmatrix}$$

と反交換するという性質を持っている[*15]．このような対称性があるとき，H の固有値の分布は -1 倍に関して対称になる．実際，H の固有値 λ の固有関数 ψ に対して，$\mathsf{C}\psi$ は固有値 $-\lambda$ の固有関数となる．

例 1.13. ペアポテンシャル $\Delta(k)=\delta\sin(k)$ の 1 次元 BdG ハミルトニアンは

$$H = \frac{1}{2}\begin{pmatrix} U_x + U_x^* + 2\mu & -i\delta(U_x - U_x^*) \\ -i\delta(U_x - U_x^*) & -(U_x + U_x^* + 2\mu)\end{pmatrix}$$

と表示できる．この模型は**キタエフ鎖** (Kitaev chain) と呼ばれる．特に $\delta=1$ のとき，そのマヨラナ表示

$$H_{\mathrm{Maj}} := \mathcal{M}H\mathcal{M}^* = \begin{pmatrix} 0 & -U_x - \mu \\ -U_x^* - \mu & 0 \end{pmatrix}, \quad \mathcal{M} := \frac{1}{\sqrt{2}}\begin{pmatrix} 1 & i \\ 1 & -i\end{pmatrix}$$

は SSH 模型（例 1.12）の定数倍と一致する．その 0 エネルギー固有状態は**マヨラナ端状態**と呼ばれる．この H は粒子・正孔対称性 C と時間反転対称性 $\mathsf{T} := \mathcal{C} \circ \sigma_x$ の両方の対称性を持ち，後述の表 8.1 では BDI 型に分類される．

例 1.14 (cf. [79, p. 107])**.** ギャップを持つような 2 次元 BdG ハミルトニアンのペアポテンシャル $\Delta(\boldsymbol{k})$ の例には以下のようなものがある:

$$\Delta(\boldsymbol{k}) = \begin{cases} \sin(k_x) \pm \sin(k_y) & \text{スピンレス } p+ip \text{ 波}, \\ i\sin(k_x)\otimes 1 \pm \sin(k_y)\otimes\sigma_z & \text{スピン 3 重項 } p \pm ip \text{ 波}, \\ (\cos(k_x)-\cos(k_y))\otimes i\sigma_y & \text{スピン 1 重項 } d \pm id \text{ 波}. \end{cases}$$

これらはそれぞれ表 8.1 で D 型，DIII 型，C 型に分類される対称性を持つ．ただし，スピン 1 重項 $d \pm id$ 波超伝導体に関しては，粒子・正孔対称性に加えスピン作用素に由来する $\mathbb{H}$ の対称性も加味することで C 型に分類される．

このように，超伝導の物理もまた作用素 H によって制御されているので，そのトポロジカルな分類やバルク・境界対応が考えられる．バルクでは超伝導ギャップを持つにもかかわらず，トポロジー的な理由によって表面にはギャップのない励起状態が現れるような超伝導体を**トポロジカル超伝導体**と呼ぶ．このような境界に局在した状態はアンドレーフ束縛状態 (Andreev bound state)

*15） BdG ハミルトニアン $\mathbf{H}$ そのものが同じ対称性を持っているというわけではない．

と呼ばれ，常伝導金属・超伝導体接合などの物理の基礎となっている[266], [268]．

1.2 節や 1.3.1 節では物質のトポロジカル相が輸送現象に関係していたが，D 型のトポロジカル超伝導体もまた**量子熱ホール効果**の関係が考えられている（参考: [264, 13 章]）．ここでは熱（エネルギー）の輸送が位相不変量と結びつく．例えば [79, Section 8] によると，熱流の久保公式は

$$\kappa(\beta) = -\frac{1}{2}\beta \int_{-\infty}^{\infty} \mu^2 f_\beta'(\mu) i\,\mathfrak{Tr}\left(P_\mu\big[[i\mathsf{X}_1, P_\mu], [i\mathsf{X}_2, P_\mu]\big]\right) d\mu$$

と表示できる．この右辺は，f_β' の漸近展開 $f_\beta'(x) = -\delta(x) - \frac{\pi^2}{6}\beta^{-2}\delta''(\mu) + O(\beta^{-4})$ から以下のように近似的に計算できる:

$$\kappa(\beta) \approx -\frac{1}{2}\beta\cdot\left(-\frac{\pi^2}{6}\right)\cdot 2i\,\mathfrak{Tr}\left(P_0\big[[i\mathsf{X}_1, P_0], [i\mathsf{X}_2, P_0]\big]\right) = \frac{\pi}{12}\beta^{-1}c_1(\mathrm{Im}\, P_0).$$

これを温度 $T = \beta^{-1}$ で微分した $\frac{\pi}{12}c_1(\mathrm{Im}\, P_0)$ が熱ホール伝導度である．[79] では，対応する境界熱流の定義と，バルク・境界対応の証明まで行っている．

文献案内

物理の文献を紹介するのは筆者の能力を大きく超える仕事だが，本章の執筆に際して参考にしたものを挙げる．まず，トポロジカル絶縁体に関する和書 [252], [264] と訳書 [251] を挙げておく．線形応答論については [253]，量子ホール効果については [273]，量子スピンホール効果は [252], [265]，トポロジカル超伝導は [264], [266], [268] などを参考にした．

関数解析によって記述された量子力学の数学的基礎は，原典 [249] のほかにも和書に限っても挙げきれないほど豊富にある（e.g. [254], [263]）．ランダムシュレディンガー作用素 [2] も本書の内容と分野的に隣接している（cf. 6 章，12.1 節）．線形応答論の関数解析については [80], [124] を参考にした．

本章は物質の量子力学ではなく，古典力学の話から導入した．量子ホール効果がその原理において “量子” 的ではない現象であることは，ラグーとハルデーンによって [204] で指摘された．ここではフォトニック結晶と呼ばれる光学デバイスにおいて境界カレントの発生が議論されている（フォトニック結晶に関する数学的な研究は [81] など）．1.1 節で述べたような力学的なものも含めて，トポロジカル相の理論（特にバルク・境界対応）を再現する古典的な模型はトポロジカルメタ物質 (topological meta-material) と呼ばれている．現在までに多くの非物性的な現象に関するバルク・境界対応の研究が行われている．例えば，地震[82], [195], [227]，海流[111]，生物の細胞内の流動[246]など．

第 2 章

関数解析からの準備

第 2 章では，本書全体の基礎となる関数解析，特に C*-環論の基礎について簡単に導入する．本書で扱うのは作用素のトポロジー，すなわち与えられた作用素がどのトポロジカル相（連結成分）に属するかという問題なので，単一の作用素だけではなくその作用素が属する適切な集合を考慮に入れる必要がある．本書では，これを与える適切な枠組として C*-環を用いる．

2.1 ヒルベルト空間と有界線形作用素

まずは関数解析，特にヒルベルト空間上の有界線形作用素の理論について，記号の使い方の確認（物理と数学とでの記号の用法のずれを意識して）のための最低限の辞書として，必要な事実を列挙する．必要に応じて章末の参考文献によって補完してほしい．

2.1.1 ヒルベルト空間

定義 2.1. 複素ベクトル空間 $\mathcal{H}$ とその半線形内積 $\langle\cdot,\cdot\rangle$ の組であって，ノルム $\|\psi\| := \langle\psi,\psi\rangle^{1/2}$ に関して完備なものをヒルベルト空間という．

ただしここで，$\langle\psi,\phi\rangle$ が半線形内積であるとは，ψ に関して線形，ϕ に関して反線形（つまり $\langle\psi,\lambda\phi\rangle = \overline{\lambda}\langle\psi,\phi\rangle$）となることをいう．物理分野での標準的な記法と線形・反線形の左右が逆転していることに注意．

注意 2.2. 可分な（i.e., 可算稠密部分集合が存在する）無限次元ヒルベルト空間は，同型を除いてただひとつだけ存在する．本書ではこの唯一の可分無限次元ヒルベルト空間のことを断りなく $\mathcal{H}$ と書くことがある．

例 2.3. 本書に登場するヒルベルト空間は以下の 2 種類である．以下，$\mathbb{C}^n$ は標準内積 $\langle\xi,\eta\rangle = \sum_{j=1}^{n}\xi_j\overline{\eta}_j$ を備えているとし，$\|\xi\| := \langle\xi,\xi\rangle^{1/2}$ と書く．

(1) 可算集合 X に対して，ℓ^2-ヒルベルト空間 $\ell^2(X;\mathbb{C}^n)$ を

$$\ell^2(X;\mathbb{C}^n) := \left\{\psi\colon X \to \mathbb{C}^n \mid \sum_{x\in X} \|\psi(x)\|^2 < \infty\right\}$$

によって定義する．$n=1$ のとき単に $\ell^2(X)$ または $\ell^2 X$ と書く．例えば $\ell^2\mathbb{N}$ は 2 乗総和可能な数列のなす空間である．これは内積

$$\langle\psi,\phi\rangle := \sum_{x\in X} \langle\psi(x),\phi(x)\rangle$$

によってヒルベルト空間となる．

(2) 測度空間 (X,μ) に対して，その L^2-関数空間を

$$L^2(X;\mathbb{C}^n) := \left\{\psi\colon X \to \mathbb{C}^n \mid \psi \text{ は可測}, \int_X \|\psi(x)\|^2 d\mu(x) < \infty\right\}/\sim$$

によって定義する[*1)]．これは内積

$$\langle\psi,\phi\rangle := \int_{x\in X} \langle\psi(x),\phi(x)\rangle d\mu(x)$$

によってヒルベルト空間となる．$\ell^2(X)$ はこの例の特別な場合（μ が数え上げ測度の場合）に相当する．

注意 2.4. （物性）物理の文脈では，ルベーグ測度に関する $L^2(\mathbb{R}^d)$ は波動関数のなすヒルベルト空間，$\ell^2(\mathbb{Z}^d)$ は強束縛近似されたハミルトニアンの作用する離散化された波動関数のヒルベルト空間として用いられる．

2.1.2 有界線形作用素

定義 2.5. 線形写像 $T\colon \mathcal{H} \to \mathcal{H}$ が**有界作用素**であるとは，作用素ノルム

$$\|T\| := \sup_{\psi\in\mathcal{H}\setminus\{0\}} \|T\psi\|/\|\psi\| \tag{2.1}$$

が有限であることをいう．$\mathcal{H}$ 上の有界作用素のなす集合を $\mathbb{B}(\mathcal{H})$ と書く．

例えば，恒等作用素（本書では 1 あるいは $1_{\mathcal{H}}$ と書く）は有界作用素である．一方，例えば $\mathbb{R}$ 上の関数空間に作用する微分作用素 $\frac{d}{dt}$ は，$L^2(\mathbb{R})$ 上の有界作用素ではない．作用素ノルムは $\|S+T\| \le \|S\| + \|T\|$ と $\|ST\| \le \|S\|\cdot\|T\|$ を満たすことから，$\mathbb{B}(\mathcal{H})$ は代数をなす．

定理 2.6 ([259, 定理 2.4.2])**.** 任意の $T \in \mathbb{B}(\mathcal{H})$ に対して，次を満たす作用素 $T^* \in \mathbb{B}(\mathcal{H})$ がただひとつ存在する：任意の $\psi,\phi \in \mathcal{H}$ に対して，$\langle T\psi,\phi\rangle = \langle\psi,T^*\phi\rangle$．この T^* を T の**随伴** (adjoint) **作用素**と呼ぶ．

---

*1) ここで同値関係 $\sim$ は，ほとんどすべての $x \in X$ に対して $\psi(x)=0$ が成り立つような関数 ψ を 0 と同一視している．

これは物理の文献では $T^\dagger$ と書かれるもので，$\mathcal{H} = \mathbb{C}^n$ のときには T の複素共役の転置のことである．また，$\|T^*\| = \|T\|$ と $(ST)^* = T^*S^*$ を満たす．

定義 2.7. $T \in \mathbb{B}(\mathcal{H})$ に対して，以下のように定義する．

- T が**自己共役**であるとは，$T = T^*$ が成り立つことをいう．
- T が**正規**であるとは，$TT^* = T^*T$ が成り立つことをいう．
- T が**射影**であるとは，$T = T^* = T^2$ が成り立つことをいう．
- T が**ユニタリ**であるとは，$T^*T = 1 = TT^*$ が成り立つことをいう．

また，T の実部と虚部を $\mathrm{Re}(T) := \frac{1}{2}(T + T^*)$, $\mathrm{Im}(T) := \frac{1}{2i}(T - T^*)$ と置く．

定義 2.8. 有界作用素 $T \in \mathbb{B}(\mathcal{H})$ に対して，$T^{-1} \in \mathbb{B}(\mathcal{H})$ が T の逆作用素であるとは，$TT^{-1} = 1, T^{-1}T = 1$ を満たすことをいう．作用素 $T \in \mathbb{B}(\mathcal{H})$ の**スペクトル**とは，逆作用素 $(T - \lambda \cdot 1)^{-1}$ が存在しないような $\lambda \in \mathbb{C}$ からなる部分集合 $\sigma(T) \subset \mathbb{C}$ のことをいう．

補題 2.9. 有界作用素のスペクトルは $\mathbb{C}$ の有界閉集合である．また，T が正規ならば，$\|T\| = \sup_{\lambda \in \sigma(T)} |\lambda|$ が成り立つ．

証明. $\|T^n\| \leq \|T\|^n$ となることから，$\|T\| < 1$ のとき，ノイマン級数

$$(1 - T)^{-1} = \sum_{k=0}^{\infty} T^k \tag{2.2}$$

の右辺が収束し[*2)]，特に $1 - T$ は可逆となる．

$\lambda \notin \sigma(T)$ に対して，$|\lambda' - \lambda|$ が十分小さければ $\|1 - (T - \lambda' \cdot 1)(T - \lambda \cdot 1)^{-1}\| = |\lambda - \lambda'| \cdot \|(T - \lambda \cdot 1)^{-1}\| < 1$ となる．よって，上の議論から $(T - \lambda' \cdot 1)(T - \lambda \cdot 1)^{-1}$ が可逆になるので，$\lambda' \notin \sigma(T)$．これは $\sigma(T)$ が閉集合であることを示している．また，$|\lambda| > \|T\|$ ならば $\lambda \cdot 1 - T = \lambda \cdot (1 - \lambda^{-1}T)$ は可逆となるので，$\|T\| \geq \sup_{\lambda \in \sigma(T)} |\lambda|$ が成り立つ．特に $\sigma(T)$ は有界集合となる．

正規作用素の場合の逆の不等号は，命題 2.48 で後述する． □

作用素の構造論として，行列の対角化の一般化であるスペクトル分解と，その帰結としての関数計算がある．関数計算については 2.4 節で後述する．

定義 2.10. 有界作用素 $T \in \mathbb{B}(\mathcal{H})$ が**コンパクト作用素**であるとは，$\mathcal{H}$ の部分集合 $\{T\psi \mid \psi \in \mathcal{H}, \|\psi\| \leq 1\}$ がコンパクトであることをいう．

T がコンパクト作用素であることは，有限階の（i.e., 像が有限次元な）作用素のノルム極限であることと同値である．特に，恒等作用素 1 はコンパクト作用素ではない．また，コンパクト作用素のスペクトルは 0 のみに集積点を持つ $\mathbb{C}$ の可算部分集合である（参考: [259, 8.1 節]）．

---

*2） 作用素の列 $\{T_n\}_{n\in\mathbb{N}}$ に対して，$\sum_n \|T_n\| < \infty$ ならば無限和 $\sum_n T_n$ はノルム位相に関して収束する．

2.2 C*-環

2.2.1 定義と基本的事実

$\mathbb{C}$-代数 A の上の対合 (involution) とは，反線形写像 $*\colon A \to A$（つまり，$(\lambda a)^* = \overline{\lambda} a^*$）であって，$(ab)^* = b^* a^*$ と $a^{**} = a$ を満たすものをいう．

定義 2.11. **C*-環**とは，$\mathbb{C}$-代数 A，対合 $*\colon A \to A$，完備なノルム $\|\text{␣}\|$ の 3 つ組であり，以下の条件を満たすものをいう:

$$\|ab\| \leq \|a\| \cdot \|b\|, \quad \|a^* a\| = \|a\|^2.$$

A が単位元 1_A を持つとき，単位的であるという*3)．

例 2.12. 複素数体 $\mathbb{C}$ は，$z^* := \bar{z}$ と $\|z\| := |z|$ によって C*-環となる．行列環 $\mathbb{M}_n$，より一般にヒルベルト空間 $\mathcal{H}$ 上の有界作用素のなす代数 $\mathbb{B}(\mathcal{H})$ は，作用素の随伴（定理 2.6）と作用素ノルム (2.1) によって C*-環となる．

C*-環 A の部分 C*-環とは，部分 $\mathbb{C}$-代数 $B \subset A$ であって，対合 $*$ について閉じていて，かつノルム位相について閉部分集合であるもののことをいう．

例 2.13. コンパクト作用素の集合 $\mathbb{K}(\mathcal{H})$ は $\mathbb{B}(\mathcal{H})$ の部分 C*-環である．本書では，作用しているヒルベルト空間が明らかであるとき省略して単に $\mathbb{K}$ と書く．

本書で扱う範囲では，C*-環の例の多くは $\mathbb{B}(\mathcal{H})$ の部分 C*-環として構成される（そのため，与えられたノルムが条件を満たすことを直接確認する機会はない）．これに関連して，一般に次の GNS 表現定理 (Gelfand–Naimark–Segal) が成り立つ．

定理 2.14 ([185, Theorem 3.4.1])**.** 任意の C*-環 A は，あるヒルベルト空間上の有界作用素環 $\mathbb{B}(\mathcal{H})$ の部分 C*-環と同型である．

特に，A が可分ならば $\mathcal{H}$ として可分なヒルベルト空間を選べる（実用上重要なのはこの場合である）が，本書に登場する C*-環の一部は可分ではない．

例 2.15. X をコンパクト空間*4) とする．このとき，X の連続関数環

$$C(X) := \{ f\colon X \to \mathbb{C} \mid f \text{ は連続} \}$$

は，対合 $f^*(x) := \overline{f(x)}$ とノルム $\|f\| := \sup_{x \in X} |f(x)|$ によって C*-環となる．実際，X 上の忠実なラドン測度 μ を固定すると，連続関数 $f \in C(X)$ は

$$m_f \in \mathbb{B}(L^2(X)), \quad m_f(\psi) := f \cdot \psi,$$

---

3) 作用素環論の言葉遣いとして，単に $\mathbb{C}$-代数や C-環と言ったときに単位的であることは仮定しない．例えば，ある C*-環 A のイデアル（後述）もまた C*-環である．

*4) 本書に現れる位相空間は，特に断らなくてもすべてハウスドルフであると仮定する．

という掛け算作用素と同一視することができ，これによって $C(X)$ は $\mathbb{B}(L^2(X))$ の部分 C*-環とみなせる．

X が局所コンパクト空間のときには $C(X)$ は C*-環とならない（$\|f\| < \infty$ とは限らない）ため，代わりにコンパクト台連続関数のなす代数 $C_c(X)$ のノルム完備化 $C_0(X) := \overline{C_c(X)}$ を扱う．言い換えると，$C_0(X)$ は遠くで減衰するような関数のなす C*-環である．特に X が離散集合のときには $C_0(X)$ の代わりに $c_0(X)$ と書く．このほかに，有界連続関数の集合 $C_b(X)$ もまた C*-環をなす（これは可分ではない）．

定義 2.16. 写像 $\varphi\colon A \to B$ が $*$-準同型であるとは，代数準同型であって $\varphi(a^*) = \varphi(a)^*$ を満たすことをいう．

これは完全に代数的な条件だが，ノルムの条件 $\|a^*a\| = \|a\|^2$ によって自動的に次の解析的な性質を持つ: $*$-準同型 $\varphi\colon A \to B$ は必ず縮小的，つまり $\|\varphi(a)\| \le \|a\|$ になる（[185, Theorem 2.1.7]）．また，φ が単射ならば φ は必ず等長的である．特に，C*-環の $*$-代数としての同型は等長的である．

2.2.2 C*-環のイデアルと商

本書において C*-環の枠組を導入することの主要な動機のひとつが，C*-環をイデアルで割るという操作にある．

定義 2.17. C*-環 A の部分 $\mathbb{C}$-ベクトル空間 I がイデアル（より正確には閉両側 $*$-イデアル）であるとは，代数的なイデアルであり（$a \in A, x \in I$ に対して $ax, xa \in I$），$*$-演算で閉じていて（$x \in I$ ならば $x^* \in I$），さらに位相的に閉であることをいう．

命題 2.18 ([185, Theorem 3.1.4])**.** C*-環 A のイデアル I に対して，商代数 A/I はノルム $\|a + I\| := \inf_{x \in I} \|a + x\|$ によって C*-環となる．

例 2.19. 局所コンパクト位相空間 X と開部分集合 U に対して，$C_0(U)$ は $C_0(X)$ のイデアルであり，商 C*-環 $C_0(X)/C_0(U)$ は $C_0(X \setminus U)$ と同型になる．逆に，任意の $C_0(X)$ のイデアルはある開集合 U の連続関数環 $C_0(U)$ と一致する．また，イデアル $C_0(U) \subset C_0(X)$ が本質的である（i.e., 任意の $f' \in C_0(U)$ に対して $f'f = 0$ を満たすような $f \in C_0(X)$ は 0 のみ）ことと，$U \subset X$ が稠密であることは同値である．

例 2.20. C*-環 A に対して，その忠実（i.e., 単射）な $*$-準同型 $\pi\colon A \to \mathbb{B}(\mathcal{H})$ であって，$1_{\mathcal{H}}$ が π の像に含まれないものをひとつ取る．$\pi(A)$ と単位元 $1_{\mathcal{H}}$ が生成する C*-環を A^+ と書く．この A^+ は，$*$-代数としては $A \oplus \mathbb{C}$ に積

$$(a + \lambda \cdot 1)(b + \mu \cdot 1) = (ab + \lambda b + \mu a) + \lambda\mu \cdot 1$$

と対合 $(a+\lambda\cdot 1)^*=a^*+\bar{\lambda}\cdot 1$ を導入したものである．A^+ の C*-ノルムはその代数構造のみから一意的に定まり，π の選び方によらない．この A^+ を A の**単位化** (unitization) と呼ぶ．例えば，局所コンパクト空間 X に対して，$C_0(X)^+$ は X の一点コンパクト化 X^+ の連続関数環になる（cf. 定理 2.37）．

例 2.21. 例 2.13 で定義したコンパクト作用素環 $\mathbb{K}(\mathcal{H})$ は，$\mathbb{B}(\mathcal{H})$ のイデアルである．したがって，商 $\mathcal{Q}(\mathcal{H}):=\mathbb{B}(\mathcal{H})/\mathbb{K}(\mathcal{H})$ もまた C*-環である．この C*-環は**カルキン環** (Calkin algebra) と呼ばれる．この作用素環のトポロジーは指数理論の雛型である（3 章で詳述）．

例 2.22. $*$-準同型 $\pi_1\colon A_1\to B$, $\pi_2\colon A_2\to B$ に対して，B 上の**ファイバー和**

$$A_1\oplus_B A_2:=\{(a_1,a_2)\in A_1\oplus A_2\mid \pi_1(a_1)=\pi_2(a_2)\}\subset A_1\oplus A_2$$

は部分 C*-環である．π_2 が全射のとき，$I:=\operatorname{Ker}\pi_2$ と置くと，

$$0\to I\to A_1\oplus_B A_2\to A_1\to 0$$

は完全列となる．さらに π_1 が単射のときには，$A_1\oplus_B A_2$ は部分 C*-環 $\pi_2^{-1}(\pi_1(A))\subset A_2$ と同一視できる．

例 2.23. 射影 $\mathbb{B}(\mathcal{H})\to\mathcal{Q}(\mathcal{H})$ を q と書く．部分 C*-環 $A\subset\mathbb{B}(\mathcal{H})$ と射影 $P\in\mathbb{B}(\mathcal{H})$ があって，各 $a\in A$ に対して $[a,P]:=aP-Pa$ はコンパクト作用素になるとする．このとき，$\pi(a):=q(aP)$ は $*$-準同型 $\pi\colon A\to\mathcal{Q}(P\mathcal{H})$ を与える．C*-環 $\mathcal{T}(A,P)$ をファイバー和（例 2.22）$A\oplus_{\mathcal{Q}(P\mathcal{H})}\mathbb{B}(P\mathcal{H})$ によって定義すると，C*-環の完全列

$$0\to\mathbb{K}(P\mathcal{H})\to\mathcal{T}(A,P)\xrightarrow{\sigma}A\to 0$$

を得る*5)．$A\cap\mathbb{K}(\mathcal{H})=\{0\}$ ならば，例 2.22 の注意により，$\mathcal{T}(A,P)$ は PAP と $\mathbb{K}(P\mathcal{H})$ が生成する $\mathbb{B}(P\mathcal{H})$ の部分 C*-環と同型になる．このような A と P の典型的な例がテープリッツ環である（3.4 節）．

2.3 本書に登場する C*-環の例

2.3.1 群 C*-環

可算離散群 G に対して，$\{u_g\}_{g\in G}$ を基底とする $\mathbb{C}$-ベクトル空間に積

$$\Big(\sum_g a_g\cdot u_g\Big)\Big(\sum_h b_h\cdot u_h\Big)=\sum_{g,h}a_gb_h\cdot u_{gh}$$

5) ちなみに，同様の構成はイデアルが $\mathbb{K}(P\mathcal{H})$ でない場合にも機能する．カスパロフ–シュタインスプリングの定理（[165, Theorem 5.6]）によると，非常に大きなクラスの C-環の完全列がこのように構成されたものと（非自明に）同型になる．

を導入したものは $\mathbb{C}$-代数となる．これを G の群環と呼び，$\mathbb{C}[G]$ と書く．ここには $u_g^* := u_{g^{-1}}$ によって対合が定義できる．本書では特に G として有限群，並進群 $\mathbb{Z}^d$，そしてその有限拡大である結晶群を扱う．

群 G の左正則表現 $\lambda\colon G \to \mathbb{B}(\ell^2 G)$ を $\lambda_g(\xi)(h) := \xi(g^{-1}h)$ によって定義する．例えば $G = \mathbb{Z}^d$ のとき，これは d 次元の格子上の関数空間への並進による表現のことである．この表現は，$\lambda(\sum a_g u_g) := \sum a_g \lambda_g$ によって $*$-準同型 $\lambda\colon \mathbb{C}[G] \to \mathbb{B}(\ell^2 G)$ に延長する*6)．

定義 2.24. $\lambda(\mathbb{C}[G])$ のノルム位相による閉包を G の **(被約) 群 C*-環** (reduced group C*-algebra) といい，$C_r^*(G)$ または $C_r^* G$ と書く．

特に，並進群 $\mathbb{Z}^d$ の被約群 C*-環 $C_r^*(\mathbb{Z}^d)$ については 2.4.3 節で再訪する．

群の 2-コサイクルが与えられたとき，これによって群 C*-環を変形することができる．$\omega\colon G \times G \to \mathbb{T}$ がコサイクル条件

$$\omega(g,h)\omega(gh,k) = \omega(h,k)\omega(g,hk)$$

を満たすとする．このとき，$\{u_g^\omega\}_{g\in G}$ を基底とする $\mathbb{C}$-ベクトル空間に積

$$\Big(\sum_g a_g \cdot u_g^\omega\Big)\Big(\sum_h b_h \cdot u_h^\omega\Big) = \sum_{g,h} \omega(g,h) \cdot a_g b_h \cdot u_{gh}^\omega$$

と対合 $u_g^* = \omega(g,g^{-1}) u_{g^{-1}}$ を導入したものは，$*$-代数となる．これを G の捩れ群環と呼び，$\mathbb{C}_\omega[G]$ と書く．

$g \in G$ に対して，ユニタリ作用素 $\lambda_g^\omega \in \mathbb{B}(\ell^2 G)$ を

$$\lambda_g^\omega(\psi)(h) := \omega(g, g^{-1}h) \cdot \psi(g^{-1}h)$$

によって定義すると，これらは関係式 $\lambda_g^\omega \lambda_h^\omega = \omega(g,h)\lambda_{gh}^\omega$ を満たす．これによって，$*$-準同型 $\lambda^\omega\colon \mathbb{C}_\omega[G] \to \mathbb{B}(\ell^2 G)$ が定義できる．

定義 2.25. $\mathbb{B}(\ell^2 G)$ の中で $\lambda^\omega(\mathbb{C}_\omega[G])$ の閉包を取ることで得られる C*-環を，**被約捩れ群 C*-環**と呼び，$C_r^*(G;\omega)$ と書く．

捩れ群 C*-環の最も基本的な例が以下の非可換トーラスである．これは，非可換幾何学において非常に基本的な位置を占める C*-環であると同時に，本書では一様磁場を印加した系の観測量の代数として登場する．

定義 2.26. $G = \mathbb{Z}^2$ とする．$\theta \in \mathbb{R}$ に対して，記号を濫用して $\theta\colon G^2 \to \mathbb{T}$ を $\theta(\boldsymbol{v},\boldsymbol{w}) := \exp(2\pi i\theta(v_2 w_1 - v_1 w_2))$ と定める．この θ はコサイクル条件を満たす．このとき，捩れ群 C*-環 $C_r^*(\mathbb{Z}^2;\theta)$ を**非可換トーラス**（あるいは，θ が無理数のときには無理数回転環）と呼ぶ．

*6) 一般に，G のユニタリ表現 π に対して同様に $*$-準同型 $\mathbb{C}[G] \to \mathbb{B}(\mathcal{H})$ が定義できる．

非可換トーラスの稠密な部分環である捩れ群環 $\mathbb{C}_\theta[\mathbb{Z}^2]$ は，ふたつのユニタリ $U_1^\theta = \lambda_{(1,0)}^\theta, U_2^\theta = \lambda_{(0,1)}^\theta$ によって生成され，以下の関係式を満たす:

$$U_2^\theta U_1^\theta = e^{2\pi i\theta} U_1^\theta U_2^\theta.$$

C*-環 $C_r^*(\mathbb{Z}^2;\theta)$ は，θ が有理数のときと無理数のときで大きく異なる振る舞いをする．例えば，$\theta = p/q$ のときには同型 $C_r^*(\mathbb{Z}^2;\theta) = \mathbb{M}_q(C_r^*\mathbb{Z}^2)$ が成り立つ一方で，$\theta \notin \mathbb{Q}$ ならば $C_r^*(\mathbb{Z}^2;\theta)$ は行列環 $\mathbb{M}_N$ への $*$-準同型を持たない．実際，もし $\pi\colon C_r^*(\mathbb{Z}^2;\theta) \to \mathbb{M}_N$ が存在したならば，$\pi(U_1^\theta)$ と $\pi(U_2^\theta)$ は $\pi(U_2^\theta)\pi(U_1^\theta) = e^{2\pi i\theta}\pi(U_1^\theta)\pi(U_2^\theta)$ を満たすが，両辺の行列式を取ると矛盾する．実はより強く，$\theta \notin \mathbb{Q}$ のときには非可換トーラスは単純 C*-環になる（i.e., 非自明なイデアルを持たない）ことがわかる（例えば [71, Theorem VI.1.4]）．これは $\theta = 0$ のときに $C_r^*\mathbb{Z}^2$ が豊富なイデアルを持つことと対照的である．

2.3.2 接合積

C*-環 A に対し，離散群 G の C*-環 A への作用とは，A の自己同型群 $\mathrm{Aut}(A)$ への群準同型 $\alpha\colon G \to \mathrm{Aut}(A)$ のことをいう．例えば，X をコンパクト空間とすると，離散群 G の X への作用と連続関数環 $C(X)$ への作用は等価である（定理 2.37）．このとき，有限和 $\sum_{g\in G} a_g u_g$（$g \in G$ に対して $a_g \in A$，u_g は形式的な記号）のなすベクトル空間に，積と対合を

$$\Big(\sum_g a_g u_g\Big)\Big(\sum_h b_h u_h\Big) = \sum_{g,h} a_g \alpha_g(b_h) u_{gh}, \quad \Big(\sum_g a_g u_g\Big)^* = \sum_g \alpha_{g^{-1}}(a_g) u_g^*,$$

によって導入した $\mathbb{C}$-代数を $A \rtimes_{\mathrm{alg}} G$ と置く．単射 $*$-準同型 $\pi\colon A \to \mathbb{B}(\mathcal{H})$ に対して，$*$-準同型 $\pi \rtimes \lambda\colon A \rtimes_{\mathrm{alg}} G \to \mathbb{B}(\mathcal{H} \otimes \ell^2 G)$ を

$$(\pi \rtimes \lambda)(a) = \mathrm{diag}(\alpha_{g^{-1}}(a))_{g\in G}, \quad (\pi \rtimes \lambda)(u_g) = 1 \otimes \lambda_g$$

によって定める．

定義 2.27. 部分 $*$-代数 $(\pi \rtimes \lambda)(A \rtimes_{\mathrm{alg}} G) \subset \mathbb{B}(\mathcal{H} \otimes \ell^2 G)$ の閉包を $A \rtimes_r G$ と書き，A と G の**（被約）接合積 C*-環**と呼ぶ．

この C*-環は $(\pi, \mathcal{H})$ の選び方によらず定まる（[59, Proposition 4.1.5]）．

例 2.28. 次の 2 つの場合が基本的である．

- G-作用が自明のとき，$A \rtimes_r G \cong A \otimes C_r^* G$ となる．
- $A = C_0(X)$ で，X への G-作用が自由かつ固有（言い換えると，X は X/G 上の主 G 束）のとき，$C_0(X) \rtimes_r G \cong C_0(X/G) \otimes \mathbb{K}(\ell^2 G)$ となる．

命題 2.29. G が有限群のとき，$A \otimes \mathbb{K}(\ell^2 G)$ への G-作用 $\alpha_g \otimes \mathrm{Ad}(\rho_g)$ の不変部分環は $A \rtimes_r G$ と同型になる（ρ_g は G の右正則表現，i.e., $\rho_g \xi(h) = \xi(hg)$）．

証明. $e_{g,h} \in \mathbb{K}(\ell^2 G)$ を行列要素とする．これを用いて元 $x \in A \otimes \mathbb{K}(\ell^2 G)$ を $x = \sum_{g,h \in G} a_{gh} \otimes e_{g,h}$ と表示すると，

$$(\alpha_g \otimes \operatorname{Ad} \rho_g)(a_{hk} \otimes e_{h,k}) = \alpha_g(a_{hk}) \otimes e_{hg^{-1},kg^{-1}}$$

より，x が G 不変となるには $a_{hg^{-1},kg^{-1}} = \alpha_g(a_{h,k})$ を満たしている必要がある．これはまさに $x = (\pi \rtimes \lambda)(\sum_h a_h u_h)$ の形で書けることを意味する． □

例 2.30. 群 $\mathbb{Z}$ が $\mathbb{T}$ に角度 $2\pi\theta$ 回転によって作用しているとする．このとき，接合積 $C(\mathbb{T}) \rtimes_r \mathbb{Z}$ は 2 つのユニタリ $z \in C(S^1)$，$u \in \mathbb{C}[\mathbb{Z}]$ によって生成され，関係式 $zu = e^{2\pi i\theta} uz$ を満たすので，$C(\mathbb{T}) \rtimes_r \mathbb{Z} \cong C_r^*(\mathbb{Z}^2; \theta)$ となる．

2.3.3 亜群とその C*-環

亜群とは，“すべての射が可逆な圏” のことを指す用語である．その特別な場合として，要素がひとつしかない亜群が群となる．この代数的な対象を位相込みで考えることで，力学系（群作用）の一般化とみなすことができる．

圏という概念の持っているデータを書き下すと，次のようになる．

- 射の集まり $\mathcal{G}^{(1)}$ と要素の集まり $\mathcal{G}^{(0)}$，
- 射に対してそのソース（定義域）を対応させる $s \colon \mathcal{G}^{(1)} \to \mathcal{G}^{(0)}$，
- 射に対してそのレンジ（値域）を対応させる $r \colon \mathcal{G}^{(1)} \to \mathcal{G}^{(0)}$，
- 射の合成 $\mathcal{G}^{(1)} \times_{r,s} \mathcal{G}^{(1)} \to \mathcal{G}^{(1)}$，
- 対象に恒等射を対応させる $1 \colon \mathcal{G}^{(0)} \to \mathcal{G}^{(1)}$.

ただしここで，

$$\mathcal{G}^{(1)} \times_{r,s} \mathcal{G}^{(1)} := \{(\gamma, \rho) \in \mathcal{G}^{(1)} \times \mathcal{G}^{(1)} \mid s(\gamma) = r(\rho)\}$$

は（右から左に）合成可能な射のペアのなす集合である．これらは

- 合成の結合法則を満たす: $(\gamma \circ \rho) \circ \sigma = \gamma \circ (\rho \circ \sigma)$.
- 恒等射は $1_{r(\gamma)} \circ \gamma = \gamma = \gamma \circ 1_{s(\gamma)}$ を満たす.
- $\mathcal{G}$ が亜群ならば，任意の $\gamma \in \mathcal{G}^{(1)}$ に逆射 $\gamma^{-1} \in \mathcal{G}^{(1)}$ が存在する.

定義 2.31. 上の $\mathcal{G}^{(1)}$，$\mathcal{G}^{(0)}$ が局所コンパクト空間で，$s, r, \circ, 1$ および $g \mapsto g^{-1}$ が連続写像であるとき，$\mathcal{G} = (\mathcal{G}^{(0)}, \mathcal{G}^{(1)}, s, r, \circ, 1)$ を局所コンパクト位相亜群と呼ぶ．さらに，条件

- 写像 s, r は局所同相写像（すなわち，任意の $g \in \mathcal{G}^{(1)}$ に対して開近傍 U が存在して $s|_U$，$r|_U$ は像への同相写像)，

を満たすとき，$\mathcal{G}$ は**エタール亜群** (étale groupoid) であるという.

例えば，局所コンパクト群 G が局所コンパクト空間 X に作用しているとき，$\mathcal{G}^{(0)} = X$, $\mathcal{G}^{(1)} = G \times X$, $s(g,x) = x$, $r(g,x) = gx$, $(h, gx) \circ (g, x) = (hg, x)$, $1_x = (1_G, x)$ は局所コンパクト位相亜群をなす．この亜群を作用亜群と呼び，

$X \rtimes G$ と書く．G が離散群なら $X \rtimes G$ はエタール亜群となる．

$\mathcal{G}$ をエタール亜群とする．このとき，コンパクト台関数のなすベクトル空間 $C_c(\mathcal{G}^{(1)})$ は，以下の "畳み込み" 積によって $\mathbb{C}$-代数になる:

$$(f_1 * f_2)(\gamma) := \sum_{r(\rho)=r(\gamma)} f_1(\rho) f_2(\rho^{-1}\gamma).$$

$\omega \in \mathcal{G}^{(0)}$ に対して，$\mathcal{G}_\omega := \{\gamma \in \mathcal{G}^{(1)} \mid s(\gamma) = \omega\}$ と置く．すると

$$\pi_\omega \colon C_c(\mathcal{G}^{(1)}) \to \mathbb{B}(\ell^2(\mathcal{G}_\omega)), \quad \pi_\omega(f)\psi = \sum_{r(\rho)=r(\gamma)} f(\rho)\psi(\rho^{-1}\gamma)$$

は $*$-準同型をなしている．

定義 2.32. 畳み込み代数 $C_c(\mathcal{G}^{(1)})$ のノルム $\|f\| := \sup_\omega \|\pi_\omega(f)\|$ による完備化を $C^*_r(\mathcal{G})$ または $C^*_r\mathcal{G}$ と書き，エタール亜群 $\mathcal{G}$ の**被約亜群 C*-環**と呼ぶ．

例えば，作用亜群 $\mathcal{G} = X \rtimes G$ に対しては $C^*_r(\mathcal{G}) \cong C(X) \rtimes_r G$ となる．

注意 2.33. $f \colon \mathcal{G}^{(1)} \to \mathbb{C}$ と $\omega \in \mathcal{G}^{(0)}$ に対して，$\|f\|_{\omega,1} := \sum_{\gamma \in \mathcal{G}_\omega} |f(\gamma)|$ と置く．$\|f\|_1 := \sup_\omega \|f\|_{\omega,1} < \infty$ を満たす連続関数 f のなす集合を $\mathfrak{L}^1(\mathcal{G})$ と書くと，$\|f\|_{\omega,1} \le \|\pi_\omega(f)\|$ より $\mathfrak{L}^1(\mathcal{G}) \subset C^*_r\mathcal{G}$ となる．

例 2.34. 作用亜群以外の重要な例に，記号力学系に由来するものがある．$\mathsf{G} = (\mathsf{V}, \mathsf{E}, s, r)$ を有限有向グラフとする*7)．$\mathsf{E}^0 := \mathsf{V}$, $\mathsf{E}^1 := \mathsf{E}$ と置き，E^n を G 上で合成可能な道（を左から右に並べたもの）のなす集合とする:

$$\mathsf{E}^n := \{\mathsf{e}_1\mathsf{e}_2\cdots\mathsf{e}_n \mid s(\mathsf{e}_{i+1}) = r(\mathsf{e}_i)\}, \quad \mathsf{E}^\infty := \varprojlim_n \mathsf{E}^n \ni \mathsf{e}_1\mathsf{e}_2\mathsf{e}_3\cdots.$$

$\mathcal{G}^{(0)}_{\mathsf{G}} := \mathsf{E}^\infty$ とし，長さ無限の道の "最初の有限ステップの取り替え" を射とするような亜群を考える．正確には，$\rho(\mathsf{e}_1\mathsf{e}_2\cdots) := (\mathsf{e}_2\mathsf{e}_3\cdots)$ を用いて

$$\begin{aligned}
&\mathcal{G}^{(1)}_{\mathsf{G}} := \{(\mathsf{w}_1, k-l, \mathsf{w}_2) \in \mathsf{E}^\infty \times \mathbb{Z} \times \mathsf{E}^\infty \mid \rho^k(\mathsf{w}_1) = \rho^l(\mathsf{w}_2)\},\\
&s(\mathsf{w}_1, n, \mathsf{w}_2) = \mathsf{w}_2, \quad r(\mathsf{w}_1, n, \mathsf{w}_2) := \mathsf{w}_1, \quad \mathrm{id}_{\mathsf{w}} := (\mathsf{w}, 0, \mathsf{w}),\\
&(\mathsf{w}_1, n, \mathsf{w}_2) \circ (\mathsf{w}_2, m, \mathsf{w}_3) := (\mathsf{w}_1, n+m, \mathsf{w}_3),
\end{aligned}$$

と置くと，これらはエタール亜群をなす．C*-環 $C^*_r(\mathcal{G}_{\mathsf{G}})$ を**グラフ C*-環**[162]，特に頂点 v_1 から v_2 への辺が高々 1 本しかない場合には**クンツ–クリーガー環** (Cuntz–Krieger algebra)[68] と呼ぶ．また，準同型

$$c \colon \mathcal{G}^{(1)}_{\mathsf{G}} \to \mathbb{Z}, \quad c(\mathsf{w}_1, n, \mathsf{w}_2) := n,$$

の核 $\mathcal{F}_{\mathsf{G}} := \mathrm{Ker}\, c$ は $\mathcal{G}_{\mathsf{G}}$ の部分亜群をなす．その亜群 C*-環 $C^*_r(\mathcal{F}_{\mathsf{G}})$ は AF 環

*7) ここで，V はグラフの頂点集合，E は辺の集合，$s, r \colon \mathsf{E} \to \mathsf{V}$ はそれぞれ辺に対してその始点と終点を対応させる写像．

になる*8)．$C_r^*\mathcal{G}_{\mathsf{G}}$ や $C_r^*\mathcal{F}_{\mathsf{G}}$ は単純 C*-環になる，その K 群が決定できるなど，C*-環論にとって重要な例を提供する．本書では，タイリングの上の観測量の代数との関係を後述する（例 6.21）．

2.3.4　クリフォード代数

定義 2.35. 実ベクトル空間 V とその上の非退化な 2 次形式 $q(\sqcup,\sqcup)$ に対して，元 $\{\mathfrak{c}(v)\}_{v\in V}$ の生成する自由代数を関係式 $\mathfrak{c}(v+cw)=\mathfrak{c}(v)+c\mathfrak{c}(w)$ と

$$\mathfrak{c}(v)\mathfrak{c}(w)+\mathfrak{c}(w)\mathfrak{c}(v)=2q(v,w)\cdot 1$$

で割った商 $\mathbb{R}$-代数を (V,q) の**クリフォード代数** (Clifford algebra) と呼び，$C\ell(V,q)$ あるいは単に $C\ell(V)$ と書く．

特に，$\mathbb{R}^{j+l}$ に符号 (j,l) の非定値内積を導入した $\mathbb{R}^{j,l}$ のクリフォード代数 $C\ell(\mathbb{R}^{j,l})$ を単に $C\ell_{j,l}$ と書く．$\mathbb{R}^{j,l}$ の自然な基底を用いると，$C\ell_{j,l}$ の生成元 $\mathfrak{e}_1,\cdots,\mathfrak{e}_j,\mathfrak{f}_1,\cdots,\mathfrak{f}_l$ として関係式

$$\mathfrak{e}_i\mathfrak{e}_k+\mathfrak{e}_k\mathfrak{e}_i=2\delta_{ik},\quad \mathfrak{f}_i\mathfrak{f}_k+\mathfrak{f}_k\mathfrak{f}_i=-2\delta_{ik},\quad \mathfrak{e}_i\mathfrak{f}_k+\mathfrak{f}_k\mathfrak{e}_i=0$$

を満たすものを選べる．特に $\mathfrak{e}_j^2=1$, $\mathfrak{f}_j^2=-1$ であり，$\mathfrak{e}_j^*=\mathfrak{e}_j$, $\mathfrak{f}_j^*=-\mathfrak{f}_j$ によって $*$-構造が入る．

同様に，複素ベクトル空間 $V_{\mathbb{C}}$ からは複素係数のクリフォード代数 $\mathbb{C}\ell(V_{\mathbb{C}})$ が構成できる．$\mathbb{C}\ell(\mathbb{C}^{j,l})$ は $j+l$ にしかよらないので，これを単に $\mathbb{C}\ell_{j+l}$ と書く．$\mathbb{C}\ell_j$ は j が偶数のときは $\mathbb{M}_{2^{j/2}}$，奇数のときには $\mathbb{M}_{2^{(j-1)/2}}^{\oplus 2}$ と同型になる．特に，$\mathbb{C}\ell_j$ は C*-環になる．例えば，同型 $\mathbb{C}\ell_2\cong\mathbb{M}_2$ は生成元 $\mathfrak{e}_1$, $\mathfrak{e}_2$ をそれぞれパウリ行列 σ_x, σ_y に対応させる．

$C\ell_{j,l}$ は，対合 $\mathfrak{e}_i^*=\mathfrak{e}_i$, $\mathfrak{f}_i^*=-\mathfrak{f}_i$，$\mathbb{Z}_2$-次数 $\gamma(\mathfrak{e}_i)=-\mathfrak{e}_i$, $\gamma(\mathfrak{f}_i):=-\mathfrak{f}_i$, 実構造 $\bar{\mathfrak{e}}_i=\mathfrak{e}_i$, $\bar{\mathfrak{f}}_i=\mathfrak{f}_i$ によって $\mathbb{Z}_2$-次数つき実 C*-環（定義 8.15, 定義 A.4）となる．

注意 2.36. クリフォード代数の構造と表現について補足する．

(1) クリフォード代数の次数つきテンソル積は，$C\ell(V)\hat{\otimes}C\ell(W)\cong C\ell(V\oplus W)$ を満たす（付録 A.1.5）．特に $C\ell_{j,l}\hat{\otimes}C\ell_{j',l'}\cong C\ell_{j+j',l+l'}$.

(2) 同型 $\mathbb{C}\ell_2\cong\mathbb{M}_{1,1}$, $C\ell_{1,1}\cong\mathbb{M}_{1,1}(\mathbb{R})$, $C\ell_{0,8}\cong\mathbb{M}_{8,8}(\mathbb{R})$ が成り立つ．特に $C\ell_{j,l}$ は $j-l\equiv 0 \pmod 8$ のときただひとつの規約表現 $S_{j,l}$ を持ち（スピン表現），$C\ell_{j,l}\cong\mathrm{End}(S_{j,l})$ となる．

(3) (1) と (2) によると，実または複素クリフォード代数の森田同値類は全部で

$$\mathbb{C}\ell_0,\mathbb{C}\ell_1,C\ell_{0,0},C\ell_{0,1},C\ell_{0,2},C\ell_{0,3},C\ell_{0,4},C\ell_{1,0},C\ell_{2,0},C\ell_{3,0}$$

8) AF 環とは，有限次元 C-環（行列環の有限直和）の増大列 $\{A_n\}$ の帰納極限 $\varinjlim_n A_n=\overline{\bigcup A_n}$（正確な定義は例えば [211, Chapter 6]）をいう．AF 環は，その構造がよく理解されている C*-環のクラスである（e.g. [71, Chapter III]）．

の 10 種類となる．これは $\mathbb{Z}_2$-次数つき単純 $\mathbb{R}$-代数の森田同値類の分類と一致する（次数つきウェッダーバーン構造定理[103]）．

(4) $C\ell_{j,l}$ の $\mathbb{Z}_2$-次数つき有限次元表現の同型類のなす可換モノイドを $\hat{\mathfrak{M}}_{j,l}$ と置く．$C\ell_{j+1,l}$, $C\ell_{j,l+1}$ の表現を $C\ell_{j,l}$ に制限する写像を ι と書くと，商モノイド $\mathfrak{A}_{j,l} := \hat{\mathfrak{M}}_{j,l}/\iota(\hat{\mathfrak{M}}_{j,l+1})$，$\mathfrak{B}_{j,l} := \hat{\mathfrak{M}}_{j,l}/\iota(\hat{\mathfrak{M}}_{j+1,l})$ は群をなし，

$$\mathfrak{A}_{j,l} \cong \mathfrak{B}_{l,j} \cong \begin{cases} \mathbb{Z} & l-j \equiv 0,4 \mod 8 \text{ のとき}, \\ \mathbb{Z}_2 & l-j \equiv 1,2 \mod 8 \text{ のとき}, \\ 0 & \text{それ以外}. \end{cases}$$

2.4 可換 C*-環

2.4.1 ゲルファント–ナイマルク双対定理

連続関数環 $C(X)$ は可換 C*-環であるが，以下のゲルファント–ナイマルク双対定理によると，可換 C*-環から逆に X に相当する空間を復元できる．

定理 2.37 ([185, Theorem 2.1.10])**.** A を単位的な可換 C*-環とする．このとき，ゲルファントスペクトル

$$\mathrm{Sp}(A) := \{\chi\colon A \to \mathbb{C} \mid \chi \text{ は } *\text{-準同型}\}$$

は双対空間 A^* の弱 $*$-位相（付録 A.1.2）によってコンパクト空間となる．また，同型 $A \cong C(\mathrm{Sp}(A))$ が成り立つ．

本書では，ブリルアン領域やハミルトニアンの包 (注意 6.7) といった仮想的な空間が，この定理を通して観測量の代数から再構成される．

注意 2.38. 定理 2.37 は，コンパクト空間と単位的可換 C*-環の間の 1:1 対応を与えている（ゲルファント–ナイマルク双対）．

(1) この双対は反変な圏同値を与えている: 連続写像 $f\colon X \to Y$ と単位的 $*$-準同型 $f^*\colon C(Y) \to C(X)$ は 1:1 に対応し，合成と整合的である．

(2) 単位的でない C*-環 A に対して，$\mathrm{Sp}(A)$ は局所コンパクト空間となり，$C_0(\mathrm{Sp}(A))$ が A と同型になる．$*$-準同型 $C_0(X) \to C_0(Y)$ は単位化（例 2.20）の間の単位的な準同型 $C_0(X)^+ \to C_0(Y)^+$ に一意的に延長し，その双対は無限遠点を保つ連続写像 $Y^+ \to X^+$ を誘導する．よって，単位的とは限らない可換 C*-環のなす圏は，基点つきコンパクト空間と基点を保つ連続写像のなす圏と圏同値である*9)．

この双対定理をもとに，C*-環を "位相空間の非可換化" とみなすアナロジー

*9) 連続写像 $f\colon Y \to X$ が $*$-準同型 $C_0(Y) \to C_0(X)$ を誘導するのは f が固有であることと同値である．ここで，連続写像 $f\colon X \to Y$ が固有 (proper) であるとは，コンパクト集合の逆像がコンパクトであることをいう．

を考え，位相空間に対する幾何的な手法を C*-環論に輸入するというのが，非可換幾何学の基本的な考え方である．

定義 2.39. C*-環 A に対して，テンソル積 $A \otimes C_0((0,1)) \cong C_0((0,1),A)$ (例 A.3 (1)) を $\mathtt{S}A$ と書き，A の**懸垂** (suspension) と呼ぶ．また，$A \otimes C_0([0,1))$ を $\mathtt{C}A$ と書き，A の**錐** (cone) と呼ぶ．さらに，$*$-準同型 $\varphi\colon A \to B$ に対して，その**写像錐** (mapping cone) を

$$\mathtt{C}\varphi := A \oplus_B \mathtt{C}B = \{(a,f) \in A \oplus \mathtt{C}B \mid \varphi(a) = f(0)\}$$

によって定義する（cf. 例 2.22）．

本書では，開区間 $(0,1)$, 実数直線 $\mathbb{R}$，そして $\mathbb{T} \setminus \{1\}$ をしばしば勝手に同一視し，例えば $\mathtt{S}A = C_0(\mathbb{R}) \otimes A$ などとも書く．

懸垂は，注意 2.38 (2) の圏同値の下で位相空間の懸垂に相当する．基点つき空間 $(X,*)$ に C*-環 $A := C_0(X \setminus \{*\})$ を対応させると，その懸垂 $\mathtt{S}A \cong C_0((X \setminus \{*\}) \times \mathbb{R})$ は，X の基点つき空間としての懸垂 ΣX の関数環 $C_0(\Sigma X \setminus \{*\})$ と自然に同一視できる．同様に，$\mathtt{C}A$ や $\mathtt{C}\varphi$ もまた基点つき空間の錐や写像錐に対応する．

例 2.40. 局所コンパクト空間 X に対して，X 上の有界連続関数のなす C*-環 $C_b(X)$ を考える（例 2.15）．この可換 C*-環のゲルファントスペクトル $\beta X := \mathrm{Sp}(C_b(X))$ は，$C_0(X) \subset C_b(X)$ が本質的イデアルであることから，X を稠密な開部分集合として含む．これは X の**ストーン–チェックコンパクト化** (Stone–Čech compactification) と呼ばれ，コンパクト化の中で普遍的なものである．つまり，任意のコンパクト空間 K に対して，連続写像 $F\colon X \to K$ は $\beta F\colon \beta X \to K$ に一意的に延長する．この βF は，制限写像

$$F^*\colon C(K) \to C_b(X), \quad F^*(f) := f \circ F,$$

のゲルファント–ナイマルク双対によって与えられる．

例 2.41. $\theta \in \mathbb{R}$ とする．

- $f(n) := e^{2\pi i n\theta}$ が生成する $c_b(\mathbb{Z})$ の部分 C*-環 A を考えると，$\theta = p/q$（p と q は互いに素）のときには有限次元 C*-環 $A = \mathbb{C}^p$，θ が無理数のときには $A = C(S^1)$ となる．
- θ を無理数とする．可換 C*-環 $c_b(\mathbb{Z})$ の，$c_0(\mathbb{Z})$ と $e^{2\pi i n\theta}$ によって生成される部分 C*-環 A を考える．同型 $A/c_0(\mathbb{Z}) \cong C(S^1)$ があることに注意すると，$\mathrm{Sp}(A)$ は図 2.1 のように点列が $e^{2\pi i\theta}$ ずつ回転しながら S^1 に収束するようなコンパクト空間になる*10)．

*10) 図 2.1 は描画の都合上，極限の S^1 がふたつあるように見えるが，実際にはこれらの S^1 は同一のものである．

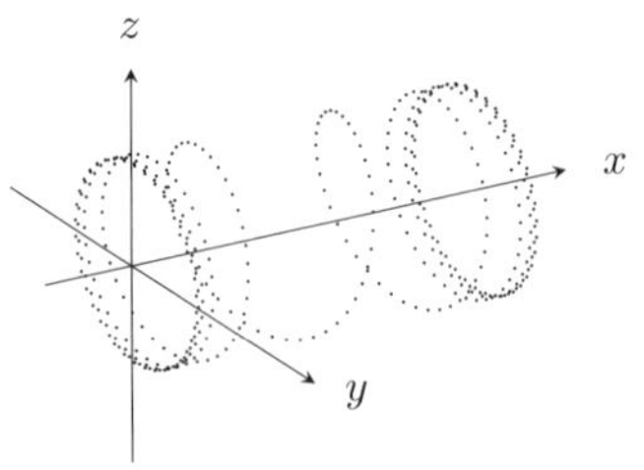

図 2.1　$C^*(c_0(\mathbb{Z}), e^{2\pi i\theta})$ のゲルファント–ナイマルク双対.

2.4.2　スペクトル理論と関数計算

単位的 C*-環 A の元 $a \in A$ に対して，その**スペクトル**を $a - \lambda 1_A \in A$ の逆元が A の要素として存在しないような複素数 λ のなす集合とする．補題 2.9 と同様に，$\sigma(a)$ は $\mathbb{C}$ の閉部分集合である．A が単位的でない場合には，$\sigma(a)$ は A^+ の元としてのスペクトルとする．

命題 2.42 ([185, Theorem 2.1.11])**.** $a \in A \subset B$ のとき，$a \in A$ のスペクトルと $a \in B$ のスペクトルは一致する．特に，$\pi\colon A \to \mathbb{B}(\mathcal{H})$ を単射 $*$-準同型とすると，$\sigma(a)$ と（定義 2.8 の意味での）$\sigma(\pi(a))$ は一致する．

例 2.43. $f \in C(X)$ に対して，$\sigma(f) = \mathrm{Im}(f)$ が成り立つ．

元のスペクトルと定理 2.37 の関係を述べる．正規元 $t \in A$ に対して，1 と t が生成する部分 C*-環 $C^*(1, t) \subset A$ は可換 C*-環となる．

命題 2.44 ([185, Theorem 1.3.7])**.** ゲルファントスペクトル $\mathrm{Sp}(C^*(1, t))$ は，写像 $\chi \mapsto \chi(t)$ によって $\sigma(t)$ と同相になる．

このことから，例えば以下がわかる．

命題 2.45. A を C*-環，I をそのイデアルとする．商写像 $A \to A/I$ を q と置く．このとき，$a \in A$ に対して，$\sigma(q(a)) \subset \sigma(a)$ が成り立つ．

$A = \mathbb{B}(\mathcal{H})$, $I = \mathbb{K}(\mathcal{H})$ の場合（例 2.21）には，$q(T)$ のスペクトルは**本質的スペクトル** $\sigma_{\mathrm{ess}}(T)$ と呼ばれる $\sigma(T)$ の部分集合に一致する．

補題 2.46. 自己共役作用素 T のスペクトルは，本質的スペクトル $\sigma_{\mathrm{ess}}(T)$ と $\sigma_{\mathrm{ess}}(T)$ に集積するような可算集合 $\sigma_{\mathrm{disc}}(T)$ の合併であり，$\lambda \in \sigma_{\mathrm{disc}}(T)$ には有限次元の固有空間 $\mathrm{Ker}(T - \lambda \cdot 1)$ が対応する．

証明. $\mathrm{supp} f \cap \sigma_{\mathrm{ess}}(T) = 0$ を満たす連続関数 $f \in C_0(\mathbb{R})$ に対して，$q(f(T)) = f(q(T)) = 0$ より $f(T) \in \mathbb{K}(\mathcal{H})$ である．したがって，$\mathrm{supp}(f) \cap \sigma(T)$ は重複度有限の点スペクトルのみからなり，$\mathrm{supp}(f)$ 内に集積点を持たない．　□

また，正規作用素を連続関数に代入する**関数計算** (functional calculus) は，命題 2.44 の応用として理解できる．このように抽象的に定義された関数計算は，スペクトル分解を用いた定義（[258, 定義 3.2.12]）と一致する．

定義 2.47. $t \in A$ を正規元とする．$f \in C(\sigma(t))$ に対して，その関数計算 $f(t) \in A$ を，同型 $C(\sigma(t)) \cong C^*(1, t)$ による f の像によって定義する．

命題 2.42 と例 2.43，そして単射 $*$-準同型の等長性から，以下がわかる．

命題 2.48. $t \in A$ を正規元とする．$f \in C(\sigma(t))$ に対して，関数計算 $f(t) \in A$ は $\sigma(f(t)) = f(\sigma(t))$ と $\|f(t)\| = \sup_{\lambda \in \sigma(t)} |f(\lambda)|$ を満たす．

注意 2.49. これらを利用するとスペクトルについて色々なことがわかる．例えば，正規元 $t \in A$ に対して以下が成り立つ．

(1) $\sigma(t) \subset \mathbb{R}$ と t が自己共役であることは同値．

(2) $\sigma(t) = \{0, 1\}$ と t が射影であること $(t = t^* = t^2)$ は同値．

(3) $\sigma(t) \subset U(1)$ と t がユニタリであること $(t^*t = tt^* = 1)$ は同値．

また，次のように射影やユニタリを構成するのにも使える．

(i) A の可逆元のなす集合を $A^\times$ と書く．$a \in A^\times$ に対して，a^*a は可逆正規元なので関数 $x^{-1/2}$ に代入でき，$a(a^*a)^{-1/2}$ はユニタリである（極分解）．

(ii) A の可逆な自己共役元の集合を $A_{\mathrm{sa}}^\times$ と書く．$h \in A_{\mathrm{sa}}^\times$ に対して，これを $\sigma(h) \subset \mathbb{R} \setminus \{0\}$ 上の連続関数 $\chi(x) := x|x|^{-1}$ に代入すると，$\sigma(\chi(h)) \in \{\pm 1\}$ より $\chi(h)^2 = 1$ が成り立つ．$(\chi(h) + 1)/2$ はスペクトルが $\{0, 1\}$ となり，したがって射影である．

注意 2.50. 関数計算 $a \mapsto f(a)$ は A_{sa} 上でノルム位相に関して連続である．実際，A_{sa} の収束点列 $a_n \to a$ を $C(\mathbb{N}^+, A)$ の元と思い，これに対して関数計算を行うと，$f(a_n) \in C(\mathbb{N}^+, A)$ から $f(a_n) \to f(a)$ がわかる．

これに類似して，スペクトルの（集合値関数としての）連続性についてもわかる．ここでは $X \subset \mathbb{C}$ に対して $N_R(X) := \{x \in \mathbb{C} \mid \mathrm{dist}(x, X) < R\}$ という記号を用いている（ただしここで，$\mathrm{dist}(x, X) := \inf_{y \in X} d(x, y)$）．

命題 2.51. 正規作用素 $S, T \in \mathbb{B}(\mathcal{H})$ に対して，以下が成り立つ．

$$\sigma(T) \subset N_{\|S-T\|}(\sigma(S)).$$

証明．$\lambda \notin \sigma(S)$ に対して，$\|(S - \lambda \cdot 1)^{-1}\| < \mathrm{dist}(\lambda, \sigma(S))^{-1}$ が命題 2.48 と補題 2.9 から従う．この λ が $\mathrm{dist}(\lambda, \sigma(S)) > \|S - T\|$ を満たすとき，

$$\|(S - \lambda \cdot 1)^{-1}(T - \lambda \cdot 1) - 1\| \leq \|(S - \lambda \cdot 1)^{-1}\| \cdot \|S - T\| < 1.$$

よって，(2.2) より $(S - \lambda \cdot 1)^{-1}(T - \lambda \cdot 1)$ は可逆となる．特に $\lambda \notin \sigma(T)$．□

2.4.3 フーリエ解析とポントリャーギン双対性

$\mathbb{T} = S^1$ 上の関数のフーリエ級数展開は，位相群のポントリャーギン双対性およびゲルファント–ナイマルク双対性の応用として理解しておくと便利である．この点について最小限の知識をまとめる．群 $\mathbb{Z}$ 上のコンパクト台関数，すなわち有限個の項を除いて 0 となるような数列 $(a_n)_{n\in\mathbb{Z}}$ に対して，多項式

$$\mathcal{F}((a_n)_n) := \sum_{n\in\mathbb{Z}} a_n z^n = \sum_{n\in\mathbb{Z}} a_n e^{2\pi i n k}$$

を $\mathbb{T} \cong \mathbb{R}/\mathbb{Z}$ 上の連続関数とみなす．逆に，$\mathbb{T} \cong \mathbb{R}/\mathbb{Z}$ 上の関数，つまり周期的関数に対して，そのフーリエ変換（フーリエ級数展開）とは，

$$\mathcal{F}^*(f) = \left(\int_{k\in\mathbb{R}/\mathbb{Z}} f(k) e^{-2\pi i n k} dk \right)_{n\in\mathbb{Z}}$$

によって与えられる数列である．線形写像 $\mathcal{F}$ と $\mathcal{F}^*$ は互いに逆であり，さらにプランシュレルの公式（[259, 例 2.4.5]）が成り立つ:

$$\int_{k\in\mathbb{R}/\mathbb{Z}} |f(k)|^2 dk = \sum_{n\in\mathbb{Z}} |(\mathcal{F}^* f)_n|^2.$$

よって，$\mathcal{F}$ はヒルベルト空間 $\ell^2(\mathbb{Z})$ と $L^2(\mathbb{T})$ のユニタリ同型を与えている．

ヒルベルト空間 $L^2(\mathbb{T})$ には，$\mathbb{T}$ 上の関数が掛け算によって作用している．これによって，ローラン多項式環 $\mathbb{C}[z^{\pm}]$ は $\mathbb{B}(L^2(\mathbb{T}))$ の部分 $\mathbb{C}$-代数とみなせる．一方，ヒルベルト空間 $\ell^2(\mathbb{Z})$ には，群 $\mathbb{Z}$ の並進作用によるユニタリ表現

$$\lambda_m \cdot (a_n)_{n\in\mathbb{Z}} = (a_{n-m})_{n\in\mathbb{Z}}$$

が導入される．これにより，群環 $\mathbb{C}[\mathbb{Z}]$（定義 2.24）は $\mathbb{B}(\ell^2(\mathbb{Z}))$ の部分 $\mathbb{C}$-代数とみなせる．さて，$L^2(\mathbb{T})$ 上の関数 $z = e^{2\pi i k}$ を掛ける掛け算作用素は，$\ell^2(\mathbb{Z})$ における並進作用素 $U := \lambda_1$ に対応する．すなわち

$$\mathcal{F}^* m_{e^{2\pi i k}} \mathcal{F} = U.$$

したがって，フーリエ変換はローラン多項式環 $\mathbb{C}[z, z^{-1}] \subset \mathbb{B}(L^2(\mathbb{T}))$ と群環 $\mathbb{C}[\mathbb{Z}] \subset \mathbb{B}(\ell^2(\mathbb{Z}))$ の間の同型を誘導している．この議論は多変数にしても同様に成り立つ．フーリエ変換は $L^2(\mathbb{T}^d)$ と $\ell^2(\mathbb{Z}^d)$ の間のユニタリを与え，これはローラン多項式環 $\mathbb{C}[z_1^{\pm}, \cdots, z_d^{\pm}]$ の掛け算による表現と群環 $\mathbb{C}[\mathbb{Z}^d]$ の正則表現の間の同型を誘導している．$\mathbb{B}(\ell^2(\mathbb{Z}^d)) \cong \mathbb{B}(L^2(\mathbb{T}^d))$ の中で閉包を取ると，以下の同型が得られる:

$$C_r^*(\mathbb{Z}^d) \cong C(\mathbb{T}^d), \quad \text{すなわち} \quad \mathrm{Sp}(C_r^*(\mathbb{Z}^d)) \cong \mathbb{T}^d.$$

ここでは，格子 $\mathbb{Z}^d$ の持つ並進対称性から位相空間 $\mathbb{T}^d = \mathrm{Sp}(C_r^*(\mathbb{Z}^d))$ が出現している．一般に，離散アーベル群 A に対して，$\mathrm{Sp}(C_r^*(A))$ は A の**ポントリャーギン双対** $\hat{A} := \mathrm{Hom}(A, \mathbb{T})$ になることが知られている．特に $\hat{\mathbb{Z}}^d$ は，$\mathbb{R}^d$

を双対格子 $\check{\mathbb{Z}}^d$ で割ったトーラスと同一視できる．

物性物理では，この仮想的な空間 $\hat{\mathbb{Z}}^d$ を波数空間あるいは**ブリルアン領域** (Brillouin zone) と呼ぶ．5 章で扱う並進対称ハミルトニアンは $H = \sum a_{\boldsymbol{v}} U_{\boldsymbol{v}}$ という形の差分作用素であり，したがって $\mathbb{C}[\mathbb{Z}^d] \otimes \mathbb{M}_n$ の元である．そのフーリエ変換は行列値関数 $H(\boldsymbol{k})$ の掛け算作用素に相当する．例 2.43 より，H のスペクトルは $H(\boldsymbol{k})$ の固有値の合併になる（cf. 1.1.5 節）．本書では，この $H(\boldsymbol{k})$ を H の**フーリエ–ブロッホ変換**と呼ぶ（cf. 1 章）．

命題 2.52. ヒルベルト空間 $\ell^2(\mathbb{Z}^d) \cong L^2(\hat{\mathbb{Z}}^d)$ 上の非有界作用素として，$\hat{\mathbb{Z}}^d$ 上の k_j 方向への微分 ∂_{k_j} は $\mathbb{Z}^d$ 上の関数倍 $2\pi i \mathsf{X}_j$ に対応する．また，$\mathbb{Z}^d$ 上の x_j 方向への並進作用素 U_{x_j} は $\hat{\mathbb{Z}}^d$ 上の関数倍 $z_j := e^{2\pi i k_j}$ に相当する．

注意 2.53. 1.1.3 節では，並進対称差分作用素 $H \in C^*_r\Pi$ に周期境界条件を貸した H_L を考えた．これは，商 $\Pi \to \Pi/L\Pi$ が誘導する群 C*-環の $*$-準同型 $q\colon C^*_r\Pi \to C^*_r(\Pi/L\Pi)$ による H の像になる．この q が誘導する写像 $\widehat{\Pi/L\Pi} \to \hat{\Pi}$ は，包含 $\frac{1}{L}\check{\Pi}/\check{\Pi} \to \mathbb{R}^d/\check{\Pi}$ と同一視できる．つまり，$H_L(\boldsymbol{k})$ は $H(\boldsymbol{k})$ の制限に一致する．特に，$\sigma(H) = \overline{\bigcup \sigma(H_L)}$ が成り立つ．

注意 2.54. 細かい格子 $X = \frac{1}{L}\mathbb{Z}^d$ 上の関数空間 $\ell^2(X)$ への $\mathbb{Z}^d$ の並進に関するフーリエ変換を考える．簡単のため $d = 1$ とする．まず，$\{0, \frac{1}{L}, \dots, \frac{L-1}{L}\}$ を内部自由度とみなすことで，同型 $\ell^2(X) \cong \ell^2(\mathbb{Z}^d; \mathbb{C}^L) \cong L^2(\mathbb{T}^d; \mathbb{C}^L)$ を得る．この同一視によって，$\frac{1}{L}$ 並進作用素 $U_{1/L}$ は行列値関数

$$U_{1/L}(k) = \begin{pmatrix} 0 & 0 & 0 & \cdots & 0 & e^{2\pi i k} \\ 1 & 0 & 0 & \cdots & 0 & 0 \\ 0 & 1 & 0 & \cdots & 0 & 0 \\ \vdots & \vdots & \vdots & \ddots & \vdots & \vdots \\ 0 & 0 & 0 & \cdots & 1 & 0 \end{pmatrix}$$

の掛け算作用素に対応する．これは捩れ境界条件を導入した波動関数の空間

$$\ell^2(X/\mathbb{Z}, e^{2\pi i k}) := \{\psi\colon X \to \mathbb{C} \mid \psi(x+n) = e^{2\pi i k \cdot n}\psi(x)\}$$

に作用する並進の行列表示に他ならない．同様に，d 次元の並進対称差分作用素 H に対して，$H(\boldsymbol{k})$ は H を $\ell^2(X/\mathbb{Z}^d, e^{2\pi i \boldsymbol{k}})$ に作用させたものに一致する．

文献案内

本章で証明なく紹介した定理には [259] と [185] から定理番号を振った．この 2 冊の他にも，（作用素環論を念頭に置いた）関数解析には洋書 [6], [67], [194] や和書 [258], [259] などがあり，これらのうちどれを読んでも該当する箇所を見つけられる．作用素環の基礎には，和書 [262], [270] や洋書 [185], [226] などがある．本書で触れなかった群 C*-環や接合積の従順性に関する問題については，例えば [59] に詳しい．亜群と作用素環に関しては [243] を挙げておく．クリフォード代数については，元論文 [11] や [167, Chapter 1] を挙げる．

第 3 章
フレドホルム作用素の指数理論

第 3 章では，本書の主要な興味の対象である作用素のトポロジカル不変量の雛型として，フレドホルム作用素の指数理論を紹介する．トポロジカル相の理論の中では，フレドホルム作用素は境界を持つ系のハミルトニアン（テープリッツ作用素）として現れ，そのフレドホルム指数は境界に局在化した状態の存在を特徴づけている．また，次章以降では，より一般の作用素のトポロジーを不変量として抽出する際に基本的な役割を果たす．

3.1 フレドホルム作用素

定義 3.1. 有界作用素 $F \in \mathbb{B}(\mathcal{H})$（あるいはより一般に $F \colon \mathcal{H} \to \mathcal{H}'$）が**フレドホルム作用素**であるとは，以下の条件を満たすことをいう．

- $\dim \operatorname{Ker} F < \infty$, $\dim \operatorname{Ker} F^* < \infty$,
- $\operatorname{Im} F \subset \mathcal{H}$ は閉.

定理 3.2 (アトキンソン). $q \colon \mathbb{B}(\mathcal{H}) \to \mathcal{Q}(\mathcal{H})$ を商写像とする．有界作用素 F に対して，以下の条件は同値である．

(1) F はフレドホルム作用素である．

(2) 作用素 $G \in \mathbb{B}(\mathcal{H})$ が存在して，$1 - FG, 1 - GF \in \mathbb{K}(\mathcal{H})$ を満たす.

(3) $q(F) \in \mathcal{Q}(\mathcal{H})$ は可逆である．

証明. (2)⇔(3): これは定義から明らかである．

(1)⇒(2): 閉グラフ定理（cf. [259, 定理 4.2.3]）により，F は $(\operatorname{Ker} F)^\perp$ と $(\operatorname{Ker} F^*)^\perp$ の間の同型を与えている．この逆作用素を $G|_{\operatorname{Ker} F^*} = 0$ によって $\mathcal{H}$ 全体に延長したものを G と置くと，$1 - FG$, $1 - GF$ はそれぞれ有限次元部分空間 $\operatorname{Ker} F$, $\operatorname{Ker} F^*$ への射影となるので，特にコンパクト作用素である．

(2)⇒(1): $\operatorname{Ker} F$, $\operatorname{Ker} F^*$ はコンパクト作用素 $1 - GF$, $(1 - FG)^*$ の固有値 1 の固有空間に含まれるので有限次元．また，$(\operatorname{Ker} F)^\perp$ 内のノルム 1 ベクト

ルの列 (ψ_n) が $F\psi_n \to \phi$ と収束するとすると，$GF\psi_n \to G\phi$ と $1-GF$ のコンパクト性により $\psi_n = GF\psi_n + (1-GF)\psi_n$ は集積点 ψ を持つが，$F\psi = \phi$ なので特に $\phi \in \operatorname{Im} F$．よって $\operatorname{Im} F$ は閉． □

定理 3.2 の 3 条件のうち，本書では (2) や (3) の代数的な側面に着目する．

有界なフレドホルム作用素のなす集合を $\mathrm{Fred}(\mathcal{H})$ と置く．単位的 C*-環 A の可逆元の集合を $A^\times$，ユニタリ元の集合を $\mathcal{U}(A)$ と置くと，定理 3.2 (3) は $\mathrm{Fred}(\mathcal{H}) = q^{-1}(\mathcal{Q}(\mathcal{H})^\times)$ と書ける．本章では $\mathrm{Fred}(\mathcal{H})$ の代わりに次の集合 $\mathcal{F}(\mathcal{H}) = q^{-1}(\mathcal{U}(\mathcal{Q}(\mathcal{H})))$ を扱うことが多い．

定義 3.3. ヒルベルト空間 $\mathcal{H}$ 上の有界作用素 F で，

$$F^*F - 1 \in \mathbb{K}(\mathcal{H}), \quad FF^* - 1 \in \mathbb{K}(\mathcal{H})$$

を満たすもののなす集合を $\mathcal{F}(\mathcal{H})$ と書く．

例 3.4. $F \in \mathcal{F}(\mathcal{H})$ と射影 $P \in \mathbb{B}(\mathcal{H})$ は，交換子 $[F,P] := FP - PF$ がコンパクト作用素になるとする．このとき，

$$F_P := PFP + 1 - P \in \mathbb{B}(\mathcal{H})$$

は，$[q(F), q(P)] = 0$ から $\mathcal{F}(\mathcal{H})$ の元であることがわかる．

例 3.5. $P, Q \in \mathbb{B}(\mathcal{H})$ を部分ヒルベルト空間 $P\mathcal{H}$, $Q\mathcal{H}$ が無限次元となるような射影作用素で，$P - Q \in \mathbb{K}(\mathcal{H})$ を満たすものとする．このとき，積 QP を $P\mathcal{H}$ から $Q\mathcal{H}$ への作用素とみなしたものを F と置くと，これはフレドホルム作用素である．このことは，定理 3.2 の条件 (2) から確認できる．実際，$G = PQ \colon Q\mathcal{H} \to P\mathcal{H}$ は

$$1_{P\mathcal{H}} - GF = P - (PQ)(QP) = P - PQP = P(P-Q)P \in \mathbb{K}(P\mathcal{H})$$

を満たす（$1_{Q\mathcal{H}} - FG \in \mathbb{K}(Q\mathcal{H})$ も同様に確認できる）．

注意 3.6. 集合 $\mathcal{F}(\mathcal{H})$ に導入する位相としては，以下の 2 通りが考えられる．以下，$F_n \to F$ と書いたらノルム収束，$F_n \xrightarrow{s*} F$ と書いたら強 $*$-収束（付録 A.1.2）を意味する．

(1) ノルム位相: F_n が F に収束するのは $F_n \to F$ となるとき．

(2) アティヤ–シーガルの位相[14]: F_n が F に収束するのは $F_n \xrightarrow{s*} F$ かつ $1 - F_n^*F_n \to 1 - F^*F$，$1 - F_nF_n^* \to 1 - FF^*$ が成り立つとき．

(2) は，本章でこれから議論するフレドホルム指数やスペクトル流の理論がうまく機能するための最小限の位相である*1)．

*1） 場面によっては (2) の方が自然になる．例えば，$L^2(\mathbb{T})$ 上の角度 θ で回転させるユニタリは θ に関してノルム連続ではない．これは，本書では扱わないがリー群の同変 K 理論を考えるときなどに問題となる．

命題 3.7. 以下が成り立つ．

(1) $\mathcal{F}(\mathcal{H})$ は，ノルム位相の下で $\mathcal{U}(\mathcal{Q}(\mathcal{H}))$ とホモトピー同値である．

(2) 包含写像 $\mathcal{F}(\mathcal{H}) \hookrightarrow \mathrm{Fred}(\mathcal{H})$ はホモトピー群の同型を誘導する*2)．

証明. (1): 射影 $q\colon \mathbb{B}(\mathcal{H}) \to \mathcal{Q}(\mathcal{H})$ には，（線形とは限らない）連続写像による切断 $s\colon \mathcal{Q}(\mathcal{H}) \to \mathbb{B}(\mathcal{H})$，つまり $q \circ s = \mathrm{id}$ を満たす連続写像が存在することが知られている[27]．この q と s が $\mathcal{F}(\mathcal{H})$ と $\mathcal{U}(\mathcal{Q}(\mathcal{H}))$ のホモトピー同値を与えている．実際，$q \circ s = \mathrm{id}$ であるし，$s \circ q$ はパス $t \mapsto tF + (1-t)(s \circ q)(F)$ によって恒等写像とホモトピックになる．

(2): 連続写像 $F = (F_x)_{x \in S^n}\colon S^n \to \mathrm{Fred}(\mathcal{H})$ に対して，$\bigcup_{x \in S^n} \sigma_{\mathrm{ess}}(F_x^* F_x)$ 上で定義された関数 $f(t) = t^{-1/2}$ を $\mathbb{R}$ の連続関数 f に延長する．このとき，$Ff(F^*F)\colon S^n \to \mathcal{F}(\mathcal{H})$ は F とホモトピックである． □

注意 3.8. $F \in \mathrm{Fred}(\mathcal{H})$ に対して，$\widehat{F} := \begin{pmatrix} 0 & F^* \\ F & 0 \end{pmatrix} \in \mathbb{B}(\mathcal{H} \oplus \mathcal{H})$ は自己共役フレドホルム作用素で，$\mathbb{Z}_2$-次数 $\Gamma := 1 \oplus (-1)$（例 A.5）に関して奇である．逆に，$\mathbb{Z}_2$-次数つきヒルベルト空間 $(\mathcal{H}, \Gamma)$ 上の奇な自己共役フレドホルム作用素 F に対して，その非対角項 $F_0\colon \mathcal{H}^0 \to \mathcal{H}^1$ はフレドホルム作用素である．この対応は 1:1 であり，本書ではこれらをしばしば行き来する．奇な自己共役フレドホルム作用素のなす $\mathcal{F}(\mathcal{H})$ の部分集合を $\mathcal{F}^1_{\mathrm{sa}}(\mathcal{H})$ と置く．

3.2 フレドホルム指数

定義 3.9. $F \in \mathrm{Fred}(\mathcal{H})$ に対して，次の整数を F の**フレドホルム指数**と呼ぶ:

$$\mathrm{Ind}(F) := \dim \mathrm{Ker}\, F - \dim \mathrm{Ker}\, F^* \in \mathbb{Z}.$$

$F \in \mathcal{F}^1_{\mathrm{sa}}(\mathcal{H})$ に対しては，$\mathrm{Ind}(F) := \mathrm{Ind}(F_0)$ と置く．

例 3.10. 片側並進作用素 $S \in \mathbb{B}(\ell^2\mathbb{Z}_{\geq 0})$ を $(S\phi)(n) := \phi(n-1)$ によって定義する．このとき S^* は逆向きの並進である．これらは $\ell^2(\mathbb{Z}_{\geq 1})$ と $\ell^2(\mathbb{Z}_{\geq 0})$ の間のユニタリ同値を与え，$\mathrm{Ker}\, S = \{0\}$, $\mathrm{Ker}\, S^* = \mathbb{C} \cdot \delta_0$ である．したがって，$\mathrm{Ind}(S) = -1$.

補題 3.11 (cf. [93])**.** $F \in \mathcal{F}^1_{\mathrm{sa}}(\mathcal{H})$ とする．$f(0) = 0$, $f(1) = 1$ となる $\mathbb{R}$ 上の連続関数 f が $f(1 - F^2) \in \mathcal{L}^1(\mathcal{H})$（cf. 付録 A.1.1）を満たすならば，

$$\mathrm{Ind}(F) = \mathrm{STr}(f(1 - F^2)) := \mathrm{Tr}(\Gamma \cdot f(1 - F^2)).$$

証明. $1 - F^2$ はコンパクト作用素なので，$\mathcal{H}$ は $1 - F^2$ の固有空間の直和に分

---

*2) より強く，ホモトピー同値であることが言える．これは，$\mathcal{F}(\mathcal{H})$ と $\mathrm{Fred}(\mathcal{H})$ が共にバナッハ多様体であって，したがって CW 複体のホモトピー型を持つことによる[191]．

解する．固有値 λ に関する固有空間を E_λ と書く．仮定より

$$\mathrm{STr}(f(1-F^2)) = \sum_{\lambda\in\sigma(1-F^2)} f(\lambda)\cdot \mathrm{Tr}(\Gamma|_{E_\lambda})$$

の右辺は総和可能であり，等号が成り立つ．

右辺が $\mathrm{Ind}(F)$ と一致することを示す．まず，$\lambda \neq 1$ においては $\mathrm{Tr}(\Gamma|_{E_\lambda}) = 0$ である．実際，$F|_{E_\lambda}$ は $\Gamma|_{E_\lambda}$ と反交換する可逆作用素なので，$\Gamma|_{E_\lambda}$ の ± 1 固有空間の次元は一致する．一方 $\lambda = 1$ では，$E_1 = \mathrm{Ker}\, F = \mathrm{Ker}\, F_0 \oplus \mathrm{Ker}\, F_0^*$ であって，ここに Γ は $1 \oplus (-1)$ によって作用するので，そのトレースは $\dim\mathrm{Ker}\, F_0 - \dim\mathrm{Ker}\, F_0^* = \mathrm{Ind}(F)$ となる． □

命題 3.12. $F_0, F_1 \in \mathcal{F}(\mathcal{H})$ がホモトピックなら $\mathrm{Ind}(F_0) = \mathrm{Ind}(F_1)$．また，フレドホルム指数写像 $\mathrm{Ind}\colon \mathcal{F}(\mathcal{H}) \to \mathbb{Z}$ は局所定数写像である．

これは，注意 3.6 の 2 種類のトポロジーのいずれを考えても同様に成り立つ．特に，$K \in \mathbb{K}(\mathcal{H})$ に対して，F と $F+K$ は同じ指数を持つ（パス $F+tK$ に命題を適用すればよい）．

証明. 補題 3.11 を $(1/2, 1]$ に台を持つ連続関数 f に適用する．連続写像 $F\colon [0,1] \to \mathcal{F}^1_{\mathrm{sa}}(\mathcal{H})$ に対して，関数計算の連続性（注意 2.50）から $f(1-F_t^2)$ はノルム連続である．よって $\mathrm{STr}(f(1-F_t^2))$ もまた連続となり，整数値を取ることから定数関数となる．指数の局所定数性は，上の議論と $\mathcal{F}(\mathcal{H})$ の局所弧状連結性から従う [*3]． □

より強く次が言える．

定理 3.13 ([39, Section 5])**.** $F_1, F_2 \in \mathcal{F}(\mathcal{H})$ がホモトピックであることは，$\mathrm{Ind}\, F_1 = \mathrm{Ind}\, F_2$ と同値である．つまり，$\mathrm{Ind}\colon \pi_0(\mathcal{F}(\mathcal{H})) \to \mathbb{Z}$ は同型．

フレドホルム指数と K 理論の関係については次章で述べる（例 4.29）．

3.3 自己共役フレドホルム作用素のスペクトル流

定義 3.14. ヒルベルト空間 $\mathcal{H}$ 上の自己共役な有界作用素 F で，

$$F^2 - 1 \in \mathbb{K}(\mathcal{H}), \quad F \pm 1 \notin \mathbb{K}(\mathcal{H})$$

を満たすもののなす集合を $\mathcal{F}_{\mathrm{sa}}(\mathcal{H})$ と書く．

補題 2.46 より，自己共役フレドホルム作用素は 0 の近傍に本質的スペクト

---

*3) 例えばノルム位相については，$\|F_0 - F_1\| < 1/4$ を満たす $F_0, F_1 \in \mathcal{F}(\mathcal{H})$ に対して，F_0 と F_1 を連続につなぐパスを構成できる．それには，$\mathrm{Fred}(\mathcal{H})$ のパス $F_t := (1-t)F_0 + tF_1$ を考え，命題 3.7 (2) の証明中の関数計算を行えばよい．

ルを持たない．特に $F \in \mathcal{F}_{\mathrm{sa}}(\mathcal{H})$ については，$\sigma_{\mathrm{ess}}(F) = \{\pm 1\}$ となる．また，$\sigma_{\mathrm{disc}}(F)$ は $\{\pm 1\}$ に集積する可算集合で，各 $\lambda \in \sigma_{\mathrm{disc}}(F)$ は有限次元の固有空間を持つ．さらに，$\sigma_{\mathrm{disc}}(F)$ は F を動かした際に次の意味で連続に動く．

補題 3.15. (注意 3.6 のいずれかの位相に関して) 連続な写像 $F\colon X \to \mathcal{F}_{\mathrm{sa}}(\mathcal{H})$ に対して，$x \in X$ に $\sigma_{\mathrm{disc}}(F_x)$ を対応させる写像は連続である．

証明. 簡単のため $\|F_x\| \leq 1$ とする．$F \in \mathcal{F}_{\mathrm{sa}}(\mathcal{H})$ に対して，写像 $x \mapsto e^{\pi i F_x}$ は X から $\mathcal{U}(\mathbb{B}(\mathcal{H}))$ へのノルム連続写像になる*4)．そのスペクトルの連続性は命題 2.48 と命題 2.51 から従う． □

以下は命題 3.7 と同様に成り立つ (cf. 注意 2.49 (ii))．

補題 3.16. 集合 $\mathcal{F}_{\mathrm{sa}}(\mathcal{H})$ にノルム位相を導入した位相空間は，カルキン環 $\mathcal{Q}(\mathcal{H})$ の $0, 1$ でない射影元のなす集合とホモトピー同値である．

$\mathcal{F}_{\mathrm{sa}}(\mathcal{H})$ の連結成分はただひとつからなるが，その一方で自己共役フレドホルム作用素の 1 パラメータ族は非自明なトポロジーを持つ．ここまでの議論からわかるように，$\{F_t\}_{t \in [0,1]}$ のスペクトルの軌跡の絵を描くと，図 1.5 のように 0 と交わらない連続スペクトルの領域 (灰色) とその間を通る点スペクトルのなす線からなる．これに対して，1.2.4 節でも述べたように，点スペクトルが 0 を交叉する階数を重複度込みで数え上げた整数 (スペクトル流) を考えたい．スペクトルは図 1.5 のように 0 と横断的に交わるとは限らないので，この数により正確な定義を与える．

記号 3.17. $(-1/2, 1/2)$ の補集合上で $\chi(x) = x/|x|$ となるような連続な奇関数に対して，今後 χ という記号を用いる．

$F \in \mathcal{F}_{\mathrm{sa}}(\mathcal{H})$ に対して，ユニタリ

$$u_F := -\exp(-i\pi\chi(F)) \tag{3.1}$$

の行列式を以下のように定義すると，この有限積は well-defined である:

$$\det(u_F) := \prod_{\lambda \in \sigma_{\mathrm{disc}}(u_F) \setminus \{1\}} \lambda^{\dim E_\lambda} \in \mathbb{T}.$$

1 パラメータ族 $F\colon [0,1] \to \mathcal{F}_{\mathrm{sa}}(\mathcal{H})$ が $F_0^2 = 1 = F_1^2$ を満たすとき，$(u_{F_t})_{t \in [0,1]}$ はノルム連続な族で $u_{F_0} = 1 = u_{F_1}$ を満たす．よって，命題 2.51 より

$$\big(\det(u_{F_t})\big)_{t \in [0,1]}\colon [0,1]/\{0,1\} \to \mathbb{T}$$

*4) アティヤ–シーガルの位相では，$f(\pm 1) = 0$ を満たす連続関数による関数計算 $\mathcal{F}_{\mathrm{sa}}(\mathcal{H}) \to \mathbb{K}(\mathcal{H})$ はノルム連続になる．これは，f が偶関数なら定義から明らかである．f が奇関数の場合は，有界かつ強 $*$-連続な $\mathbb{B}(\mathcal{H})$ 値関数 T とノルム連続な $\mathbb{K}(\mathcal{H})$ 値関数の積がノルム連続になるという一般論から従う．

は連続写像であり，$\pi_1(\mathbb{T})$ の元を定めている．

一般に，$f\colon \mathbb{T} \to \mathbb{T}$ に対して，$[f] \in \pi_1(\mathbb{T}) \cong \mathbb{Z}$ は f が $\mathbb{T}$ に何周巻きついているかを数えた整数である．これを f の**巻きつき数** (winding number) と呼び，$\mathrm{wind}(f)$ と書く．$\mathrm{wind}\det((u_{F_t})_t)$ は u_{F_t} の固有値が $\mathbb{T}$ を全部で何周するか（-1 を何回横切るか）を数え上げており，まさにスペクトル流である．

定義 3.18. $F_0^2 = F_1^2 = 1$ を満たす $\mathcal{F}_{\mathrm{sa}}(\mathcal{H})$ の元の 1 パラメータ族 $(F_t)_{t\in[0,1]}$ に対して，その**スペクトル流** (spectral flow) を以下によって定義する:

$$\mathrm{sf}\big((F_t)_{t\in[0,1]}\big) := \mathrm{wind}\big((\det(u_{F_t}))_{t\in[0,1]}\big) \in \mathbb{Z}.$$

特に，$\mathcal{F}_{\mathrm{sa}}(\mathcal{H})$ の基点を自己共役ユニタリに選んでおくと，スペクトル流は準同型 $\mathrm{sf}\colon \pi_1(\mathcal{F}_{\mathrm{sa}}(\mathcal{H})) \to \mathbb{Z}$ を定める．

定理 3.19. スペクトル流 $\mathrm{sf}\colon \pi_1(\mathcal{F}_{\mathrm{sa}}(\mathcal{H})) \to \mathbb{Z}$ は同型である．

証明は，例えば [41, Proposition 17.6] を参照．

注意 3.20. 有限次元の作用素（行列）の族に対してもスペクトル流を考えることはできる．ただし，このときにはスペクトル流は F_0 と F_1 の 0 以下の固有空間の次元の差と一致し，特に間の経路 F_t の選び方によらない．

3.4 テープリッツ作用素

フレドホルム作用素の解析的な例にテープリッツ作用素がある．部分ヒルベルト空間 $\ell^2(\mathbb{Z}_{\geq 0}; \mathbb{C}^n) \subset \ell^2(\mathbb{Z}; \mathbb{C}^n)$ への直交射影を P_+ と置く．2.4.3 節と同様に，行列値関数 $f \in \mathbb{M}_n(C(\mathbb{T}))$ をフーリエ変換を介して掛け算で作用させた $\mathcal{F}^* m_f \mathcal{F} \in \mathbb{B}(\ell^2(\mathbb{Z}; \mathbb{C}^n))$ を単に f と書く．f の**テープリッツ作用素** (Toeplitz operator) を以下によって定める:

$$T_f := \mathsf{P}_+ f \mathsf{P}_+ \colon \ell^2(\mathbb{Z}_{\geq 0}; \mathbb{C}^n) \to \ell^2(\mathbb{Z}_{\geq 0}; \mathbb{C}^n). \tag{3.2}$$

例 3.21. $n = 1$ で $f(z) = z$ のとき，$\mathcal{F} z \mathcal{F}^*$ が $\ell^2(\mathbb{Z})$ 上の並進作用素になることから，$T_z = \mathsf{P}_+ z \mathsf{P}_+$ は片側並進作用素（例 3.10）になる．これはフレドホルム作用素で，$\mathrm{Ind}(T_z) = -1$ となる．一般に，f が k 次多項式のとき，T_f はディリクレ境界条件を課した k 階の差分作用素になる．

補題 3.22. f が連続関数ならば，交換子 $[\mathsf{P}_+, f]$ はコンパクト作用素になる．

証明. $[\mathsf{P}_+, T] \in \mathbb{K}(\ell^2(\mathbb{Z}; \mathbb{C}^n))$ となるような作用素 T のなす集合はノルム位相に関して閉じているので，$f(z) = \sum a_i z^i$ が行列係数のローラン多項式のときにのみ証明すればよい．特に，$a \in \mathbb{M}_n$ と $k \in \mathbb{Z}$ に対して $[az^k, \mathsf{P}_+] \in \mathbb{K}(\mathcal{H})$

を示せばよいが，これは明らかである（cf. 例 3.21）． □

よって，例 3.4 より，f が可逆ならば T_f はフレドホルム作用素になる．T_f の指数に対しては次の**テープリッツ指数定理**が成り立つ．

定理 3.23 ([104]). $C(\mathbb{T}, \mathbb{M}_n)$ の可逆元 u に対して，$\mathrm{Ind}\, T_u = -\,\mathrm{wind}(\det u)$.

この事実は，$\pi_1(U_n) \cong \mathbb{Z}$ と例 3.21 からわかる．この指数定理については，作用素環の K 理論の関係を例 4.30 で後述する．

定義 3.24. $\ell^2(\mathbb{Z}_{\geq 0})$ に作用するテープリッツ作用素によって生成される C*-環を**テープリッツ環** (Toeplitz algebra) と呼び，$\mathcal{T}$ と書く．

命題 3.25 (cf. [185, Theorem 3.5.11]). $\mathbb{K}(\ell^2(\mathbb{Z}_{\geq 0}))$ は $\mathcal{T}$ のイデアルであり，商 C*-環 $\mathcal{T}/\mathbb{K}(\ell^2(\mathbb{Z}_{\geq 0}))$ は $C(\mathbb{T})$ と同型になる．すなわち，$0 \to \mathbb{K}(\ell^2(\mathbb{Z}_{\geq 0})) \to \mathcal{T} \to C(\mathbb{T}) \to 0$ は C*-環の完全列となる．

テープリッツ作用素の解析的な振る舞いについて何点か述べておく．

注意 3.26. 商写像 $q\colon \mathcal{T} \to C(\mathbb{T})$ の解析的な定義を述べる．$T \in \mathcal{T}$ の行列要素 $(T_f)_{nm}$ は無限遠で周期的になる: すなわち $\lim_{k\to\infty} T_{n+k,m+k}$ が収束する．そこで，$q(T)$ を行列要素が $q(T)_{n,m} = \lim_{k\to\infty} T_{n+k,m+k}$ によって定まる（並進不変な）作用素として定義すれば，これが $*$-準同型 $q\colon \mathcal{T} \to C^*_r\mathbb{Z}$ を与える．特に，$q(T_f) = f$ である．

命題 3.27. $f \in C^\infty(\mathbb{T}, \mathbb{M}_n)_{\mathrm{sa}}$ と $\lambda \in \sigma_{\mathrm{disc}}(T_f)$ に対して，固有値 λ の固有関数 ψ は次を満たす: 任意の $l \in \mathbb{N}$ に対して C_l が存在して $\|\psi(n)\| \leq C_l n^{-l}$.

証明. $\ell^2(\mathbb{Z})$ 上のその行列係数が超多項式減衰する（i.e., 任意の $l \in \mathbb{N}$ に対して C_l が存在して $T_{nm} \leq C_l \cdot \min\{|m|, |n|\}^{-l}$）コンパクト作用素のなす集合を $\mathscr{I}$ と置く．この $\mathscr{I}$ は，半ノルム族 $\|T\|_n := \|T\mathsf{X}^n\| + \|\mathsf{X}^n T\|$ によって正則関数計算で閉じたフレシェ代数となる（cf. 付録 A.1.2, (A.1), 補題 6.42）．また，$\mathscr{A} := C^\infty(\mathbb{T}) + \mathscr{I}$ は $\mathscr{I}$ をイデアルとして含む $*$-代数である．

この包含に命題 A.2 を適用する．$\mathsf{P}_- := 1 - \mathsf{P}_+$ と置く．$\widetilde{T}_f := \mathsf{P}_+ f \mathsf{P}_+ + \mathsf{P}_- f \mathsf{P}_-$ は $\widetilde{T}_f - f = [\mathsf{P}_+, f] \in \mathscr{I}$ を満たす．よって，λ の小さな開近傍 D_λ とその上の定数関数 ρ に対して，$\rho(\widetilde{T}_f) - \rho(f) \in \mathscr{I}$ が成り立つ．$\rho(f) = 0$ より $\rho(\widetilde{T}_f) \in \mathscr{I}$，したがって $\rho(T_f) = \mathsf{P}_+ \rho(\widetilde{T}_f) \mathsf{P}_+ \in \mathscr{I}$ がわかる．

固有関数 ψ は $\rho(T_f)\delta_n$ の有限個の一次結合で書けるので，上の議論から急減少していることがわかる[*5)]． □

*5) この事実には，f が行列値多項式のときには別の説明がある．このとき，T_f の固有関数は差分方程式 $(T_f - \lambda 1)\phi = 0$ の解に当たり，同伴行列の固有ベクトルを用いて具体的に構成される．特に，同伴行列の固有値に応じて指数増大・指数減衰・振動のいずれかの振る舞いをする．

命題 3.28. 区間 $I \subset \mathbb{R}$ に対して，$\ell^2(\mathbb{Z} \cap I)$ への射影を P_I，$T_f^I := \mathsf{P}_I f \mathsf{P}_I$ と書くとする．このとき，自己共役行列値関数 $f \in C^\infty(\mathbb{T}, \mathbb{M}_n)$ に対して，

$$\operatorname{dist}\big(\sigma\big(T_f^{[0,\infty)}\big) \cup \sigma\big(T_f^{(-\infty,L]}\big), \sigma(f) \cup \sigma\big(T_f^{[0,L]}\big)\big) \xrightarrow{L\to\infty} 0.$$

証明. $f = \sum a_n z^n$ に対して $\kappa := \sum_n |na_n|$ と置く．$\rho(l)$ を $l \le 0$ では 0，$0 \le l \le L$ では l/L，$L \le l$ では 1 と定め，ユニタリ $V_L \in \mathcal{U}(\ell^2(\mathbb{Z};\mathbb{C}^n)^{\oplus 2})$ を

$$V_L \begin{pmatrix} \psi \\ \phi \end{pmatrix}(l) = \begin{pmatrix} \cos(\pi\rho(l)/2) & -\sin(\pi\rho(l)/2) \\ \sin(\pi\rho(l)/2) & \cos(\pi\rho(l)/2) \end{pmatrix} \begin{pmatrix} \psi(l) \\ \phi(l) \end{pmatrix}$$

によって定義する．すると，この作用素は $V_L(\mathsf{P}_{[0,\infty)} \oplus \mathsf{P}_{(-\infty,L]})V_L^* = 1 \oplus \mathsf{P}_{[0,L]}$ と $\|[V_L, f]\| \le \sum_n |a_n| \cdot \|[V_L, z^n]\| \le \kappa/L$ を満たす．したがって，

$$\|V_L(\mathsf{P}_{[0,\infty)} f \mathsf{P}_{[0,\infty)} \oplus \mathsf{P}_{(-\infty,L]} f \mathsf{P}_{(-\infty,L]})V_L^* - (f \oplus \mathsf{P}_{[0,L]} f \mathsf{P}_{[0,L]})\| \le \kappa/L$$

が成り立つ．今，主張は命題 2.51 から従う． □

f が自己共役でない場合には，$\mathsf{P}_I f \mathsf{P}_I$ が正規とは限らないため命題 2.51 が適用できず，命題も成り立たない（cf. 12.6 節）．

また，命題 3.28 によって図 1.3 でスペクトルの線が対称に 2 本現れた理由が理解できる．2 本のうち 1 本は $T_f^{[0,\infty)}$ の，もう 1 本は $T_f^{(-\infty,L]}$ のスペクトル流にそれぞれ対応している．

3.5 実ヒルベルト空間上のフレドホルム作用素

次に，実ヒルベルト空間 $\mathcal{H}_\mathbb{R}$（実ベクトル空間であって完備な実内積を持つもの）に作用するフレドホルム作用素を考える．実係数の関数解析をそのまま扱うのではなく，次の対応によって複素関数解析に帰着する．

補題 3.29. 以下のふたつには 1 対 1 対応が存在する．

- 実ヒルベルト空間 $\mathcal{H}_\mathbb{R}$.
- 複素ヒルベルト空間 $\mathcal{H}$ と，そこに作用する反線形ユニタリ作用素*6) $\mathcal{C}$ であって $\mathcal{C}^2 = 1$ を満たすもの．

本書では対 $(\mathcal{H}, \mathcal{C})$ のことも**実ヒルベルト空間**と呼ぶ．

また，この対応の下で実有界作用素環 $\mathbb{B}(\mathcal{H}_\mathbb{R})$ は $\mathbb{B}(\mathcal{H})^\mathcal{C} := \{T \in \mathbb{B}(\mathcal{H}) \mid \overline{T} = T\}$ と同一視される（ただしここで，$\overline{T} := \mathcal{C}T\mathcal{C}$）．

証明. $\mathcal{H}_\mathbb{R}$ に対して，その複素化 $\mathcal{H} := \mathcal{H}_\mathbb{R} \otimes_\mathbb{R} \mathbb{C}$ は複素ヒルベルト空間となる．また，$\mathcal{C}(\psi \otimes \lambda) := \psi \otimes \bar{\lambda}$ によって定まる複素反線形写像 $\mathcal{C} \colon \mathcal{H} \to \mathcal{H}$ は $\mathcal{C}^2 = 1$ を満たす．逆に，対 $(\mathcal{H}, \mathcal{C})$ に対して，$\mathcal{H}_\mathbb{R} := \{\psi \in \mathcal{H} \mid \mathcal{C}(\psi) = \psi\}$ は

*6) 反線形写像とは，$\mathcal{C}(\lambda\psi) = \overline{\lambda}\mathcal{C}\psi$ を満たす実線形写像をいう．反線形写像がユニタリであるとは，全単射かつ任意の $\psi \in \mathcal{H}$ に対して $\langle \mathcal{C}\psi, \mathcal{C}\psi \rangle = \langle \psi, \psi \rangle$ を満たすことをいう．

実ヒルベルト空間である．これらの対応が互いに逆であることは明らか． □

作用素 $F \in \mathbb{B}(\mathcal{H}_\mathbb{R})$ が**反自己共役**または**歪対称** (skew adjoint) であるとは，$F^* = -F$ を満たすことをいう．複素係数の場合には自己共役作用素と反自己共役作用素は $T \leftrightarrow iT$ によって移りあうが，実係数の場合には差異が生じる．

定義 3.30. $\mathbb{Z}_2$-次数つき実ヒルベルト空間 $\mathcal{H}$ にクリフォード代数 $C\ell_{0,j}$ の次数つき表現を固定しておく．このとき，$C\ell_{0,j}$-作用と次数つき可換な奇歪対称実フレドホルム作用素のなす集合を $\mathcal{F}_j(\mathcal{H})$ と置く: つまり

$$\mathcal{F}_j(\mathcal{H}) := \{F \in \mathcal{F}(\mathcal{H}) \mid F = -F^*,\ \overline{F} = F,\ \Gamma F \Gamma = -F,\ [\mathfrak{f}_i, F] = 0\}.$$

これらの集合のホモトピー群の系列は以下のように直交群 O_∞ のホモトピー群と一致している．その理由は例 8.30 で後述する．

定理 3.31 ([17])**.** 集合 $\mathcal{F}_j(\mathcal{H})$ のホモトピー群は次のようになる．

$$\pi_k(\mathcal{F}_j(\mathcal{H})) \cong \begin{cases} \mathbb{Z} & j+k \equiv 0,4 \mod 8 \text{ のとき}, \\ \mathbb{Z}_2 & j+k \equiv 1,2 \mod 8 \text{ のとき}, \\ 0 & \text{それ以外}. \end{cases}$$

特に，$k=0$ のときの同型は $C\ell_{0,j}$-フレドホルム指数によって与えられる:

$$\mathrm{Ind}_j \colon \mathcal{F}_j(\mathcal{H}) \to \mathfrak{A}_{0,j}, \quad \mathrm{Ind}_j(F) := [\mathrm{Ker}\, F].$$

また，$k = 0,1$ のときの上の同型には，個別の j に対して指数やスペクトル流による具体的な表示がある．このとき，$\mathcal{F}_j(\mathcal{H})$ の次の表示が便利である．

補題 3.32 (cf. [114])**.** $j = 0, \cdots, 7$ に対して，$\mathcal{F}_j(\mathcal{H})$ はそれぞれ以下の集合 $\mathfrak{F}_j(\mathcal{H})$ と同一視される（右辺中の $\mathcal{F}$ および $\mathcal{F}_{\mathrm{sa}}$ は $\mathcal{F}(\mathcal{H})$, $\mathcal{F}_{\mathrm{sa}}(\mathcal{H})$ の略）．

$$\begin{aligned}
\mathfrak{F}_0(\mathcal{H}) &= \{F \in \mathcal{F} \mid F = \overline{F}\}, & \mathfrak{F}_1(\mathcal{H}) &= \{F \in \mathcal{F}_{\mathrm{sa}} \mid F = -\overline{F}\}, \\
\mathfrak{F}_2(\mathcal{H}) &= \{F \in \mathcal{F} \mid \overline{F} = -F^*\}, & \mathfrak{F}_3(\mathcal{H}) &= \{F \in \mathcal{F}_{\mathrm{sa}} \mid F = \Theta\overline{F}\Theta^*\}, \\
\mathfrak{F}_4(\mathcal{H}) &= \{F \in \mathcal{F} \mid F = \Theta\overline{F}\Theta^*\}, & \mathfrak{F}_5(\mathcal{H}) &= \{F \in \mathcal{F}_{\mathrm{sa}} \mid F = -\Theta\overline{F}\Theta^*\}, \\
\mathfrak{F}_6(\mathcal{H}) &= \{F \in \mathcal{F} \mid \overline{F} = F^*\}, & \mathfrak{F}_7(\mathcal{H}) &= \{F \in \mathcal{F}_{\mathrm{sa}} \mid F = \overline{F}\}.
\end{aligned}$$

ただし，ここで Θ は $\Theta^2 = -1$ を満たす実線形作用素．

3.5.1 Mod 2 指数

一般に，$T \in \mathbb{B}(\mathcal{H})$ に対して $\sigma(\overline{T}) = \overline{\sigma(T)}$ が成り立つ．実際，$\lambda \notin \sigma(T)$ に対して，$\overline{(T - \lambda \cdot 1)^{-1}} \cdot (\overline{T} - \bar{\lambda} \cdot 1) = 1$ より $\lambda \notin \sigma(\overline{T})$ である．特に，T が自己共役ならば $\sigma(T) = \sigma(\overline{T})$ となる．

$F \in \mathfrak{F}_1(\mathcal{H})$ とする．$\overline{F} = -F$ と上の議論より，$\sigma(F)$ は 0 を中心として対

称となる．この対称性によって，1 次元の 0-固有空間は単独では固有値 0 から移動させられないが，2 次元あれば $\pm\varepsilon$-固有空間が 1 次元ずつあるような状態に摂動することができそうである．この直感的な説明を正確にしたのが次の定理である．

命題 3.33 ([17])**.** 以下の写像は well-defined であり，同型を与える:

$$\mathrm{Ind}_2\colon \pi_0(\mathfrak{F}_1(\mathcal{H})) \to \mathbb{Z}_2, \quad \mathrm{Ind}_2(F) := \dim(\mathrm{Ker}\, F) \bmod 2.$$

証明. well-defined 性は，Ind_2 が写像 $F \mapsto u_F$ が誘導する写像 $\pi_0(\mathfrak{F}_1(\mathcal{H})) \to \pi_0(O_\infty)$ と，同型 $\pi_1(O_\infty) \cong \mathbb{Z}_2$ の合成であることからわかる．実際，$\mathrm{Ker}\, F$ は $u_F \in O_\infty$ の -1 固有空間に相当し，$\pi_0(O_\infty) \cong \mathbb{Z}_2$ は -1 固有空間の次元 (mod 2) によって与えられる． □

同様に，$\mathfrak{F}_2(\mathcal{H})$ の元に対しても Mod 2 指数が定義できる．

命題 3.34 ([17])**.** 以下の Ind_2 は well-defined で，群の同型を与える:

$$\mathrm{Ind}_2\colon \pi_0(\mathfrak{F}_2(\mathcal{H})) \to \mathbb{Z}_2, \quad \mathrm{Ind}_2(F) := \dim \mathrm{Ker}\, F \bmod 2.$$

証明. $F \in \mathfrak{F}_2(\mathcal{H})$ に対して，

$$\Phi(F) := \mathrm{Re}\, F \cdot \sigma_z + \mathrm{Im}\, F \cdot \sigma_x = \begin{pmatrix} \mathrm{Re}\, F & \mathrm{Im}\, F \\ \mathrm{Im}\, F & -\mathrm{Re}\, F \end{pmatrix} \in \mathbb{B}(\mathcal{H}^{\oplus 2})$$

と置く．同型 $\mathfrak{F}_2(\mathcal{H}) \cong \mathcal{F}_2(\mathcal{H}^{\oplus 4})$ は $F \mapsto i\Phi(F) \otimes \sigma_x$ によって与えられる．ただし，$\mathcal{H}^{\oplus 4}$ には $C\ell_{0,2}$ が $\mathfrak{f}_1 = 1 \otimes \sigma_y$, $\mathfrak{f}_2 = \sigma_y \otimes \sigma_x$ によって作用している．今，$C\ell_{0,2}$ の表現 $[\mathrm{Ker}(\Phi(F) \otimes \sigma_x)] \in \mathfrak{A}_{0,2} \cong \mathbb{Z}_2$ が非自明になるのは，その実次元が $8n+4$ のときである．$\dim \mathrm{Ker}(\Phi(F) \otimes \sigma_x) = 2 \dim \mathrm{Ker}(\Phi(F)) = 4 \dim \mathrm{Ker}\, F$ より，主張は定理 3.31 から従う． □

3.5.2 Mod 2 スペクトル流

連続写像 $F\colon [0,1] \to \mathfrak{F}_1(\mathcal{H})$ を考える．前述のように，各 F_t のスペクトルは 0 を中心として（図 3.1 では上下に）対称である．したがって，特に定義 3.18 の意味でのスペクトル流は必ず 0 になる．

単に図 3.1 だけを見るのであれば，これを上下対称のまま連続変形して 0 と交わらないようにすることはできそうである．しかし，これは実は作用素のレベルでは実行できない．図 3.1 の中の 0 で 2 本のスペクトルが交差する点は，対称性によって外せないことがあるのである．これは以下のようにわかる．

定理 3.35 ([244], [171])**.** 以下の Mod 2 スペクトル流は群の同型を与えている:

$$\mathrm{sf}_2\colon \pi_1(\mathfrak{F}_1(\mathcal{H})) \to \mathbb{Z}_2, \quad \mathrm{sf}_2(F) := [(u_{F_t})_{t \in \mathbb{T}}] \in \pi_1(O_\infty) \cong \mathbb{Z}_2.$$

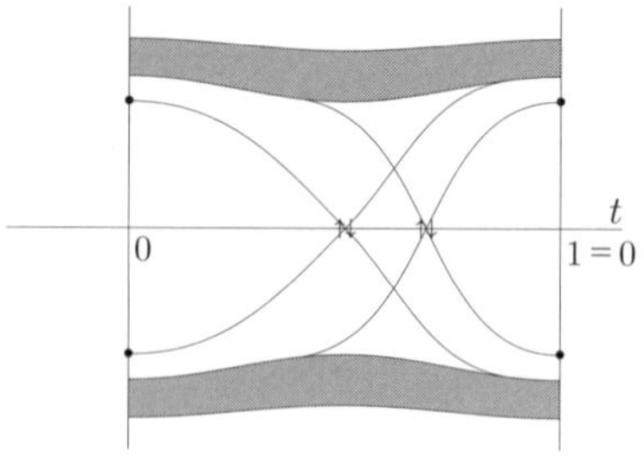

図 3.1　$\mathfrak{F}_1(\mathcal{H})$ の元のパスのスペクトルは上下対称になる．

証明．定理 3.31 によると $\pi_1(\mathfrak{F}_1(\mathcal{H})) \cong \mathbb{Z}_2$ なので，sf_2 の全射性を確認する．例えば，$F \in \mathfrak{F}_1(\mathcal{H})$ を $F^2 = 1$ を満たすよう選んでおき，$t \in [0,1]$ に対して

$$F_t := F \oplus (2t-1)\sigma_y \in \mathbb{B}(\mathcal{H} \oplus \mathbb{C}^2)$$

と置く．すると，O_∞ のループ $u_{F_t} = 1 \oplus e^{\pi i(2t-1)\sigma_y}$ は $\pi_1(O_\infty)$ の生成元を代表している．この F_t を，F_1 と F_0 を $\mathfrak{F}_1(\mathcal{H})$ のユニタリ元の中でつなぐことで $\mathfrak{F}_1(\mathcal{H})$ のループに延長する（これは，$\mathfrak{F}_1(\mathcal{H})$ のユニタリ元のなす部分集合が連結である[17, p. 20]ことから可能である）．すると，得られた $\pi_1(\mathfrak{F}_1(\mathcal{H}))$ の元は sf_2 によって $\mathbb{Z}_2$ の生成元に送られる．　□

これを Mod 2 スペクトル流と呼ぶのは，この $\mathbb{Z}_2$ 不変量が F_t の 0 での固有値の交叉を "適切に" カウントすることによって求められるためである．

注意 3.36 ([83], [84])．$\mathfrak{F}_1(\mathbb{C}^n)$ の 1 パラメータ族に対しては，注意 3.20 と同様に Mod 2 スペクトル流は両端 F_0 と F_1 から復元できる．ここでは，歪対称行列のパッフィアンを用いる（実際，例えば $\mathrm{Pf}(\pm i\sigma_y) = \pm 1$ となる）：

$$\mathrm{sf}_2(\{F_t\}) = \mathrm{sgn}(\mathrm{Pf}(iF_0)) \cdot \mathrm{sgn}(\mathrm{Pf}(iF_1)) \in \{\pm 1\} \cong \mathbb{Z}_2.$$

もうひとつ $\mathbb{Z}_2$ と同型な基本群を持つのが $\mathfrak{F}_0(\mathcal{H})$ である．同型 $\pi_1(\mathfrak{F}_0(\mathcal{H})) \cong \mathbb{Z}_2$ は，$(\tilde{F}_t)_{t\in[0,1]}$ を $\mathfrak{F}_1(\mathcal{H})$ のループと思って定理 3.35 の sf_2 を考えたものと一致する（[84, Theorem 3]）．

文献案内

フレドホルム作用素の関数解析やフレドホルム指数の基礎については，作用素環の入門書 [185] や [261]，[39] などに簡潔にまとまっている．テープリッツ作用素の解析については [43]，テープリッツ指数定理については [185] を挙げておく．実フレドホルム作用素のトポロジーについては [17] が原典だが，より具体的な取扱いについては近年でもいろいろな研究がある[44], [61], [84], [218]．

スペクトル流に関する標準的な文献は [41] である．この本では，スペクトル流と境界つき多様体の指数定理[12]との関係まで読める．より解析的なアプローチとして [196] があり，これに基づいた Mod 2 スペクトル流の定義もある[61]．

第 4 章 作用素環の $\boldsymbol{K}$ 理論

第 4 章では，C*-環の（複素）K 理論の基礎を解説する．これは C*-環に対してアーベル群を対応させる関手で，トポロジーにおける位相的 K 理論の非可換な拡張とみなすことができる．また，6 項完全列（4.3 節）に現れるふたつの境界準同型は，3 章で扱ったフレドホルム指数理論の広範な一般化を与える．

類書にあまりない記述として，$\mathbb{Z}_2$-次数つき C*-環の K 理論について説明した（4.6 節）．これは後に，特に 8 章や 10 章で必要となる．

4.1 C*-環の $\boldsymbol{K_0}$ 群

記号 4.1. 以降，次のような記法を用いる．

(1) A 係数の $n \times n$ 行列のなす C*-環を $\mathbb{M}_n(A)$ と書く（cf. 例 A.3 (2)）．$a \in \mathbb{M}_n(A)$, $b \in \mathbb{M}_m(A)$ に対して，p と q を並べた対角行列 $\left(\begin{smallmatrix} p & 0 \\ 0 & q \end{smallmatrix}\right) \in \mathbb{M}_{n+m}(A)$ を $p \oplus q$ あるいは $\mathrm{diag}(p,q)$ と書く．3 つ以上の元を並べるときについても同様の記法を用いる．

(2) $\mathbb{M}_n(A)$ の零元を 0_n，（A が単位的なとき）単位元を 1_n と書く．ただし，文脈から n が明らかな場合には省略して，単に $0, 1$ と書く．

K_0 群は，おおよそ C*-環 A の射影元のトポロジカルな分類を与える群である．5 章で詳しく議論するように，これはギャップドハミルトニアン（のフェルミ射影）のトポロジーを調べるという本書の目的によく適っている．

定義 4.2. C*-環 A の射影（$p = p^* = p^2$ を満たす元）の集合を $\mathcal{P}(A)$ と書く．

一般に，C*-環 A が 0 以外の射影を持つとは限らない（例えば $A = C_0(\mathbb{R})$ のとき）．A が単位的ならば，単位元 1_A は射影である．

射影と自己共役ユニタリには 1:1 の対応 $h \mapsto p := (h+1)/2$ がある．前述のとおり（注意 2.49），$p \in A_{\mathrm{sa}}$ が射影であることは $\sigma(p) = \{0, 1\}$ と同値．

定義 4.3. C*-環 A に対して，$\mathcal{P}(A)$ に次の 2 種類の同値関係を導入する．

(1) p と q が**ホモトピック**である（$p \sim_h q$ と書く）とは，これらが $\mathcal{P}(A)$ の同じ弧状連結成分に属することをいう．

(2) p と q が**マレー–フォン・ノイマン同値**（Murray–von Neumann equivalence，本書では M-vN 同値と略記し，$p \sim q$ と書く）とは，ある $v \in A$ が存在して，$v^*v = p,\ vv^* = q$ を満たすことをいう．

例 4.4. 例えば $A = \mathbb{M}_n$ のとき，射影 p, q の M-vN 同値を与える $v \in \mathbb{M}_n$ は，$\mathbb{C}^n$ の部分ベクトル空間 $\operatorname{Im} p$ と $\operatorname{Im} q$ の間のユニタリ同型を定める．一般に，$p, q \in \mathcal{P}(\mathbb{M}_n(A))$ が M-vN 同値であるというのは，右 A 加群 pA^n と qA^n がヒルベルト加群として（定義 A.8）同型であることと同値になる．

例 4.5. X を連結なコンパクト空間とする．このとき，$\mathcal{P}(C(X))$ は $0, 1$ の 2 元からなる．一方，$\mathcal{P}(\mathbb{M}_n(C(X)))$ は X 上の n 次射影行列に値を取る連続関数の集合に相当し，豊富な元を持つ（cf. 4.4.1 節）．

ホモトピーは位相的，M-vN 同値は代数的な同値関係であるが，これらが以下の意味で一致するのが作用素環の K 理論の重要な特徴である．

命題 4.6. $p, q \in \mathcal{P}(A)$ に対して，以下が成り立つ．

(1) $p \sim_h q$ ならば，$p \sim q$.

(2) $p \sim q$ ならば，$p \oplus 0_3 \sim_h q \oplus 0_3 \in \mathcal{P}(\mathbb{M}_4(A))$.

証明のためにひとつの補題を用意しておく．

補題 4.7. 単位的 C*-環 A の射影 $p, q \in A$ が $\|p - q\| < 1/4$ を満たすとする．このとき，ユニタリ $u \in A$ が存在して $\|u - 1\| < 1$ かつ $upu^* = q$ を満たす．特に，p と q は $v := up$ によって M-vN 同値である．

証明. ユニタリ $u \in A$ は

$$u_0 := qp + (1-q)(1-p), \quad u := u_0(u_0^* u_0)^{-1/2},$$

によって定義する．ここでは u_0 が（したがって $u_0^* u_0$ が）可逆であることを用いているが，これは (2.2) からわかる（$\|u_0 - 1\| < 1/2$ に注意）．このとき，$u_0 p = qp = qu_0$ より，p は $u_0^* u_0$ と交換する．$(u_0^* u_0)^{-1/2}$ は $u_0^* u_0$ の多項式の極限なのでやはり p と交換する．よって $up = u_0 p (u_0^* u_0)^{-1/2} = qu_0 (u_0^* u_0)^{-1/2} = qu$，すなわち $q = upu^*$．今，$\|u_0^* u_0 - 1\| < 1/2$ より $\|u - 1\| < 1$. □

命題 4.6 の証明. (1): $(p_t)_{t \in [0,1]} \in A[0,1]$（例 A.3 の記法）に対して，その連続性から，列 $0 = t_0 < t_1 < \cdots < t_n = 1$ が存在して $\|p_{t_{i+1}} - p_{t_i}\| < 1/4$ を満たす．補題 4.7 より，$p_0 = p_{t_0} \sim p_{t_1} \sim \cdots \sim p_{t_n} = p_1$ が成り立つ．

(2): $v^*v = p,\ vv^* = q$ とする．$u := \begin{pmatrix} v & 1-q \\ 1-p & v^* \end{pmatrix} \in \mathbb{M}_2(A)$ と置くと，これは

ユニタリであり，$u(p\oplus 0)u^* = q\oplus 0$ を満たす．そこで，

$$\tilde{u}_t := \begin{pmatrix} u & 0 \\ 0 & 1 \end{pmatrix} \begin{pmatrix} \cos t & \sin t \\ \sin t & -\cos t \end{pmatrix} \begin{pmatrix} 1 & 0 \\ 0 & u^* \end{pmatrix} \begin{pmatrix} \cos t & \sin t \\ \sin t & -\cos t \end{pmatrix} \tag{4.1}$$

と置くと，$\tilde{u}_0 = u\oplus u^*$，$\tilde{u}_{\pi/2} = 1$ であり，射影のパス $\tilde{u}_t(p\oplus 0)\tilde{u}_t^*$ は $\tilde{u}_0(p\oplus 0)\tilde{u}_0^* = q\oplus 0$ と $\tilde{u}_{\pi/2}(p\oplus 0)\tilde{u}_{\pi/2}^* = p\oplus 0$ を結んでいる． □

さて，$\mathcal{P}_n(A) := \mathcal{P}(\mathbb{M}_n(A))$ を，写像 $p\mapsto p\oplus 0$ によって $\mathcal{P}_{n+1}(A)$ の部分集合とみなす．これによって得られる増大列の合併を $\mathcal{P}_\infty(A) := \bigcup_{n\in\mathbb{N}} \mathcal{P}_n(A)$ と書くとする．このとき，$\mathcal{P}_n(A)$ 上の同値関係 $\sim_h$，$\sim$ は $\mathcal{P}_\infty(A)$ にも延長し[*1]，これらは一致する．商集合 $\pi_0(\mathcal{P}_\infty(A)) := \mathcal{P}_\infty(A)/\sim_h$ は，和

$$[p]+[q] := [p\oplus q] \quad （ここで，p\in\mathcal{P}_n(A),\ q\in\mathcal{P}_m(A)）$$

によって可換モノイドとなる（このことを確認するためには，この和が well-defined であること[*2]，結合法則を満たすこと，[0] が単位元であること，交換法則を満たすことをそれぞれチェックする必要がある）．

一般に，可換モノイド P に対して，その群完備化と呼ばれるアーベル群を $\mathfrak{G}(P) := P\times P/\sim$ によって定義する．ただし，同値関係は

$$(x,y)\sim(x',y') \iff \text{ある } r\in P \text{ が存在して，} x+y'+r = x'+y+r$$

によって定める．(x,y) が代表する元を $x-y$ と書く．

定義 4.8. 単位的 C*-環 A に対して，その K_0 群 $K_0(A)$ を

$$K_0(A) := \mathfrak{G}(\pi_0(\mathcal{P}_\infty(A))) = \{[p]-[q] \mid p,q\in\mathcal{P}_\infty(A)\}$$

によって定義する．（単位的とは限らない）一般の C*-環 A に対しては[*3]，$K_0(A) := \mathrm{Ker}(K_0(A^+)\to K_0(\mathbb{C}))$ によって定義する．

注意 4.9. K-理論を利用するにあたって，次の事実が実用上便利である．

(1) $K_0(A)$ の任意の元は，$p\in\mathcal{P}_n(A^+)$ であって $p-1_m\in\mathbb{M}_n(A)$ を満たすものによって，$[p]-[1_m]$ という形で表示することができる．

(2) $p,q\in\mathcal{P}_n(A^+)$ が $[p]-[1_k] = [q]-[1_l]$ を満たすのは，$r\in\mathbb{N}$ が存在して

$$\mathrm{diag}(p,1_l,1_r)\sim\mathrm{diag}(1_k,q,1_r)\in\mathcal{P}_\infty(A^+)$$

が成り立つことと同値である．

*1) すなわち，$p\in\mathcal{P}_n(A)$ と $q\in\mathcal{P}_m(A)$ が $\mathcal{P}_\infty(A)$ の中で同値であることを，ある $N\geq\max\{n,m\}$ が存在して $\mathcal{P}_N(A)$ の中で同値であることによって定義する．

*2) 例えば，p を $\mathcal{P}_n(A)$ の元と思うか $\mathcal{P}_{n+1}(A)$ の元と思うかで，$p\oplus q$ は異なる元になることに注意が必要である．

3) 単位的 C-環 A に対して，K_0 群の定義が 2 回重複しているようであるが，これらの 2 通りの定義は自然に同一視されるので今後は区別せず用いる．

(3) $p, q \in \mathcal{P}_n(A)$ が $pq = 0$ を満たすときには $p + q$ もまた射影であるが，このとき $[p] + [q] = [p + q]$ となる．

例 4.10. 最も基本的ないくつかの C*-環の K 群を紹介しておく．

(1) $K_0(\mathbb{C}) \cong \mathbb{Z}$. 同型写像は $[p] - [q] \in K_0(\mathbb{C})$ に $\mathrm{rank}(p) - \mathrm{rank}(q)$ を対応させることによって与えられる．

(2) $K_0(\mathbb{K}(\mathcal{H})) \cong \mathbb{Z}$. 実際，コンパクトな射影作用素は必ず有限階作用素なので，(1) と同様にランクによって同型が与えられる．

(3) $K_0(\mathbb{B}(\mathcal{H})) \cong 0$. これは次の "$\infty + 1 = \infty$" 式の議論によって証明される．$p$ を $\mathbb{B}(\mathcal{H})$ の射影とすると，$P := p \oplus 1$ と $Q := 0 \oplus 1$ は共に $\mathcal{H} \oplus \mathcal{H}$ に作用する無限階数の射影作用素なので，部分ヒルベルト空間 $\mathrm{Im}\, P$ と $\mathrm{Im}\, Q$ の同型を与える等長作用素 V が存在し，これによって P と Q は M-vN 同値となる．よって $[p] + [1] = [0] + [1]$ より $[p] = [0]$.

命題 4.11. $*$-準同型 $\varphi\colon A \to B$ に対して，$\varphi_*([p]) := [\varphi(p)]$ は群準同型 $\varphi_*\colon K_0(A) \to K_0(B)$ を誘導する．また，この φ_* は次を満たす．

(1) 共変関手性: $*$-準同型 $A \xrightarrow{\varphi} B \xrightarrow{\psi} D$ に対して，$(\psi \circ \varphi)_* = \psi_* \circ \varphi_*$.

(2) ホモトピー不変性: $*$-準同型の連続な 1 パラメータ族 $\varphi_t\colon A \to B$ に対して*4)，$(\varphi_0)_* = (\varphi_1)_*$.

(3) C*-安定性: $a \mapsto a \oplus 0_{n-1}$ によって定まる $*$-準同型 $A \to \mathbb{M}_n(A)$ は同型 $K_0(A) \cong K_0(\mathbb{M}_n(A))$ を誘導する．同様に，$K_0(A) \cong K_0(A \otimes \mathbb{K})$.

これらは定義からほぼ明らかであるので，ここでは証明は省略する（参考: [211, Chapters 3, 4]）.

注意 4.12. C*-環の K_0 群が持つ構造について補足する．

(i) K_0 群は**カップ積**という演算

$$K_0(A) \otimes K_0(B) \to K_0(A \otimes B), \quad [p] \otimes [q] \mapsto [p \otimes q] \tag{4.2}$$

を持つ（C*-環のテンソル積については付録 A.1.4 を参照).

(ii) 有界線形写像 $\tau\colon A \to \mathbb{C}$ が $\tau(a^*a) \geq 0$ と $\tau(ab) = \tau(ba)$ を満たすとき，A の**トレース**（さらに $\|\tau\| = 1$ を満たすときには**トレース状態**）と呼ぶ．

$$\tau_n((a_{ij})_{i,j}) := \sum_i \tau(a_{ii}) = (\tau \otimes \mathrm{Tr})(a)$$

が τ を延長した $\mathbb{M}_n(A)$ のトレースとなることから，群準同型

$$\tau\colon K_0(A) \to \mathbb{R}, \quad \tau([p] - [q]) := \tau_n(p) - \tau_n(q) \tag{4.3}$$

が定まる．実際，$p = v^*v, q = vv^*$ ならば $\tau_n(p) = \tau_n(v^*v) = \tau_n(vv^*) =$

---

*4) ここで，$*$-準同型の 1 パラメータ族が連続であるとは，正確には "各 $a \in A$ に対して，写像 $t \mapsto \varphi_t(a)$ がノルム連続である" ことを指す．

$\tau_n(q)$ が成り立つので，M-vN 同値な射影のトレースは一致する．これは巡回ペアリング（cf. 6.3 節）の特別な（$l=0$ の）場合にあたる．

例 4.13. 非可換トーラス $C^*_r(\mathbb{Z}^2;\theta)$ の K_0 群は θ によらず，$\theta=0$ の場合の群 $\mathbb{Z}[1]\oplus\mathbb{Z}\beta$ と同型になる*5)．ここで，$[1]$ は単位元，β はリーフェル射影と呼ばれる射影元によって代表される．$C^*_r(\mathbb{Z}^2;\theta)$ 上のトレース状態 $\mathfrak{Tr}$（補題 5.33 (1) で後述）は，$\mathfrak{Tr}(1)=1$, $\mathfrak{Tr}(\beta)=\theta$ を満たす（参考: [71, Chapter VI]）．

例 4.14 ([69, Proposition 3.1])．有限有向グラフ G に対して，その隣接行列を A と置く（i.e., $\mathsf{A}\in\mathbb{M}_{|\mathsf{V}|}(\mathbb{Z})$ は $\mathsf{A}_{\mathsf{vw}}:=|(s\times r)^{-1}(\mathsf{v},\mathsf{w})|$）．このとき，例 2.34 の C*-環 $C^*_r\mathcal{G}_{\mathsf{G}}$ と $C^*_r\mathcal{F}_{\mathsf{G}}$ の K_0 群は，それぞれ

$$K_0(C^*_r\mathcal{F}_{\mathcal{G}})\cong\varinjlim(\mathbb{Z}^{|\mathsf{V}|},\mathsf{A}^t),\quad K_0(C^*_r\mathcal{G}_{\mathcal{G}})\cong\mathbb{Z}^{|\mathsf{V}|}/\operatorname{Im}(\mathsf{A}^t-1),$$

と計算できる．前者は，C*-環 $C^*_r\mathcal{F}_{\mathsf{G}}$ が AF 環であること（31 ページ脚注 8）と，同型 $K_*(\varinjlim_n A_n)\cong\varinjlim_n K_*(A_n)$（cf. [211, Theorem 6.3.2]）からの帰結である．特に G が強連結のときには，$C^*_r\mathcal{F}_{\mathsf{G}}$ ただひとつのトレース状態 $\mathfrak{Tr}$ を持ち，像 $\mathfrak{Tr}(K_0(C^*_r\mathcal{F}_{\mathsf{G}}))$ は $\mathbb{Z}[\rho_{\mathsf{A}^t}]$ と一致する（例 12.7）．ただしここで，ρ_{A^t} は A^t のペロン–フロベニウス固有値とする．

4.2 C*-環の K_1 群

K_1 群はユニタリ元のトポロジカルな分類を与える群である．注意 2.49 で述べたように，u がユニタリであることは，正規作用素であって $\sigma(u)\subset\mathbb{T}$ となることと同値である．A が単位的でなければユニタリ元を定義することができないことに注意して，以下の集合 $\mathcal{U}(A)$ を導入する．これは，A が単位的ならば A のユニタリのなす集合と一致する．

定義 4.15. C*-環 A に対して，単位化 A^+ のユニタリ $u\in A^+$（$u^*u=1=uu^*$ を満たす元）であって $u-1\in A$ となるもののなす集合を $\mathcal{U}(A)$ と書く．

また，$\mathcal{U}_n(A):=\mathcal{U}(\mathbb{M}_n(A))$ を写像 $u\mapsto u\oplus 1$ によって $\mathcal{U}(\mathbb{M}_{n+1}(A))$ の部分集合とみなし，増大列の合併を $\mathcal{U}_\infty(A):=\bigcup_{n\in\mathbb{N}}\mathcal{U}_n(A)$ と置く．ホモトピー同値関係による商集合 $\pi_0(\mathcal{U}_\infty(A)):=\mathcal{U}_\infty(A)/\sim_h$ は，加法

$$[u]+[v]:=[u\oplus v]$$

によって可換モノイドをなす．K_0 群とは異なり，これは群完備化を取る前から群となる．実際，以下により $[u^*]$ が $[u]$ の逆元となる．

*5) 一般に，$\mathbb{Z}^d$ のようなねじれ元を持たない従順群の作用による接合積の K 群 $K_*(A\rtimes_r G)$ は，作用をホモトピックに取り替えても不変である（[86, Proposition 1.6]）．

補題 4.16. $u, v \in \mathcal{U}_\infty(A)$ に対して，$[u]+[v]=[uv]$ が成り立つ．

証明. (4.1) と同様の連続写像

$$t \mapsto \begin{pmatrix} u & 0 \\ 0 & 1 \end{pmatrix} \begin{pmatrix} \cos t & \sin t \\ \sin t & -\cos t \end{pmatrix} \begin{pmatrix} 1 & 0 \\ 0 & v \end{pmatrix} \begin{pmatrix} \cos t & \sin t \\ \sin t & -\cos t \end{pmatrix}$$

が $u \oplus v$ と $uv \oplus 1$ のホモトピーを与えている． □

定義 4.17. C*-環 A に対して，$K_1(A) := \pi_0(\mathcal{U}_\infty(A))$.

例 4.18. 最も基本的ないくつかの C*-環の K_1 群を紹介しておく．

(1) $K_1(\mathbb{C}) \cong 0$. これは，無限ユニタリ群 U_∞ の連結性からわかる．同様に，$K_1(\mathbb{K}(\mathcal{H})) \cong 0$, $K_1(\mathbb{B}(\mathcal{H})) \cong 0$ である．

(2) $K_1(C_0(\mathbb{R})) \cong \pi_1(U_\infty) \cong \mathbb{Z}$. これは，$u \in \mathcal{U}_\infty(C_0(\mathbb{R}))$ が基点つき写像 $u\colon \mathbb{T} \to U_\infty$ と同一視できる（cf. (4.11)）ことからわかる．$\mathbb{Z}$ との同型は $[u] \mapsto -\mathrm{wind}(\det(u)) \in \mathbb{Z}$ によって与えられる（cf. 3.3 節）．

(3) $K_1(\mathcal{Q}(\mathcal{H})) \cong \mathbb{Z}$. 同型は $[q(F)] \mapsto \mathrm{Ind}(F)$ で与えられる（命題 3.7）．

以下もやはり証明を省略する（参考: [211, Chapter 8]）．

命題 4.19. K_1 はホモトピー不変で C*-安定な共変関手である (cf. 命題 4.11).

注意 4.20. 注意 4.12 (i) と同様に，K_0 群と K_1 群の間のカップ積が

$$K_0(A) \otimes K_1(B) \to K_1(A \otimes B), \quad [p] \otimes [u] := [pu + (1-p)] \tag{4.4}$$

によって定義される．また，後述の同型 $K_i(A) \cong K_{i+1}(\mathsf{S}A)$（例 4.32, 定理 4.35）を用いると K_1 群と K_1 群のカップ積も定義され，これは K_0 群に値を取る．$K_*(A) := K_0(A) \oplus K_1(A)$ と書くと，カップ積は準同型

$$K_*(A) \otimes K_*(B) \to K_*(A \otimes B) \tag{4.5}$$

を与える．C*-環の K 理論のキュネスの定理（e.g. [38, Theorem 23.1.3]）によると，これは $K_*(A)$ または $K_*(B)$ が入射的 $\mathbb{Z}$-加群ならば同型である．

4.3 6 項完全列

C*-環の K 群を計算する手法のひとつに，C*-環の短完全列 $0 \to I \to A \to A/I \to 0$ に付随した 6 項からなる周期的な長完全列（定理 4.38）がある．これはトポロジカル相の理論においてはバルク・境界対応を記述するのに用いられる．ここでは，実 K 理論（8 章），捩れ同変 K 理論（10 章）に対してもそのまま一般化することを意識した証明を述べる．

4.3.1 K 群の長完全列

命題 4.21. $0 \to I \xrightarrow{i} A \xrightarrow{q} A/I \to 0$ を C*-環の短完全列とする．このとき，準同型 $\partial\colon K_0(\mathtt{S}A/I) \to K_0(I)$ が存在して，次の準同型の列は完全になる:

$$K_0(\mathtt{S}I) \xrightarrow{i_*} K_0(\mathtt{S}A) \xrightarrow{q_*} K_0(\mathtt{S}A/I) \xrightarrow{\partial} K_0(I) \xrightarrow{i_*} K_0(A) \xrightarrow{q_*} K_0(A/I).$$

短完全列 $0 \to \mathtt{S}I \to \mathtt{S}A \to \mathtt{S}A/I \to 0$ に同じ議論を適用することで，この完全列は左にいくらでも延長することができる．証明のために補題を準備する．

補題 4.22. $q\colon A \to B$ を全射 $*$-準同型，$(p_t)_{t\in[0,1]}$ を B の射影のパスとする．A の射影 P_0 であって $q(P_0) = p_0$ を満たすものがあるならば，P_0 を始点とする A の射影のパス $(P_t)_{t\in[0,1]}$ であって $q(P_t) = p_t$ を満たすものが存在する．

証明. 連続性から，任意の $t \in [t_j, t_{j+1}]$ に対して $\|p_t - p_{t_j}\| < 1/4$ を満たすような列 $0 = t_0 < t_1 < \cdots < t_n = 1$ が取れる．各 $j = 0, \cdots, n-1$ に対し，$(p_t)_{t\in[t_j,t_{j+1}]}$ と定数関数 p_{t_j} に対して補題 4.7 を適用することで得られるユニタリを $(u_{j,t})_t \in A[t_j, t_{j+1}]$ と置く．$\|u_{j,t} - 1\| < 1$ より，これは自己共役元 $h_{j,t} := -i\log(u_{j,t})$ によって $u_{j,t} = e^{ih_{j,t}}$ と書ける．$(h_{j,t})_t$ の $A[t_j, t_{j+1}]$ への持ち上げ $(H_{j,t})_t$ を取り*6)，$U_{j,t} := e^{iH_{j,t}}$ と置く．すると，

$$P_t := \mathrm{Ad}\left(U_{j,t}U_{j-1,t_{j-1}} \cdots U_{1,t_1}\right)(P_0) \qquad (t \in [t_j, t_{j+1}] \text{ のとき})$$

は，求めるパスである． □

補題 4.23. K_0 群は半完全性を持つ: $K_0(I) \xrightarrow{i_*} K_0(A) \xrightarrow{q_*} K_0(A/I)$ は完全．

証明. 命題 4.11 (1) より $q_* \circ i_* = (q \circ i)_* = 0$ なので，$\mathrm{Im}\, i_* \supset \mathrm{Ker}\, q_*$ を示せば十分である．射影 $P \in \mathcal{P}(\mathbb{M}_n(A^+))$ が $q_*([P] - [1_m]) = 0$ を満たすとする．このとき，$q(P) \oplus 1_r$ と $1_m \oplus 1_r$ を結ぶ A/I の射影のパス p_t が存在する．これに補題 4.22 を適用すると，A の射影のパス P_t であって $P_0 = P \oplus 1_r$, $q(P_t) = p_t$ となるものが得られる．特に $q(P_1) = 1_m \oplus 1_r$ なので，$P_1 - (1_m \oplus 1_r) \in I$ で，$[P_1] - [1_m \oplus 1_r] \in K_0(I)$ は $i_*([P_1] - [1_m \oplus 1_r]) = [P] - [1_m]$ を満たす． □

K_0 群の半完全性から命題 4.21 を示すのは以下の形式的な一般論による．

補題 4.24. C*-環にアーベル群を対応させる半完全かつホモトピー不変な共変関手 $\mathbf{K}$ に対して，次が成り立つ．

(1) 任意の C*-環 A に対して，$\mathbf{K}(\mathtt{C}A) \cong 0$ である．

(2) イデアル $I \triangleleft A$ に対して，写像柱 $\mathtt{Cyl}(I \to A) := \{(a_t)_t \in A[0,1] \mid a_0 \in I\}$

---

*6) ここで，このような持ち上げが存在することは，以下の 2 点から保証されている．

- $\varphi\colon A \to B$ が全射 $*$-準同型のとき，$\phi\colon A_{\mathrm{sa}} \to B_{\mathrm{sa}}$ もまた全射となる．
- $\varphi\colon A \to B$ が全射のとき，$\varphi \otimes \mathrm{id}_D\colon A \otimes D \to B \otimes D$ が誘導されるが，D が核型 C*-環（例えば $D = C(X)$）ならばこれもまた全射となる．

の $\mathbf{K}$ 群は $\mathbf{K}(I)$ と同型になる．

(3) 同型 $\mathbf{K}(I) \cong \mathbf{K}(\mathtt{C}(A \to A/I))$ が成り立つ．

証明．(1): これは $\mathtt{C}A$ 上で恒等写像と零写像がホモトピックであることからわかる．実際，これらは $(a_t)_{t\in[0,1]} \mapsto (a_{\max\{t+s,1\}})_{t\in[0,1]}$ によって結ばれる．

(2): $a \in I$ を a に値を取る定数関数に送る $*$-準同型 $i\colon I \to \mathtt{Cyl}(I \to A)$ と，$\mathrm{ev}_0((a_t)_t) := a_0$ によって与えられる $\mathrm{ev}_0\colon \mathtt{Cyl}(I \to A) \to I$ は，$\mathrm{ev}_0 \circ i = \mathrm{id}_I$ を満たし，かつ $i \circ \mathrm{ev}_0$ と恒等写像は (1) と同様のパスによってホモトピックである．したがって，これらが $\mathbf{K}$ 群の間に誘導する写像は互いに逆になる．

(3): 同型は，$*$-準同型

$$I \to \mathtt{C}(A \to A/I), \quad a \mapsto (a, 0) \in A \oplus_{A/I} \mathtt{C}(A/I)$$

から誘導される．実際，ふたつの完全列（ただし $\pi((a_t)) := (a_1, (q(a_{1-t}))_t)$）

$$0 \to I \to \mathtt{C}(A \to A/I) \to \mathtt{C}A/I \to 0,$$
$$0 \to \mathtt{C}I \to \mathtt{Cyl}(I \to A) \xrightarrow{\pi} \mathtt{C}(A \to A/I) \to 0,$$

に対して (1), (2) と補題 4.23 を適用すると，考えている写像がそれぞれ単射，全射であることが示せる． □

命題 4.21 の証明．$\mathtt{S}A/I$ を $*$-準同型 $\mathtt{C}(A \to A/I) \to A$ の核と同一視して，境界準同型写像 $\partial\colon K_0(\mathtt{S}A/I) \to K_0(I)$ を合成

$$K_0(\mathtt{S}A/I) \to K_0(\mathtt{C}(A \to A/I)) \cong K_0(I)$$

によって定義する．補題 4.24 (3) より $K_0(\mathtt{C}(\mathtt{C}(A \to A/I) \to A)) \cong K_0(\mathtt{S}A/I)$ が成り立つ．よって，補題 4.23 を 2 つの完全列

$$0 \to \mathtt{S}A/I \to \mathtt{C}(A \to A/I) \to A \to 0,$$
$$0 \to \mathtt{S}A \to \mathtt{C}(\mathtt{C}(A \to A/I) \to A) \to \mathtt{C}(A \to A/I) \to 0,$$

に適用すると，$K_0(I)$, $K_0(\mathtt{S}A/I)$ での完全性がそれぞれ得られる*7)． □

境界準同型は，具体的には次のように与えられる．$K_0(\mathtt{S}A/I)$ の元は，$\mathbb{M}_n((A/I)^+)$ の射影のパス $(p_t)_{t\in[0,1]}$ であって $p_0 = p_1 = 1_m$ となるものによって代表されている．これに補題 4.22 を適用すると，$\mathcal{P}_n((\mathtt{S}A/I)^+) \subset \mathcal{P}_n(\mathtt{C}(A \to A/I)^+)$ の射影 p_t の $\mathcal{P}_n(\mathtt{Cyl}(I \to A)^+)$ への持ち上げ P_t であって，$p_1 = 1_m$ を満たすものが得られる．K_0 群の同型が合成

*7) このとき，完全性を証明した準同型の列と示したい列が確かに一致していることを確認する必要がある．合成 $I \to \mathtt{C}(A \to A/I) \to A$ および $\mathtt{S}A/I \to \mathtt{C}(\mathtt{C}(A \to A/I) \to A) \to \mathtt{C}(A \to A/I)$ がそれぞれ自然な包含写像と一致すること，包含写像 $\mathtt{S}A \to \mathtt{C}(\mathtt{C}(A \to A/I) \to A)$ が合成 $\mathtt{S}A \to \mathtt{S}A/I \to \mathtt{C}(\mathtt{C}(A \to A/I) \to A)$ とホモトピックであることに注意．

$$K_0(\mathtt{C}(A \to A/I)) \xleftarrow{\pi_*} K_0(\mathtt{Cyl}(I \to A)) \xrightarrow{(\mathrm{ev}_0)_*} K_0(I)$$

によって与えられていたことを思い出すと，次のように書ける:

$$\partial[p_t] = [P_1] - [1_m] \in K_0(I). \tag{4.6}$$

注意 4.25. コンパクト空間 X に対して $\mathcal{P}(A \otimes C(X)) \cong \mathrm{Map}(X, \mathcal{P}(A))$ という同一視ができることに注意して，補題 4.22 を $A \otimes C([0,1]^n)$ とそのイデアル $I \otimes C_0((0,1] \times [0,1]^{n-1})$ に対して適用すると，

$$\mathcal{P}_\infty(I^+) \to \mathcal{P}_\infty(A^+) \to \mathcal{P}_\infty((A/I)^+)$$

がセールファイブレーション（参考: [267, 定義 5.2.2] など）であることがわかる．同型 $\pi_n(\mathcal{P}_\infty(A^+)) \cong K_0(\mathtt{S}^n A)$ に注意すると，ホモトピー長完全列

$$\cdots \to K_0(\mathtt{S}^n A) \to K_0(\mathtt{S}^n A/I) \to K_0(\mathtt{S}^{n-1} I) \to K_0(\mathtt{S}^{n-1} A) \to \cdots$$

が得られるが，これは命題 4.21 で構成したものと一致する．

対応する K_1 群の長完全列も同様に証明できる．本書では，これは命題 4.55 でより一般的な場合について示す．

命題 4.26. K_1 群は半完全関手である．特に，短完全列 $0 \to I \xrightarrow{i} A \xrightarrow{q} A/I \to 0$ に対して，準同型 $\partial\colon K_1(\mathtt{S}A/I) \to K_1(I)$ が存在して以下は完全列となる:

$$K_1(\mathtt{S}I) \xrightarrow{i_*} K_1(\mathtt{S}A) \xrightarrow{q_*} K_1(\mathtt{S}A/I) \xrightarrow{\partial} K_1(I) \xrightarrow{i_*} K_1(A) \xrightarrow{q_*} K_1(A/I).$$

4.3.2 指数写像 (index map)

短完全列 $0 \to I \to A \to A/I \to 0$ の K_0 群と K_1 群は，**境界準同型**あるいは 2 種類の**指数写像**と呼ばれる準同型によって結びつけられる．

1 つ目の“指数”写像は次のように定義される準同型 $\partial\colon K_1(A/I) \to K_0(I)$ である．ユニタリ $u \in \mathcal{U}_n((A/I)^+)$ に対して，$u \oplus u^*$ は A のユニタリ V に持ち上がる．これにより，射影 $P \in \mathcal{P}_{2n}(A^+)$ を

$$P := V(1_n \oplus 0)V^*$$

と定義する．すると，$q(V) = u \oplus u^*$ より $P - (1_n \oplus 0) \in \mathbb{M}_{2n}(I)$ となる．

このような V は例えば次のように取ればよい．u の $\mathbb{M}_n(A^+)$ への持ち上げ（$q(a) = u$ を満たす $a \in A$）であって $\|a\| \leq 1$ を満たすものを取ると，

$$V_a := \begin{pmatrix} a & (1-aa^*)^{1/2} \\ -(1-a^*a)^{1/2} & a^* \end{pmatrix} \tag{4.7}$$

は欲しい性質を満たす．このとき，

$$P_a := V_a(1_n \oplus 0)V_a^* = \begin{pmatrix} aa^* & a(1-a^*a)^{1/2} \\ (1-a^*a)^{1/2}a^* & 1-a^*a \end{pmatrix}. \tag{4.8}$$

命題 4.27. $\partial[u] := [P] - [1_n]$ は，準同型 $\partial\colon K_1(A/I) \to K_0(I)$ を定める．

証明. $u \oplus u^*$ の 2 つの持ち上げ V_1, V_2 に対して，射影 $P_i := V_i(1_n \oplus 0)V_i^*$ は $V_2(1_n \oplus 0)V_1^* \in \mathcal{U}_{2n}(I)$ によって互いに M-vN 同値になる．よって，$[P] - [1_n] \in K_0(I)$ は持ち上げ V の選び方によらない．特に (4.7) の P_a を用いると，$[P_a] - [1_n]$ は構成から明らかに u のホモトピー類によらず，写像は well-defined である．準同型性は定義から明らか． □

指数写像は以下の意味でフレドホルム指数を一般化したものと言える．

命題 4.28. $u \in \mathcal{U}_n(A)$ の持ち上げ $a \in \mathbb{M}_n(A)$ が，$\sigma(a^*a)$ の中で $\{0\}$ が孤立しているように選べたとする．このとき，

$$\partial[u] = [p_0(a^*a)] - [p_0(aa^*)] \in K_0(I)$$

が成り立つ．ここで，p_0 は $\{0\} \subset \sigma(a^*a)$ の特性関数とする．

証明. まず，a^*a, aa^* が射影になるよう a を選べたとする．このとき，$aa^*a = a$ より[211]，$P_a = aa^* \oplus (1-a^*a)$．よって注意 4.9 (3) より

$$\begin{aligned}\partial[u] =& [P_a] - [1_n] = [aa^* \oplus (1-a^*a)] - [1 \oplus 0] \\ =& [1-a^*a] - [1-aa^*] = [p_0(a^*a)] - [p_0(aa^*)].\end{aligned}$$

一般の場合には，a を $b = a(a^*a)^{-1/2}$（より正確には，$\{0\}$ 上 0，その補空間上で $x^{-1/2}$ となるような $\sigma(a^*a)$ 上の連続関数 f を用いて，$b := a \cdot f(a^*a)$）に連続的に取り替えることで上の議論に帰着できる． □

例 4.29. 例 2.21 の完全列 $0 \to \mathbb{K}(\mathcal{H}) \to \mathbb{B}(\mathcal{H}) \xrightarrow{q} \mathcal{Q}(\mathcal{H}) \to 0$ の指数写像 $\partial\colon K_1(\mathcal{Q}(\mathcal{H})) \to K_0(\mathbb{K}(\mathcal{H}))$ は次のようになる．命題 3.7 により，$K_1(\mathcal{Q}(\mathcal{H}))$ の元は $\mathcal{H}^{\oplus n}$ 上のフレドホルム作用素によって代表される．命題 4.28 より，$\partial[q(F)]$ は F のフレドホルム指数 $\mathrm{Ind}(F)$ に他ならない．

例 4.30. 例 4.29 より，例 2.23 の完全列 $0 \to \mathbb{K}(P\mathcal{H}) \to \mathcal{T}(A, P) \to A \to 0$ の $\partial\colon K_1(A) \to K_0(\mathbb{K}(P\mathcal{H}))$ もまた $\partial[u] = \mathrm{Ind}(T_u)$ によって与えられる．

例えば，被約テープリッツ環を $\mathcal{T}_0 := \mathrm{Ker}(\mathcal{T} \to C(\mathbb{T}) \xrightarrow{\mathrm{ev}_1} \mathbb{C})$ によって定義すると，完全列 $0 \to \mathbb{K} \to \mathcal{T}_0 \to C_0(\mathbb{R}) \to 0$ が得られる（cf. 命題 3.25)．準同型 $\partial\colon K_1(C_0(\mathbb{R})) \to \mathbb{Z}$ は $\partial[u] = \mathrm{Ind}(T_u)$ によって与えられる．これと例 4.18 を比較したものがテープリッツ指数定理（定理 3.23）である．

定理 4.31. C*-環の短完全列 $0 \to I \xrightarrow{\iota} A \xrightarrow{q} A/I \to 0$ に対して，

$$K_1(A) \xrightarrow{q_*} K_1(A/I) \xrightarrow{\partial} K_0(I) \xrightarrow{\iota_*} K_0(A)$$

はアーベル群の完全列である．

証明. まずは $\mathrm{Im}\,\partial = \mathrm{Ker}\,\iota_*$ を示す．まず $u \in \mathcal{U}_n(A)$ に対して，P_a と 1_n は $V_a P_a \in \mathbb{M}_{2n}(A^+)$ によって M-vN 同値なので $\iota_* \circ \partial([u]) = 0$．逆に，$p \in \mathcal{P}_n(I^+)$ が $[p] - [1_m] \in \mathrm{Ker}\,\iota_*$ を満たすとする．$p \oplus 1_r$ と 1_{m+r} の M-vN 同値を与える元 $v \in \mathbb{M}_N(A)$ を取り，

$$z := \begin{pmatrix} 1_{m+r} & 1_N - 1_{m+r} \\ 1_N - 1_{m+r} & 1_{m+r} \end{pmatrix}, \quad w := z \cdot \begin{pmatrix} v & 1_N - 1_{m+r} \\ 1_N - p & v^* \end{pmatrix}$$

と置く．すると w は $q(v) \oplus q(v)^*$ の持ち上げで，$w(1_N \oplus 0_N)w^* = z((1_N - 1_{m+r}) \oplus p)z^*$ を満たす．よって，$z \sim_h 1$ より

$$\partial[w] = [z(1_N \oplus p)z^*] - [z(1_N \oplus 1_m)z^*] = [p] - [1_m].$$

次に $\mathrm{Ker}\,\partial = \mathrm{Im}\,q_*$ を示す．$\partial \circ q_* = 0$ は命題 4.28 の特別な場合である．逆に，$u \in \mathcal{U}_n(A/I)$ が $\partial[u] = 0$ を満たすとする．このとき，$1_{2n} - P_a$ と 1_n の M-vN 同値を与える $v \in \mathbb{M}_{2n}(I^+)$ が存在する．$U := P_a V_a + v \in \mathbb{M}_{2n}(A^+)$ はユニタリで，$q(U) = u \oplus 1$ を満たすため，$[u] = [q(U)] \in \mathrm{Im}\,q_*$． □

例 4.32. 命題 4.27 を完全列 $0 \to \mathtt{S}A \to \mathtt{C}A \to A \to 0$ に対して適用すると，$\partial\colon K_1(A) \to K_0(\mathtt{S}A)$ は，$u \oplus u^*$ と 1_{2n} を結ぶホモトピー V_t を用いて $\partial[u] = [V_t(1_n \oplus 0_n)V_t^*] - [1_n]$ と表せる．定理 4.31 と補題 4.24 (1) より，これは同型である．これをもって $K_n(A) := K_0(\mathtt{S}^n A) \cong K_1(\mathtt{S}^{n-1}A)$ と定義する．また，この同型の下で命題 4.27 の境界準同型 ∂ は (4.6) と同一視される．

4.3.3 指数写像 (exponential map)

ふたつ目の "指数" 写像は，K_0 群から K_1 群への準同型である．$p \in \mathcal{P}_n((A/I)^+)$ に対して，p の A^+ への自己共役な持ち上げ (i.e., $q(\tilde{p}) = p$ を満たす A^+ の元) をひとつ取る．このとき，

$$U_{\tilde{p}} := \exp(-2\pi i \tilde{p}) \in \mathbb{M}_n(A^+) \tag{4.9}$$

は命題 2.48 より A^+ のユニタリ元である．また，$\sigma(p) = \{0, 1\}$ と命題 2.48 から，$q(U_{\tilde{p}}) = \exp(-2\pi i p) = 1$ がわかる．よって $U_{\tilde{p}} - 1 \in \mathbb{M}_n(I)$．

命題 4.33. $\partial[p] := [U_{\tilde{p}}]$ は，準同型 $\partial\colon K_0(A/I) \to K_1(I)$ を定める．

証明. $p \in \mathcal{P}_n((A/I)^+)$ に対して，その自己共役な持ち上げ $\tilde{p}$ の全体は凸集合となるので，$[U_{\tilde{p}}]$ は射影 p に対してただひとつ定まる．また，2 つの射影 $p_0, p_1 \in \mathcal{P}_n((A/I)^+)$ が連続パス $(p_t)_{t \in [0,1]} \subset \mathcal{P}_n((A/I)^+)$ によって結ばれて

いたとすると，$(p_t)_t \in (A/I)^+[0,1]$ の $A^+[0,1]$ への持ち上げ $(\tilde{p}_t)_t$ を取ることで，$U_{\tilde{p}_0}$ と $U_{\tilde{p}_1}$ を結ぶパス $U_{\tilde{p}_t}$ が得られる．したがって，∂ は well-defined である．準同型性については，$U_{\tilde{p}\oplus\tilde{q}} = U_{\tilde{p}} \oplus U_{\tilde{q}}$ からわかる． □

例 4.34. 短完全系列 $0 \to \mathtt{S}A \to \mathtt{C}A \to A \to 0$ の指数写像を考える．p の $\mathtt{C}A \cong C_0([0,1)) \otimes A$ への持ち上げを関数 $t \mapsto tp$ によって与えると，

$$\partial[p] := [-\exp(2\pi i t p)] = [z^* p + 1 - p] \in K_1(\mathtt{S}A).$$

これは，$\beta := [z^*] \in K_1(\mathtt{S})$ と $[p]$ のカップ積 (4.4) に一致する．次節で述べるようにこれは同型である．また，この同型は物理におけるサウレスの断熱ポンプの理論と関係がある（cf. 定理 5.37）．

4.3.4 6 項完全列

群 $K_0(\mathtt{S}^2) \cong K_1(\mathtt{S}) \cong \mathbb{Z}$ の生成元 $\beta = [z^*]$ を**ボット生成元**と呼ぶ．β とのカップ積 (4.4) を $\beta_A\colon K_0(A) \to K_1(\mathtt{S}A)$ と書く（cf. 例 4.34）．また，被約テープリッツ完全列（例 4.30）と A のテンソル積

$$0 \to A \otimes \mathbb{K} \to A \otimes \mathcal{T}_0 \to \mathtt{S}A \to 0$$

に対して，その指数写像を $\alpha_A\colon K_1(\mathtt{S}A) \to K_0(A \otimes \mathbb{K}) \cong K_0(A)$ と置く．

定理 4.35. α_A と β_A は互いに逆で，$K_0(A) \cong K_1(\mathtt{S}A) \cong K_0(\mathtt{S}^2 A)$.

証明. $A = \mathbb{C}$ のときには $\partial\beta = \mathrm{Ind}(T_{z^*}) = 1 \in K_0(\mathbb{C}) \cong \mathbb{Z}$ となる．よって，以下の注意 4.36 より

$$(\alpha_A \circ \beta_A)([p]) = \alpha_A([p] \otimes \beta) = [p] \otimes \partial\beta = [p].$$

逆の等号 $\beta_A \circ \alpha_A = \mathrm{id}$ は，アティヤの回転トリック（cf. 定理 A.18 の証明）によって証明できる．後半の同型は例 4.32 から従う． □

注意 4.36. 境界準同型はカップ積と交換する．完全列 $0 \to I \to A \to A/I \to 0$ に対して，核型 C*-環 B (付録 A.1.4) をテンソルした $0 \to I \otimes B \to A \otimes B \to A/I \otimes B \to 0$ もまた完全列となる．その境界準同型をそれぞれ ∂_A, $\partial_{A\otimes B}$ と書くと，任意の $\eta \in K_*(A/I)$, $\zeta \in K_*(B)$ に対して

$$\partial_{A\otimes B}(\eta \otimes \zeta) = \partial_A(\eta) \otimes \zeta$$

が成り立つ．これは (4.2) や (4.4) の場合については定義から明らか．

命題 4.37. 合成写像 $K_0(A/I) \xrightarrow{\beta_{A/I}} K_1(\mathtt{S}A/I) \xrightarrow{\partial} K_1(I)$ は，指数写像（命題 4.33）と一致する．特に，以下の群準同型の列は完全である:

$$K_0(A) \to K_0(A/I) \xrightarrow{\partial} K_1(I) \to K_1(A).$$

証明. $\mathcal{U}_n(\mathtt{S}A/I)$ の元 $u(t) := e^{-2\pi it}p + 1 - p = e^{-2\pi itp}$ の $\mathbb{M}_n((\mathtt{C}A)^+)$ への持ち上げとして，$\tilde{u}(t) := \exp(-2\pi it\tilde{p})$ を選ぶことができる．したがって，$\partial \circ \beta[p] = \partial[u] = [\tilde{u}(1)] = [U_{\tilde{p}}]$. □

ここまでの議論をまとめると，以下が得られる．

定理 4.38. C*-環の短完全列 $0 \to I \xrightarrow{i} A \xrightarrow{q} A/I \to 0$ に対して，

$$
\begin{array}{ccccc}
K_0(I) & \xrightarrow{i_*} & K_0(A) & \xrightarrow{q_*} & K_0(A/I) \\
\uparrow \partial & & & & \downarrow \partial \\
K_1(A/I) & \xleftarrow{q_*} & K_1(A) & \xleftarrow{i_*} & K_1(I)
\end{array}
\qquad (4.10)
$$

は 6 項からなる周期的な長完全列をなす．

注意 4.39. 短完全列 $0 \to I \to A \xrightarrow{q} A/I \to 0$ が分裂する，すなわち $*$-準同型 $s\colon A/I \to A$ が存在して $q \circ s = \mathrm{id}$ を満たすとき，(4.10) の完全性から $\partial = 0$ となる．実はより強く，同型 $K_*(A) \cong K_*(I) \oplus K_*(A/I)$ が成り立つ．

例えば，C*-環 A とイデアル I に対して，ファイバー和の完全列 $0 \to I \to A \oplus_{A/I} A \to A \to 0$（例 2.22）は分裂する．よって，射影 $p_1, p_2 \in \mathcal{P}_n(A^+)$ が $p_1 - p_2 \in \mathbb{M}_n(I)$ を満たすとき，対 (p_1, p_2) は $K_0(A \oplus_{A/I} A) \cong K_0(I) \oplus K_0(A)$ の元を定める．この元の $K_0(I)$ の成分のことを p_1 と p_2 の形式差と呼び，記号を濫用して $[p_1] - [p_2]$ と表記する．例えば $A = \mathbb{B}(\mathcal{H})$, $I = \mathbb{K}(\mathcal{H})$ のとき，$P - Q \in \mathbb{K}(\mathcal{H})$ を満たす射影 $P, Q \in \mathbb{B}(\mathcal{H})$ に対して $[P] - [Q] \in K_0(\mathbb{K}(\mathcal{H})) \cong \mathbb{Z}$ が定義されるが，これは例 3.5 の $\mathrm{Ind}(PQ)$ と一致する[20]．

4.4 位相的 *K* 理論

C*-環の K 理論は，ゲルファント–ナイマルクの定理（定理 2.37）を通して位相的 K 理論[10], [248]の非可換な一般化とみなすことができる．

4.4.1 射影とベクトル束

位相空間 X 上のベクトル束とは，X の点によってパラメトライズされたベクトル空間の連続な族のことをいう．正確な定義ではここでは述べない（参考: [248], [250], [267, 付録 A.2] など）．X 上の複素ベクトル束の同型類の集合 $\mathrm{Vect}_{\mathbb{C}}(X)$ は，和 $[E_1] + [E_2] := [E_1 \oplus E_2]$ によって可換モノイドとなる．

定義 4.40. コンパクト空間 X に対して，X の K^0 群を次のように定義する:

$$K^0(X) := \mathfrak{G}(\mathrm{Vect}_{\mathbb{C}}(X)).$$

局所コンパクト空間 X に対しては，$K^0(X) := \mathrm{Ker}(K^0(X^+) \to K^0(\mathrm{pt}))$*8)．

射影行列値関数 $p \in \mathcal{P}_n(C(X))$ に対して，$x \mapsto \mathrm{Im}(p(x))$ は $\mathbb{C}^n$ の部分ベクトル空間の族，すなわち自明束 $X \times \mathbb{C}^n$ の部分ベクトル束 $\mathrm{Im}\, p$ を与えている．コンパクト空間上の任意のベクトル束が自明束に埋め込めること，部分束 $\mathrm{Im}\, p$ と $\mathrm{Im}\, q$ の同型が p と q の M-vN 同値を与えることから，以下がわかる[*9]．

定理 4.41. 以下の同型が成り立つ:

$$K(C_0(X)) \cong K^0(X), \quad [p] \mapsto [\mathrm{Im}\, p].$$

注意 4.42. 位相的 K 群は一般コホモロジー理論である（参考: [10], [248]）．つまり，切除公理や対の完全列の公理（これが 6 項完全列に相当）を満たす．この事実から，位相的 K 群はスペクトル系列などによって計算可能になる．

K_1 群 $K^1(X)$ は，無限ユニタリ群への基点つき連続写像のホモトピー類のなす集合 $[X^+, U_\infty]_0$ によって定義される．局所コンパクト空間 X に対して，$\mathcal{U}_n(C_0(X))$ の元は基点つき連続写像 $u\colon X^+ \to U_n$ と同一視できるので，同型

$$K_1(C_0(X)) \cong \pi_0(\mathcal{U}_\infty(C_0(X))) \cong [X^+, U_\infty]_0 \cong K^1(X) \tag{4.11}$$

が成り立つ．特に $X = \mathbb{R}^n$ のとき，$K_1(C_0(\mathbb{R}^n)) \cong \pi_n(U_\infty)$ となる．

4.4.2　フレドホルム作用素と族の指数

K 群とフレドホルム作用素の関係について，C*-環の K 理論の観点から再訪する．まず，以下の事実に注目する（注意 3.6）．

(1) テンソル積 $C(X) \otimes \mathcal{Q}(\mathcal{H})$ のユニタリは，X から $\mathcal{F}(\mathcal{H})$ への写像であって，ノルム位相に関して連続なものと同一視できる．

(2) 商 C*-環 $C^{\mathrm{st}}(X, \mathbb{B}(\mathcal{H}))/C(X, \mathbb{K})$（例 A.9）のユニタリは，$X$ から $\mathcal{F}(\mathcal{H})$ へのノルム有界な写像 F であって，アティヤ–シーガルの位相について連続であるようなものと同一視できる．

命題 4.43. 集合 $\mathcal{F}(\mathcal{H})$, $\mathcal{F}_{\mathrm{sa}}(\mathcal{H})$ に注意 3.6 の (1), (2) の位相のいずれかを導入する．このとき，局所コンパクト空間 X に対して以下の同型が成り立つ:

$$K^0(X) \cong [X^+, \mathcal{F}(\mathcal{H})]_0, \quad K^1(X) \cong [X^+, \mathcal{F}_{\mathrm{sa}}(\mathcal{H})]_0.$$

これは定理 4.38 からわかる．実際，同型 $K^0(X) \cong [X^+, \mathcal{F}(\mathcal{H})]_0$ は，イデアル $C_0(X) \otimes \mathbb{K} \triangleleft C_0(X) \otimes \mathbb{B}(\mathcal{H})$ あるいは $C_0(X, \mathbb{K}) \triangleleft C_0^{\mathrm{st}}(X, \mathbb{B}(\mathcal{H}))$ からくる C*-環の完全列に付随する境界準同型によって与えられる．特に，例 4.18 (3) と定義 3.18 より，同型 $K^1(\mathbb{R}) \cong \pi_1(\mathcal{F}_{\mathrm{sa}}(\mathcal{H})) \cong \mathbb{Z}$ はスペクトル流によっ

*8) トポロジーの文献では，この定義による局所コンパクト空間の K^0 群はコンパクト台 K 群と呼ばれており，しばしば $K_c^0(X)$ と書かれる．

*9) この議論は，位相的 K 理論における基本的な事実 $K^0(X) \cong [X, BU_\infty]$ と，BU_∞ がグラスマン多様体によってモデルされることの説明にちょうど相当する．

て与えられることがわかる．

もし $F\colon X \to \mathcal{F}(\mathcal{H})$ の核と余核の次元が一定なら，$\operatorname{Ker} F$ と $\operatorname{Ker} F^*$ は X 上のベクトル束をなす．このとき，命題 4.28 より

$$\partial[F] := [\operatorname{Ker} F] - [\operatorname{Ker} F^*] \in K^0(X)$$

がわかる．これは位相的 K 理論において族の指数と呼ばれているものである．

4.4.3 K 理論の演算

位相的 K 理論に備わっている演算を紹介しておく．

(1) 固有写像 $f\colon X \to Y$ に対して，$f^*\colon C_0(Y) \to C_0(X)$ が誘導する K 群の間の写像を f^* と書く．これはベクトル束の引き戻しに相当する．

(2) 開部分集合への同相写像 $\iota\colon U \hookrightarrow X$ に対して，包含 $C_0(U) \subset C_0(X)$ は K 群の開埋め込み $\iota_!\colon K^*(U) \to K^*(X)$ を誘導する．

(3) (4.2) より，位相的 K 群にもカップ積が定義できる．カップ積と対角集合への制限 $C(X) \otimes C(X) \cong C(X \times X) \to C(X)$ の合成によって，$K^*(X)$ 上の環構造を定める．同様に，局所コンパクト空間からの（固有とは限らない）連続写像 $f\colon E \to X$ は，$K^*(E)$ に $K^*(X)$-加群の構造を与える．

(4) 以下の定理 4.44 を用いると，多様体の間のある種の写像 $f\colon M \to N$ による押し出し $f_!\colon K^*(M) \to K^*(N)$ が定義できる．

定理 4.44 (トム同型)．コンパクト空間 X 上のランク r の実ベクトル束 E がスピン構造を持つ*10) とき，元 $\beta_E \in K^r(E)$ が存在して，β_E とのカップ積は同型 $K^*(X) \cong K^{*+r}(E)$ を与える．

定義 4.45. (4) についてもう少し述べる．C^∞ 級写像 $f\colon M \to N$ がスピン向きづけ可能である（i.e., $f^*TN \oplus TM$ がスピン構造を持つ）とする．埋め込み $\iota\colon M \hookrightarrow \mathbb{R}^n$ を固定し，$(f \times \iota)(M) \subset N \times \mathbb{R}^n$ の法ベクトル束を νM と置く*11)．また，$r := \dim N - \dim M$ と置く．このとき，合成写像

$$K^*(M) \xrightarrow{\beta_{\nu M}} K^{*+r+n}(\nu M) \xrightarrow{\iota_!} K^{*+r+n}(N \times \mathbb{R}^n) \xrightarrow{\beta_{N\times\mathbb{R}^n}^{-1}} K^{*+r}(N)$$

を f による**押し出し** (push-forward, wrong-way map) と呼び，$f_!$ と書く．

押し出しはアティヤ–シンガーの指数理論[15], [16]の基礎をなしている．例えば，スピン多様体 M に対して，定値写像 $c\colon M \to \mathrm{pt}$ によるベクトル束 E の押し出し $c_!([E]) \in K^0(\mathrm{pt}) \cong \mathbb{Z}$ は，捩れディラック作用素 D_E のフレドホルム指数と一致する．

---

*10) 階数 r の実ベクトル束 E がスピン構造を持つとは，実ベクトル束 S（スピノル束）が存在して $C\ell(E \oplus \underline{\mathbb{R}}^{8n-r}) \cong \operatorname{End}(S)$ となることをいう．ここで，各点 $x \in X$ のファイバー E_x のクリフォード代数 $C\ell(E_x)$ を集めた $\mathbb{R}$-代数束を $C\ell(E)$ と書いている．

*11) これは $M \subset N \times \mathbb{R}^n$ のある開近傍と微分同相になる（管状近傍定理）．

4.5 同変 K 理論

有限群 G（あるいはより一般にコンパクト群）が C*-環 A に作用しているとき，その同変 K 群は G-作用によって保たれる射影やユニタリのホモトピー類を分類する群である．

G-C*-環 A の，G-不変な射影のなす集合を $\mathcal{P}^G(A)$ と置く．つまり

$$\mathcal{P}^G(A) := \{p \in A \mid p = p^* = p^2,\ \ \alpha_g(p) = p \ \ \forall g \in G\}.$$

G の有限次元部分表現 $\mathcal{V}$ に対して，$\mathcal{P}^G_{\mathcal{V}}(A) := \mathcal{P}^G(A \otimes \mathbb{K}(\mathcal{V}))$ と置く．通常の K_0 群の定義と同様に，$\mathcal{P}^G_{\mathcal{V}}(A)$ を $p \mapsto p \oplus 0$ によって $\mathcal{P}^G_{\mathcal{V}\oplus\mathcal{W}}(A)$ の部分集合とみなす．これによって得られる増大列の合併を $\mathcal{P}^G_\infty(A) := \bigcup_{\mathcal{V}} \mathcal{P}_{\mathcal{V}}(A)$*12) と置く．すると，そのホモトピー類のなす集合 $\pi_0(\mathcal{P}^G_\infty(A))$ は，和 $[p]+[q] := [p \oplus q]$ によって可換モノイドとなる．

同様に，$\mathcal{U}^G(A)$ を A の G-不変なユニタリのなす集合，$\mathcal{U}^G_{\mathcal{V}}(A) := \mathcal{U}^G(A \otimes \mathbb{K}(\mathcal{V}))$ と定義し，その合併 $\mathcal{U}^G_\infty(A) := \bigcup_{\mathcal{V}} \mathcal{U}^G_{\mathcal{V}}(A)$ のホモトピー類のなす集合 $\pi_0(\mathcal{U}^G_\infty(A))$ に $[u] + [v] := [u \oplus v]$ によって可換モノイド構造を導入する．

定義 4.46. 単位的 C*-環 A に対して，その G-同変 K_* 群 $K^G_*(A)$ を

$$K^G_0(A) := \mathfrak{G}(\pi_0(\mathcal{P}^G_\infty(A))), \quad K^G_1(A) := \pi_0(\mathcal{U}^G_\infty(A)),$$

によって定義する．G-単位的とは限らない C*-環 A に対しては，$K^G_*(A) := \mathrm{Ker}(K^G_*(A^+) \to K^G_*(\mathbb{C}))$ によって定義する．

G-同変 K 群は固定部分環 A^G の K 群とは異なる．実際，$\mathbb{C}$ への G の自明作用を考えると，$\mathbb{C}^G = \mathbb{C}$ だが $K^G_0(\mathbb{C})$ は表現環 $R(G)$ と同型になる．

例 4.47. いくつかの例を挙げておく．

(1) G が C*-環 A に自明に作用しているとき，$K^G_0(A) \cong K_0(A) \otimes_{\mathbb{Z}} R(G)$.

(2) 部分群 $H \subset G$ と H-C*-環 A に対して，$\mathrm{Ind}^G_H A := C(G, A)^H$ と置く*13)．すると，$\mathcal{P}^H(A) \cong \mathcal{P}^G(\mathrm{Ind}^G_H A)$ より，$K^G_0(\mathrm{Ind}^G_H A) \cong K^H_0(A)$ が成り立つ．特に，$H = \{e\}$ の場合を考えると，$K^G_0(C(G, A)) \cong K_0(A)$ となる．

(3) G がコンパクト空間 X に作用しているとき，$K^G_0(C(X))$ は位相的同変 K 群 $K^0_G(X) := \mathfrak{G}(\mathrm{Vect}_G(X))$ と同型になる[16]．ただしここで $\mathrm{Vect}_G(X)$ とは，X 上の有限階複素 G-ベクトル束の同型類のなす可換モノイドとする．特に X に G が自由に作用しているとき，$K^G_0(C(X)) \cong K^0(X/G)$.

---

*12) ここで，有限次元表現に関する合併とは，正確には $\mathcal{V} \mapsto \mathcal{P}_{\mathcal{V}}(A)$ という関手に関する順極限のことである．$\mathcal{V}$ が $\mathcal{H}_G := \ell^2(G)^{\oplus\infty}$ の有限次元部分表現全体を走ると思って合併を取っても差し支えないが，その場合は和の定義に注意が必要である．

13) ここで，$C(G, A)^H$ は $C(G, A)$ の H-作用 $(h \cdot f)(g) := \alpha_h(f(gh))$ による固定部分環である．$\mathrm{Ind}^G_H A$ は $(g \cdot f)(g') = f(g^{-1}g')$ によって G-C-環となる．

(4) (3) のとき，同型 $K_1(C(X)\otimes\mathcal{Q}(\mathcal{H}))\cong[X^+,\mathcal{F}(\mathcal{H})]_0^G$ が成り立つ（ここで，右辺は G-同変写像のホモトピー類の集合）．境界準同型によって，この群は $K_G^0(X)$ と同型になる．

注意 4.48. 同変 K 群にも (4.2) や (4.4) のようなカップ積が定義される．これによって特に，$K_*^G(A)$ は $R(G)$-加群の構造を持つ．

命題 4.49. 同変 K_* 群は G-C*-環の圏から $R(G)$-加群の圏への C*-安定，ホモトピー不変，かつ半完全な共変関手である．

同変 K 群は，以下の**グリーン–ジュルクの定理** (Green–Julg theorem) によって通常の K 群の一種と思える．

定理 4.50 (e.g. [38, Theorem 11.7.1])**.** $K_*^G(A)\cong K_*(A\rtimes_r G)$.

証明. 命題 2.29 より，$\mathcal{V}=\ell^2(G)^n$ のときには $\mathcal{P}_{\mathcal{V}}^G(A)=\mathcal{P}_n(A\rtimes_r G)$ となる．任意の有限次元表現は $\ell^2(G)^n$ に部分表現として含まれるので，$\mathcal{P}_\infty^G(A)=\mathcal{P}_\infty(A\rtimes_r G)$ となり，K 群の同型も得られる． □

注意 4.51. コンパクトでない群の同変 K 群に相当するものは存在する[139]が，同じようには扱えない．例えば，$\mathbb{R}$ に群 $\mathbb{Z}$ が並進によって作用しているとき，$\mathbb{R}/\mathbb{Z}\cong\mathbb{T}$ であることから同変 K 群は $\mathbb{T}$ の K 群と同型になってほしいが，C*-環 $\mathbb{M}_n(C_0(\mathbb{R}))$ は $\mathbb{Z}$-不変な元を持たない．

4.6 $\mathbb{Z}_2$-次数つき C*-環の K 群

ここでは，K 群の定義を $\mathbb{Z}_2$-次数つき C*-環に対して一般化する．これは K 理論と関係の深いクリフォード代数を対象に含めるために必要な一般化であり，後に 8 章や 10 章で K 理論の変種を考える際に本格的に用いることになる．次数つき C*-環の定義や一般論は付録 A.1.5 にまとめた．

4.6.1 ファン・ダーレの K_1 群

単位的な $\mathbb{Z}_2$-次数つき C*-環 (A,γ) に対して，その奇な自己共役ユニタリ元の集合を $\mathcal{S}(A)$ と書くとする．つまり，

$$\mathcal{S}(A):=\{s\in A\mid\gamma(s)=-s,s=s^*,s^2=1\}.$$

この集合は一般には空集合でありうる．

$\mathcal{S}(A)\neq\emptyset$ と仮定し，$e\in\mathcal{S}(A)$ をひとつ固定する．$\mathcal{S}_n(A):=\mathcal{S}(\mathbb{M}_n(A))$ を，写像 $s\mapsto s\oplus e$ によって $\mathcal{S}_{n+1}(A)$ の部分集合とみなす．これによって得られる増大列の合併を $\mathcal{S}_\infty(A)_e:=\bigcup_{n\in\mathbb{N}}\mathcal{S}_n(A)$ と書く．そのホモトピー類のなす集合 $\pi_0(\mathcal{S}_\infty(A)_e)$ は，和 $[s_1]+[s_2]:=[s_1\oplus s_2]$ によって可換モノイドとなる．

補題 4.52. ある偶ユニタリ $v \in A$ が存在して $vev^* = -e$ が成り立つとする．このとき，$\mathsf{DK}_e(A) := \pi_0(\mathcal{S}_\infty(A)_e)$ は群となる．さらに，群 $\mathsf{DK}_e(A)$ はそのような e の選び方によらず同型である．

証明. $s \in \mathcal{S}_n(A)$ に対して，

$$\begin{pmatrix} s & 0 & 0 \\ 0 & -ese & 0 \\ 0 & 0 & -e \end{pmatrix} \sim_h \begin{pmatrix} 0 & e & 0 \\ e & 0 & 0 \\ 0 & 0 & -e \end{pmatrix} \sim_h \begin{pmatrix} e & 0 & 0 \\ 0 & -e & 0 \\ 0 & 0 & -e \end{pmatrix} \sim_h \begin{pmatrix} e & 0 & 0 \\ 0 & e & 0 \\ 0 & 0 & e \end{pmatrix}$$

より，$[(-ese) \oplus (-e)]$ は $[s]$ の逆元である．ここで，最後の $\sim_h$ は (4.1) の $\tilde{v}_t$ を用いたパス $e \oplus \mathrm{Ad}(\tilde{v}_t)(e \oplus e)$ によって，最初の $\sim_h$ はパス

$$t_\theta := \begin{pmatrix} s\cos\theta & e\sin\theta \\ e\sin\theta & -ese\cos\theta \end{pmatrix} \oplus (-e)$$

によってそれぞれ与えられる（$t_\theta = t_\theta^*, t_\theta^2 = 1$ は簡単にチェックできる）．

この群が e の選び方によらないことを示す．もうひとつの $f \in \mathcal{S}(A)$ であって，偶ユニタリ $w \in A$ によって $wfw^* = -w$ を満たすものを取る．このとき，$\mathbb{M}_2(A)$ の次数つき $*$-自己同型

$$\mathrm{Ad}\left(\begin{pmatrix} 1 & 0 \\ 0 & w \end{pmatrix} \begin{pmatrix} (1+fe)/2 & (1-fe)/2 \\ (1-fe)/2 & (1+fe)/2 \end{pmatrix} \begin{pmatrix} 1 & 0 \\ 0 & v \end{pmatrix} \right) \tag{4.12}$$

は $e \oplus e$ を $f \oplus f$ に送るため，$\mathcal{S}_\infty(A)_e$ と $\mathcal{S}_\infty(A)_f$ の同相写像を与える． □

$\mathbb{Z}_2$-次数つき行列環 $\mathbb{M}_{2,2} = \mathbb{B}(\mathbb{C}^{2,2})$（例 A.5）の次の元を考える．

$$e := \begin{pmatrix} 0 & 0 & 1 & 0 \\ 0 & 0 & 0 & -1 \\ 1 & 0 & 0 & 0 \\ 0 & -1 & 0 & 0 \end{pmatrix}, \quad v := \begin{pmatrix} 0 & 1 & 0 & 0 \\ 1 & 0 & 0 & 0 \\ 0 & 0 & 0 & 1 \\ 0 & 0 & 1 & 0 \end{pmatrix}. \tag{4.13}$$

すると，$e \in \mathcal{S}(\mathbb{M}_{2,2})$ であり，偶ユニタリ v によって $-e = vev$ を満たす．

定義 4.53. 単位的な $\mathbb{Z}_2$-次数つき C*-環 A に対し，その K_1 群を

$$K_1(A) := \mathsf{DK}_e(\mathbb{M}_{2,2}(A)) = \pi_0\Big(\mathcal{S}_\infty(\mathbb{M}_{2,2}(A))_e\Big)$$

によって定義する．A が単位的でない場合には，$\mathrm{Ker}(K_1(A^+) \to K_1(\mathbb{C}))$ によって定義する．

注意 4.54. A が自明な $\mathbb{Z}_2$-次数を持っている ($\gamma = \mathrm{id}$) とする．このとき，$s \in \mathcal{S}_n(\mathbb{M}_{1,1}(A))$ はある $u \in \mathcal{U}_n(A)$ によって $s = \left(\begin{smallmatrix} 0 & u^* \\ u & 0 \end{smallmatrix}\right)$ と表せる．したがって，$\epsilon := \left(\begin{smallmatrix} 0 & 1 \\ 1 & 0 \end{smallmatrix}\right)$ を単位元 1_A に対応させる写像

$$\mathcal{S}_n(\mathbb{M}_{1,1}(A)) \to \mathcal{U}_n(A), \quad s \mapsto u$$

は $\mathcal{S}_\infty(\mathbb{M}_{1,1}(A))_\epsilon$ と $\mathcal{U}_\infty(A)$ の同相を，すなわち定義 4.17 の $K_1(A)$ と定

義 4.53 の $\mathsf{DK}_\epsilon(\mathbb{M}_{1,1}(A))$ の間の同型を与えている．$\Gamma = 1 \oplus (-1)$ は $\Gamma\epsilon\Gamma = -\epsilon$ を満たすので，補題 4.52 より $\mathsf{DK}_\epsilon(\mathbb{M}_{1,1}(A))$ は $K_1(A)$ と同型である．

命題 4.55. ファン・ダーレの K_1 群は次数つき C*-環の圏からアーベル群の圏への C*-安定*14)，ホモトピー不変，かつ半完全な共変関手である．したがって，特に次数つき C*-環の短完全列 $0 \to I \to A \to A/I \to 0$ に対して，群準同型 $\partial\colon K_*(\mathsf{S}A/I) \to K_*(I)$ が存在して以下の列は完全になる:

$$K_1(\mathsf{S}I) \to K_1(\mathsf{S}A) \to K_1(\mathsf{S}A/I) \xrightarrow{\partial} K_1(I) \to K_1(A) \to K_1(A/I).$$

この命題は命題 4.21 とまったく同じように証明できる．ただし，補題 4.22 は以下の補題に代替される．

補題 4.56. A, B を $\mathbb{Z}_2$-次数つき C*-環，$q\colon A \to B$ を次数つき全射 $*$-準同型，$(s_t)_{t\in[0,1]}$ を $\mathcal{S}(B)$ の元のパスとする．$S_0 \in \mathcal{S}(A)$ であって $q(S_0) = s_0$ を満たすものがあるならば，S_0 を始点とする $\mathcal{S}(A)$ の元のパス $(S_t)_{t\in[0,1]}$ であって $q(S_t) = s_t$ を満たすものが存在する．

証明. $p_t := (s_t + 1)/2$ に対して補題 4.22 の議論を適用すればよい．証明中の $h_{t,j}$ は偶な元になるので，$H_{t,j}$ もまた（必要なら $(H_{t,j} + \gamma(H_{t,j}))/2$ に取り換えることで）偶な元として選ぶことができることに注意． □

4.6.2 ヒグソン–カスパロフの K_0 群

$\mathbb{Z}_2$-次数つき C*-環 A の K_0 群を $K_0(A) := K_1(A \hat{\otimes} \mathbb{C}\ell_1)$ によって定義する．命題 4.55 より，これは C*-安定，ホモトピー不変，半完全な共変関手である．この群は，以下のように $\mathcal{U}_\infty(A)$ の部分集合ホモトピー類のなす群と同一視できる（[127, Definition 1.14]）．

単位的な $\mathbb{Z}_2$-次数つき C*-環 A に対して，以下の集合 $\hat{\mathcal{U}}(A)$ を定義する:

$$\hat{\mathcal{U}}(A) := \{u \in \mathcal{U}(A) \mid \gamma(u) = u^*\}.$$

$1 \in \hat{\mathcal{U}}(A)$ なので，これは空集合でない．$\hat{\mathcal{U}}_n(A) := \hat{\mathcal{U}}(\mathbb{M}_n(A))$ を，写像 $u \mapsto u \oplus 1$ によって $\hat{\mathcal{U}}_{n+1}(A)$ の部分集合とみなす．これによって得られる増大列の合併を $\hat{\mathcal{U}}_\infty(A) := \bigcup_{n\in\mathbb{N}} \hat{\mathcal{U}}_n(A)$ と書く．そのホモトピー類のなす集合 $\pi_0(\hat{\mathcal{U}}_\infty(A))$ は，和 $[u_1] + [u_2] := [u_1 \oplus u_2]$ によって可換モノイドとなる．

命題 4.57. $\mathbb{Z}_2$-次数つき C*-環 A に対して，以下の同型が成り立つ:

$$\pi_0\big(\hat{\mathcal{U}}_\infty(\mathbb{M}_{2,2}(A))\big) \cong K_1(A \hat{\otimes} \mathbb{C}\ell_1) \cong K_0(A).$$

証明. $\mathbb{C}\ell_1$ の生成元を $\mathfrak{e}$ と書くと，$w := e \hat{\otimes} \mathfrak{e} \in \mathbb{M}_{2,2} \hat{\otimes} \mathbb{C}\ell_1$ は $w\mathfrak{e}w^* = -\mathfrak{e}$ を満たすので，補題 4.52 より $K_1(A \hat{\otimes} \mathbb{C}\ell_1) \cong \mathsf{DK}_{\mathfrak{e}}(\mathbb{M}_{2,2}(A) \hat{\otimes} \mathbb{C}\ell_1)$.

14) ここで，$\mathbb{Z}_2$-次数つき C-環にアーベル群を対応させる関手が C*-安定であるとは，包含 $A \to \mathbb{M}_{n,m}(A)$ が同型を誘導することをいうこととする．

$s \in \mathcal{S}_n(\mathbb{M}_{2,2}(A) \hat{\otimes} \mathbb{C}\ell_1)$ を $a \hat{\otimes} 1 + b \hat{\otimes} \mathfrak{e}$ と分解したときの a, b は

$$a \in \mathbb{M}_{2,2}(A)^1, b \in \mathbb{M}_{2,2}(A)^0, \quad a = a^*,\ b = b^*,\ ab = ba,\ a^2 + b^2 = 1,$$

によって特徴づけられる．よって，対応

$$\mathcal{S}_\infty(\mathbb{M}_{2,2}(A) \hat{\otimes} \mathbb{C}\ell_1)_{\mathfrak{e}} \to \hat{\mathcal{U}}_\infty(\mathbb{M}_{2,2}(A)), \quad s = a \hat{\otimes} 1 + b \hat{\otimes} \mathfrak{e} \mapsto u := ia + b$$

は全単射であるとわかる．これは $\mathfrak{e}$ を 1 に対応させ，和を保つので，可換モノイドの同型 $\pi_0(\hat{\mathcal{U}}_\infty(\mathbb{M}_{2,2}(A))) \cong \mathsf{DK}_{\mathfrak{e}}(\mathbb{M}_{2,2}(A) \hat{\otimes} \mathbb{C}\ell_1)$ を与える． □

例 4.58. A が自明な $\mathbb{Z}_2$-次数を持つとき，定義 4.8 と命題 4.57 の K_0 群は互いに同型である．これは，射影の差 $[p] - [q]$ を $(1-2p) \oplus (1-2q) \in \hat{\mathcal{U}}(\mathbb{M}_{n,n}(A))$ が代表する元に送ることで与えられる（[127, Proposition 1.5.10]）．

4.6.3 ボット周期性と 6 項完全列

まず，$\mathbb{Z}_2$-次数つき C*-環の K 理論のボット周期性定理は次のように言い換えられる．同型 $K_1(\mathsf{S}^2 A) \cong K_1(A)$ は，以下の定理 4.59 と同型 $\mathbb{C}\ell_2 \cong \mathbb{M}_{1,1}$，そして K 群の C*-安定性から従う．

定理 4.59 (ボット周期性定理)**.** 同型 $K_1(A) \cong K_1(\mathsf{S}A \otimes \mathbb{C}\ell_1)$ が成り立つ．

証明. 同型写像は，偶ユニタリ $\nu_t(s) := \cos(\pi t/2) + \mathfrak{e} s \sin(\pi t/2)$ を用いて

$$\beta_A \colon \mathsf{DK}_e(\mathbb{M}_{2,2}(A)) \to \mathsf{DK}_{\mathfrak{e}}(\mathsf{S}\mathbb{M}_{2,2}(A) \hat{\otimes} \mathbb{C}\ell_1),$$
$$\beta_A([s]) := \big[\operatorname{Ad}(\nu_t(s)\nu_t(e)^*)(\mathfrak{e}) \big]$$

によって与えられる．この β が同型になることの証明は，[235, Theorem 2.14] を参照（cf. 定理 A.18）． □

$0 \to I \to A \to A/I \to 0$ を $\mathbb{Z}_2$-次数つき C*-環の短完全列とする．$s \in \mathcal{S}_n(A/I)$ に対し，$\tilde{s}$ を s の持ち上げであって $\|\tilde{s}\| \leq 1$，$\tilde{s} = \tilde{s}^*$，$\gamma(\tilde{s}) = -s$ を満たすものとする（必要なら $(\tilde{s} - \gamma(\tilde{s}))/2$ に取り替えることで，このような $\tilde{s}$ は必ず取れる）．このような $\tilde{s}$ に対して，$-\exp(\pi i \tilde{s}) \in \hat{\mathcal{U}}_n(I^+)$ となることに留意して，以下のような境界準同型を定義する:

$$\partial \colon K_1(A/I) \to K_0(I), \quad \partial([s]) = [-\exp(-\pi i \tilde{s})]. \tag{4.14}$$

定理 4.60. (4.14) で定義した境界準同型によって，以下は完全列となり，したがって (4.10) と同様の 6 項完全列が得られる:

$$K_1(A) \to K_1(A/I) \xrightarrow{\partial} K_0(I) \to K_0(A).$$

証明. 合成 $K_1(A/I) \cong K_1(\mathsf{S}A/I \otimes \mathbb{C}\ell_1) \xrightarrow{\partial} K_1(I \otimes \mathbb{C}\ell_1)$ が (4.14) に一致することを見ればよい．$\nu_t(s)$ の持ち上げとして

$$\tilde{\nu}_t(s) = \cos(\pi t \tilde{s}/2) + \mathfrak{e} \sin(\pi t \tilde{s}/2)$$

を選ぶと，$\tilde{\nu}_1(e) = \mathfrak{e}e$ となることから

$$(\partial \circ \beta)([s]) = [\mathrm{Ad}(\tilde{\nu}_1(s))(-\mathfrak{e})] = [-\cos(\pi\tilde{s})\mathfrak{e} + \sin(\pi\tilde{s})] \in \mathsf{DK}_{\mathfrak{e}}(I \hat{\otimes} \mathbb{C}\ell_1)$$

を得る．これを命題 4.57 の同型で移したものがちょうど (4.14) となる． □

4.7 フレドホルム加群と指数ペアリング

4.7.1 一般論

定義 4.61. $\mathbb{Z}_2$-次数つき C*-環 A 上の d-**フレドホルム加群**とは，以下の 3 つ組 $(\mathcal{H}, \pi, F)$ のことをいう:

- $\mathcal{H}$ は $\mathbb{C}\ell_d$ の次数つき表現を持つ $\mathbb{Z}_2$-次数つきヒルベルト空間，
- $\pi\colon A \to \mathbb{B}(\mathcal{H})$ は $[\pi(A), \mathbb{C}\ell_d] = 0$ を満たす次数つき $*$-準同型，
- $F \in \mathcal{F}^1_{\mathrm{sa}}(\mathcal{H})$ は $[F, \pi(A)] \subset \mathbb{K}(\mathcal{H})$, $[F, \mathbb{C}\ell_d] = 0$ を満たす作用素．

ここで，$[a, b]$ は次数つき交換子 $ab - (-1)^{|a|\cdot|b|}ba$ とし，$X, Y \subset \mathbb{B}(\mathcal{H})$ に対して $[X, Y] := \{[x, y] \mid x \in X,\ y \in Y\}$ という記法を用いる．

$\mathcal{H}$ の $\mathbb{Z}_2$-次数を Γ と置く．ここでは簡単のため，$[\pi(A), E] = 0$, $[\mathfrak{e}_j, E] = 0$ を満たす奇自己共役ユニタリ E が存在するようなフレドホルム加群を扱う*15)．$\mathbb{C}\ell_d$ の次数つき表現と次数つき可換な作用素のなす部分環をそれぞれ $\mathbb{K}_d(\mathcal{H})$, $\mathbb{B}_d(\mathcal{H})$, $\mathcal{Q}_d(\mathcal{H})$ と書く．同型 $\mathbb{K}_d(\mathcal{H}) \cong \mathbb{C}\ell_d \hat{\otimes} \mathbb{K}(\mathcal{H})$ に注意．

$q(FE) \in \mathcal{Q}_d(\mathcal{H})$ は偶ユニタリなので，$a \in A$, $f \in C_0(\mathbb{R}) \subset C(\mathbb{T})$ に対して

$$\tilde{\pi}(a) = q \circ \pi(a),\ \ \tilde{\pi}\left(\begin{pmatrix} 1 & 0 \\ 0 & 1 \end{pmatrix}\right) = \Gamma,\ \ \tilde{\pi}\left(\begin{pmatrix} 0 & 1 \\ 1 & 0 \end{pmatrix}\right) = E,\ \ \tilde{\pi}(f) = f(q(FE)^*),$$

と置くと，これは $*$-準同型 $\tilde{\pi}\colon \mathbb{M}_{1,1}(A) \otimes C_0(\mathbb{R}) \to \mathcal{Q}_d(\mathcal{H})$ を定める．例 2.22 より，$\mathcal{D} := (\mathbb{M}_{1,1}(A) \otimes C_0(\mathbb{R})) \oplus_{\mathcal{Q}_d(\mathcal{H})} \mathbb{B}_d(\mathcal{H})$ と置くと，以下の $\mathbb{Z}_2$-次数つき C*-環の完全列を得る:

$$0 \to \mathbb{K}_d(\mathcal{H}) \to \mathcal{D} \to \mathbb{M}_{1,1}(A) \otimes C_0(\mathbb{R}) \to 0. \tag{4.15}$$

定義 4.62. A 上の d-フレドホルム加群 $(\mathcal{H}, \pi, F)$ に対して，群準同型

$$K_j(A) \xrightarrow{\cong} K_{j+1}(\mathsf{S}\mathbb{M}_{1,1}(A)) \xrightarrow{\partial} K_j(\mathbb{K}_d(\mathcal{H})) \cong K_{j-d}(\mathbb{C})$$

による $\eta \in K_*(A)$ の像を η と $(\mathcal{H}, \pi, F)$ の**指数ペアリング**と呼び，これを $\langle \eta, [\mathcal{H}, \pi, F] \rangle$，あるいは短縮して $\langle \eta, [F] \rangle$ と書く．

フレドホルム加群の多くは**スペクトル 3 つ組** (spectral triple) の有界化変換として得られる．$(\mathscr{A}, \mathcal{H}, D)$ が d-スペクトル 3 つ組であるとは，

- $\mathcal{H}$ は $\mathbb{Z}_2$-次数つきヒルベルト空間で $\mathbb{C}\ell_d$ の次数つき表現を持つもの，

---

*15) 指数ペアリングはこの仮定なしにでも定義される（参考: [128, Chapter 9]）．

- $\mathscr{A} \subset \mathbb{B}(\mathcal{H})$ は $[\mathscr{A}, \mathbb{C}\ell_d] = 0$ を満たす $\mathbb{Z}_2$-次数つき $*$-部分代数,
- D は $\mathcal{H}$ 上のコンパクトレゾルベントを持つ奇な非有界自己共役作用素（付録 A.1.6）であって，$[D, \mathscr{A}] \in \mathbb{B}(\mathcal{H})$, $[D, \mathbb{C}\ell_d] = 0$ を満たす*16) もの.

スペクトル 3 つ組 $(\mathscr{A}, \mathcal{H}, D)$ に対して，$F := D(1+D^2)^{-1/2}$ と置くと，3 つ組 $(\mathcal{H}, \mathrm{id}, F)$ は $A := \overline{\mathscr{A}}$ 上の $\mathbb{C}\ell_d$-フレドホルム加群となる.

例 4.63. 閉多様体 M のクリフォード束 $\mathbb{C}\ell(TM)$ の加群束 S に対して，滑らかな切断の空間 $C^\infty(M, S)$ に作用するディラック型作用素 D が定義される（参考: [167]）. これはコンパクトレゾルベントを持つ非有界自己共役作用素で，$f \in C^\infty(M)$ に対して $[D, f] = \mathfrak{c}(df)$ は有界となる．よって，$(C^\infty(M), L^2(M; S), D)$ はスペクトル 3 つ組である．S が $\mathbb{C}\ell(M)$ の作用と次数つき可換な $\mathbb{C}\ell_d$ の作用を持つとき，これは d-スペクトル 3 つ組になる.

4.7.2 偶指数ペアリング

A が自明な次数を持ち，かつ $d = 0$ のとき，3 つ組 $(\mathcal{H}, \pi, F)$ を**偶フレドホルム加群**，$\langle \sqcup, [F] \rangle$ を**偶指数ペアリング**と呼ぶ．$p \in \mathcal{P}_n(A)$ に対して，以下では $\pi(p)$ を省略して単に p と書く．例 3.4 で見たように，$F_p := pFp + (1-p) \in \mathbb{B}(\mathcal{H}^n)$ はフレドホルム作用素である.

定理 4.64. $p \in \mathcal{P}_n(A)$ と A 上のフレドホルム加群 $(\mathcal{H}, \pi, F)$ に対して，

$$\langle [p], [F] \rangle = \mathrm{Ind}(F_p) = \mathrm{Ind}(pFp) \in \mathbb{Z}.$$

証明. 例 4.34, 定理 4.35, 注意 4.54 より，K 群の同型 $K_0(A) \cong K_1(\mathsf{S}A) \cong \mathsf{DK}_\epsilon(\mathsf{S}\mathbb{M}_{1,1}(A))$ は $p \in \mathcal{P}_n(A)$ が代表する元 $[p] \in K_0(A)$ を

$$[p] \mapsto [z^*p + (1-p)] \mapsto \left[\begin{pmatrix} 0 & zp + (1-p) \\ z^*p + (1-p) & 0 \end{pmatrix} \right]$$

に対応させる．よって

$$\tilde{\pi}_*[p] = [(\tilde{\pi}(z^*)p + (1-p))E] = [q(Fp + (1-p)E)] \in K_1(\mathcal{Q}(\mathcal{H}))$$

となる．p と E は交換するので，例 4.29 より

$$\partial[q(Fp + (1-p)E)] = \mathrm{Ind}(pFp + (1-p)E) = \mathrm{Ind}(pFp). \qquad \square$$

4.7.3 奇指数ペアリング

A が自明な次数を持ち，$d = 1$ の場合，3 つ組 $(\mathcal{H}, \pi, F)$ を**奇フレドホルム加群**，$\langle \sqcup, [F] \rangle$ を**奇指数ペアリング**と呼ぶ．$\mathcal{H}^0$ と $\mathcal{H}^1$ を $\mathbb{C}\ell_1$ の生成元によっ

---

*16) この仮定は，$\mathscr{A}$ や $\mathbb{C}\ell_d$ の元 a に対して次数つき交換子 $[D, a]$ が $\mathrm{Dom}(D) \subset \mathcal{H}$ 上で定義できる（すなわち $a \cdot \mathrm{Dom}(D) \subset \mathrm{Dom}(D)$ を満たす）ことも含意する.

て同一視して $\pi(a)$ と F を 2×2 行列表示すると，それは

$$\pi(a)=\begin{pmatrix}\pi_0(a) & 0\\ 0 & \pi_0(a)\end{pmatrix},\quad F=\begin{pmatrix}0 & F_0\\ F_0 & 0\end{pmatrix}$$

という形をしている．したがって，奇フレドホルム加群は以下の 3 つ組 $(\mathcal{H}^0,\pi_0,F_0)$ と等価である．

- $\mathcal{H}^0$ はヒルベルト空間で，$\pi_0\colon A\to\mathbb{B}(\mathcal{H})$ は $*$-準同型．
- $F_0\in\mathcal{F}_{\mathrm{sa}}(\mathcal{H})$ は $[F_0,\pi_0(A)]\subset\mathbb{K}(\mathcal{H})$ を満たす．

P を F の正の固有値に対応するスペクトル射影とする．例 3.4 より，$u\in\mathcal{U}(A)$ に対して $T_u:=PuP+(1-P)$ はフレドホルム作用素である．

定理 4.65. $u\in\mathcal{U}_n(A)$ と A 上の奇フレドホルム加群 $(\mathcal{H},\pi,F)$ に対して，

$$\langle[u],[F]\rangle=\mathrm{Ind}(T_u)\in K_1(\mathbb{K}\otimes\mathbb{C}\ell_1)\cong\mathbb{Z}.$$

証明. 完全列 (4.15) は，一般化されたテープリッツ完全列（例 2.23）の各項に $\mathbb{C}\ell_1$ をテンソルしたものと一致する．今，定理は注意 4.36 から従う． □

例 4.66. ヒルベルト空間 $\ell^2(\mathbb{Z})$ 上の射影作用素 P_+ を 3.4 節のように定義する．このとき，3 つ組 $(L^2(\mathbb{Z}),m,2\mathsf{P}_+-1)$ は $C(\mathbb{T})$ 上の奇フレドホルム加群である．このフレドホルム加群との奇指数ペアリングは，$u\in\mathcal{U}_\infty(C(\mathbb{T}))$ にテープリッツ指数 $\mathrm{Ind}\,T_u$ を対応させる準同型になっている．

文献案内

C*-環の K 理論についてはたくさんの文献があり，いずれも本章と大きく重複するが，それぞれ少しずつカバーしている範囲が異なる（[185], [211], [239], あるいは和書 [261]）．C*-環の K 群は，本書で議論したような作用素のトポロジーを分類する群としての役割以外に，作用素環を分類する不変量としても重要な役割を果たしている．4.3 節は [128, Section 4] を踏襲している．

位相的 K 理論については，アティヤ [10], [248] やカロウビ [137] が標準的である．[167], [256] は指数定理の教科書だが，K 理論についても詳しい．

4.7 節で紹介した指数ペアリングは，アティヤ–カスパロフの K-ホモロジーの理論の一部抜粋である．C*-環の K-ホモロジー論については，[128] が標準的な文献である．また，これをさらに一般化したものがカスパロフの KK 理論[138], [139]である（cf. 付録 A.2）．

作用素環の同変 K 理論については [197] を挙げておく．$\mathbb{Z}_2$-次数つき C*-環の K 理論に関しては，文中で述べた元論文 [127], [234] に当たるのがよい．

第 5 章
複素トポロジカル絶縁体

第 5 章では，4 章で導入した C*-環の K 理論の枠組を用いて，複素型のトポロジカル絶縁体の理論を展開する．複素型のトポロジカル相には A 型（特別な対称性を持たない）と AIII 型（カイラル対称性を持つ）の 2 種類があり，それぞれ空間次元が偶数，奇数のときに非自明な位相不変量を持つ．特に 2 次元 A 型の場合には，1.2 節で説明した整数量子ホール効果に相当する．本章では議論を並進対称性を持つようなハミルトニアンに制限するが，この仮定が非本質的なものであることは 6 章や 7 章で明らかになる．

5.1 バルク系のトポロジカルな分類

ここでは，格子 $\mathbb{Z}^d$ を $\mathbb{R}^d$ の離散部分集合とみなしたものを X，X に自由かつ推移的に作用する並進群とみなしたものを Π と書いて区別する．$c_0(X)$ の掛け算，Π の並進ユニタリ表現，それらと交換する（つまり内部自由度 $\mathbb{C}^n$ に作用する）$\mathbb{Z}_2$-次数 Γ*1)，の 3 つが作用するヒルベルト空間 $\mathcal{H} := \ell^2(X;\mathbb{C}^n)$ を，**次数つき (X,Π)-加群**と呼ぶ．点 $\boldsymbol{x} \in X$ の特性関数を $\delta_{\boldsymbol{x}}$ と書き，$H \in \mathbb{B}(\mathcal{H})$ に対して $H_{\boldsymbol{xy}} := \delta_{\boldsymbol{x}} H \delta_{\boldsymbol{y}}$ を $\mathbb{M}_n$ の元とみなす．また，並進作用素を $U_{\boldsymbol{v}}\psi(\boldsymbol{x}) := \psi(\boldsymbol{x}-\boldsymbol{v})$ によって定義する．

定義 5.1. 仮定 1.1 の 4 条件，すなわち

(1) $H \in \mathbb{B}(\mathcal{H})$ は自己共役である，

(2) H は $\mu = 0$ でスペクトルにギャップを持つ，

(3) 短距離性*2): 任意の $l \in \mathbb{N}$ に対して C_l が存在して $\|H_{\boldsymbol{xy}}\| \le C_l d(\boldsymbol{x},\boldsymbol{y})^{-l}$，

(4) 並進対称性: $U_{\boldsymbol{v}} H U_{\boldsymbol{v}}^* = H$，

---

*1) この $\mathbb{Z}_2$-次数 Γ は，ホッピングのない（アトミックな）ハミルトニアンのうちのひとつを $\mathcal{H}^{\Pi}(X;\mathcal{H})$ の参照点（自明な元）として固定することを意味している．1.2.2 節で紹介したような具体例を扱う際には $\Gamma = 1$ と置けばよい．

*2) 短距離性の仮定は指数減衰によって定義することが多い（cf. [203]）．

を満たす H を次数つき (X,Π)-加群 $\mathcal{H}$ 上の並進対称ギャップドハミルトニアンと呼び，$H \in \mathcal{H}^{\Pi}(X;\mathcal{H})$ と書く．

ここでは仮定 1.1 におけるフェルミ準位 μ は 0 としている．一般の場合については，$H-\mu\cdot 1 \in \mathcal{H}^{\Pi}(X;\mathcal{H})$ を考えればよい．

定義 5.2. $H_1 \in \mathcal{H}^{\Pi}(X;\mathcal{H}_1)$, $H_2 \in \mathcal{H}^{\Pi}(X;\mathcal{H}_2)$ が安定ホモトピックであるとは，次数つき (X,Π)-加群の包含 $\mathcal{H}_1, \mathcal{H}_2 \subset \mathcal{H}$ が存在して

$$H_1 \oplus \Gamma_{\mathcal{H}_1^\perp} \sim_h H_2 \oplus \Gamma_{\mathcal{H}_2^\perp} \in \mathcal{H}^{\Pi}(X;\mathcal{H}) \tag{5.1}$$

となることをいう*3)．並進対称ギャップドハミルトニアンの安定ホモトピー類の集合を $\mathcal{TP}^{\Pi}(X)$ と書く．

例 5.3. $\mathbb{R}^d$ の点配置 $\tilde{X}$ に，$\Pi=\mathbb{Z}^d$ が平行移動によって自由に作用しているとする．$\tilde{X}/\Pi$ が有限集合となるとき，$X := \Pi\cdot x$ と置き，基本領域内の点をひとまとめにして内部自由度とみなすことで $\ell^2(\tilde{X})$ を $\ell^2(X;\mathbb{C}^n)$ と同一視する．

補題 5.4. H が定義 5.1 の条件 (3) を満たすとする．このとき，X 上の行列値有界関数の族 $f_{\boldsymbol{v}} \in c_b(X,\mathbb{M}_n)$ が存在して $H=\sum_{\boldsymbol{v}\in\Pi} f_{\boldsymbol{v}}\cdot U_{\boldsymbol{v}}$ と分解できる．右辺は無限和としてノルム収束する．

証明. $f_{\boldsymbol{v}}(\boldsymbol{x}) := H_{\boldsymbol{v}+\boldsymbol{x},\boldsymbol{x}}$ と置くと，$\|f_{\boldsymbol{v}}\| = \sup\|H_{\boldsymbol{v}+\boldsymbol{x},\boldsymbol{x}}\| \le C_{d+1}\|\boldsymbol{v}\|^{-d-1}$ より，無限和 $\sum_{\boldsymbol{v}}\|f_{\boldsymbol{v}}\cdot U_{\boldsymbol{v}}\|$ は総和可能である． □

補題 5.5. $\mathcal{H}=\ell^2(X)$ 上の定義 5.1 (3), (4) を満たす作用素のなす集合を $\mathscr{A}_{\Pi}$ と置く．これは $C_r^*\Pi \cong C(\hat{\Pi})$ の部分 $*$-代数として $C^\infty(\hat{\Pi})$ と一致する．

証明. $T \in \mathscr{A}_{\Pi}$ を補題 5.4 のように $T=\sum_{\boldsymbol{v}} f_{\boldsymbol{v}}U_{\boldsymbol{v}}$ と分解すると，定義 5.1 (4) より各 $f_{\boldsymbol{v}}$ は $U_{\boldsymbol{w}}f_{\boldsymbol{v}}U_{\boldsymbol{w}}^* = f_{\boldsymbol{v}}$ を満たす．X に Π は推移的に作用するので，$f_{\boldsymbol{v}}$ は定数関数である．よって $H \in C_r^*\Pi$.

命題 2.52 より，T のフーリエ変換 $T(\boldsymbol{k}) = \sum_{\boldsymbol{v}} f_{\boldsymbol{v}} e^{2\pi i\boldsymbol{v}\cdot\boldsymbol{k}}$ の微分 $\partial_{k_j}T$ は，交換子 $[2\pi i\mathsf{X}_j, T]$ と一致する．$\|f_{\boldsymbol{v}}\|$ は $\|\boldsymbol{v}\|$ に関して急減少するので

$$[2\pi i\mathsf{X}_j, H] = \sum_{\boldsymbol{v}\in\Pi} f_{\boldsymbol{v}}\cdot[2\pi i\mathsf{X}_j, U_{\boldsymbol{v}}] = \sum_{\boldsymbol{v}\in\Pi} 2\pi i v_j f_{\boldsymbol{v}}\cdot U_{\boldsymbol{v}}$$

の右辺は総和可能で，ノルム収束する．これは $H(\boldsymbol{k})$ が C^1 級であることを意味する．同じ議論を高階の微分に行えば C^∞ 級であることが確認できる．ま

*3) ここで安定ホモトピーという同値類を採用したことについて議論の余地がある．
- 本書でこの同値関係を扱うのは，単に問題を単純化して主要部に注目するためである．安定ホモトピー類ではなくホモトピー類を考えるような研究もある[72],[73],[75].
- 安定ホモトピーは，ハミルトニアンを連続変形で同一視するときに，余分な自明バンドを付け加えてもよいということを意味している．離散ハミルトニアンは本来連続系の低エネルギー近似であることから，一定の妥当性がある[152].

た，同じ議論から $C^\infty(\hat{\Pi})$ のフーリエ変換が $\mathscr{A}_\Pi$ に含まれることもわかる． □

2.4.3 節でも述べたように，物性物理の用語では補題 5.5 に現れるトーラス $\hat{\Pi} \cong \mathbb{T}^d$ は**ブリルアン領域**，関数 $H(\boldsymbol{k})$ は**ブロッホ変換**と呼ばれる．

ギャップドハミルトニアン H は，$\mathbb{M}_n(\mathscr{A}_\Pi)$ 上の可逆自己共役元のなす集合 $\mathbb{M}_n(\mathscr{A}_\Pi)^\times_{\mathrm{sa}}$ の元である．その平坦化と呼ばれる作用素

$$J_H := H|H|^{-1} = 1 - 2P_0(H) \in \mathbb{M}_n(\mathscr{A}_\Pi)^\times_{\mathrm{sa}} \tag{5.2}$$

（ここで $P_0(H)$ は $\mu = 0$ でのフェルミ射影）もまた C^∞ 級関数となる．以下の定理では，$P_0(H) = (1 - J_H)/2$ に注意．

定理 5.6. 以下の写像は全単射を与えている：

$$\mathcal{TP}^\Pi(X) \to K_0(C^*_r\Pi), \quad [H] \mapsto [J_H] := [(1 - J_H)/2] - [(1 - \Gamma)/2].$$

証明. 対応 $H \mapsto (1 - J_H)/2$ は連続写像 $\mathbb{M}_n(\mathscr{A}_\Pi)^\times_{\mathrm{sa}} \to \mathcal{P}_n(C^*_r\Pi)$ を与えるので，上の写像は well-defined である*4)．任意の $p \in \mathcal{P}_n(C^*_r\Pi) \cong \mathcal{P}(C(\hat{\Pi}, \mathbb{M}_n))$ を，小さな変形で（射影とは限らない）自己共役な行列値多項式 p' に取り換える．$H := 1 - 2p'$ は $\mathbb{M}_n(\mathscr{A}_\Pi)^\times_{\mathrm{sa}}$ の元で，$(1 - J_H)/2$ は p とホモトピックとなる．したがって上の写像は全射．単射性も同様にわかる． □

注意 5.7. K 群 $K_*(C^*_r\Pi) \cong K_*(C(\hat{\Pi})) \cong K^*(\hat{\Pi})$ は，カップ積

$$\begin{aligned} K^*(\mathbb{T}^d) &\cong K^*(\mathbb{T}^1) \otimes \cdots \otimes K^*(\mathbb{T}^1) \\ &\cong \bigotimes_{i \in \{1, \cdots, d\}} (\mathbb{Z} \oplus \mathbb{Z} \cdot \beta_i) \end{aligned}$$

によって与えられる（注意 4.20）．これはランク 2^d の自由アーベル群で，その基底はボット元のカップ積によって次のように与えられる*5)：

$$\{\beta_I := \beta_{i_1} \otimes \cdots \otimes \beta_{i_k} \in K^{|I|}(\mathbb{T}^d) \mid I = \{i_1, \cdots, i_k\} \subset \{1, \cdots, d\}\}.$$

本書では，元 $\eta \in K^*(\mathbb{T}^d)$ を $\eta = \sum n_I \beta_I$ と一次結合で表示したときの $\beta_{\{1,\cdots,d\}}$ の係数を**最高次の係数**と呼ぶことにする．トポロジカル相の理論において，最高次の項は他の項と比べてロバストである（摂動に強い）と理解されている．このことについては 7.3.4 節で議論する．

定義 5.8. d が偶数のとき，元 $[J_H] \in \mathcal{TP}^\Pi(X) \cong K_0(C^*_r\Pi)$ の最高次の係数を H の**バルク指数**と呼び，$\mathrm{ind}_b(H) \in \mathbb{Z}$ と書く．バルク指数が非自明なギャッ

*4) ここでは，次数つき (X, Π)-加群 $\mathcal{H}$ を固定した $\ell^2(X; \mathbb{C}^N)$ に埋め込んでいる．このような埋め込みには $c_0(X)$, Π, Γ と交換するユニタリ（内部自由度に作用する大域ゲージ変換）の任意性があるが，これらは互いにホモトピックである．

*5) この事実は，分裂完全列 $0 \to A \otimes C_0(\mathbb{R}) \to A \otimes C(\mathbb{T}) \to A \to 0$ に 6 項完全列を適用することを繰り返すことによっても証明できる．

プドハミルトニアン H は非自明な**強トポロジカル相**に属するという．

5.1.1 AIII 型の対称性に守られたトポロジカル相

AIII 型対称性（副格子/カイラル対称性; 1.3.2 節, 1.3.3 節）を持つ系が非自明な強トポロジカル相を持ちうるのは，d が奇数のときである．$\mathsf{S}^2 = 1$, $\Gamma\mathsf{S} = -\mathsf{S}\Gamma$ を満たす S を持つ次数つき (X,Π)-加群 $\mathcal{H} = \ell^2(X;\mathbb{C}^{2n})$ を，AIII 型対称性を持つ次数つき (X,Π)-加群*6) と呼ぶ．

定義 5.9. 定義 5.1 の条件 (1), (2), (3) と
(4) H は並進対称性と AIII 型の対称性を持つ: $H = U_{\boldsymbol{v}} H U_{\boldsymbol{v}}^*$, $\mathsf{S}H\mathsf{S}^* = -H$,
を満たす $H \in \mathbb{B}(\mathcal{H})$ を AIII 型並進対称ギャップドハミルトニアンと呼び，$H \in \mathcal{H}^{\Pi}_{\mathrm{AIII}}(X;\mathcal{H})$ と書く．

ふたつの元 $H_i \in \mathcal{H}^{\Pi}_{\mathrm{AIII}}(X;\mathcal{H}_i)$ が安定ホモトピックであることを，定義 5.2 と同様に定義する．AIII 型並進対称ギャップドハミルトニアンの安定ホモトピー類のなす集合を $\mathcal{TP}^{\Pi}_{\mathrm{AIII}}(X)$ と書く．

このような対称性を持つ作用素はファン・ダーレ K_1-群（4.6 節）によって分類される．また，内部自由度 $\mathbb{C}^{2n}$ の基底をうまく選び，

$$\mathsf{S} = \begin{pmatrix} 1 & 0 \\ 0 & -1 \end{pmatrix} \quad \Gamma = \begin{pmatrix} 0 & 1 \\ 1 & 0 \end{pmatrix} \quad J_H = \begin{pmatrix} 0 & u^* \\ u & 0 \end{pmatrix}$$

のように行列表示すると，$J_H^2 = 1$ より u はユニタリである（注意 4.54）．

定理 5.10. 以下の写像は同型を与える:

$$\mathcal{TP}^{\Pi}_{\mathrm{AIII}}(X) \to K_1(C^*_r\Pi), \quad [H] \mapsto [J_H] = [u] \in K_1(C^*_r\Pi).$$

証明は定理 5.6 と同様である．

5.2 境界状態のトポロジカル指数

ハミルトニアンを半空間 $X_+ := \mathbb{Z}^{d-1} \times \mathbb{Z}_{\geq 0}$ に制限し，ディリクレ境界条件を課すことを考える．次数つき (X,Π)-加群 $\mathcal{H}$ に対して，$\hat{\mathcal{H}} := \ell^2(X_+;\mathbb{C}^n) \subset \mathcal{H}$ への直交射影を P_+ と置く．この $\hat{\mathcal{H}}$ には部分群 $\Pi^\flat := \mathbb{Z}^{d-1}$ が並進によって作用しており，フーリエ変換によって $L^2(\hat{\Pi}^\flat) \otimes \ell^2(\mathbb{Z}_{\geq 0};\mathbb{C}^n)$ と同一視される．

定義 5.11. $\mathcal{H}^{\Pi}(X;\mathcal{H})$ または $\mathcal{H}^{\Pi}_{\mathrm{AIII}}(X;\mathcal{H})$ の元 H に対して，対応する**境界ハミルトニアン**を $\hat{H} := \mathsf{P}_+ H \mathsf{P}_+ \in \mathbb{B}(\hat{\mathcal{H}})$ によって定義する．

*6) $\mathbb{Z}_2$-次数（参照点）Γ は，BdG ハミルトニアンが作用する南部空間には自然なものが存在する．一方，副格子対称性を持つ系ではこのような Γ が自然に選べるとは限らず，人工的に何かひとつ固定する必要がある．

$\hat{H}$ を $\Pi^\flat$ の方向にフーリエ変換すると，作用素値の連続関数

$$(\hat{H}(\boldsymbol{k}^\flat))_{\boldsymbol{k}^\flat \in \hat{\Pi}^\flat} : \hat{\Pi}^\flat = \mathbb{T}^{d-1} \to \mathbb{B}(\ell^2(\mathbb{Z}_{\geq 0}, \mathbb{C}^n))$$

が得られる．各 $\hat{H}(\boldsymbol{k}^\flat)$ は $\mathbb{T}$ 上の関数 $H(\boldsymbol{k}^\flat, \sqcup)$ のテープリッツ作用素になる．つまり，$\hat{H} \in C(\hat{\Pi}^\flat, \mathcal{T}) \cong C^*_r\Pi^\flat \otimes \mathcal{T}$ である．この $\hat{H}$ は C*-環の完全列

$$0 \to C^*_r\Pi^\flat \otimes \mathbb{K} \to C^*_r\Pi^\flat \otimes \mathcal{T} \to C^*_r\Pi \to 0 \tag{5.3}$$

に関する $H \in C^*_r\Pi$ の $C^*_r\Pi^\flat \otimes \mathcal{T}$ への持ち上げになっている．

$H \in \mathcal{H}^\Pi(X; \mathcal{H})$ が $(-\varepsilon, \varepsilon)$ にスペクトルギャップを持つならば，補題 3.22 より $\hat{H}(\boldsymbol{k}^\flat)$ は自己共役フレドホルム作用素の族となる．よって，命題 4.43 より $\hat{H}$ は $\hat{\Pi}^\flat \cong \mathbb{T}^{d-1}$ の K^1 群の元を定める．以下では，$\hat{H}$ のかわりに

$$J_{\hat{H}} := \chi(\varepsilon^{-1}\hat{H}) \colon \hat{\Pi}^\flat \to \mathcal{F}_{\mathrm{sa}}(\mathcal{H})$$

を用いる（ただしここで χ は記号 3.17 の関数）．さらに H が AIII 型対称性を持つときには，$J_{\hat{H}}$ は S に関して奇な自己共役フレドホルム作用素であり，注意 3.8 より $[\hat{\Pi}^\flat, \mathcal{F}(\mathcal{H})] \cong K^0(\hat{\Pi}^\flat)$ の元を与える．

同型 $K_0(C(X, \mathcal{Q}(\mathcal{H}))) \cong K_1(C(X, \mathbb{K}))$ のもとで，$[J_{\hat{H}}]$ はユニタリ値関数

$$U_{\hat{H}} := -\exp(\pi i J_{\hat{H}}) = -\exp(\pi i \chi(\varepsilon^{-1}\hat{H})) \tag{5.4}$$

が代表する元 $[U_{\hat{H}}] \in K_1(C(\hat{\Pi}^\flat))$ に対応する．この $[U_{\hat{H}}]$ は条件を満たす $\varepsilon > 0$ の選び方によらない．H が AIII 型対称性を持つときには，$U_{\hat{H}}$ はヒグソン–カスパロフ K_0 群（命題 4.57）の元を与える．

定義 5.12. $H \in \mathcal{H}^\Pi(X; \mathcal{H})$ に対しては $[U_{\hat{H}}] \in K^1(\hat{\Pi}^\flat)$ の最高次の係数を，$H \in \mathcal{H}^\Pi_{\mathrm{AIII}}(X; \mathcal{H})$ に対しては $[U_{\hat{H}}] \in K^0(\hat{\Pi}^\flat)$ の最高次の係数を，それぞれ $\hat{H}$ の**境界指数**と呼び，$\mathrm{ind}_\partial(\hat{H})$ と書く．

注意 5.13. 命題 3.27 より，$H \in \mathscr{A}_\Pi$ に対して $U_{\hat{H}}$ の行列係数は $\mathrm{dist}(\boldsymbol{x}, \mathbb{Z}^{d-1})$ が大きくなるにつれて急減少することがわかる．特に，各 $\hat{H}(\boldsymbol{k}^\flat)$ のギャップ内の固有関数は端に局在している．

5.3 アティヤー–シンガーの指数定理

トーラス $\mathbb{T}^d$ の K 群の最高次の係数は，ある関数（微分形式）の積分によって計算できる．これは幾何学における指数定理の帰結である．

5.3.1 偶数次元の場合

d が偶数のとき，クリフォード代数 $\mathbb{C}\ell_d$ のただひとつの既約表現を S_d と置

く．$C^\infty(\hat{\Pi}, S_d)$ に作用するトーラス上のディラック作用素

$$\mathsf{D} := \frac{-1}{2\pi}\left(\mathfrak{f}_1 \frac{\partial}{\partial k_1} + \cdots + \mathfrak{f}_d \frac{\partial}{\partial k_d}\right) \colon C^\infty(\hat{\Pi}, S_d) \to C^\infty(\hat{\Pi}, S_d) \qquad (5.5)$$

を $\mathcal{H} := L^2(\mathbb{T}; S_d)$ 上の非有界作用素（付録 A.1.6）とみなす．これは，格子 X 上の ℓ^2 空間に作用する座標関数の掛け算による非有界作用素

$$\mathsf{D} = \mathfrak{e}_1 \otimes \mathsf{X}_1 + \cdots + \mathfrak{e}_d \otimes \mathsf{X}_d \colon c_c(X, S_d) \to c_c(X, S_d) \qquad (5.6)$$

のフーリエ変換である．この D を本書では**双対ディラック作用素**と呼ぶことにする．(5.6) を見てもわかるように，D は奇な非有界自己共役作用素で，コンパクトレゾルベントを持つ（付録 A.1.6）．また，ライプニッツ則により

$$[\mathsf{D}, f] = \mathsf{D}f - f\mathsf{D} = \frac{1}{2\pi i}\mathfrak{c}(df) = \frac{1}{2\pi i}\sum_{j=1}^{n} \mathfrak{e}_j \cdot \frac{\partial f}{\partial k_j} \in \mathbb{B}(\mathcal{H})$$

を満たす．したがって $(C^\infty(\hat{\Pi}), \mathcal{H}, \mathsf{D})$ はスペクトル 3 つ組であり，その有界化変換 $(\mathcal{H}, \pi, F)$ は $C(\hat{\Pi})$ 上のフレドホルム加群である．

命題 5.14. d が偶数のとき，指数ペアリング $\langle \sqcup, [F] \rangle \colon K_0(C(\hat{\Pi})) \to \mathbb{Z}$ は，$K^0(\hat{\Pi})$ の元に対してその最高次の係数を対応させる．

この指数ペアリングをトーラス上の積分によって記述する．行列値微分形式 $\alpha, \beta \in \Omega^*(\mathbb{T}^d, \mathbb{M}_n)$ の積 $\alpha \wedge \beta$ を

$$\begin{aligned}&(\alpha \wedge \beta)(X_1, \cdots, X_{j+l})\\ =&\frac{1}{j!l!}\sum_{\sigma \in \mathfrak{S}_{j+l}} \mathrm{sgn}(\sigma)\alpha(X_{\sigma(1)}, \cdots, X_{\sigma(j)})\beta(X_{\sigma(j+1)}, \cdots, X_{\sigma(j+l)})\end{aligned}$$

によって定める．行列値 2 形式 Ω に対して $\mathrm{ch}(\Omega)$ を以下で定義する．

$$\mathrm{ch}(\Omega) := \mathrm{Tr}(e^{-\Omega/2\pi i}) = \sum_{l \in \mathbb{N}} \frac{(-1)^l}{(2\pi i)^l} \cdot \frac{1}{l!}\,\mathrm{Tr}(\Omega^l) \in \Omega^*(\hat{\Pi}). \qquad (5.7)$$

定義 5.15. 射影行列に値を取る滑らかな関数 $p \in C^\infty(\mathbb{T}^d, \mathbb{M}_n)$ に対して，行列値 2 形式 $\Omega_p := pdp \wedge dp \in \Omega^2(\mathbb{T}^d, \mathbb{M}_n)$ を (5.7) に代入した微分形式 $\mathrm{ch}(\Omega_p)$ を，p の**チャーン指標** (Chern character) と呼ぶ．

1-形式 dp は $p(dp \wedge dp) = (dp \wedge dp)p$ を満たすことから，$\Omega_p^k = p(dp)^{2k}$ とも書ける．微分形式 $\mathrm{ch}(\Omega_p)$ は閉形式であり (i.e., $d\,\mathrm{ch}(\Omega_p) = 0$)，そのド・ラームコホモロジー類は p のホモトピー類に依存しない．

以下は，**アティヤ–シンガーの指数定理**[13], [15], [16]の特別な場合である．公式の一般形には右辺の積分項に空間の接ベクトル束の曲率の寄与がトッド多項式として現れるが，トーラスが平坦な空間であるためここには出てこない．

定理 5.16. d が偶数のとき，等式 $\langle [p], [F] \rangle = \int_{\mathbb{T}^d} \mathrm{ch}(\Omega_p)$ が成り立つ．つまり

$$\mathrm{Ind}(F_p) = \frac{1}{l!} \cdot \frac{(-1)^l}{(2\pi i)^l} \int_{\mathbb{T}^d} \mathrm{Tr}(p(dp)^{2l}), \quad (d = 2l).$$

特に，右辺は整数値で，p を連続に変形しても不変である．

命題 5.14 の証明. $I \subsetneq \{1, \cdots, d\}$ に対しては，定理 5.16 より $\langle \beta_I, [F] \rangle = 0$ がわかる．実際，β_I は $\partial_{k_j} p = 0$ を満たすような射影 p によって代表されるので，$(dp)^d = 0$ となる．一方，$\langle \beta_{\{1,\cdots,d\}}, [F] \rangle = 1$ については，例えば [128, Proposition 11.4.5] に証明がある（これは定理 A.18 からもわかる）． □

5.3.2 奇数次元の場合

d が奇数のとき，クリフォード代数 $\mathbb{C}\ell_{d+1}$ のただひとつの既約表現 S_{d+1} の，$\mathbb{Z}_2$-次数が偶の部分空間 S^0_{d+1} を S_d と置く．$\mathfrak{f}_{d+1}\mathfrak{f}_i \in \mathbb{C}\ell^0_{d+1}$ は S_d に作用するため，$C^\infty(\hat{\Pi}, S_d)$ トーラス上の奇ディラック作用素

$$\mathsf{D} := \frac{-\mathfrak{f}_{d+1}}{2\pi}\left(\mathfrak{f}_1 \frac{\partial}{\partial k_1} + \cdots + \mathfrak{f}_d \frac{\partial}{\partial k_d}\right) \colon C^\infty(\hat{\Pi}, S_d) \to C^\infty(\hat{\Pi}, S_d) \quad (5.8)$$

は非有界な自己共役作用素を定める．これはやはり双対ディラック作用素

$$\mathsf{D} := \mathfrak{f}_{d+1}(\mathfrak{e}_1 \otimes \mathsf{X}_1 + \cdots + \mathfrak{e}_d \otimes \mathsf{X}_d) \colon c_c(X, S_d) \to (X, S_d) \quad (5.9)$$

と同一視される．$(C^\infty(\hat{\Pi}), L^2(\hat{\Pi}; S_d), \mathsf{D})$ は奇スペクトル 3 つ組で，その有界化変換 $(L^2(\hat{\Pi}; S_d), F)$ は $C(\hat{\Pi})$ 上の奇フレドホルム加群を定める．

命題 5.17. d が奇数のとき，奇指数ペアリング $\langle \llcorner\lrcorner, [F] \rangle \colon K_1(C(\hat{\Pi})) \to \mathbb{Z}$ は，$K^1(\hat{\Pi})$ の元に対してその最高次の係数を対応させる．

これもまた，微分形式の積分によって計算することができる．行列値 1-形式 $\alpha \in \Omega^1(\mathbb{T}^d, \mathbb{M}_n)$ に対して，奇数次の微分形式 $\mathrm{ch}_{\mathrm{odd}}(\alpha)$ を以下で定義する．

$$\mathrm{ch}_{\mathrm{odd}}(\alpha) = \sum_{l=0}^{\infty} (-1)^l \cdot \frac{l!}{(2l+1)!} \mathrm{Tr}(\alpha^{2l+1}). \quad (5.10)$$

定義 5.18. ユニタリ行列に値を取る滑らかな関数 $u \in C^\infty(\mathbb{T}, U_n)$ に対して，行列値 1 形式 $\theta_u := u^* du \in \Omega^2(\mathbb{T}^d, \mathbb{M}_n)$ を (5.10) に代入した微分形式 $\mathrm{ch}_{\mathrm{odd}}(\theta_u)$ を u の**奇チャーン指標** (odd Chern character) と呼ぶ．

奇チャーン指標は閉形式で，そのド・ラームコホモロジー類は u のホモトピー類によらない．

以下は，**バウム–ダグラスの奇指数定理**[28] の特別な場合である．ここでも，トーラスが平坦な空間であるために空間の曲率の寄与が表れない．

定理 5.19. $\langle [u], [T] \rangle = (2\pi i)^{-(d+1)/2} \int_{\mathbb{T}} \mathrm{ch}_{\mathrm{odd}}(\theta_u)$ が成り立つ．つまり

$$\mathrm{Ind}(T_u) = \frac{(-1)^l}{(2\pi i)^{l+1}} \cdot \frac{l!}{(2l+1)!} \cdot \int_{\mathbb{T}^d} \mathrm{Tr}((u^* du)^{2l+1}), \quad (d = 2l+1).$$

特に右辺は整数値で，u を連続に変形しても不変である．

命題 5.17 の証明. これは命題 5.14 と同様に証明できる． □

5.3.3 位置空間による記述

ここまで $\hat{\Pi}$ 上の微積分によって記述していた量を，X の言葉で書き直す．

まずは 1.2 節でも用いた $\mathfrak{Tr}$ に正確な定義を与える．無限系の確率密度行列 ϱ は $\mathcal{L}^1(\mathcal{H})$ に属さない．"単位体積当たりの観測量" を与えるのは，有限系のトレースを体積 $(2L)^d$ で正規化したものの極限である．$L \in \mathbb{R}_{>0}$ に対して，$\ell^2(X \cap [-L, L]^d)$ への射影を P_L と置く．

補題 5.20. $T \in C_r^*\Pi \otimes \mathbb{M}_n \cong C(\hat{\Pi}, \mathbb{M}_n)$ に対して，

$$\mathfrak{Tr}(T) := \lim_{L \to \infty} \frac{1}{(2L)^d} \mathrm{Tr}(\mathsf{P}_L T \mathsf{P}_L) \tag{5.11}$$

は収束し，トレースの積分 $\int_{\hat{\Pi}} \mathrm{Tr}(T(\boldsymbol{k}))d\boldsymbol{k}$ と一致する．

証明. 簡単のため $n = 1$ とする．明らかに左辺，右辺ともに 1 を 1 に，$U_{\boldsymbol{v}}$ を 0 に送る．2 つの有界線形汎関数が稠密な部分ベクトル空間 $\mathbb{C}[\mathbb{Z}^d]$ 上で一致するので，連続性から全体で一致する． □

$\hat{\Pi}$ 上の積分を $\mathfrak{Tr}$ に，微分 ∂_{k_j} を交換子 $[2\pi i \mathsf{X}_j, \sqcup]$ に置き換える．等式 $u^* \partial_{k_j} u = -\partial_{k_j}(u^*)u$ などを用いると，定理 5.16 と定理 5.19 はそれぞれ

$$\langle [p], [F] \rangle = \lambda_d \sum_{\sigma \in \mathfrak{S}_d} \mathrm{sgn}(\sigma) \cdot \mathfrak{Tr}\left(p \cdot [i\mathsf{X}_{\sigma(1)}, p] \cdots [i\mathsf{X}_{\sigma(d)}, p]\right), \tag{5.12}$$

$$\langle [u], [F] \rangle = \lambda_d \sum_{\sigma \in \mathfrak{S}_d} \mathrm{sgn}(\sigma) \cdot \mathfrak{Tr}(u^*[i\mathsf{X}_{\sigma(1)}, u] \cdots [i\mathsf{X}_{\sigma(d)}, u^*]), \tag{5.13}$$

と書き換えられる．ただしここで λ_d は以下のような定数である:

$$\lambda_d := \begin{cases} (2\pi i)^l / l! & d = 2l \text{ のとき}, \\ i(2\pi i)^l l! / (2l+1)! & d = 2l+1 \text{ のとき}. \end{cases} \tag{5.14}$$

同様に，境界の近くに局在化した作用素 $T \in C_r^*\Pi^\flat \otimes \mathcal{L}^1(\ell^2(\mathbb{Z}_{\geq 0}))$ に対して，境界方向に正規化したトレース $\mathfrak{Tr}^\flat(T)$ を以下によって定義する:

$$\mathfrak{T}^\flat(T) := \lim_{L \to \infty} \frac{1}{(2L)^{d-1}} \mathrm{Tr}(\mathsf{P}_L^\flat T \mathsf{P}_L^\flat) = \int_{\hat{\Pi}^\flat} \mathrm{Tr}(T(\boldsymbol{k}^\flat))d\boldsymbol{k}^\flat. \tag{5.15}$$

ここで，$\mathsf{P}_L^\flat$ は $\ell^2(X \cap ([-L, L]^{d-1} \times \mathbb{R}_{\geq 0}))$ への射影とする．これは，$C_r^*\Pi^\flat$ 上の正規化トレース (5.11) と $\mathcal{L}^1(\mathcal{H})$ 上のトレース Tr のテンソル積である．

5.4 バルク・境界対応

(4.9) と (5.2) より，テープリッツ完全列 (5.3) の境界準同型

$$\partial\colon\ K_*(C_r^*\Pi) \to K_*(C_r^*\Pi^\flat \otimes \mathbb{K}) \tag{5.16}$$

は，$H \in \mathcal{H}^\Pi(X;\mathcal{H})$ に対して，$[J_H] := [P_0(H)] - [P_0(\Gamma)] \in K_0(C_r^*\Pi)$ を

$$\partial[J_H] = [-\exp(-\pi i J_{\hat{H}})] = [U_{\hat{H}}]$$

に送る．同様に，$H \in \mathcal{H}^\Pi_{\mathrm{AIII}}(X;\mathcal{H})$ に対しても $\partial[J_H] = [U_{\hat{H}}]$ が成り立つ．

補題 5.21. (5.16) は，$d \in I$ ならば $\partial\beta_I = \beta_{I\setminus\{d\}}$，$d \notin I$ ならば $\partial\beta_I = 0$ を満たす．特に，$\eta \in K_d(C_r^*\Pi)$ と $\partial\eta \in K_{d-1}(C_r^*\Pi^\flat)$ の最高次の係数は一致する．

証明. $d=1$ のとき，これはテープリッツ完全列 $0 \to \mathbb{K} \to \mathcal{T} \to C(\mathbb{T}) \to 0$ の境界準同型が $\partial[1]=0, \partial[\beta]=1$ から定まること（例 4.30）からわかる．$d \geq 2$ のときは，$d=1$ の場合と注意 4.36 から従う． □

このことの直接的な帰結として，以下の定理が得られる．ここで，$d-1$ 次元の双対ディラック作用素の有界化変換を $C_r^*\Pi^\flat \otimes \mathbb{K}$ 上のフレドホルム加群とみなしたものを $F^\flat$ と書いている．

定理 5.22 (バルク・境界対応). 以下の図式は交換する．

$$\begin{array}{ccc}
K_d(C_r^*\Pi) & \xrightarrow{\langle \sqcup, [F] \rangle} & \mathbb{Z} \\
\downarrow{\scriptstyle \partial} & & \| \\
K_{d-1}(C_r^*\Pi^\flat) & \xrightarrow{\langle \sqcup, [F^\flat] \rangle} & \mathbb{Z}.
\end{array}$$

系 5.23. $H \in \mathcal{H}^\Pi_*(X;\mathcal{H})$（偶数次元の場合）または $H \in \mathcal{H}^\Pi_{\mathrm{AIII}}(X;\mathcal{H})$（奇数次元の場合）に対して，$\mathrm{ind}_b(H) = \mathrm{ind}_\partial(\hat{H})$.

注意 5.24. ここでは K 群を計算することによって定理 5.22 を証明したが，この図式が交換することはアティヤ–シンガーの指数理論からも理解できる．説明のためには準備が必要となるので，ここでは概略だけを述べる．

(i) テープリッツ境界準同型 $\partial\colon\ K_0(C(\mathbb{T}^d)) \to K_1(C(\mathbb{T}^{d-1}))$ はテープリッツ作用素の族の指数によって与えられているが，これは射影 $\pi\colon \mathbb{T}^d \to \mathbb{T}^{d-1}$ による押し出し $\pi_!$（4.4.3 節）と一致する．
(ii) 指数ペアリングは写像 $c_d\colon \mathbb{T}^d \to \mathrm{pt}$ による押し出し $(c_d)_!$ に一致する．
(iii) 一般に，押し出しは合成と整合的である: $f_! \circ g_! = (f \circ g)_!$.
(iv) (i), (ii), (iii) より，図式は交換する．

テープリッツ指数の K 理論における役割については [28] を引用しておく．

例 5.25. 1 次元 AIII 型の併進対称ギャップドハミルトニアン H に対して，

$$\mathrm{ind}_b(H) = -\,\mathrm{wind}(\det(u)), \quad \mathrm{ind}_\partial(\hat{H}) = \mathrm{Ind}(\hat{H}) = \mathrm{Tr}(\mathsf{S}|_{\mathrm{Ker}\,\hat{H}}),$$

となる（例 4.18 (2), (3)）．これが一致するというバルク・境界対応は，テー

プリッツ指数定理（定理 3.23）に他ならない．特に，SSH 模型（例 1.12）は非自明なバルク指数を持つ．また，これらの値は (1.12) のカイラル偏極 P_c とも 1/2 倍を除いて一致する．

5.5 整数量子ホール効果

定理 5.22 から，量子ホール伝導度のバルク・境界対応（1.2 節）が得られる．まず，以下は (5.12) からただちに従う．

命題 5.26. バルク量子ホール伝導度 (1.8) は，バルク指数の定数倍と一致する：

$$\frac{\mathsf{e}^2}{h}\operatorname{ind}_b(H) = \sigma_b(H) := \frac{\mathsf{e}^2}{h}\mathfrak{Tr}\left(P_\mu\big[[i\mathsf{X}_1, P_\mu], [i\mathsf{X}_2, P_\mu]\big]\right).$$

右辺は微分形式 $\mathrm{Tr}(\Omega_p)$（ベリー曲率）の積分であり，ベクトル束 $\operatorname{Im} P_0$ の第 1 チャーン数 $c_1(\operatorname{Im} P_0)$ に他ならない[250]．チャーン指標は一般にはチャーン類の $\mathbb{Q}$ 係数多項式だが，2 次の項は第 1 チャーン類と一致する．

注意 5.27. 1.2.3 節で述べた等式 $\mathfrak{Tr}([\mathsf{X}_1, H]f(H)) = 0$ を，ここまでに導入してきた定義のもとで証明しておく[143]．まず，$\mathfrak{Tr}$ のトレース条件（正確な主張は補題 7.12）から，$\mathfrak{Tr}([i\mathsf{X}_1, T]) = \frac{d}{dt}\big|_{t=0}\mathfrak{Tr}(e^{it\mathsf{X}_1}Te^{-it\mathsf{X}_1}) = 0$ が任意の $T \in \mathscr{A}_\Pi$ に対して成り立つ．よって，f の不定積分を F と置くと，$f(H)$ のフーリエ変換による表示 $f(H) = \int_{-\infty}^{\infty}\hat{f}(t)e^{2\pi itH}dt$ と[209, (7.22)]，デュアメルの公式 $[\mathsf{X}_1, e^{itH}] = \int_0^1 e^{istH}[\mathsf{X}_1, itH]e^{i(1-s)tH}ds$ から，

$$\begin{aligned}0 &= \mathfrak{Tr}([\mathsf{X}_1, F(H)]) = \int_{\mathbb{R}}\hat{F}(t)\int_0^1 \mathfrak{Tr}(e^{2\pi itsH}[\mathsf{X}_1, 2\pi itH]e^{it(1-s)H})dsdt\\ &= \mathfrak{Tr}([\mathsf{X}_1, H]f(H)).\end{aligned}$$

次に，境界指数と境界ホール伝導度を比較する．$d = 2$ のとき，境界指数は 1 パラメータ族 $(\hat{H}(k_1))_{k_1\in\hat{\Pi}^\flat}$ のスペクトル流 $\mathrm{sf}(\hat{H})$ と一致する．

命題 5.28. 境界量子ホール伝導度 (1.9) は，境界指数の定数倍と一致する：

$$\frac{\mathsf{e}^2}{h}\operatorname{ind}_\partial(\hat{H}) = \sigma_\partial(\hat{H}) := \frac{\mathsf{e}^2}{i\hbar}\lim_{\delta\to 0}\frac{1}{\delta}\mathfrak{Tr}^\flat(P_{[0,\delta]}[\mathsf{X}_1, \hat{H}]).$$

証明．任意の $\varepsilon > 0$ に対して，記号 3.17 の関数 χ を

$$\dot{\chi} \in C_c((0,\delta)), \quad \mathfrak{Tr}\left(\left|\tfrac{1}{2}\dot{\chi}(\hat{H}) - \tfrac{1}{\delta}P_{[0,\delta]}\right|^2\right) < \varepsilon^2$$

を満たすように取る．すると，コーシー–シュワルツの不等式により

$$\left|\tfrac{1}{2}\mathfrak{Tr}(\dot{\chi}(\hat{H})[\mathsf{X}_1, \hat{H}]) - \tfrac{1}{\delta}\mathfrak{Tr}(P_{[0,\delta]}[\mathsf{X}_1, \hat{H}])\right| < \mathfrak{Tr}(|[\mathsf{X}_1, \hat{H}]|^2)^{\frac{1}{2}}\cdot\varepsilon.$$

また，$\rho \in C_c(\mathbb{R})$ を $\rho|_{[0,\delta]} \equiv 1$ を満たすよう取ると，注意 5.27 と同様にして

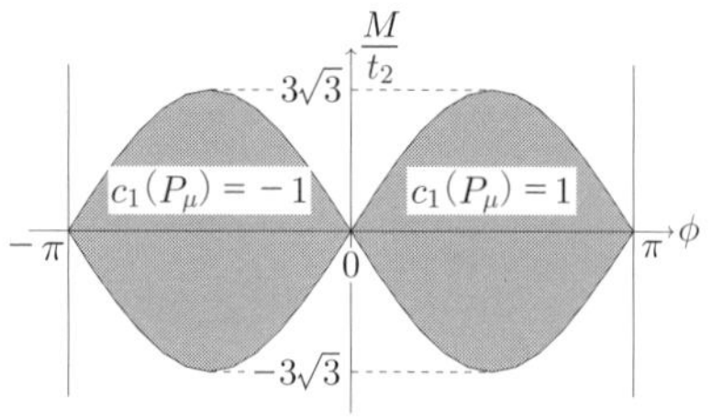

図 5.1　ハルデーン模型の相図（灰色部分の外では指数は 0）.

$$\mathfrak{Tr}^\flat(\rho(\hat{H})U_{\hat{H}}^*[\mathsf{X}_1, U_{\hat{H}}]) = (-\pi i)\,\mathfrak{Tr}^\flat([\mathsf{X}_1, \hat{H}]\dot{\chi}(\hat{H}))$$

が得られる．ただしここでは，$\rho(\hat{H})\dot{\chi}(\hat{H}) = \dot{\chi}(\hat{H})$ を用いた．同様の計算から，$(1-\rho(\hat{H}))^{1/2}[\mathsf{X}_1, U](1-\rho(\hat{H}))^{1/2} = 0$，よって $\mathfrak{Tr}((1-\rho(\hat{H}))U_{\hat{H}}^*[\mathsf{X}_1, U_{\hat{H}}]) = 0$ がわかる．$\varepsilon > 0$ は任意だったので，定理 5.19 より証明が得られた．□

系 5.29 (定理 1.7)**.** $H \in \mathcal{H}^{\Pi}(X; \mathcal{H})$ に対して，$\sigma_b(H) = \sigma_\partial(\hat{H})$ が成り立つ．

例 5.30. 1.2.2 節で紹介した模型はいずれも非自明なバルク指数を持つ．

(1) QWZ 模型（例 1.2）のバルク指数は 1 となる．

(2) ハーパー作用素（例 1.3）は $\theta = p/q$ のときには $q\Pi$ の周期性によって $\mathcal{TP}^{q\Pi}(X)$ の元を定めるが，そのバルク指数はフェルミ準位 μ の位置から計算できる（12.2 節）.

(3) ハルデーン模型 (例 1.4) のバルク指数はパラメータに依存する．$t_1/t_2 > 3$ を固定して M/t_2 と ϕ を動かしたときの指数は，図 5.1 のようになる[116]．

注意 5.31. ここまでの議論は連続系のランダウ作用素 (1.11) にも同様に適用できる．この場合，$\Pi = \mathbb{Z} \times \frac{hc}{e\theta}\mathbb{Z}$ の表現に関するフーリエ変換

$$L^2(\mathbb{R}^2) \cong L^2(\hat{\Pi}; \mathcal{H}), \quad \mathcal{H} := \bigsqcup_{\boldsymbol{k} \in \hat{\Pi}} \mathcal{H}_{\boldsymbol{k}}, \quad \mathcal{H}_{\boldsymbol{k}} := L^2(\mathbb{T}^2)$$

のもとで，H は各 $\mathcal{H}_{\boldsymbol{k}}$ に $\boldsymbol{k}$ による捩れ境界条件を導入した偏微分作用素として作用する（ブロッホ–フロッケ–ザック変換，[77, Section 3.3]）．$H(\boldsymbol{k})$ はコンパクトレゾルベントを持つので，ランダウ射影 p_λ は有限次元射影に値を取る関数になる．$[p_\lambda] \in K_0(C^*\Pi)$ は最高次のボット生成元になる（定理 12.8）.

5.6　一様磁場と非可換トーラス

例 1.3 で述べたように，磁場の印加はギャップドハミルトニアンの重要で基本的な例を提供する．磁場が一様，すなわち $\theta \in \mathbb{R}$ のとき，$U(1)$-接続 a_θ として $-\theta x_2 dx_1$ を選べる．このとき，$\mathcal{H} = \ell^2(X)$ 上の並進作用素は

$$U_{\boldsymbol{v}}^\theta := \exp(-2\pi i\theta v_1 \mathsf{X}_2)U_{\boldsymbol{v}} \in \mathbb{B}(\mathcal{H})$$

に取り替えられる．x_1 方向と x_2 方向への並進は関係式

$$U_{x_2}^\theta U_{x_1}^\theta = e^{2\pi i\theta} U_{x_1}^\theta U_{x_2}^\theta$$

を満たすため，非可換トーラス $C_r^*(\Pi;\theta)$（定義 2.26）を生成している．また，$U_{\boldsymbol{v}}^\theta$ は $U_{\boldsymbol{v}}^{-\theta} := \exp(-2\pi i\theta v_2 \mathsf{X}_1)U_{\boldsymbol{v}}$ と交換する．

命題 5.32. 定義 5.1 の条件 (1), (2), (3) と
(4) H は磁場つきの並進対称性を持つ: $U_{\boldsymbol{v}}^{-\theta} H (U_{\boldsymbol{v}}^{-\theta})^* = H$,
を満たす $H \in \mathbb{B}(\mathcal{H})$ を磁場つき並進対称ギャップドハミルトニアンと呼び，$H \in \mathcal{H}_\theta^\Pi(X;\mathcal{H})$ と置く．その安定ホモトピー類のなす集合を $\mathcal{TP}_\theta^\Pi(X)$ と書く．このとき，以下は同型になる．

$$\mathcal{TP}_\theta^\Pi(X) \cong K_0(C_r^*(\Pi;\theta)), \quad [H] \mapsto [J_H].$$

証明. 補題 5.4 より $H = \sum f_{\boldsymbol{v}} U_{\boldsymbol{v}}$ と分解するが，このとき各 $f_{\boldsymbol{v}}$ は条件 (4) から $f_{\boldsymbol{v}}(\boldsymbol{x}) = \exp(-2\pi i x_2 v_1)$ となることがわかる．したがって，(3), (4) を満たす有界作用素のなす $*$-代数は $U_{x_1}^\theta$, $U_{x_2}^\theta$ によって生成されており，これは $C_r^*(\Pi;\theta)$ と同型になる． □

以下の補題は補題 5.20，命題 5.14 と同様に証明される．

補題 5.33. 以下が成り立つ．
(1) 補題 5.20 で定義した $\mathfrak{Tr}$ は収束し，$C_r^*(\Pi;\theta)$ 上のトレースを与える．
(2) (5.5) で定義した $(\mathcal{H}, \pi, F)$ は $C_r^*(\Pi;\theta)$ 上のフレドホルム加群を与える．

これらによって，$H \in \mathcal{H}_\theta^\Pi(X;\mathcal{H})$ のバルク指数

$$\mathrm{ind}_b(H) := \langle [J_H], [F] \rangle = 2\pi i \cdot \mathfrak{Tr}\left(P_0\big[[i\mathsf{X}_1, P_0], [i\mathsf{X}_2, P_0]\big]\right)$$

が定義できる．また，指数ペアリングは $K_0(C_r^*(\Pi;\theta)) \cong K_0(C_r^*\Pi)$（例 4.13）の元に対してその最高次の係数を対応させる．これらは命題 5.14 や定理 5.16 のように指数定理の帰結としては証明できない．本書では，定理 6.39 でより一般の場合について証明する．

半平面への射影 P_+ は，$C_r^*(\Pi;\theta)$ の各元と $C_r^*\Pi^\flat \otimes \mathbb{K}$ を法として交換する．そこで，例 2.23 と同様の構成により C*-環の完全列を定義できる．

定義 5.34. 磁場つきテープリッツ環 $\mathcal{T}_\theta$ を，$C_r^*\Pi^\flat \otimes \mathbb{K}$ と $\{\mathsf{P}_+ U_{\boldsymbol{v}}^\theta \mathsf{P}_+\}_{\boldsymbol{v}\in\Pi}$ の生成する C*-環として定義する．

5.4 節と同様に，$H \in \mathcal{H}_\theta^\Pi(X;\mathcal{H})$ に対して，完全列

$$0 \to C_r^*\Pi^\flat \otimes \mathbb{K}(\ell^2(\mathbb{Z}_{\geq 0})) \to \mathcal{T}_\theta \to C_r^*(\Pi;\theta) \to 0$$

が存在し，∂: $K_0(C_r^*(\Pi;\theta)) \to K_1(C_r^*\Pi^\flat)$ は $\partial[J_H] = [U_{\hat{H}}]$ を満たす．

定理 5.35. $H \in \mathcal{H}_\theta^\Pi(X;\mathcal{H})$ に対して，以下が成り立つ．

(1) バルク・境界対応: $\mathrm{ind}_b(H) = \mathrm{ind}_\partial(H)$ が成り立つ．

(2) $d = 2$ のとき，$\sigma_b(H) = \frac{\mathsf{e}^2}{h}\,\mathrm{ind}_b(H)$，$\sigma_\partial(H) = \frac{\mathsf{e}^2}{h}\,\mathrm{ind}_\partial(H)$ が成り立つ．

これらもまた，アティヤ–シンガーの理論に帰着して示すことはできない．証明は，定理 6.50 でより一般の場合に対して行う．

例 5.36. ハーパー作用素（例 1.3）はスペクトルギャップを持ち，フェルミ準位 μ でのバルク指数は 12.2 節で説明したような方法で計算できる．特に θ が無理数のとき，$\mathfrak{Tr}(P_\mu(H))$ が無理数なら $\mathrm{ind}_b(H)$ は非自明となる．

5.7 ラフリンの思考実験

5.7.1 周期的に駆動する系のトポロジカル相

サウレスポンプの理論（1.2.7 節）もまた指数定理によって理解できる．周期的に駆動するハミルトニアンの 1 パラメータ族 $(H_t)_{t\in[0,T]}$ に対して，断熱時間発展が 1 周期あたりに運搬する電子の数には指数によるものと電磁分極によるものの 2 種類があった．ここでは，これらが一致することを証明する（参考: [213]）．以下，フェルミ射影の 1 パラメータ族を $P_{\mu,t}$，境界ハミルトニアンの 1 パラメータ族を $\hat{H}_t := \mathsf{P}_+ H_t \mathsf{P}_+$，断熱時間発展を $(U_t)_{t\in[0,T]}$，$\mathsf{U}_\mu := U_T P_{\mu,0} + (1 - P_{\mu,0})$ と置く．

定理 5.37. 以下の等号が成り立つ:

$$\mathrm{sf}((\hat{H}_t)_{t\in[0,T]}) = \mathrm{Ind}(\mathsf{P}_+\mathsf{U}_\mu\mathsf{P}_+) = i\,\mathfrak{Tr}(U_T^*[i\mathsf{X}, U_T]P_{\mu,0})$$
$$= i\int_0^T \mathfrak{Tr}\left(P_{\mu,t}\big[[i\mathsf{X}, P_{\mu,t}], \partial_t P_{\mu,t}\big]\right)dt.$$

証明. まず，$(P_{\mu,t})_{t\in[0,T]}$ を $C(S^1)\otimes C_r^*\Pi$ の射影とみなす．以下，簡単のため $P_{\mu,0} = 1_m$ と仮定する．すると $[P_{\mu,t}] - [1_m] \in K_0(\mathsf{S}C_r^*\Pi)$ を得る．

ユニタリの族 U_t は $U_0 = 1$, $P_{\mu,t} = U_t P_{\mu,0} U_t^*$ を満たすので，$\mathcal{U}(\mathsf{C}C_r^*\Pi)$ の元を与え，$U_T = U_T 1_m \oplus U_T(1_n - 1_m)$ を満たす．例 4.29 によると，同型 $K_1(C_r^*\Pi) \cong K_0(\mathsf{S}C_r^*\Pi)$ は $[U_T 1_m] = [\mathsf{U}_\mu]$ を $[P_t] - [1_m]$ に対応させる．

今，示したい等式のうち第 2 項と第 3 項はそれぞれ U_μ の境界指数とバルク指数，第 1 項と第 4 項はそれぞれ $(H_t)_{t\in[0,T]}$ の境界指数とバルク指数である．したがって，等号は定理 5.16，定理 5.19，定理 5.22 から従う． □

例 5.38. 1.2.7 節で用いたランダウ作用素 (1.11) の断熱時間発展の具体的な表示について補足しておく．$(V_t\psi)(x,y) := \psi(x, y + \frac{bt}{\theta})$ と置くと，$H_t = V_t H_0 V_t^*$

が成り立ち，特に $\sigma(H_t)$ は一定になる．H_t の固有値 λ の固有空間への射影を $p_{\lambda,t}$ と置くと，$p_{\lambda,t}$ 上での断熱時間発展は

$$e^{-i\lambda t}\cdot V_t\colon p_{\lambda,0}L^2(S^1\times\mathbb{R})\to p_{\lambda,t}L^2(S^1\times\mathbb{R})$$

によって与えられる（これは $p_{\lambda,t}\cdot\frac{\partial}{\partial x_2}\cdot p_{\lambda,t}=0$ に注意すると確認できる）．

5.7.2 円筒上のハミルトニアン

ラフリンの議論（1.2.7 節）を，本章で導入した数学的設定のもとで再検討する．まず，円筒上の量子ホール系に磁束を挿入する断熱過程を，格子上の離散的な模型に対して定義する．

平面上のバルクハミルトニアン $H=\sum a_{\boldsymbol{v}}U_{\boldsymbol{v}}$ を，円筒 $X^\circ_{L_1}:=X/(L_1\mathbb{Z}\boldsymbol{a}_1)$ 上に置き，円筒内部に磁束 ϕt を通すことを考える．ランダウ作用素からの類推によって，このときの円筒上のハミルトニアンを

$$\widetilde{H}_t:=\sum_{\boldsymbol{v}}a_{\boldsymbol{v}}\cdot e^{2\pi iv_1\cdot\frac{\mathsf{e}\phi}{hc}\cdot\frac{t}{L_1}}\cdot U_{\boldsymbol{v}}\in\mathbb{B}(\ell^2(X^\circ_{L_1}))$$

と定義することにする．一方，注意 2.54 によると，H を $L_1\mathbb{Z}\boldsymbol{a}_1$ の並進表現に関してフーリエ変換した作用素の族は

$$H(k_1)=\sum_{\boldsymbol{v}}a_{\boldsymbol{v}}\cdot e^{2\pi ik_1(\lfloor v_1+x_1\rfloor/L_1)}\cdot U_{\boldsymbol{v}}$$

という形になる（$\lfloor x\rfloor$ は x を超えない最大の整数）．これらは次を満たす:

$$\widetilde{H}_t=e^{2\pi i\mathsf{X}_1/L_1}H\bigl(\tfrac{\mathsf{e}\phi}{hc}t\bigr)e^{-2\pi i\mathsf{X}_1/L_1}.$$

つまり，1 次元の周期駆動系 $(\widetilde{H}_t)_{t\in[0,T]}$ は，同型 $C^*_r\Pi\cong C(\mathbb{T})\otimes C^*_r\Pi^\flat$ のもとでバルクハミルトニアン H と同一視される．よって特に，定理 5.37 より，$(\widetilde{H}_t)$ の電磁偏極 ΔP は H のバルク指数と一致する．

1.2.7 節で議論したように，x_1 方向に電場 $\varepsilon\mathsf{X}_1$ をかけた状態では，1 周期の運動の間に全エネルギーは $\Delta E=\mathsf{e}\varepsilon\Delta P$ だけ上昇する．よって，

$$\frac{I_2}{V_1}=\frac{c}{\varepsilon}\cdot\frac{\Delta E}{\Delta\Phi}=\frac{\mathsf{e}^2}{h}\operatorname{Ind}(\mathsf{P}_+\mathsf{U}_\mu\mathsf{P}_+)=\frac{\mathsf{e}^2}{h}\operatorname{ind}_b(H)\tag{5.17}$$

となり，結果としてラフリンの議論とバルク描像，境界描像によって計算されるホール伝導度が一致する．

5.7.3 アハラノフ–ボーム磁場

次に，平面上の系から小さな開円板 D を除き，D 内に磁束を挿入することを考える (cf. [78])．ここでは $D\subset[0,1]^2$ としておく．このとき，$U^*_{x_2}U^*_{x_1}U_{x_2}U_{x_1}$ の位相シフトは格子点 $\mathbf{0}=(0,0)$ の周りを一周したときのみ生じる．つまり

$$U_{x_1}^{\mathrm{AB},\theta}U_{x_2}^{\mathrm{AB},\theta}=\Theta_{\mathrm{AB},\theta}U_{x_2}^{\mathrm{AB},\theta}U_{x_1}^{\mathrm{AB},\theta},\quad \Theta_{\mathrm{AB},\theta}=1+(e^{2\pi i\theta}-1)\delta_{\mathbf{0}}$$

が成り立つ．このような並進作用素 $U_{x_1}^{\mathrm{AB},\theta}, U_{x_2}^{\mathrm{AB},\theta}$ は，例えば

$$U_{\boldsymbol{v}}^{\mathrm{AB},\theta}\delta_{\boldsymbol{x}}=\exp\left(\theta\int_{[\boldsymbol{x},\boldsymbol{x}+\boldsymbol{v}]}z^{-1}dz\right)\delta_{\boldsymbol{x}+\boldsymbol{v}}$$

や*7)，あるいは $f_{x_2}^{\mathrm{AB},\theta}(\boldsymbol{x})=1+(e^{2\pi i\theta}-1)1_{\mathbb{Z}_{\geq 1}\times\{0\}}$ を用いて

$$U_{x_1}^{\mathrm{AB},\theta}=U_{x_1},\quad U_{x_2}^{\mathrm{AB},\theta}=f_{x_2}^{\mathrm{AB},\theta}U_{x_2} \tag{5.18}$$

のように実現される．

$\Theta_{\mathrm{AB},\theta}-1\in c_0(X)\subset\mathbb{K}(\mathcal{H})$ から，ユニタリ $U_{x_1}^{\mathrm{AB},\theta}$ と $U_{x_2}^{\mathrm{AB},\theta}$ が生成する C*-環は $C_r^*\mathbb{Z}^2\cong C(\mathbb{T}^2)$ への全射 $*$-準同型を持ち，その核は $\mathbb{K}(\mathcal{H})$ と一致することがわかる．併進作用素の 1 パラメータ族たち $\{(U_{\boldsymbol{v}}^{\mathrm{AB},\theta})_{\theta\in\mathbb{T}}\}_{\boldsymbol{v}\in\Pi}$ と $C(\mathbb{T},\mathbb{K})$ が生成する $C(\mathbb{T},\mathbb{B}(\mathcal{H}))$ の部分 C*-環を A_Π^{AB} と置く．

命題 5.39. 以下の C*-環の完全列が得られる:

$$0\to C(\mathbb{T},\mathbb{K})\to A_\Pi^{\mathrm{AB}}\to C(\mathbb{T}^2)\to 0. \tag{5.19}$$

平面上のギャップドハミルトニアン $H=\sum_{\boldsymbol{v}}a_{\boldsymbol{v}}U_{\boldsymbol{v}}$ に対して，その A_Π^{AB} への持ち上げは自己共役フレドホルム作用素の 1 パラメータ族

$$H_\theta^{\mathrm{AB}}:=\sum_{\boldsymbol{v}}a_{\boldsymbol{v}}U_{\boldsymbol{v}}^{\mathrm{AB},\theta}$$

である．したがって，命題 4.33 より $[(H_\theta^{\mathrm{AB}})_\theta]=\partial[J_H]\in K^1(\mathbb{T})\cong\mathbb{Z}$ が成り立つ．この元は族 $(H_\theta^{\mathrm{AB}})_{\theta\in\mathbb{T}}$ のスペクトル流によって与えられる．

定理 5.40. 完全列 (5.19) の境界準同型 ∂ は，$\partial\beta_{\{1,2\}}=\beta\in K^1(\mathbb{T})$ を満たす．特に，$H\in\mathcal{H}^\Pi(X;\mathcal{H})$ に対して $\mathrm{sf}\left((H_\theta^{\mathrm{AB}})_{\theta\in\mathbb{T}}\right)=\mathrm{ind}_b(H)$ が成り立つ．

実はこの定理は，螺旋欠陥を持つ 3 次元系におけるバルク・欠陥対応と同じことを主張している．この証明は定理 7.34 で後述する．

文献案内

アティヤ–シンガーの指数定理については，[167], [209] および [256] を挙げておく．K 理論における押し出しの統一的な取扱いについては，注意 5.24 で挙げた文献に当たってほしい．

バルク・境界対応の証明は本書で紹介した以外にも様々なものが知られている．最初のものは初貝[119], [120]で，リーマン面上でスペクトルの軌跡の交叉を数える幾何学的な証明であった．また，[21] では 5.7 節のような磁束の挿入を

*7) このとき，磁場が局所的なものであるにもかかわらず $U_{\boldsymbol{v}}^{\mathrm{AB},\theta}$ と $U_{\boldsymbol{v}}$ のずれは大域的になる．この現象のことを**アハラノフ–ボーム効果** (Aharonov–Bohm effect) という．

考え，ホール伝導度をふたつの射影の形式差（cf. 注意 4.39）として定式化しているが，これは指数ペアリングと同じものである．[87] ではこの定義を経由してバルク・境界対応の証明が与えられている．奇数次元のバルク・境界対応については，本書は [203, Section 7] によるところが多い．

非可換トーラスの非可換幾何と K 理論については，[65, Section 4.6] の他に [71, Chapter VI] を挙げておく．本章で扱った磁場つきテープリッツ完全列は，同型 $C^*_r(\mathbb{Z}^2;\theta) \cong C(\mathbb{T}) \rtimes_r \mathbb{Z}$ に対する $\mathbb{Z}$-接合積のテープリッツ完全列[198]の特別な場合である．

第 6 章

ランダム作用素の非可換幾何学

第 6 章では，定義 5.1 における 4 つの仮定のうち (4) の並進対称性が成り立たないような状況で 5 章の内容を再現する．

一般に，物質というのは不純物などの欠陥 (disorder) が入っていたり，あるいは点配置がきれいな結晶の形をしていなかったりして，この仮定 (4) を満たすとは限らない．一方，5 章では条件 (4) は観測量のなす C*-環を可換 C*-環 $C(\mathbb{T}^d)$ とし，問題を多様体 $\mathbb{T}^d$ 上の指数定理に帰着するために必要であった．そこで本章では，単一の作用素を扱う代わりにランダム作用素，すなわち確率測度空間 $(\Omega, \mathbb{P})$ 上の作用素値関数のなす C*-環を考え，そこに非可換幾何学の理論を用いることで，ホール伝導度の量子化とバルク・境界対応を定式化し，その証明を与える．

6.1 ランダムな観測量の代数: 周期的な物質の場合

まずは，物質の原子配置そのものは周期的だが，不純物などの欠陥によってハミルトニアンは周期性を持たない場合について議論する．

6.1.1 等質的なランダム作用素と接合積

5 章に引き続いて，$\mathbb{Z}^d$ を $\mathbb{R}^d$ の離散部分集合とみなしたものを X，X に自由かつ推移的に作用する群とみなしたものを Π，ヒルベルト空間 $\mathcal{H} := \ell^2(X; \mathbb{C}^n)$ に作用する Π の正則表現を $\{U_{\boldsymbol{v}}\}_{v \in \Pi}$ と書く．

定義 6.1. Ω をコンパクト空間で群作用 $\Pi \curvearrowright \Omega$ を持つものとする．以後，この作用を $\tau_{\boldsymbol{v}}(\omega)$ または $\omega + \boldsymbol{v}$ と書く．$\mathbb{P}$ を Ω 上の $\mathbb{Z}^d$-作用に関して不変なラドン確率測度とする．このとき，確率測度空間 $(\Omega, \mathbb{P})$ 上の**等質** (homogeneous) なランダム作用素とは，強 $*$-連続関数 $T \colon \Omega \to \mathbb{B}(\mathcal{H})$ であって，任意の $\omega \in \Omega$ と $\boldsymbol{v} \in \Pi$ に対して $U_{\boldsymbol{v}} T_\omega U_{\boldsymbol{v}}^* = T_{\omega + \boldsymbol{v}}$ を満たすもののことをいう．$(\Omega, \mathbb{P})$ への

Π-作用がエルゴード的である（i.e., Π-不変なボレル可測集合が測度 0 または 1 となる）ことを仮定することがある．

ランダムハミルトニアンの主要な例はハミルトニアンの包で，これは次節で扱う．ここではそれ以外の例をひとつ紹介する．

例 6.2. $\Omega_0 := [-1,1]^{d+1}$，$\Omega := \Omega_0^X$ と置き，$\mathbb{P}$ をルベーグ測度の無限直積とする．このとき，各点 $\omega = (\omega_{i,\boldsymbol{x}})_{i,\boldsymbol{x}} \in \Omega$ に対して，$f_{i,\omega}(\boldsymbol{x}) := \omega_{i,\boldsymbol{x}}$ は X 上の有界な関数を与える．Π の Ω への作用を $(\omega + \boldsymbol{v})_{i,\boldsymbol{x}} = \omega_{i,\boldsymbol{x}-\boldsymbol{v}}$ によって定める．このとき，ホッピングおよびポテンシャルが各点で独立同分布なランダム変数となる最近接ランダムホッピング模型

$$H_\omega := \sum_{i=1}^{d} (f_{i,\omega} \cdot U_{x_i} + (f_{i,\omega} \cdot U_{x_i})^*) + f_{0,\omega}$$

は，$(\Omega, \mathbb{P})$ 上の等質ハミルトニアンの例を与えている．$[-1,1]$ の代わりにノルム 1 以下の自己共役行列の集合を用いれば，内部自由度が 2 次元以上あるような系に対しても同様の構成ができる．

等質なランダム作用素のなす観測量の C*-環を以下のように定義する．

定義 6.3. 有界な強 $*$-連続関数 $H\colon \Omega \to \mathbb{B}(\mathcal{H})$ であって

- 短距離性: 任意の $l \in \mathbb{N}$ に対して，ω，$\boldsymbol{x}, \boldsymbol{y}$ に依存しない定数 $C_l > 0$ によって $\|H_{\omega,\boldsymbol{xy}}\| \le C_l d(\boldsymbol{x},\boldsymbol{y})^{-l}$ が成り立つ，
- 等質性: $U_{\boldsymbol{v}} H_\omega U_{\boldsymbol{v}}^* = H_{\omega+\boldsymbol{v}}$，

を満たすもののなす $*$-代数を $\mathscr{A}_{\Omega \rtimes \Pi}$ と置く．また，これをノルム $\|H\| := \sup_{\omega \in \Omega} \|H_\omega\|$ によって完備化して得られる C*-環を $A_{\Omega \rtimes \Pi}$ と書く．

注意 6.4. $A_{\Omega \rtimes \Pi}$ は作用素値関数のなす C*-環だが，$\mathbb{B}(\mathcal{H})$ の部分 C*-環ともみなせる．$\omega \in \Omega$ に対して，C*-環 $A_{\Omega \rtimes \Pi}$ からの $*$-準同型

$$\pi_\omega\colon A_{\Omega \rtimes \Pi} \to \mathbb{B}(\ell^2(X)), \quad \pi_\omega(H) := H_\omega$$

を考えると，$\Pi \cdot \omega \subset \Omega$ が稠密ならばこれは単射となり，その像と同型となる（定義 2.16 下の注意）．

命題 6.5. $A_{\Omega \rtimes \Pi}$ は，接合積 $C(\Omega) \rtimes_r \Pi$（cf. 定義 2.27）と同型である．

証明は，命題 6.17 でより一般の状況に対して与える．

6.1.2 ハミルトニアンの包

単一の非周期的なハミルトニアンからランダムハミルトニアンを構成する次のような方法が知られている[30]．$\mathcal{H} := \ell^2(X; \mathbb{C}^n)$ 上の自己共役な有界作用素 $H \in \mathbb{B}(\mathcal{H})$ が短距離性の仮定を満たすとする．このとき，強 $*$-位相による閉包

$$\Omega_H := \overline{\{U_{\boldsymbol{v}} H U_{\boldsymbol{v}}^* \mid \boldsymbol{v} \in \Pi\}}^{s*} \subset \mathbb{B}(\mathcal{H})$$

はコンパクト空間になる（[206, Corollary 2.6]）．また，点測度の平均

$$\mathbb{P}_L := \frac{1}{(2L)^d} \sum_{\boldsymbol{v} \in \Pi \cap [-L,L]^d} \delta_{U_{\boldsymbol{v}} H U_{\boldsymbol{v}}^*} \in \mathrm{Prob}(\Omega_H)$$

の弱 $*$-集積点のひとつを $\mathbb{P}$ と置く*1) と，これは Π-不変な確率測度となる．

定義 6.6. 上の $(\Omega_H, \mathbb{P})$ を H の包 (hull) と呼ぶ．

$\Omega_H \subset \mathbb{B}(\mathcal{H})$ より，各点 $\omega \in \Omega_H$ は有界作用素に対応するので，これを H_ω と書くことにする．関数 $\omega \mapsto H_\omega$ は明らかに強 $*$-連続であり，等質性を満たす．このランダム作用素 H_ω は，無限の広がりを持つ単一の H に対して原点をランダムに選択するという確率試行に相当する．

注意 6.7. 補題 5.4 のように，$H = \sum f_{\boldsymbol{v}} U_{\boldsymbol{v}}$ と無限和表示する．このとき，X 上の行列値関数族 $\{\tau_{\boldsymbol{w}}^*(f_{\boldsymbol{v}})\}_{\boldsymbol{v},\boldsymbol{w} \in \Pi}$ の係数が生成する可換 C*-環を $\mathcal{D}$ と置くと，Ω_H は $\mathrm{Sp}(\mathcal{D})$（定理 2.37）と Π-同変に同相となる．

いくつかの例で，包がどのような位相空間になるか見てみよう．

例 6.8. 周期的なギャップドハミルトニアン H_1, H_2 に対して，H を $x_d \ll 0$ で H_1，$x_d \gg 0$ で H_2 と一致するような，$\mathbb{Z}^{d-1}$ 方向の並進対称性を持つギャップドハミルトニアンとする．このとき，$\Omega_H = \mathbb{Z} \cup \{\pm\infty\}$ となる．Ω_H の不変測度は $\delta_{+\infty}$ と $\delta_{-\infty}$ の線形結合だけ存在するが，どれを取ってもエルゴード的になる．これらのうち，$\mathbb{P}_L$ の集積点は中点 $(\delta_{+\infty} + \delta_{-\infty})/2$ のみである．

例 6.9. ハーパー作用素（例 1.3, 5.6 節）の包を考える:

$$H_\theta = U_{x_1}^\theta + (U_{x_1}^\theta)^* + U_{x_2}^\theta + (U_{x_2}^\theta)^*, \quad U_{x_1}^\theta = e^{-i\theta \mathsf{X}_2} U_{x_1}, \quad U_{x_2}^\theta = U_{x_2}.$$

このとき，注意 6.7 と例 2.41 より $\Omega_H \cong S^1$ となる．ここには $(1,0), (0,1) \in \mathbb{Z}^2 = \Pi$ がそれぞれ恒等写像, θ 回転として作用しており, $A_{\Omega \rtimes \Pi} \cong C(S^1) \rtimes_r \mathbb{Z}^2$ となる．5.6 節で観測量の代数とした非可換トーラス $C_r^*(\mathbb{Z}^2; \theta)$ は，$z^* U_x$ と U_y によって生成される $A_{\Omega \rtimes \Pi}$ の部分 C*-環と同一視できる．

例 6.10. 内部自由度 1 の 1 次元ハミルトニアン

$$H = U_x + U_x^* + V \in \mathbb{B}(\ell^2(\mathbb{Z})), \quad V(n) = \cos(n\theta), \tag{6.1}$$

を考える．θ が無理数のとき，H の包は注意 6.7 と例 2.41 より S^1 となり，$\mathbb{Z}$ はそこに角度 θ 回転によって作用する．このとき

---

*1) バナッハ–アラオグルの定理（cf. 付録 A.1.2）より，ラドン確率測度の集合 $\mathrm{Prob}(\Omega)$ は弱 $*$-コンパクトなので，このような集積点は存在する．

$$A_{\Omega \rtimes \Pi} = C(\Omega) \rtimes_r \mathbb{Z} = C(S^1) \rtimes_r \mathbb{Z} \cong C_r^*(\mathbb{Z}^2; \theta)$$

より，$A_{\Omega \rtimes \Pi}$ は非可換トーラスと同型になる．この同型のもとで (6.1) は例 6.9 の H_θ に対応し，特にそのスペクトルは一致する．

また，V にさらに 1 点でのみ摂動を加えたとき ($V' = V + \delta_0$)，包は図 2.1 のような $\Omega_X = \mathbb{Z} \sqcup S^1$ となる（S^1 は閉部分集合）．可換 C*-環の完全列 $0 \to c_0(\mathbb{Z}) \to C(\Omega) \to C(S^1) \to 0$ と $\mathbb{Z}$ の接合積を取ると，完全列 $0 \to \mathbb{K} \to A_H \to C_r^*(\mathbb{Z}^2; \theta) \to 0$ が得られる．

6.2 ランダムな観測量の代数: 非周期的な場合

次に，物質の原子配置そのものがもはや周期的ではない場合について議論する．これは準結晶[26]やアモルファス[181]などの物質を念頭に置いており，物理的にも意味のある一般化である．ここでは，並進群の作用の代わりにエタール亜群の対称性を用いることで，ランダム作用素の等質性を定式化する．

6.2.1 非周期的な点配置の包

周期的ではないが一様に分布している点配置 $X \subset \mathbb{R}^d$ に対して，6.1.2 節のようにその包を定義する．ここでいう“一様な分布”とは以下を意味する．

定義 6.11. ユークリッド空間 $\mathbb{R}^d$ の離散部分集合 X が (R, r)-**デローネ集合**であるとは，以下の 2 条件が成り立つことをいう．

(1) R-相対的稠密性: 任意の $\boldsymbol{x} \in \mathbb{R}^d$ に対して $|B_{\boldsymbol{x}}(R) \cap X| \geq 1$ が成り立つ．

(2) r-一様離散性: 任意の $\boldsymbol{x} \in \mathbb{R}^d$ に対して $|B_{\boldsymbol{x}}(r) \cap X| \leq 1$ が成り立つ．

$\mathbb{R}^d$ の r-一様離散部分集合 $X \subset \mathbb{R}^d$ に対して，デルタ測度 $\delta_X = \sum_{\boldsymbol{x} \in X} \delta_{\boldsymbol{x}}$ はラドン測度である．$\mathbb{R}^d$ 上の（有界全変動とは限らない）ラドン測度の集合 $\mathcal{M}(\mathbb{R}^d)$ に，$f \in C_c(\mathbb{R}^d)$ は線形汎函数

$$\langle f, \sqcup \rangle \colon \mathcal{M}(\mathbb{R}^d) \to \mathbb{C}, \quad \nu \mapsto \int_{\mathbb{R}^d} f(\boldsymbol{x}) d\nu(\boldsymbol{x})$$

を定める．これらによって $\mathcal{M}(\mathbb{R}^d)$ には局所凸位相（弱 $*$-位相）が導入される（付録 A.1.2）．このことに注意して，重複度込みの点配置のなす集合を以下のように定義する:

$$QD(\mathbb{R}^d) := \Big\{ \nu = \sum_i n_i \delta_{\boldsymbol{x}_i} \in \mathcal{M}(\mathbb{R}^d) \mid \boldsymbol{x}_i \in \mathbb{R}^d, n_i \in \mathbb{Z}_{>0} \Big\}.$$

補題 6.12. $QD(\mathbb{R}^d)$ は $\mathcal{M}(\mathbb{R}^d)$ の閉部分集合である．

証明. 点列 $\nu_n \in QD(\mathbb{R}^d)$ がラドン測度 ν に弱 $*$-収束するとする．このとき，$\boldsymbol{x} \in \mathbb{R}^d$ に対して，$N \in \mathbb{Z}_{\geq 0}$ を $N \leq \nu(\{\boldsymbol{x}\}) < N + 1$ を満たすように取る．

このとき，ν の正則性から，$N \leq \nu(B_{\boldsymbol{x}}(t)) < N+1$ を満たすような $t \in \mathbb{R}_{>0}$ が存在する．球の特性関数と $1_{B_{\boldsymbol{x}}(t/3)} \leq f_1 \leq 1_{B_{\boldsymbol{x}}(2t/3)} \leq f_2 \leq 1_{B_{\boldsymbol{x}}(t)}$ の関係にあるようなコンパクト台連続関数 f_1, f_2 を取ると，次の不等式が成り立つ:

$$
\begin{aligned}
N \leq \nu(B_{\boldsymbol{x}}(t/3)) \leq \nu(f_1) = \lim_n \nu_n(f_1) &\leq \limsup_n \nu_n(B_{\boldsymbol{x}}(2t/3)) \\
&\leq \lim_n \nu_n(f_2) = \nu(f_2) \leq \nu(B_{\boldsymbol{x}}(t)) < N+1.
\end{aligned}
$$

$\nu_n \in QD(\mathbb{R}^d)$ より，$\nu(\{\boldsymbol{x}\}) = \nu(B_{\boldsymbol{x}}(t/3)) = \limsup_n \nu_n(B_{\boldsymbol{x}}(2t/3)) = N$ が得られ，ν は局所的には整数重みのデルタ測度であることがわかる． □

(R,r)-デローネ集合の集合 $Del_{R,r}(\mathbb{R}^d)$ を，(1) 任意の $\boldsymbol{x} \in \mathbb{R}^d$ に対して $\nu(B_{\boldsymbol{x}}(R)) \geq 1$，(2) 任意の $\boldsymbol{x} \in \mathbb{R}^d$ に対して $\nu(B_{\boldsymbol{x}}(r)) \leq 1$，の 2 条件を満たす $QD(\mathbb{R}^d)$ の部分集合と同一視する．

補題 6.13. $Del_{R,r}(\mathbb{R}^d)$ はコンパクト集合である．

証明. 上の条件 (1), (2) が閉な条件であることは明らか．$\|f\| \leq 1$ となるような $\mathbb{R}$-値コンパクト台関数に対して，$\mathrm{supp}(f)$ を半径 r の球 C_f 枚で被覆できるとすると，$|\nu(f)| \leq C_f$ が成り立つ．よって，$Del_{R,r}(\mathbb{R}^d)$ は埋め込み

$$
Del_{R,r}(\mathbb{R}^d) \subset \prod_{f \in C_c(\mathbb{R}^d;\mathbb{R}),\ \|f\| \leq 1} [-C_f, C_f], \quad \nu \mapsto (\nu(f))_f
$$

によって閉区間の直積の閉部分集合と同一視でき，特にコンパクトである． □

X の包 (hull) $\widetilde{\Omega}_X$ と，その**横断面** (transversal) Ω_X を，

$$
\widetilde{\Omega}_X := \overline{\{X + \boldsymbol{v} \mid \boldsymbol{v} \in \mathbb{R}^d\}} \subset Del_{R,r}(\mathbb{R}^d), \quad \Omega_X := \{X' \in \widetilde{\Omega}_X \mid \boldsymbol{0} \in X'\},
$$

によって定義する．コンパクト空間 $\widetilde{\Omega}_X$ には群 $\mathbb{R}^d$ が作用するので，前節にならって接合積 $C(\widetilde{\Omega}_X) \rtimes_r \mathbb{R}^d$ を考えたいが，$\mathbb{R}^d$ が離散群でないため類似の議論（特に命題 6.5）が展開し難い．そこで，作用亜群 $\widetilde{\Omega}_X \rtimes \mathbb{R}^d$ の対象集合を Ω_X に制限する．すなわち，対象の集合を $\mathcal{G}_X^{(0)} := \Omega_X$ と置き，射の集合を

$$
\mathcal{G}_X^{(1)} := \{(X', \boldsymbol{v}) \mid X', X' + \boldsymbol{v} \in \Omega_X\} \subset \widetilde{\Omega}_X \times \mathbb{R}^d,
$$

によって定める．局所コンパクト空間の対 $(\mathcal{G}_X^{(1)}, \mathcal{G}_X^{(0)})$ は，作用亜群 $\widetilde{\Omega}_X \rtimes \mathbb{R}^d$ の演算の制限によってエタール亜群（定義 2.31）をなす．すなわち

- $s, r \colon \mathcal{G}_X^{(1)} \to \mathcal{G}_X^{(0)}$ を $s(X', \boldsymbol{v}) = X'$，$r(X', \boldsymbol{v}) = X' + \boldsymbol{v}$,
- 合成 $(X' + \boldsymbol{v}, \boldsymbol{w}) \circ (X', \boldsymbol{v}) = (X', \boldsymbol{v} + \boldsymbol{w})$,
- $1 \colon \mathcal{G}_X^{(0)} \to \mathcal{G}_X^{(1)}$ を $1(X') = (X', \boldsymbol{0})$.

この $\mathcal{G}_X$ を X の**横断面亜群** (transversal groupoid) と呼ぶ．

注意 6.14. 一般に，このようにある亜群 $\widetilde{\Omega}_X \rtimes \mathbb{R}^d$ の制限によって得られた亜群 $\mathcal{G}_X$ は，元の亜群と森田同値（cf. [243, Definition 2.29]）である．

6.2.2 横断的包上の等質なランダム作用素

横断的包の上の等質なランダム作用素のなす観測量の C*-環を定義する．以後，$\mathcal{G}^{(0)} =: \Omega$ の元を ω，その点に対応するデローネ集合を X_ω，X_ω 上の波動関数のヒルベルト空間を $\mathcal{H}_\omega := \ell^2(X_\omega)$ と書くとする．すると，$\gamma = (\omega, \boldsymbol{v}) \in \mathcal{G}^{(1)}$ は次のユニタリを与える:

$$U_\gamma = U_{\omega,\boldsymbol{v}} \colon \mathcal{H}_\omega \to \mathcal{H}_{\omega+\boldsymbol{v}}, \quad \big(U_{\omega,\boldsymbol{v}}\psi\big)(\boldsymbol{x}) = \psi(\boldsymbol{x}-\boldsymbol{v}).$$

これは，$\mathcal{G}_\omega = \{\gamma \in \mathcal{G}^{(1)} \mid s(\gamma) = \omega\}$ と X_ω を $(\omega, \boldsymbol{v}) \mapsto -\boldsymbol{v}$ によって同一視したとき，$(U_\gamma\psi)(\rho) = \psi(\rho\gamma)$ と書ける．

$C_c(\mathcal{G}^{(1)})$ に $C(\Omega)$ 値内積 $\langle \psi, \phi \rangle(\omega) := \sum_{\gamma \in \mathcal{G}_\omega} \psi(\gamma)\overline{\phi(\gamma)}$ を導入し，そのノルム $\|\psi\| := \|\langle \psi, \psi \rangle\|_{C(X)}^{1/2}$ による完備化を $\mathcal{H}_\Omega$ と置く．これはヒルベルト束 $\coprod_{\omega\in\Omega} \mathcal{H}_\omega$ の連続切断のなすヒルベルト $C(X)$-加群（cf. 定義 A.8, 例 A.9）である．例 A.9 に従って，$T \in \prod_\omega \mathbb{B}(\mathcal{H}_\omega)$ が強 $*$-連続であることを，T と T^* の各点での作用が $\mathcal{H}_\Omega$ 上の $C(X)$-線形写像を与えることによって定義する．

定義 6.15. 作用素の強 $*$-連続な族 $(T_\omega)_{\omega\in\Omega} \in \prod_{\omega\in\Omega} \mathbb{B}(\mathcal{H}_\omega)$ であって

- 短距離性: 任意の $l \in \mathbb{N}$ に対して C_l が存在して $\|T_{\omega,\boldsymbol{xy}}\| \le C_l d(\boldsymbol{x}, \boldsymbol{y})^{-l}$,
- 等質性: $U_{\omega,\boldsymbol{v}} T_\omega U_{\omega,\boldsymbol{v}}^* = T_{\omega+\boldsymbol{v}}$,

を満たすもののなす $*$-代数を $\mathscr{A}_{\mathcal{G}}$ と置く．これをノルム $\|T\| := \sup_\omega \|T_\omega\|$ によって完備化することで得られる C*-環を $A_{\mathcal{G}}$ と書く．

例 6.16 (強束縛近似，[29, Section 4])．電子とイオンの相互作用を記述する有効ポテンシャル $v(\boldsymbol{x})$ として，遠方で 0 に十分速く収束する負の有界関数を固定する．すると，1 原子ハミルトニアン $H_{\mathrm{atom}} := -\Delta + v$ は原点近くに局在する固有値負の基底状態 ψ を持つ（e.g. [94, Section 4]）．$V := \sum_{\boldsymbol{x}\in X} \tau_{\boldsymbol{x}}^* v$ と置いて，連続系のシュレディンガー作用素の強束縛近似 H_{eff} を

$$(H_{\mathrm{eff}})_{\boldsymbol{xy}} := \langle H_{\mathrm{cont}} U_{\boldsymbol{x}}\psi, U_{\boldsymbol{y}}\psi \rangle, \quad H_{\mathrm{cont}} = -\Delta + V,$$

によって定義すると，これは $\mathscr{A}_{\mathcal{G}}$ の元を与える．

命題 6.17. $A_{\mathcal{G}}$ は，亜群 C*-環 $C_r^*\mathcal{G}$（cf. 定義 2.32）と同型である．

証明. まず，$f \in C_c(\mathcal{G}^{(1)})$ に対して，族 $(\pi_\omega(f))_{\omega\in\Omega}$ は $\mathscr{A}_{\mathcal{G}}$ に属する．実際，任意の $\psi \in C_c(\mathcal{G}^{(1)})$ に対して，$\omega \mapsto \pi_\omega(f)\psi|_{\mathcal{G}_\omega}$ が $\mathcal{H}_\Omega$ に属することが

$$(\omega, \boldsymbol{v}) \mapsto \big(\pi_\omega(f)\psi|_{\mathcal{G}_\omega}\big)(\omega, \boldsymbol{v}) = \sum_{\omega'+\boldsymbol{v}'=\omega+\boldsymbol{v}} f(\omega', \boldsymbol{v}')\psi(\omega, \boldsymbol{v}-\boldsymbol{v}')$$

の連続性によって確認できる．また，上の同一視 $X_\omega \cong \mathcal{G}_\omega$ のもとで $\boldsymbol{x}, \boldsymbol{y} \in X_\omega$ に対して $\pi_\omega(f)_{\boldsymbol{xy}} = f(\omega - \boldsymbol{y}, \boldsymbol{y} - \boldsymbol{x})$ が成り立つことに注意すると，

$$\big(U_{\omega,\boldsymbol{v}}\pi_\omega(f)U_{\omega,\boldsymbol{v}}^*\big)_{\boldsymbol{xy}} = \pi_\omega(f)_{\boldsymbol{x}-\boldsymbol{v},\boldsymbol{y}-\boldsymbol{v}} = f(\omega+\boldsymbol{v}-\boldsymbol{y}, \boldsymbol{y}-\boldsymbol{x}) = \pi_{\omega+\boldsymbol{v}}(f)_{\boldsymbol{xy}}$$

より，等質性も成り立つ．$C^*_r\mathcal{G}$ のノルムの定義より，これは単射 $*$-準同型 $\pi\colon C^*_r\mathcal{G} \to A_{\mathcal{G}}$ に延長する．

π の全射性を示す．$T \in \mathscr{A}_{\mathcal{G}}$ に対して，$f\colon \mathcal{G}^{(1)} \to \mathbb{C}$ を $f(\omega, \boldsymbol{v}) := T_{\omega,-\boldsymbol{v},\boldsymbol{0}}$ によって定めると，短距離性の仮定から $f \in \mathfrak{L}^1(\mathcal{G}) \subset C^*_r\mathcal{G}$（注意 2.33）．また，$T$ の等質性から $\pi_\omega(f)_{\boldsymbol{x}\boldsymbol{y}} = T_{\omega-\boldsymbol{y},\boldsymbol{x}-\boldsymbol{y},\boldsymbol{0}} = T_{\omega,\boldsymbol{x}\boldsymbol{y}}$．よって $\pi_\omega(f) = T_\omega$． □

注意 6.18. 横断的包 Ω_X には，$\mathcal{G}_X$-不変な確率測度 $\mathbb{P}$ が存在する*2)．実際，

$$\mathbb{P}_L := \frac{1}{|X \cap [-L, L]^d|} \sum_{\boldsymbol{v} \in X \cap [-L,L]^d} \delta_{\omega+\boldsymbol{v}} \in \mathrm{Prob}(\Omega_X)$$

の集積点を取れば，それは $\mathcal{G}_X$-不変な確率測度となる．

例 6.19 (cf. [200])**.** $\mathbb{R}^d$ のふたつの並進対称的な格子 X_1, X_2 に対して，これらを重複度込みで合併した 2 重レイヤー集合を $X := X_1 \sqcup X_2$ と置く．例えば

- $d = 1$ で，$X_1 = \mathbb{Z}$, $X_2 = \theta \cdot \mathbb{Z}$.
- $d = 2$ で，X_1 はひとつの格子，X_2 を X_1 を角度 θ だけ回転させたもの．

これは並進対称性を持たない相対的稠密集合で，次の弱い意味での一様離散性次を満たす: ある N が存在して（ここでは $N = 2$），任意の $\boldsymbol{x} \in \mathbb{R}^d$ に対して $|B_{\boldsymbol{x}}(r) \cap X| \le N$．このときにも，$X$ の横断面亜群は同様に定義できる．

X_i の並進対称性を Π_i と置く．上の 2 例のように Π_1 と Π_2 が $\mathbb{R}^d$ の稠密な部分群を生成しているとき，Ω_X は

$$\mathbb{R}^d/\Pi_1 \ni \boldsymbol{v} \mapsto (X_1 + \boldsymbol{v}) \sqcup X_2, \quad \mathbb{R}^d/\Pi_2 \ni \boldsymbol{w} \mapsto X_1 \sqcup (X_2 + \boldsymbol{w})$$

によって $\mathbb{T}^d$ と同一視されるふたつの連結成分を持つ．$p := 1_{\mathbb{R}^d/\Pi_1}$ と置くと，観測量の C*-環 $A_{\mathcal{G}}$ は $pA_{\mathcal{G}}p \cong C(\mathbb{R}^d/\Pi_1) \rtimes_r \Pi_2$ を満たし，これによって $K_*(A_{\mathcal{G}}) \cong K_*(C(\mathbb{R}^d/\Pi_1) \rtimes_r \Pi_2) \cong K^*(\mathbb{T}^{2d})$ となる（53 ページ脚注 5, 例 A.14）．注意 5.7 の意味での“最高次の係数”は $2d$ 次にあると言えるが，これは後述の定義（定義 6.49）の意味での強トポロジカル相とは一致しない．

6.2.3 準結晶とタイリング

非周期的な点配置は，並進対称性より弱い秩序を持つ**準結晶** (quasicrystal) と，より乱雑な**アモルファス** (amorphous) の 2 種類に大別される．これらのうち前者を数学的に特徴づけるのが次のクラスである．

定義 6.20. デローネ集合 X は，$X - X := \{\boldsymbol{x} - \boldsymbol{y} \mid \boldsymbol{x}, \boldsymbol{y} \in X\}$ が離散閉集合となるとき**有限局所複雑性** (finite local complexity, FLC) を持つといい，さらに $X - X$ がデローネ集合のとき**メイヤー集合** (Meyer set) であるという．

---

*2) Ω_X 上の確率測度 $\mathbb{P}$ が $\mathcal{G}_X$-不変であるとは，$\mathcal{G}_X^{(1)}$ の開集合 U であって $s|_U$, $r|_U$ がともに像への同相写像となるようなものを取るたびに，$((r|_U) \circ (s|_U)^{-1})_* \mathbb{P}|_{s(U)} = \mathbb{P}|_{r(U)}$ が成り立つことをいう．

デローネ集合 X がメイヤー集合であることは，有限集合 $F \subset \mathbb{R}^d$ によって $X - X = X + F$ と書けることと同値になる[163], [164].

準周期的なデローネ集合は，$\mathbb{R}^n$ のタイリングと密接に関係している．原点 $\mathbf{0}$ を含む凸多角形（プロトタイル）の族 $\mathfrak{P} = \{\mathsf{p}_i\}_{i \in I}$ の平行移動をタイルと呼び，境界でのみ交わるようなタイルの族による $\mathbb{R}^d$ の被覆

$$\mathfrak{T} = \{\mathsf{p}_{i_j} + \boldsymbol{v}_j\}_{j \in J}$$

を**タイリング**と呼ぶ．平行移動に用いたベクトルを集めた集合 $X := \{\boldsymbol{v}_j\}_{j \in J}$ はデローネ集合であり，$\mathfrak{P}$ が有限集合ならば FLC を持つ．逆に，与えられたメイヤー集合に対して，そのボロノイ図形（[164, Definiton 2.6]）は有限種類のプロトタイルを持つタイリングである（[164, Theorem 2.2]）．

以下，このことを踏まえてタイリングを構成する方法をふたつ紹介する．

例 6.21 (分割タイリング [144])．有限有向グラフ $\mathsf{G} := (\mathsf{V}, \mathsf{E})$（cf. 例 2.34）とスケール $\lambda > 1$ に対して，分割則と呼ばれる次のデータを考える．

(1) プロトタイルの集合 $\mathfrak{P}$ の V による添え字づけ: $\mathfrak{P} = \{\mathsf{p}_\mathsf{v}\}_{\mathsf{v} \in \mathsf{V}}$.

(2) 各辺 $\mathsf{e} \in \mathsf{E}$ に対して，次を満たす $\boldsymbol{v}_\mathsf{e} \in \mathbb{R}^d$: タイルの集合 $\{\boldsymbol{v}_\mathsf{e} + \mathsf{p}_{s(\mathsf{e})}\}_{r(\mathsf{e}) = \mathsf{v}}$ は境界のみで交わり，その合併は $\lambda \mathsf{p}_\mathsf{v}$ を被覆する．

このとき，アフィン写像 $\nu_\mathsf{e} \colon \mathbb{R}^d \to \mathbb{R}^d$ を $\nu_\mathsf{e}(\boldsymbol{x}) := \lambda^{-1}(\boldsymbol{v}_\mathsf{e} + \boldsymbol{x})$ によって定義すると，これは $\mathsf{p}_{s(\mathsf{e})}$ を $\mathsf{p}_{r(\mathsf{e})}$ の部分集合に送る．長さ有限の道 $\mathsf{u} = \mathsf{e}_1 \cdots \mathsf{e}_l \in \mathsf{E}^l$ に対して，$s(\mathsf{u}) := s(\mathsf{e}_1)$, $r(\mathsf{u}) := \mathsf{e}_l$, $\nu_\mathsf{u} := \nu_{\mathsf{e}_n} \circ \cdots \circ \nu_{\mathsf{e}_1}$ と置く．

長さ無限の道 $\mathsf{w} = \mathsf{e}_1\mathsf{e}_2\mathsf{e}_3 \cdots \in \mathsf{E}^\infty$ に対して，$\mathsf{w}_l := \mathsf{e}_1 \cdots \mathsf{e}_l$ と書くとする．w が条件 $\lambda^l \operatorname{dist}(\nu_{\mathsf{w}_l}(\mathbf{0}), \partial \mathsf{p}_{r(\mathsf{w}_l)}) \to \infty$ を満たすとすると，

$$\mathfrak{T}_\mathsf{w} := \bigcup_{l \in \mathbb{N}} \mathfrak{T}_{\mathsf{w}_l}, \quad \mathfrak{T}_{\mathsf{w}_l} := \{\nu_{\mathsf{w}_l}^{-1} \circ \nu_\mathsf{u}(\mathsf{p}_{s(\mathsf{u})}) \mid \mathsf{u} \in \mathsf{E}^l, r(\mathsf{u}) = r(\mathsf{w}_l)\},$$

はタイリングをなす．これを G と道 w に付随する**分割タイリング** (substitution tiling) と呼ぶ．例えば，ペンローズタイリング（図 6.1）は，2 種類の二等辺三角形を回転させた 20 種類のタイルによる分割タイリングである．

一般の $\mathsf{w} \in \mathsf{E}^\infty$ に対しては，$\mathfrak{T}_\mathsf{w}$ が $\mathbb{R}^d$ を被覆するとは限らないが，もし

図 6.1　ペンローズタイリング: 右の 20 種のタイルの組み合わせで構成される．

分割則 $(\mathfrak{P}, \mathsf{G}, v)$ が境界を強制する*3) ならば，$\mathfrak{T}_{\mathsf{w}}$ を含むようなタイリング $\widetilde{\mathfrak{T}}_{\mathsf{w}}$ であって局所的にはある $\mathfrak{T}_{\mathsf{u}}$ に含まれるものがただひとつ存在する．その点配置を $\widetilde{X}_{\mathsf{w}}$ と置くと，$\mathsf{w} \mapsto \widetilde{X}_{\mathsf{w}}$ は連続写像 $\mathsf{E}^{\infty} \to Del_{R,r}(\mathbb{R}^d)$ を与える．さらに $(\mathsf{G}, \mathfrak{P}, v)$ が局所的に可逆ならば，これは像への同相写像になる (cf. [144, Section 4])．この場合には亜群の包含 $\mathcal{F}_{\mathsf{G}} \subset \mathcal{G}_{X_{\mathsf{w}}}$ が成り立ち（これらは一般に一致しない），これによって C*-環の包含 $C_r^*\mathcal{F}_{\mathsf{G}} \subset A_{\mathcal{G}}$ が得られる．

一般に $K_0(A_{\mathcal{G}})$ を決定することは易しくない*4) が，$K_0(C_r^*\mathcal{F}_{\mathsf{G}})$ は知られている（例 4.14）．例えばペンローズタイリングの場合，A は 20 次正方行列となり，$K_0(C_r^*\mathcal{F}_{\mathsf{G}}) \cong \mathbb{Z}^8$ となる[145]．低次元ではよく計算でき，$d = 1$ のとき $K_0(A_{\mathcal{G}}) \cong K_0(C_r^*\mathcal{F}_{\mathsf{G}})$，$d = 2$ のとき $K_0(A_{\mathcal{G}}) \cong K_0(C_r^*\mathcal{F}_{\mathsf{G}}) \oplus \mathbb{Z}$ となる[145]．

例 6.22 (切断と射影 [29])．$\pi_1 \colon \mathbb{R}^{d+n} \to \mathbb{R}^d$ を直交射影，$\pi_2 \colon \mathbb{R}^{d+n} \to \mathbb{R}^n$ をその直交補空間への射影とする．これらは，$\pi_2(\mathbb{Z}^{d+n}) \subset \mathbb{R}^n$ が稠密で，$\pi_1|_{\mathbb{R}^d \times \{0\}}$ と $\pi_2|_{\{0\} \times \mathbb{R}^n}$ が同型になるよう選ぶ．凸多角形 $\mathsf{M} \subset \mathbb{R}^n$ に対して

$$X_{\mathsf{M},\boldsymbol{v}} := \pi_1(\widetilde{X}_{\mathsf{M},\boldsymbol{v}}) \subset \mathbb{R}^d, \quad \widetilde{X}_{\mathsf{M},\boldsymbol{v}} := (\mathbb{Z}^{d+n} + \boldsymbol{v}) \cap \pi_2^{-1}(\mathsf{M}) \subset \mathbb{R}^{d+n},$$

と置くと，$X_{\mathsf{M},\boldsymbol{v}}$ は任意の $\boldsymbol{v} \in \mathbb{Z}^{d+n}$ に対してメイヤー集合となる．この構成を "切断と射影" 法 (cut-and-project method)，$X_{\mathsf{M},\boldsymbol{v}}$ を **"切断と射影" 集合**または**モデル集合**と呼ぶ．逆に，任意のメイヤー集合はモデル集合の部分集合である（[163, Theorem 2.2]）．

$\widetilde{X}_{\mathsf{M},\boldsymbol{v}}$ の特性関数を $\chi_{\boldsymbol{v}}$ と置く．$\mathbb{R}^{d+n}$ に離散位相を入れた集合 $\mathbb{R}^{d+n}_{\mathrm{disc}}$ の上の関数のなす以下の C*-環 $\mathcal{D}$ を考え，$\mathbb{R}^{d+n}_{\mathsf{M}} := \mathrm{Sp}(\mathcal{D})$ と置く（定理 2.37）：

$$\mathcal{D} := C^*(\{\chi_{\boldsymbol{v}} \cdot \pi_1^*(f) \mid \boldsymbol{v} \in \mathbb{Z}^{d+n}, f \in C_0(\mathbb{R}^d)\}) \subset c_b(\mathbb{R}^{d+n}_{\mathrm{disc}}).$$

$\mathbb{R}^{d+n}_{\mathsf{M}}$ は $\mathbb{R}^{d+n}$ を包含する．また，$\boldsymbol{v} \mapsto X_{\mathsf{M},\boldsymbol{v}}$ は $\mathbb{R}^d$-同変な同相写像

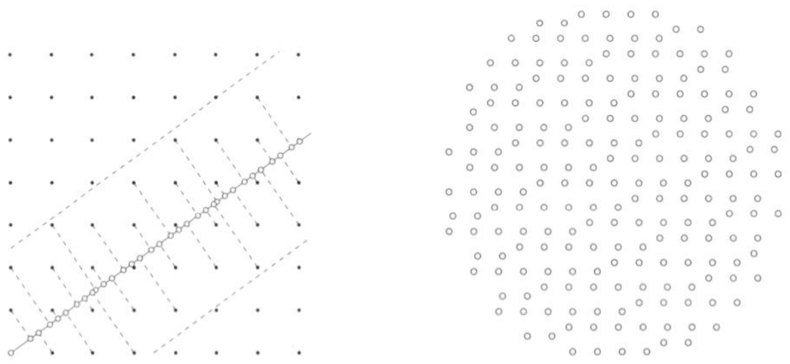

図 6.2 "切断と射影" 構成: $d = 1$（左）と $d = 2$（右）.

*3) 分割則 $(\mathsf{G}, \mathfrak{P}, \boldsymbol{v})$ が境界を強制するとは，十分大きな l が存在して，任意の $\mathsf{u} \in \mathsf{E}^l$ に対して $\nu_{\mathsf{u}}^{-1}(\mathsf{p}_{r(\mathsf{u})})$ が（$s(\mathsf{e}) = r(\mathsf{u})$ を満たす $\mathsf{e} \in \mathsf{E}$ によらず）$\mathfrak{T}_{\mathsf{ue}}$ の同じタイルに接することをいう[144]．また，$(\mathsf{G}, \mathfrak{P}, \boldsymbol{v})$ が局所的に可逆であるとは，$r > 0$ が存在して $\mathsf{p} \in \mathfrak{T}_{\mathsf{w}}$ が $\lambda\mathfrak{P}$ のどのタイルの細分であるかが局所パターン $X_{\mathsf{w}} \cap B_r(\mathsf{p})$ のみから一意に定まることをいう．例えばペンローズタイリングはこれらの仮定を満たす．

*4) 例えば [214] では，この K 群を計算するためのスペクトル系列が導入されている．

$$\mathbb{T}^{d+n}_{\mathsf{M}} := \mathbb{R}^{d+n}_{\mathsf{M}}/\mathbb{Z}^{d+n} \to \widetilde{\Omega}_{X_{\mathsf{M},\boldsymbol{v}}} \subset Del_{R,r}(\mathbb{R}^d)$$

に延長する．ここで，$\mathbb{R}^d \curvearrowright \mathbb{T}^{d+n}_{\mathsf{M}}$ は同型 $\mathbb{R}^d \cong \pi_2^{-1}(0)$ を介して与えられる．力学系 $(\mathbb{T}^{d+n}_{\mathsf{M}}, \mathbb{R}^d)$ を**擬トーラス力学系**と呼ぶ．

$\mathbb{T}^n_{\mathsf{M}} := \overline{\mathbb{T}^n} \subset \mathbb{T}^{d+n}_{\mathsf{M}}$ と置くと，$C(\mathbb{T}^n_{\mathsf{M}})$ は関数族 $\{\chi_{\boldsymbol{v}}\}_{\boldsymbol{v}\in\mathbb{Z}^{d+n}}$ の生成する C*-環と同型になる．特に $\mathbb{T}^n_{\mathsf{M}}$ は全不連結なコンパクト空間である．$\mathbb{T}^{d+n}_{\mathsf{M}}$ への $\mathbb{Z}^d \subset \mathbb{R}^d$ の作用は $\mathbb{T}^n_{\mathsf{M}}$ を保ち，同型 $\mathbb{T}^{d+n}_{\mathsf{M}} \cong (\mathbb{T}^n_{\mathsf{M}} \times \mathbb{R}^d)/\mathbb{Z}^d$ が成り立つ．よって，亜群 $\mathcal{G}_{X_{\mathsf{M}}}$ は $\mathbb{T}^{d+n}_{\mathsf{M}} \rtimes \mathbb{R}^d \sim \mathbb{T}^n_{\mathsf{M}} \rtimes \mathbb{Z}^d$ と森田同値で（注意 6.14），特に $K_*(C^*_r\mathcal{G}_{X_{\mathsf{M}}}) \cong K_*(C(\mathbb{T}^n_{\mathsf{M}}) \rtimes_r \mathbb{Z}^d)$ となる（[243, Theorem 2.71], 例 A.14）．

6.3 巡回コホモロジー理論

5.5 節で示したバルク量子ホール伝導度の量子化と位相不変性は，ランダムハミルトニアンに対しても成り立つ．それを証明するための理論的な受け皿として，観測量の代数上のド・ラーム理論の非可換化にあたる巡回コホモロジー (cyclic cohomology) の理論を用いる．ここではその一般論について，概要を紹介する（参考: 章末の文献案内）．

6.3.1 定義

以下，$\mathscr{A}$ をフレシェ代数とする*5)．$C_l(\mathscr{A}) := \mathscr{A}^{\otimes(l+1)}$ と置く*6)．線形写像 $d_i \colon C_l(\mathscr{A}) \to C_{l-1}(\mathscr{A})$ を以下によって定義する:

$$d_i(a_0\otimes a_1\otimes\cdots\otimes a_l) = \begin{cases} a_0 \otimes \cdots \otimes a_i a_{i+1} \otimes \cdots \otimes a_l, & 0 \le i < l \text{ のとき}, \\ a_l a_0 \otimes a_1 \otimes \cdots \otimes a_{l-1}, & i = l \text{ のとき}. \end{cases}$$

$b_l := \sum_{i=0}^{l} (-1)^i d_i$ と置くと，これは $b_{l-1} \circ b_l = 0$ を満たす．複体 $(C_*(\mathscr{A}), b_*)$ はホッホシルト複体と呼ばれる．さらに，$t_l \colon C_l(\mathscr{A}) \to C_l(\mathscr{A})$ を

$$t_l(a_0 \otimes \cdots \otimes a_l) = (-1)^l a_l \otimes a_0 \otimes \cdots \otimes a_{l-1}$$

によって定義する．$d_i t_l = -t_{l-1} d_{i-1}$ $(0 < i \le l)$ と $d_0 t_l = (-1)^l d_l$ より，

$$b_l \circ (1 - t_l) = (1 - t_{l-1}) \circ \left(\sum_{i=0}^{l-1} (-1)^i d_i \right)$$

が成り立つ．このことから，b_l は商ベクトル空間

*5) 本書では，フレシェ代数（cf. 付録 A.1.2）に対して連続な巡回（コ）ホモロジーを定義する．これはコンヌ [65] の流儀に従っており，命題 6.25 や定理 6.32 の証明にも連続性を用いた．これとは別に，すべてを位相なしに $\mathbb{C}$-代数の枠組で定義する代数的なアプローチも広く用いられている（例えば [168]）．

*6) ここでは，$\otimes$ は局所凸線形位相空間の射影テンソル積を意味する．すなわち，$\mathscr{A}^{\otimes(l+1)}$ には，$\mathscr{A}^{l+1}$ 上の連続な多重線形写像を連続にする位相のうち最弱のものが入る．

$$C_l^\lambda(\mathscr{A}) := \mathscr{A}^{\otimes(l+1)}/\operatorname{Im}(1-t_l)$$

の間の写像を誘導し，複体 $(C_*^\lambda(\mathscr{A}), b_*)$ を得る．これはコンヌ複体と呼ばれている．$Z_l^\lambda(\mathscr{A}) := \operatorname{Ker} b_l$，$B_l^\lambda(\mathscr{A}) := \operatorname{Im} b_{l+1}$ と置き，商 $HC_l(\mathscr{A}) := Z_l^\lambda(\mathscr{A})/B_l^\lambda(\mathscr{A})$ を $\mathscr{A}$ の**巡回ホモロジー群**と呼ぶ．

本書で扱うのはこの複体の双対にあたる，巡回コホモロジー群である．まず，

$$C_\lambda^l(\mathscr{A}) := \{\phi \in \operatorname{Hom}(C_l^\lambda(\mathscr{A}), \mathbb{C}) \mid \mathscr{A}^l \text{ 上の多重線形写像として連続}\}$$

と置く．同値な言い換えとして，$C_\lambda^l(\mathscr{A})$ は以下の等式を満たす連続な線形写像 $\phi\colon \mathscr{A}^{\otimes(l+1)} \to \mathbb{C}$ の集合である:

$$\phi(a_l \otimes a_0 \otimes \cdots \otimes a_{l-1}) = (-1)^l \phi(a_0 \otimes a_1 \otimes \cdots \otimes a_l).$$

微分 $b^l\colon C_\lambda^l(\mathscr{A}) \to C_\lambda^{l+1}(\mathscr{A})$ は $b^l(\phi) := \phi \circ b_{l+1}$ によって定義する．$Z_\lambda^l(\mathscr{A}) := \operatorname{Ker} b^l$，$B_\lambda^l(\mathscr{A}) := \operatorname{Im} b^{l-1}$ と置き，コホモロジー群 $HC^l(\mathscr{A}) := Z_\lambda^l(\mathscr{A})/B_\lambda^l(\mathscr{A})$ を**巡回コホモロジー群**と呼ぶ．

定義 6.23. フレシェ代数 $\mathscr{A}$ に対して，$Z_\lambda^l(\mathscr{A})$ の元，つまり

$$\phi(a_l \otimes a_0 \otimes \cdots \otimes a_{l-1}) = (-1)^l \phi(a_0 \otimes a_1 \otimes \cdots \otimes a_l),$$
$$\sum_{i=0}^{l} (-1)^i \phi(a_0 \otimes \cdots \otimes a_i a_{i+1} \otimes \cdots \otimes a_{l+1}) + (-1)^{l+1}\phi(a_{l+1}a_0 \otimes a_1 \otimes \cdots \otimes a_l) = 0,$$

の 2 条件を満たす連続線形写像 ϕ を，l 次**巡回コサイクル**と呼ぶ．

注意 6.24. 巡回コサイクルの基本性質のうち以下を用いる．

(1) $\phi \in Z_\lambda^l(\mathscr{A})$ に対して，以下の $\phi \# \operatorname{Tr}$ は $Z_\lambda^l(\mathbb{M}_l(\mathscr{A}))$ の元となる*7)．

$$(\phi \# \operatorname{Tr})(a_0, \cdots, a_l) = \sum_{1 \le i_0, \cdots, i_l \le l} \phi((a_0)_{i_0,i_1}, (a_1)_{i_1,i_2}, \cdots, (a_l)_{i_l,i_0}).$$

(2) $\phi \in C_\lambda^l(\mathscr{A})$ に対して $\tilde{\phi} \in C_\lambda^l(\mathscr{A}^+)$ を以下によって定める:

$$\tilde{\phi}(a_0, \cdots, a_l) := \phi(\tilde{a}_0, \cdots, \tilde{a}_l), \quad (\text{ただしここで } a_i = \tilde{a}_i + \lambda_i \cdot 1).$$

これは $\tilde{\phi}(a_0, \cdots, 1, \cdots, a_l) = 0$ を満たし，$\widetilde{b\phi} = b\tilde{\phi}$ となる．

命題 6.25. 巡回コサイクル $\phi \in Z_\lambda^l(\mathscr{A})$ に対して，次が成り立つ．

(1) l が偶数のとき，以下の巡回ペアリングは準同型 $K_0(\mathscr{A}) \to \mathbb{C}$ を定める:

$$\langle [p], \phi \rangle := (\phi \# \operatorname{Tr})(p, p, \cdots, p). \tag{6.2}$$

(2) l が奇数のとき，以下の巡回ペアリングは準同型 $K_1(\mathscr{A}) \to \mathbb{C}$ を定める:

*7) これは，巡回コサイクルのカップ積の特別な場合である[65]．

$$\langle [u], \phi \rangle := (\phi \# \mathrm{Tr})(u^{-1}-1, u-1, u^{-1}-1, \cdots, u-1). \qquad (6.3)$$

ただしここで，フレシェ代数 $\mathscr{A}$ の K_0 群と K_1 群は定義 4.8, 定義 4.17 と同様に定義するが，射影の代わりに冪等元（$p^2 = p$ を満たす元），ユニタリの代わりに可逆元の集合のホモトピー同値類を用いる．

証明. (1): まず $(b\phi)(p, \cdots, p) = 0$ は定義から明らか．命題 4.6 と同様の議論から，$[p] = [q] \in K_1(\mathscr{A})$ ならば可逆元の C^1 級パス $\{u_t\}_{t \in [0,1]}$ が存在して $u_0 = 1$, $u_1 p u_1^{-1} = q$ を満たす．そこで，$p_t := u_t p u_t^{-1}$, $h_t := \dot{u}_t := \frac{d}{dt} u_t$, $\psi_t := \phi(\sqcup, \cdots, \sqcup, h_t) \in C^{l-1}(\mathscr{A})$ と置くと，$-\phi(\sqcup, \cdots, \sqcup, [h_t, \sqcup]) = b\psi_t$ より

$$\frac{d}{dt}\phi(p_t, \cdots, p_t) = (l+1)\phi(p_t, \cdots, p_t, [h_t, p_t]) = 0$$

が成り立つ．よって $\phi(p, \cdots, p) = \phi(q, \cdots, q)$.

(2): 注意 6.24 (2) の $\tilde{\phi}$ によって $\langle [u], \phi \rangle = \tilde{\phi}(u^{-1}, u, \cdots, u)$ と書けることを用いる．$\psi = b\phi \in B^l_\lambda(\mathscr{A})$ に対して，$\tilde{\psi}(u^{-1}, u, \cdots, u) = b\tilde{\phi}(u^{-1}, u, \cdots, u) = 0$. また，$\tilde{\phi}(u^{-1}, u, \cdots, u)$ が u の C^1 級ホモトピー類によらないのは

$$\begin{aligned}
&\frac{d}{dt}\tilde{\phi}(u_t^{-1}, u_t, \cdots, u_t) \\
=&\tfrac{l+1}{2}\tilde{\phi}(u_t^{-1}\dot{u}_t u_t^{-1}, u_t, \cdots, u_t) + \tfrac{l+1}{2}\tilde{\phi}(\dot{u}_t, u_t^{-1}, \cdots, u_t^{-1}) \\
=&\tfrac{l+1}{2}(b\tilde{\phi})(\dot{u}_t u_t^{-1}, u_t, \cdots, u_t^{-1}, u_t) = 0.
\end{aligned}$$

□

6.3.2 サイクルと巡回コサイクル

巡回コサイクルは次数つき微分代数 (DGA) 上の積分によって与えられる．

定義 6.26. 以下の 3 つ組 $(\Omega, d, \int)$ を $\mathscr{A}$ 上の l-サイクルと呼ぶ．

(1) Ω は次数つきフレシェ代数であって $\Omega^0 \supset \mathscr{A}$ となるもの，

(2) $d \colon \Omega^k \to \Omega^{k+1}$ は微分，すなわちライプニッツ則 $d(ab) = (da)b + (-1)^{|a|} a db$ を満たす連続な線形写像，

(3) 指標 $\int \colon \Omega^l \to \mathbb{C}$ は，以下の条件を満たす連続線形写像:

$$\int (d\Omega^{l-1}) = 0 \text{（閉性）}, \quad \int \omega_1 \omega_2 = (-1)^{|\omega_1| \cdot |\omega_2|} \int \omega_2 \omega_1 \text{（トレース性）}.$$

例 6.27. $\Omega_*(\mathscr{A})$ を $\mathscr{A}$ が生成する普遍的な次数つき微分代数とする．すなわち，$\Omega_k(\mathscr{A}) := \{a_0 da_1 \cdots da_l \mid a_i \in \mathscr{A}^+\}$ は線形空間としては $\mathscr{A}^+ \otimes \mathscr{A}^{\otimes l}$ であり，ライプニッツ則を用いて積が導入されている．このとき，巡回コサイクルは $\Omega_*(\mathscr{A})$ 上の指標と 1:1 に対応する（[65, Proposition III.1.4]）．

例としては，フレドホルム加群に付随するものを後述する（定理 6.32）．

命題 6.28. $\mathscr{A}$ 上の l-サイクル $(\Omega, d, \int)$ に対して，以下の ϕ は $\mathscr{A}$ 上の l 次巡回コサイクルである．

$$\phi(a_0,\cdots,a_l):=\int a_0da_1\cdots da_l.$$

証明. 巡回性は $a_0da_1\cdots da_l=d(a_0a_1\cdot da_2\cdots da_l)-da_0\cdot a_1\cdot da_2\cdots da_l$ を指標に代入しトレース性を用いて示す. $b\phi=0$ は $(da_0\cdots da_{l-1})a_l\in\Omega^l$ が

$$\sum_{0\le j\le l-1}(-1)^{l-1-j}da_0\cdots d(a_ja_{j+1})\cdots da_l+(-1)^{l-1}a_0da_1\cdots da_l$$

と一致することと，指標のトレース性から従う. □

6.3.3 フレドホルム加群のコンヌ–チャーン指標

C*-環 A に対して，A 上の d-フレドホルム加群 $(\mathcal{H},\pi,F)$ は指数ペアリングという準同型 $\langle\sqcup,[F]\rangle\colon K_d(A)\to\mathbb{Z}$ を定義するのであった（4.7 節）.

定義 6.29. C*-環 A 上の d-フレドホルム加群 $(\mathcal{H},\pi,F)$ に対して，その**指数コサイクル** (index cocycle) とは，A 上の巡回コサイクルであって，(6.2) あるいは (6.3) が $(\mathcal{H},\pi,F)$ との指数ペアリングと一致するもののことをいう.

定義 6.30. A 上のフレドホルム加群 $(\mathcal{H},\pi,F)$ が l**-総和可能** (l-summable) であるとは，$F^2-1,[F,\pi(A)]\subset\mathcal{L}^l(\mathcal{H})$ となることをいう（cf. 付録 A.1.1）.

l-総和可能なフレドホルム加群は，l-総和可能なスペクトル 3 つ組の有界化変換によって得られる. ここで，スペクトル 3 つ組 $(\mathscr{A},\mathcal{H},D)$ が l-総和可能であるとは，$(1+D^2)^{-1/2}$ が $\mathcal{L}^l(\mathcal{H})$ に属することをいう.

フレドホルム加群 $(\mathcal{H},\pi,F)$ から指数コサイクルを構成する方法のひとつが以下のコンヌ–チャーン指標である.

定義 6.31. $(l+1)$-総和可能な l-フレドホルム加群 $(\mathcal{H},\pi,F)$ に対して，その**コンヌ–チャーン指標** $\mathrm{Ch}_l(\mathcal{H},\pi,F)\in Z^l_\lambda(A)$ を以下のように定義する[*8]:

$$\mathrm{Ch}_l(\mathcal{H},\pi,F)(a_0,\cdots,a_l):=\frac{\nu_l}{2}\,\mathrm{Tr}(\Gamma^{l-1}F[F,a_0][F,a_1][F,a_2]\cdots[F,a_l]).$$

ただし，ここで ν_l は l が偶数のとき $(-1)^{l/2}$，l が奇数のとき $(-1)^{(l+1)/2}2^{-l}$.

ここで，右辺が定義できるのは $[F,a_0][F,a_1]\cdots[F,a_l]$ がシャッテンクラス $\mathcal{L}^1(\mathcal{H})$ に属すること（命題 A.1 (4)）による.

定理 6.32 ([64, Theorem I.3.1]). 線形写像 $\mathrm{Ch}(\mathcal{H},\pi,F)$ は巡回コサイクルである. さらに，これらは指数コサイクルである. すなわち,

(1) l が偶数のとき，$\langle[p],\mathrm{Ch}_l(\mathcal{H},\pi,F)\rangle=\mathrm{Ind}(F_p)$ が成り立つ.

(2) l が奇数のとき，$\langle[u],\mathrm{Ch}_l(\mathcal{H},\pi,F)\rangle=\mathrm{Ind}(T_u)$ が成り立つ.

---

*8) $\mathrm{Tr}(\Gamma^{l-1}\sqcup)$ は，l が偶数のとき超トレース STr，奇数のとき通常のトレースである.

証明．まず，$\Omega_k := \mathrm{span}\{a_0[F,a_1]\cdots[F,a_k] \mid a_i \in A\} \subset \mathbb{B}(\mathcal{H})$, $d := [F, \sqcup]$, $\int \omega := \mathrm{Tr}(\Gamma^{l-1} F d\omega)$ と置くと，これらは A 上のサイクルをなす．そして，$\mathrm{Ch}_l(\mathcal{H}, \pi, F)$ はこのサイクルに付随する巡回コサイクルである（命題 6.28）．

等式 (1) は，$p[F,p]^2 = -(p - pFpFp)$ と補題 3.11 より

$$\begin{aligned}\mathrm{Ind}(F_p) &= \mathrm{STr}((p - pFpFp)^{l/2}) = (-1)^{l/2}\,\mathrm{STr}(p[F,p]^l) \\ &= \frac{(-1)^{l/2}}{2}\,\mathrm{STr}(F[F,p]^{l+1})\end{aligned}$$

と証明できる．(2) は，$m := (l+1)/2$ と置いて $P := (F+1)/2$ と u に対して上の等式を用いると，

$$\begin{aligned}\mathrm{Ind}(T_u) =&(-1)^m\,\mathrm{STr}\left(\begin{pmatrix} P & 0 \\ 0 & P\end{pmatrix}\left[\begin{pmatrix} 0 & u^* \\ u & 0\end{pmatrix}, \begin{pmatrix} P & 0 \\ 0 & P\end{pmatrix}\right]^{l+1}\right) \\ =&(-1)^m 2^{-2m}\,\mathrm{STr}\left(\begin{pmatrix} P & 0 \\ 0 & P\end{pmatrix}\begin{pmatrix} 0 & [u^*, 2P-1] \\ [u, 2P-1] & 0\end{pmatrix}^{l+1}\right) \\ =&(-1)^m 2^{-2m}\,\mathrm{Tr}\left(P([F,u^*][F,u])^m\right) - \mathrm{Tr}\left(P([F,u][F,u^*])^m\right) \\ =&(-1)^m 2^{-l} \cdot \frac{1}{2}\,\mathrm{Tr}([F,u^*][F,u]\cdots[F,u])\end{aligned}$$

と証明できる（ここで最後の等号には $[F,u^*]P = (1-P)[F,u^*]$ を用いた）． □

6.4 非可換チャーン指標

前節の理論によって，指数ペアリングはコンヌ–チャーン指標との巡回ペアリングによって計算できるとわかった．しかし，これは有界化変換 F を用いて定義されるため，計算上しばしば不便である．F のかわりに D を直接用いた指数コサイクルがあるとよい．これが本節の非可換チャーン指標である．

6.4.1 正規化トレース

以下，必要なら $\mathbb{R}^d$ の距離をリスケールすることで，$X \in \Omega_X$ は単位立方体当たりおおよそ 1 つの点を持つと仮定する．すなわち

$$\lim_{L\to\infty} |X \cap [-L,L]^d| \cdot (2L)^{-d} = 1. \tag{6.4}$$

定義 6.33. $\mathscr{A}_{\mathcal{G}}$ 上の正値有界線形汎関数 $\mathfrak{Tr}$ を以下によって定義する．

$$\mathfrak{Tr}(f) := \int_{\omega\in\Omega} f(\omega, 0)\,d\mathbb{P}(\omega) = \int_{\omega\in\Omega} \mathrm{Tr}(\delta_{\mathbf{0}}\pi_\omega(f)\delta_{\mathbf{0}})\,d\mathbb{P}(\omega).$$

これは，等質なランダム作用素 $(\pi_\omega(f))_{\omega\in\Omega}$ に対してその原点 $\mathbf{0}$ での行列係数の期待値を返す写像である．この $\mathfrak{Tr}$ はトレース条件 $\mathfrak{Tr}(ST) = \mathfrak{Tr}(TS)$ を満たす．実際，確率測度 $\mathbb{P}$ が局所同相 s を通して $\mathcal{G}^{(1)}$ に定める測度も $\mathbb{P}$ と書くとすると，

$$\mathfrak{Tr}(f_1 * f_2) = \int_{\gamma=(\omega,\boldsymbol{v})\in\mathcal{G}^{(1)}} f_1(\gamma^{-1}) f_2(\gamma) d\mathbb{P}(\gamma)$$

となる．また，エルゴード性の仮定の下で (5.11) と以下のように関係する．

命題 6.34. $(\Omega, \mathbb{P})$ がエルゴード的であるとき，$T \in \mathscr{A}_{\mathcal{G}}$ に対して

$$\mathfrak{Tr}(T) = \lim_{L\to\infty} \frac{1}{(2L)^d} \operatorname{Tr}(\mathsf{P}_{\omega,L} \pi_\omega(T) \mathsf{P}_{\omega,L}) \quad \text{a.s. } \omega \in \Omega.$$

特に右辺は a.s. $\omega \in \Omega$ に対して収束する．

(6.4) より，これは $\mathcal{G} = \Omega \rtimes \Pi$ のときには従順群作用に対するバーコフの各点エルゴード定理（例えば [149, Theorem 4.28]）に他ならない．

6.4.2 滑らかな部分環

$T = (\pi_\omega(f))_{\omega\in\Omega} \in \mathscr{A}_{\mathcal{G}}$ に対して，第 j 方向への微分を

$$\partial_j(T)_\omega := i[\mathsf{X}_j, T_\omega] = \big(\pi_\omega(-iv_j \cdot f)\big)_{\omega\in\Omega} \in \mathscr{A}_{\mathcal{G}}$$

によって定義する（ただし，$(\omega, \boldsymbol{v}) \mapsto v_j$ によって定まる $\mathcal{G}^{(1)}$ 上の関数を v_j と書いている）．この作用素のノルムは $\|iv_j f\|_1$（注意 2.33）で上から抑えられ，特に有界である．これを用いて $\mathscr{A}_{\mathcal{G}}$ に以下の非可換 C^n-ノルムを導入する:

$$\|T\|_n := \sup_{k_1+\cdots+k_d\le n} \|\partial_1^{k_1}\partial_2^{k_2}\cdots\partial_d^{i_d}(T)\|.$$

このとき，$\mathscr{A}_{\mathcal{G}}$ はこのノルム族によってフレシェ $*$-代数をなす（cf. 補題 5.5）．

命題 6.35. $\mathscr{A}_{\mathcal{G}}$ は正則関数計算で閉じている．すなわち，任意の $T \in \mathscr{A}_{\mathcal{G}}$ と $z \in \mathbb{C} \setminus \sigma(T)$ に対して，$(T - z\cdot 1)^{-1} \in \mathscr{A}_{\mathcal{G}}$ が成り立つ（cf. 命題 A.2）．

証明. 等質性は明らか．$(T - z\cdot 1)^{-1}$ の短距離性を n に関する帰納法で示す．

$$\begin{aligned} 0 =& \partial_1^{k_1}\partial_2^{k_2}\cdots\partial_d^{k_d}\big((T-z)(T-z)^{-1}\big) \\ =& \sum_{j_l+m_l=k_l} \partial_1^{j_1}\partial_2^{j_2}\cdots\partial_d^{j_d}(T-z)\cdot(\partial_1^{m_1}\partial_2^{m_2}\cdots\partial_d^{m_d})\big((T-z)^{-1}\big) \end{aligned}$$

の右辺のうち，すべての微分が $(T-z)^{-1}$ に作用する項を左辺に移項すると，$\partial_1^{k_1}\partial_2^{k_2}\cdots\partial_d^{k_d}\big((T-z)^{-1}\big)$ は T の n 階以下の微分と $(T-z)^{-1}$ の $n-1$ 階以下の微分の積の有限和で書ける．帰納法の仮定から，$\|(T-z)^{-1}\|_n < \infty$． □

補題 6.36 ([65, Appendix C])**.** C*-環 A の稠密な部分代数 $\mathscr{A} \subset A$ がフレシェ代数の構造を持ち，さらに正則関数計算で閉じている（付録 A.1.3）とする．このとき，同型 $K_0(\mathscr{A}) \cong K_0(A)$, $K_1(\mathscr{A}) \cong K_1(A)$ が成り立つ．

証明. $K_1(\mathscr{A}) \cong K_1(A)$ は，包含 $\mathcal{U}_n(A) \subset \mathbb{M}_n(A)^\times$ がホモトピー群の同型を誘導すること（cf. 命題 3.7 (2)）と，$\mathbb{M}_n(A)^\times$ が A の開集合であることから

従う．$K_0(\mathscr{A}) \cong K_0(A)$ は，p に近い $\mathscr{A}$ の元 p' に，1 の近傍で定義された定数関数 1 に関して命題 A.2 を適用すればよい． □

6.4.3 非可換チャーン指標

定義 6.37. 線形写像 $\xi_d\colon \mathscr{A}_{\mathcal{G}}^{\otimes(d+1)} \to \mathbb{C}$ を

$$\begin{aligned}\xi_d(a_0, \cdots, a_d) :=& i^d \lambda_d \cdot \mathfrak{Tr}(\Gamma^{d-1} a_0 [\mathsf{D}, a_1] \cdots [\mathsf{D}, a_d]) \\ =& \lambda_d \cdot \sum_{\sigma \in \mathfrak{S}_d} \mathrm{sgn}(\sigma) \cdot \mathfrak{Tr}(a_0 \partial_{\sigma(1)}(a_1) \cdots \partial_{\sigma(d)}(a_d))\end{aligned}$$

によって定義する．ただしここで，$\mathsf{D} = (\mathsf{D}_\omega)_{\omega \in \Omega}$ は $\mathcal{H}_\omega$ に作用する双対ディラック作用素 (5.6) の族，λ_d は (5.14) の定数である．この ξ_d を**非可換チャーン指標**と呼ぶ．

この線形写像 ξ_d は，$\Omega_k := \mathrm{span}\{a_0[\mathsf{D}, a_1] \cdots [\mathsf{D}, a_n] \mid a_i \in \mathscr{A}\}$, $d = [\mathsf{D}, \sqcup]$, $\int := \mathfrak{Tr}(\Gamma^{d-1} \sqcup)$ からなるサイクル $(\Omega, d, \int)$ に付随する巡回コサイクル（命題 6.28）に他ならない．特にこれは巡回サイクルである．

補題 6.38. $\boldsymbol{x} \notin X_\omega$ に対し，中心の位置をずらした双対ディラック作用素を

$$\mathsf{D}_{\boldsymbol{x},\omega} := \mathfrak{e}_1 \otimes (\mathsf{X}_1 - x_1) + \cdots + \mathfrak{e}_d \otimes (\mathsf{X}_d - x_d)\colon c_c(X_\omega, S_d) \to c_c(X_\omega, S_d)$$

と定義し，$F_{\boldsymbol{x},\omega} := \mathsf{D}_{\boldsymbol{x},\omega} |\mathsf{D}_{\boldsymbol{x},\omega}|^{-1}$ と置く．このとき，$T \in \mathscr{A}_{\mathcal{G}}$ に対して交換子 $[F_{\boldsymbol{x},\omega}, T_\omega]$ は集合 $\{(\boldsymbol{x}, \omega) \in \mathbb{R}^d \setminus \Omega \mid \boldsymbol{x} \notin X_\omega\}$ 上ノルム連続である．

証明. この補題は，$[\mathsf{D}_{\boldsymbol{x},\omega}, T_\omega]$ が有界かつ強 $*$-連続であること，$\mathsf{D}_{\boldsymbol{x},\omega}^{-1}$ がノルム連続であること，そして以下の等式から従う．

$$[F_{\boldsymbol{x},\omega}, T_\omega] = |\mathsf{D}_{\boldsymbol{x},\omega}|^{-1} \cdot \left[\mathsf{D}_{\boldsymbol{x},\omega} |\mathsf{D}_{\boldsymbol{x},\omega}|, T_\omega\right] \cdot |\mathsf{D}_{\boldsymbol{x},\omega}|^{-1}.$$ □

以下の定理の証明には，直接計算によるもの（[203, Theorem 6.3.1]）と留数コサイクルの理論を適用するもの（付録 A.3）の 2 種類がある．ここでは前者を，d が偶数かつ $X = \mathbb{Z}^d$ のときに示す．d が奇数の場合にもほぼ同じ証明が存在する．一般のデローネ集合に対しては定理 7.28 で $\mathbb{Z}^d$ の場合に帰着する．

定理 6.39. 非可換チャーン指標 ξ_d は，任意の $\omega \in \Omega$ に対してフレドホルム加群 $(\mathcal{H}_\omega, \pi_\omega, F_{\boldsymbol{x},\omega})$ の指数コサイクルである．

証明. 定理 6.32 より，$p \in \mathscr{A}_{\mathcal{G}}$ に対して $(F_p)_\omega$ はアティヤ–シーガルの位相で連続である．よってその指数は局所定数であり（補題 6.38），したがって $\zeta_d^{\boldsymbol{x},\omega} := \mathrm{Ch}(\mathcal{H}_\omega, \pi_\omega, F_{\boldsymbol{x},\omega})$ は $\boldsymbol{x} \in [0,1]^d$, $\omega \in \Omega$ によらず同じ巡回コサイクルになる．特に，その平均を取った

$$\tilde{\zeta}_d(a_0, \cdots, a_{2p}) := \int_{\boldsymbol{x} \in [0,1]^d} \int_{\omega \in \Omega} \zeta^{\boldsymbol{x},\omega}(a_0, \cdots, a_{2p}) d\mathbb{P}(\omega) d\boldsymbol{x}$$

もまた指数コサイクルになる．この $\tilde{\zeta}$ が ξ_d と一致することを示す*9)．多重線形性と連続性から $a_i := f_i u_{\boldsymbol{v}_i}$ の場合に帰着する．$\boldsymbol{w}_j := \sum_{k=0}^{j-1} \boldsymbol{v}_k$, $\mathcal{F} := f_0 \tau_{\boldsymbol{w}_1}^*(f_1) \tau_{\boldsymbol{w}_2}^*(f_2) \cdots \tau_{\boldsymbol{w}_d}^*(f_d)$ と置くと，$\boldsymbol{w}_{d+1} = \boldsymbol{0}$ のときには

$$
\begin{aligned}
&\tilde{\zeta}_d(a_0, \cdots, a_d) \\
&= \frac{(-1)^{d/2}}{2} \int_{\boldsymbol{x} \in [0,1]^d} \sum_{\boldsymbol{v} \in \mathbb{Z}^d} \int_{\omega \in \Omega} \mathrm{STr}\left(\delta_{\boldsymbol{v}} F_{\boldsymbol{x},\omega} \prod_{i=0}^{d} [F_{\boldsymbol{x},\omega}, \pi_\omega(a_i)] \delta_{\boldsymbol{v}} \right) d\mathbb{P}(\omega) d\boldsymbol{x} \\
&= i^d \int_{\boldsymbol{x} \in [0,1]^d} \sum_{\boldsymbol{v} \in \mathbb{Z}^d} \int_{\omega \in \Omega} \mathrm{STr}\left(\delta_{\boldsymbol{v}} \pi_\omega(a_0) \prod_{i=1}^{d} [F_{\boldsymbol{x},\omega}, \pi_\omega(a_i)] \delta_{\boldsymbol{v}} \right) d\mathbb{P}(\omega) d\boldsymbol{x} \\
&= i^d \int_{\boldsymbol{x} \in [0,1]^d} \sum_{\boldsymbol{v} \in \mathbb{Z}^d} \int_{\omega \in \Omega} \mathrm{STr}\left(\delta_{\boldsymbol{0}} \pi_\omega(a_0) \prod_{i=1}^{d} [F_{\boldsymbol{x}-\boldsymbol{v},\omega}, \pi_\omega(a_i)] \delta_{\boldsymbol{0}} \right) d\mathbb{P}(\omega) d\boldsymbol{x} \\
&= i^d \int_{\boldsymbol{x} \in \mathbb{R}^d} \int_{\omega \in \Omega} \mathcal{F}(\omega) \cdot \mathrm{STr}\left(\delta_{\boldsymbol{0}} u_{\boldsymbol{v}_0} \prod_{i=1}^{d} [F_{\boldsymbol{x},\omega}, u_{\boldsymbol{v}_i}] \delta_{\boldsymbol{0}} \right) d\mathbb{P}(\omega) d\boldsymbol{x} \\
&= i^d \lambda_d \int_{\omega \in \Omega} \mathcal{F}(\omega) \cdot \mathrm{STr}\left(\delta_{\boldsymbol{0}} u_{\boldsymbol{v}_0} \prod_{i=1}^{d} [\mathsf{D}_\omega, u_{\boldsymbol{v}_i}] \delta_{\boldsymbol{0}} \right) d\mathbb{P}(\omega) \\
&= i^d \lambda_d \int_{\omega \in \Omega} \mathrm{STr}\left(\delta_{\boldsymbol{0}} \pi_\omega(a_0) \prod_{i=1}^{d} [\mathsf{D}_\omega, \pi_\omega(a_i)] \delta_{\boldsymbol{0}} \right) d\mathbb{P}(\omega) \\
&= \xi_d(a_0, \cdots, a_d)
\end{aligned}
$$

と変形できる（$\boldsymbol{w}_{d+1} \neq \boldsymbol{0}$ のときには両辺ともに 0）．ここで，3 番目の等号では $(\pi_\omega(a))_\omega$ の等質性と確率測度 $\mathbb{P}$ の $\mathbb{Z}^d$-不変性を，5 番目の等号では以下を用いた: $\boldsymbol{v} \in \mathbb{R}^d$ に対して $[\boldsymbol{v}] := \boldsymbol{v}/\|\boldsymbol{v}\|$ と置くと

$$
[F_{\boldsymbol{x}}, u_{\boldsymbol{v}}] \delta_{\boldsymbol{y}} = (\mathfrak{c}_{[\boldsymbol{y}+\boldsymbol{v}-\boldsymbol{x}]} - \mathfrak{c}_{[\boldsymbol{y}-\boldsymbol{x}]}) \delta_{\boldsymbol{y}+\boldsymbol{v}}, \quad [\mathsf{D}_\omega, u_{\boldsymbol{v}}] \delta_{\boldsymbol{y}} = \mathfrak{c}_{\boldsymbol{v}} \delta_{\boldsymbol{y}+\boldsymbol{v}}
$$

と，以下の多変数コンヌ角公式（[203, Lemma 6.4.1]）が成り立つ:

$$
\int_{\boldsymbol{x} \in \mathbb{R}^d} \mathrm{STr}\left(\prod_{i=1}^{d} \left(\mathfrak{c}_{[\boldsymbol{w}_{i+1}-\boldsymbol{x}]} - \mathfrak{c}_{[\boldsymbol{w}_i-\boldsymbol{x}]} \right) \right) d\boldsymbol{x} = \lambda_d \, \mathrm{STr}\left(\prod_{i=1}^{d} \mathfrak{c}_{\boldsymbol{w}_i} \right). \qquad \square
$$

系 6.40. $d = 2$ のとき，$H \in \mathbb{M}_n(\mathscr{A})_{\mathrm{sa}}^{\times}$ に対して，(1.8) の量子ホール伝導度 $\sigma_b(H) := \frac{\mathrm{e}^2}{h}(2\pi i)\,\mathfrak{Tr}\left(P_\mu\big[[i\mathsf{X}_1, P_\mu], [i\mathsf{X}_2, P_\mu]\big]\right)$ は $\frac{\mathrm{e}^2}{h}$ の整数倍の値を取る．

6.5 バルク・境界対応

本節では，定理 5.22 の一般化にあたるランダム作用素に対するバルク・境

*9) ホモトピックなフレドホルム加群のコンヌ–チャーン指標がコホモローグであること（[64, Section 5]）を用いると，より強く $[(-1)^d \xi_d] = \mathrm{Ch}(\mathcal{H}, \pi, F) \in HC^d(\mathscr{A}_{\mathcal{G}})$ がわかる．

界対応の定式化を与え，それを証明する．

6.5.1 ランダムテープリッツ完全列

まずは，テープリッツ完全列（命題 3.25）のランダム版を考える．ここでは，[49] にならって亜群 C*-環を扱う．以下，$\mathcal{G}$ をエタール亜群，$\kappa\colon \mathcal{G} \to \mathbb{R}$ を亜群準同型*10) とし，$\Omega := \mathcal{G}^{(0)}$ と置く．$\mathcal{G}$ としては包の作用亜群 $\Omega \rtimes \Pi$（6.1.2 節）や非周期的点配置の横断面亜群 $\mathcal{G}_X$（6.2.1 節）を，亜群準同型 κ としては

$$\kappa\colon \mathcal{G} \to \mathbb{R}, \quad \kappa(X, \boldsymbol{v}) = v_d$$

を，それぞれ念頭に置いている．また，以下では亜群準同型 $\kappa\colon \mathcal{G} \to \mathbb{R}$ が完全 (exact) である，すなわち $(r, \kappa)\colon \mathcal{G}^{(1)} \to \mathcal{G}^{(0)} \times \mathbb{R}$ が像への商写像であることを仮定する．例えば，包の作用亜群やモデル集合の横断面亜群はこの仮定を満たす．完全な準同型 κ に対して，部分亜群 $\Upsilon := \mathrm{Ker}\,\kappa$ を考える．

$\omega \in \Omega$ に対して，$Y_\omega := \Upsilon_\omega = X_\omega \cap \mathbb{R}^{d-1}$ と置く．

定義 6.41. 有界で強 $*$-連続な族 $(H_\omega)_{\omega\in\Omega} \in \prod_{\omega\in\Omega} \mathbb{B}(\mathcal{H}_\omega)$ であって，

- 短距離性: 任意の $l \in \mathbb{N}$ に対して定数 $C_l > 0$ が存在して $\|H_{\omega,\boldsymbol{xy}}\| \leq C_l d(\boldsymbol{x}, \boldsymbol{y})^{-l}$,
- 等質性: 任意の $(\omega, \boldsymbol{v}) \in \Upsilon$ に対して $U_{\omega,\boldsymbol{v}} H_\omega U_{\omega,\boldsymbol{v}}^* = H_{\omega+\boldsymbol{v}}$,
- 局在性: 任意の $l \in \mathbb{N}$ に対して定数 $C_l > 0$ が存在して $\|H_{\omega,\boldsymbol{xy}}\| \leq C_l \mathrm{dist}(\boldsymbol{x}, Y_\omega)^{-l}$,

を満たすもののなす $*$-代数を $\mathscr{I}_\mathcal{G}$ と置く．これをノルム $\|H\| := \sup \|H_\omega\|$ によって完備化して得られる C*-環を $I_\mathcal{G}$ と書く．

補題 6.42. 単位化 $\mathscr{I}_\mathcal{G}^+ \subset I_\mathcal{G}^+$ は正則関数計算について閉じている．

証明. $\mathscr{I}_\mathcal{G}$ は 6.4.2 節の C^n-ノルム $\|\sqcup\|_n$ と $\|T\|_{\flat,k} := \|T\mathsf{X}_d^k\|$ によってフレシェ空間となっている．$T \in \mathscr{I}_\mathcal{G}$ と $z \in \mathbb{C} \setminus \sigma(T)$ に対して，

$$z^{-1} + (T-z)^{-1} = z^{-1}(T-z)^{-1}T$$

より，$\|(z^{-1} + (T-z)^{-1})\mathsf{X}^k\| \leq \|z^{-1}(T-z)^{-1}\| \cdot \|T\mathsf{X}^k\| < \infty$ となることがわかる．よって，$(T-z)^{-1} \in \mathscr{I}_\mathcal{G}^+$. □

注意 6.43. $\ell^2(Y_\omega)$ への射影を p_ω と置くと，$p := (p_\omega)_\omega \in I_\mathcal{G}$ で，$pI_\mathcal{G}p \cong C_r^*\Upsilon$ が成り立つ．p は充満射影なので[49]，包含 $C_r^*\Upsilon \to I_\mathcal{G}$ は K 群の同型を誘導する（例 A.14）．より強く，$C_r^*\Upsilon \otimes \mathbb{K} \cong I_\mathcal{G}$ が成り立つ（参考: [165, Section 7]）．

命題 6.44. $\ell^2(X_\omega \cap ([0,1]^{d-1} \times \mathbb{R}))$ への射影を $\mathsf{P}_\omega^\flat$ と置く．$T \in \mathscr{I}_\mathcal{G}$ に対して

*10) $\kappa(\gamma_1\gamma_2) = \kappa(\gamma_1) + \kappa(\gamma_2)$ を満たす連続写像のこと．[49] の用語ではコサイクル．

$$\mathfrak{Tr}^\flat(T) := \int_{\omega\in\Omega} \mathrm{Tr}(\mathsf{P}^\flat_\omega T_\omega \mathsf{P}^\flat_\omega) d\mathbb{P}(\omega)$$

と置くと，これは $\mathscr{I}_\mathcal{G}$ 上の線形汎関数を定める．また，この $\mathfrak{Tr}^\flat$ はトレース条件 $\mathfrak{Tr}^\flat(TS) = \mathfrak{Tr}^\flat(ST)$ を満たす．

証明. $\mathfrak{Tr}^\flat$ が well-defined になるのは，$\mathscr{I}_\mathcal{G}$ の元の局在性からわかる．この $\mathfrak{Tr}^\flat$ は，同一視 $\mathscr{I}_\mathcal{G} \subset A_\Upsilon \otimes \mathcal{L}^1(\mathcal{H})$ のもとで $\mathfrak{Tr} \otimes \mathrm{Tr}$ と一致するため，特にトレース条件を満たす． □

$d-1$ 次元の双対ディラック作用素 $\mathsf{D}^\flat_\omega := \mathfrak{c}_1 \mathsf{X}_1 + \cdots + \mathfrak{c}_{d-1}\mathsf{X}_{d-1}$ をヒルベルト空間 $\mathcal{H}_\omega \otimes S_{d-1}$ 上の作用素とみなし，その有界化変換を $F^\flat_\omega$ と置く．すると，3 つ組 $(\mathcal{H}_\omega \otimes S_{d-1}, \pi_\omega, F^\flat_\omega)$ は $\mathscr{I}_\mathcal{G}$ 上の $(d-1)$-フレドホルム加群をなし，

$$\xi^\flat_{d-1}(a_0, \cdots, a_{d-1}) := \lambda_{d-1}\, \mathfrak{Tr}^\flat(a_0[\mathsf{D}^\flat, a_1]\cdots[\mathsf{D}^\flat, a_{d-1}])$$

はその指数コサイクルとなる．

点配置 X_ω の上半空間は，$\mathcal{G}_\omega$ との同一視のもとで

$$X_{+,\omega} := X_\omega \cap \mathbb{R}^{d-1} \times \mathbb{R}_{\geq 0} = \{\gamma = (\omega, \boldsymbol{v}) \in \mathcal{G}_\omega \mid v_d = \kappa(\gamma) \leq 0\}$$

になる．$\mathcal{H}_{+,\omega} := \ell^2(X_{+,\omega})$ への射影を $\mathsf{P}_{+,\omega}$ と置くと，バルク系のランダムハミルトニアン $H \in \mathbb{M}_n(\mathscr{A}_\mathcal{G})_{\mathrm{sa}}$ に対応する境界ハミルトニアンは

$$\hat{H}_\omega := \mathsf{P}_{+,\omega} H_\omega \mathsf{P}_{+,\omega} \in \mathbb{B}(\mathcal{H}_{+,\omega})$$

によって定義される．

定義 6.45. $\{\hat{T} \mid T \in \mathscr{A}_\mathcal{G}\}$ と $\mathsf{P}_+ \mathscr{I}_\mathcal{G} \mathsf{P}_+$ によって生成される $\prod \mathbb{B}(\mathcal{H}_{+,\omega})$ の部分 $*$-環を $\mathscr{T}_\mathcal{G}$ と置く．その閉包を**ランダムテープリッツ環**と呼び，$\mathcal{T}_\mathcal{G}$ と書く．

$\mathscr{T}_\mathcal{G}$ の元は $x_d \gg 0$ である $\mathscr{A}_\mathcal{G}$ の元に収束する．等質性から，

$$q \colon \mathscr{T}_\mathcal{G} \to \mathscr{A}_\mathcal{G}, \quad q(T)_{\omega,\boldsymbol{xy}} := \lim_{v_d \to \infty} T_{\omega+\boldsymbol{v}, \boldsymbol{x}+\boldsymbol{v}, \boldsymbol{y}+\boldsymbol{v}}$$

は well-defined な $*$-準同型を定める（cf. 注意 3.26）．この q は $q(\hat{T}) = T$ を満たし，$\mathrm{Ker}\, q = \mathsf{P}_+ \mathscr{I}_\mathcal{G} \mathsf{P}_+$ である．また，q は閉包を取った C*-環の間の $*$-準同型 $q \colon \mathcal{T}_\mathcal{G} \to A_\mathcal{G}$ に延長し，$\mathrm{Ker}\, q = \mathsf{P}_+ I_\mathcal{G} \mathsf{P}_+$ を満たす．

命題 6.46. C*-環の完全列 $0 \to \mathsf{P}_+ I_\mathcal{G} \mathsf{P}_+ \to \mathcal{T}_\mathcal{G} \xrightarrow{q} A_\mathcal{G} \to 0$ が存在する．

注意 6.47. $\mathrm{Im}\, \kappa = \mathbb{Z}$ のとき，$\mathcal{G}$ は亜群自己同型 $\alpha \colon \Upsilon \to \Upsilon$ による半直積亜群 $\Upsilon \rtimes \mathbb{Z}$ と同型になる．よって，C*-環の同型 $C^*_r \mathcal{G} \cong (C^*_r \Upsilon) \rtimes_r \mathbb{Z}$ が成り立つ．このときには $K_*(\mathcal{T}_\mathcal{G}) \cong K_*(C^*_r \Upsilon)$ が成り立ち，以下のピムスナー–ヴォイクレスク完全列[198]が得られる:

$$
\begin{array}{ccccc}
K_0(C_r^*\Upsilon) & \xrightarrow{1-\alpha_*} & K_0(C_r^*\Upsilon) & \longrightarrow & K_0(C_r^*\mathcal{G}) \\
\uparrow & & & & \downarrow \\
K_1(C_r^*\mathcal{G}) & \longleftarrow & K_1(C_r^*\Upsilon) & \xleftarrow{1-\alpha_*} & K_1(C_r^*\Upsilon).
\end{array}
\tag{6.5}
$$

6.5.2 バルク・境界対応

以後，$\mathcal{G}^{(0)}$ の $\mathcal{G}$-不変な（i.e., $s(\gamma) \in U$ ならば $r(\gamma) \in U$）開かつ閉な集合は $\emptyset$ か $\mathcal{G}^{(0)}$ のみであると仮定する．$H \in \mathbb{M}_n(\mathscr{A}_{\mathcal{G}})$ が自己共役でスペクトルギャップを持つとき，すなわち定義 5.1 (1), (2) を満たすとき，ヒルベルト空間 $\mathcal{H}_\omega := \ell^2(X_\omega; \mathbb{C}^n)$ の族 $\mathcal{H} := (\mathcal{H}_\omega)_\omega$ に作用する**等質ランダムギャップドハミルトニアン**と呼ぶことにする．

定義 6.48. $\mathcal{H}$ 上の等質ランダムギャップドハミルトニアンの集合を $\mathcal{H}(\mathcal{G}; \mathcal{H})$，その（定義 5.2 の意味の）安定ホモトピー類のなす集合を $\mathcal{TP}(\mathcal{G})$ と書く．AIII 型対称性も考慮する場合，それぞれを $\mathcal{H}_{\mathrm{AIII}}(\mathcal{G}; \mathcal{H})$，$\mathcal{TP}_{\mathrm{AIII}}(\mathcal{G})$ と書く．

定理 5.6 や定理 5.10 と同様に，同型 $\mathcal{TP}(\mathcal{G}) \cong K_0(A_{\mathcal{G}})$，$\mathcal{TP}_{\mathrm{AIII}}(\mathcal{G}) \cong K_1(A_{\mathcal{G}})$ が得られる．

(4.9) より，命題 6.46 のテープリッツ完全列の境界準同型は，バルク系のギャップドハミルトニアン H を対応する境界系のハミルトニアン $\hat{H}$ の境界状態を特徴づけるユニタリに対応させる．すなわち，

$$
\partial[J_H] = [U_{\hat{H}}] = [-\exp(-\pi i \chi(\varepsilon^{-1} H))] \in K_1(I_{\mathcal{G}}).
$$

ランダムなハミルトニアンに対する強トポロジカル相およびバルク指数・境界指数の概念を以下のように定義する．

定義 6.49. $H \in \mathcal{H}(\mathcal{G}; \mathcal{H})$（$d$ が偶数のとき）または $H \in \mathcal{H}_{\mathrm{AIII}}(\mathcal{G}; \mathcal{H})$（$d$ が奇数のとき）に対して，そのバルク指数，境界指数を以下のように定義する:

$$
\begin{aligned}
\mathrm{ind}_b(H) &:= \langle [J_H], [F_\omega] \rangle = \langle [J_H], [\xi_d] \rangle \in \mathbb{Z}, \\
\mathrm{ind}_\partial(\hat{H}) &:= \langle [U_{\hat{H}}], [F_\omega^\flat] \rangle = \langle [U_{\hat{H}}], [\xi_{d-1}] \rangle \in \mathbb{Z}.
\end{aligned}
$$

この定義は，指数の連続性（補題 6.38）$\mathcal{G}$-作用に関する不変性から，$\omega \in \Omega$ の選び方によらない．また，右の等号は定理 6.39 による．

例えば $d = 2$ のときには

$$
\begin{aligned}
\mathrm{ind}_b(H) &= (2\pi i)\, \mathfrak{Tr}\left(P_\mu \big[[i\mathsf{X}_1, P_\mu][i\mathsf{X}_2, P_\mu]\big]\right), \\
\mathrm{ind}_\partial(\hat{H}) &= (-i)\, \mathfrak{Tr}^\flat(U_{\hat{H}}^* [i\mathsf{X}_1, U_{\hat{H}}]),
\end{aligned}
$$

となるが，これらは命題 5.26 や命題 5.28 と同様に TKNN 公式 (1.8) や境界描像 (1.9) によって計算したホール伝導度と定数 e^2/h 倍を除いて一致する．

定理 6.50 (バルク・境界対応). 以下の図式は交換する:

$$
\begin{array}{ccc}
K_d(A_{\mathcal{G}}) & \xrightarrow{\langle \textvisiblespace, [F_\omega] \rangle} & \mathbb{Z} \\
\downarrow \partial & & \| \\
K_{d-1}(I_{\mathcal{G}}) & \xrightarrow{\langle \textvisiblespace, [F_\omega^\flat] \rangle} & \mathbb{Z},
\end{array}
\qquad
\begin{array}{ccc}
K_d(\mathscr{A}_{\mathcal{G}}) & \xrightarrow{\langle \textvisiblespace, [\xi_d] \rangle} & \mathbb{C} \\
\downarrow \partial & & \| \\
K_{d-1}(\mathscr{I}_{\mathcal{G}}) & \xrightarrow{\langle \textvisiblespace, [\xi_{d-1}^\flat] \rangle} & \mathbb{C}.
\end{array}
$$

系 6.51. $H \in \mathcal{H}(\mathcal{G}; \mathcal{H})$ (d が偶数のとき) または $H \in \mathcal{H}_{\mathrm{AIII}}(\mathcal{G}; \mathcal{H})$ (d が奇数のとき) に対して, $\mathrm{ind}_b(H) = \mathrm{ind}_\partial(\hat{H})$. 特に $d = 2$ のとき, $\sigma_b(H) = \sigma_\partial(\hat{H})$.

この定理には複数の証明が知られており, それぞれに一長一短がある. ここでは 4 通りの証明の概略のみを紹介する.

6.5.3 証明の方針 1: 直接計算

方針 1 と方針 2 では, 巡回コホモロジー論を用いて右の図式が交換することを示す. [203, Theorem 5.5.1] では, 定理 6.50 を直接的な計算によって証明している. ただし, ここでは Ω として例 6.2 の最近接ランダムホッピングのみを考えている. この場合には, Ω が可縮であることから, $A_{\Omega \rtimes \Pi}$ の K 群は $C_r^* \Pi$ のそれと同型となる. 特に, (6.5) の $1 - \alpha_*$ がゼロ射となるため, ∂ は全射になる. より強く, ∂ の逆像を具体的に表示することで, 図式の交換性を示すことができる.

6.5.4 証明の方針 2: ネストの境界準同型

[142, Theorem A.10] では, ネストによる $\mathbb{Z}$ 接合積の長完全列の理論を利用して右の図式の可換性を示している. [188] では, 巡回ペアリングに関する境界準同型 ∂ の随伴 $\#_\alpha \colon HC^{d-1}(\mathscr{A}) \to HC^d(\mathscr{A} \rtimes_{\mathrm{alg}} \mathbb{Z})$, すなわち

$$\langle \partial[p], \phi \rangle = \langle [p], \#_\alpha \phi \rangle$$

を満たすような写像が構成されている. これは, $\mathscr{A}$ 上の巡回コサイクル ϕ がサイクル $(\Omega, d, \int)$ によって実現されているときには

$$
\begin{aligned}
&(\#_\alpha \phi)(a_0 u^{m_0}, \cdots, a_d u^{m_d}) \\
=&\delta_{|m|,0} \sum_{j=1}^{d} (-1)^{d-j} \int a_0 da_1 \cdots da_{j-1} \cdot (i m_j a_j) \cdot da_{j+1} \cdots da_d
\end{aligned}
$$

によって与えられる ($|m| := m_0 + \cdots + m_d$). これを巡回コサイクル $\xi_{d-1}^\flat$ に適用すると, $\#_\alpha \xi_{d-1}^\flat = \xi_d$ となることが直接的に確認できる.

6.5.5 証明の方針 3: *KK* 理論の応用

バルク・境界対応の証明に KK 理論を用いるアイデアは [45] が初出であり,

以後様々な一般化がなされた[46],[47],[49],[51],[52]．特に [49] は亜群の場合に証明を与えている．KK 理論は，ふたつの C*-環 A, B に対して群 $KK(A, B)$ を与える．これは一般化された意味で A から B への写像のなす群に相当し，実際 $KK(A, B)$ の元は K 群の間の射を誘導する．また，写像の合成に相当するのはカスパロフ積と呼ばれる演算

$$\square \hat{\otimes}_B \square \colon KK(A, B) \otimes KK(B, D) \to KK(A, D)$$

である．実は，定理 6.50 における準同型 $\langle \cdot, [F] \rangle$, $\langle \cdot, [F^\flat] \rangle$, ∂ は，いずれもカスパロフ積の一種である．定理 6.50 は，図式が KK 理論のレベルで交換するという次の定理の帰結として理解できる．

定理 6.52. $[\partial] \hat{\otimes}_{I_\mathcal{G}} [F^\flat] = [F] \in KK_d(A_\mathcal{G}, \mathbb{C})$ が成り立つ．

　この手法の利点は，実 K 理論（8 章）に対しても同様に適用できることである．詳細は付録 A.2 で少しだけ説明した．

6.5.6　証明の方針 4: 粗幾何学との組み合わせ
　この方針は次章で詳しく説明する．定理 7.28 を参照．

文献案内
　量子ホール効果の理論に非可換幾何学を応用するアイデアはベリサール[30],[31]によって提案され，バルク・境界対応はケレンドンク–リヒター–シュルツバルデス[142],[143]によって証明された．長らく [31] が主要な文献だったが，第一人者らによる書籍 [203] が出版された．これは物理と数学の両面において高い専門性を持つ著者らによる良書で，本書も強く影響を受けている．また，[65] でも量子ホール効果に一節が割かれている．

　非可換幾何学は，多様体の被覆空間（ノビコフ予想）や葉層の特性類に関する幾何学的な問題と共に成立してきた分野である．巡回コホモロジー論はコンヌの非可換幾何学プログラム（1985–）の中心概念で，その詳細については [65],[70],[168] などの文献で詳しく解説されている．巡回コホモロジーの幾何への応用については和書 [261] の後半もある．非可換幾何の大きな理論に留数指数定理があるが，これについては巻末の付録 A.3 で簡単に紹介した．

　非周期的点配置の一般論については [22],[23] が基本的な文献である．また，作用素の包の接合積亜群については [31]，デローネ集合の亜群については [29]，分割タイリングから構成される亜群 C*-環については [4],[144],[148]，テープリッツ完全列については [49] を参考にしている．

第 7 章
粗幾何学とトポロジカル相

第 7 章では，並進対称性を持つとは限らないトポロジカル相を扱うもうひとつの枠組として，粗幾何学 (coarse geometry) を用いる方法[157]を解説する．定義 5.1 ではギャップドハミルトニアンを 4 つの性質によって特徴づけていたが，これらのうち単に (4) を外した作用素のなす集合は，粗幾何学が主要な研究対象としてきたものに他ならない．別の言い方をすると，(3) の短距離性の仮定を抽象化，公理化したのが粗幾何学であり，ユークリッド空間 $\mathbb{R}^d$ の大域的な形状がトポロジカル相を制御している．特に，強トポロジカル相は細かい点配置に依存せず，バルク・境界対応は粗マイヤー–ビートリス境界準同型によって理解できる．

7.1 ロー環と一様ロー環

ここでは，$C^*_u(X)$, $C^*(X)$ というふたつの C*-環を導入する．これらはいずれもエルゴード的な等質ランダム作用素のなす C*-環（定義 6.3, 定義 6.15）を部分 C*-環として含み，本章では観測量のなす作用素環の役割を果たす．前者はトポロジカル相の分類としてより適切に見えるが，そのトポロジーは複雑でとても大きな K 群を持つ．一方で，後者は可能なハミルトニアンのなす集合としては大きすぎるが，その代わりに非常に単純なトポロジーを持つ．用途に応じて両者を使い分けていく．

7.1.1 定義

離散距離空間 X に対して，単射 $*$-準同型 $c_0(X) \to \mathbb{B}(\mathcal{H}_X)$ を備えたヒルベルト空間 $\mathcal{H}_X$ を X-加群と呼ぶ．X-加群の構造は直和分解 $\mathcal{H}_X = \bigoplus_{\boldsymbol{x} \in X} \mathcal{H}_x$ と等価で，例えば $\ell^2(X;\mathbb{C}^n)$ は X-加群である．有界作用素 $T \in \mathbb{B}(\mathcal{H}_X)$ に対して，$T_{\boldsymbol{xy}} := \delta_{\boldsymbol{x}} T \delta_{\boldsymbol{y}} \colon \mathcal{H}_{\boldsymbol{y}} \to \mathcal{H}_{\boldsymbol{x}}$ と書く（ただし，$\delta_{\boldsymbol{x}} \in c_0(X)$ は $\boldsymbol{x}$ に台を持つ特性関数）．

定義 7.1. X を離散距離空間とする．

(1) $T \in \mathbb{B}(\mathcal{H}_X)$ に対して，

$$\mathrm{Prop}(T) := \sup\{d(\boldsymbol{x},\boldsymbol{y}) \mid \boldsymbol{x},\boldsymbol{y} \in X,\ \ T_{\boldsymbol{xy}} \neq 0\} \in \mathbb{R}_{\geq 0} \cup \{\infty\}$$

を T の**伝播** (propagation) と呼ぶ．$\mathrm{Prop}(T) < \infty$ となるような作用素 T を，**有限伝播性**を持つ (finite propagation) という．

(2) $T \in \mathbb{B}(\mathcal{H}_X)$ が**局所コンパクト** (locally compact) であるとは，任意の $f \in C_c(X)$ に対して $fT, Tf \in \mathbb{K}(\mathcal{H}_X)$ を満たすことをいう．

(3) 作用素の集合

$$\mathbb{C}[X;\mathcal{H}_X] := \{T \in \mathbb{B}(\mathcal{H}_X) \mid \ \mathrm{Prop}(T) < \infty, T \text{ は局所コンパクト }\}$$

の閉包を $C^*(X;\mathcal{H}_X)$ と書く．特に，

- $C^*_u(X) := C^*(X;\ell^2(X))$ を**一様ロー環** (uniform Roe algebra) と呼ぶ.
- $C^*(X) := C^*(X;\ell^2(X)^{\oplus\infty})$ を**ロー環** (Roe algebra) と呼ぶ.

注意 7.2. $C^*_u(X) \otimes \mathbb{K}$ と $C^*(X)$ の違いについて述べる．これらは $\mathbb{B}(\ell^2(X) \otimes \mathcal{H})$ の部分 C*-環で，$C^*_u(X) \otimes \mathbb{K} \subset C^*(X)$ となるが，逆の包含は成り立たない．例えば，有限階の射影作用素の族を対角に並べた $\mathrm{diag}(p_{\boldsymbol{x}})_{\boldsymbol{x}}$ は，$\mathrm{rank}(p_{\boldsymbol{x}})$ が発散するとき，$C^*(X)$ には含まれるが $C^*_u(X) \otimes \mathbb{K}$ には含まれない．

これらの C*-環と定義 6.3 や定義 6.15 を比較する．のちに結晶対称性の議論に応用することを考えて一般的な状況で説明する．有限生成可算群 G を距離空間と思ったもの[*1] を X と書くとすると，X には G が左右から作用している．右作用は等長的である一方で，左作用は等長的ではないが正則表現 $U_g(\psi)(\boldsymbol{x}) := \psi(g^{-1}\boldsymbol{x})$ は有限伝播性を持つ．

命題 7.3. X と G を上のようなものとすると，同型

$$C^*_u(X) \cong c_b(X) \rtimes_r G, \quad C^*(X) \cong c_b(X, \mathbb{K}) \rtimes_r G$$

が成り立つ．ここで，$c_b(X,\mathbb{K})$ は $\mathbb{K}$ に値を取る有界関数のなす C*-環である．

証明. 代数的な接合積 $c_b(X) \rtimes_{\mathrm{alg}} G$ と $\mathbb{C}_u[X]$ が，$\mathbb{B}(\ell^2(X))$ の部分 $*$-環として一致することを示す．$T \in \mathbb{C}_u[X]$ に対して，関数 $f_g \colon X \to \mathbb{C}$ を $f_g(\boldsymbol{x}) := T_{g\boldsymbol{x},\boldsymbol{x}}$ によって定義すると，$\|T_{\boldsymbol{xy}}\| \leq \|\delta_{\boldsymbol{x}}\| \cdot \|T\| \cdot \|\delta_{\boldsymbol{y}}\| = \|T\|$ より $f_g \in c_b(X)$ である．今，補題 5.4 と同様の議論によって

$$T = \sum_{\boldsymbol{x} \in X} \sum_{g \in G} T_{g\boldsymbol{x},\boldsymbol{x}} \cdot U_g = \sum_{g \in G} f_g \cdot U_g \tag{7.1}$$

*1) 有限生成群 G とその有限生成元集合 S に対し，G にはケイリーグラフ（G を頂点，$\{(g, sg) \mid g \in G, s \in S\}$ を辺とするグラフ）上での距離を導入する．$G = \mathbb{Z}^d$ のときには，これはユークリッド距離と粗同値である．

と書ける．有限伝播性の仮定は，右辺の和が有限和になることに相当する．よって $\mathbb{C}_u[X] = c_b(X) \rtimes_{\mathrm{alg}} G$．$C^*(X)$ についても同様に証明できる． □

7.1.2 空間の粗同値とロー環

定義 7.4. X と Y を 2 つの離散距離空間とする．

(1) $f\colon X \to Y$ が粗写像であるとは，関数 $\varphi\colon \mathbb{R}_{>0} \to \mathbb{R}_{>0}$ が存在して任意の $\boldsymbol{x}, \boldsymbol{y} \in X$ に対して $d(f(\boldsymbol{x}), f(\boldsymbol{y})) \leq \varphi(d(\boldsymbol{x}, \boldsymbol{y}))$ となることをいう．

(2) 写像 $f, g\colon X \to Y$ が近い ($f \sim g$) とは，$\sup_{\boldsymbol{x} \in X} d(f(\boldsymbol{x}), g(\boldsymbol{x})) < \infty$ を満たすことをいう．

(3) 粗写像 $f\colon X \to Y$ が**粗同値** (coarsely equivalent) であるとは，粗写像 $g\colon Y \to X$ が存在し，$g \circ f \sim \mathrm{id}_X$，$f \circ g \sim \mathrm{id}_Y$ が成り立つことをいう．

定義 7.5. 離散距離空間 X が有界幾何 (bounded geometry) を持つとは，ある関数 $\varphi\colon \mathbb{R}_{>0} \to \mathbb{R}_{>0}$ が存在して，任意の $\boldsymbol{x} \in X$ に対してその r-近傍 $B_{\boldsymbol{x}}(r)$ の元の数が $\varphi(r)$ 以下であることをいう．

例 7.6. 離散部分集合 $X \subset \mathbb{R}^n$ が誘導された距離に関して有界幾何を持つことは，一様離散的であることと同値である．特にデローネ集合は有界幾何を持つ．

定理 7.7 ([57, Theorem 4])**.** 離散距離空間 X, Y に対して，以下が成り立つ．

(1) X と Y が互いに粗同値ならば，$C^*(X) \cong C^*(Y)$．

(2) さらに X と Y が有界幾何を持つならば，$C^*_u(X) \otimes \mathbb{K} \cong C^*_u(Y) \otimes \mathbb{K}$．

証明. (1): X と Y が粗同値なとき，全単射 $F\colon X \times \mathbb{N} \to Y \times \mathbb{N}$ であって，任意の pr_X の切断 $s\colon X \to X \times \mathbb{N}$ に対して $\mathrm{pr}_Y \circ F \circ s$ が粗同値となるものが取れる．この全単射が与えるユニタリ $\ell^2(X \times \mathbb{N}) \to \ell^2(Y \times \mathbb{N})$ は，同一視 $\ell^2(X \times \mathbb{N}) \cong \ell^2(X)^\infty$ のもとでロー環の同型を誘導する．

(2): X と Y が有界幾何を持つならば，上の F を "任意の n に対して m が存在して $F(X \times [0, n]) \subset Y \times [0, m]$ を満たす" ように取れる．これを用いると，(1) の同型は部分 C*-環の同型 $C^*_u(X) \otimes \mathbb{K} \cong C^*_u(Y) \otimes \mathbb{K}$ を与える． □

7.1.3 ロー環，一様ロー環の変種

まずは部分空間に局在した作用素のなすイデアルを導入する．

定義 7.8. X を離散距離空間，Y を X の部分距離空間，$\mathcal{H}_X$ を X-加群とする．$T \in \mathbb{C}[X; \mathcal{H}_X]$ が Y の傍らに台を持つとは，ある $R > 0$ が存在して $\mathrm{dist}(\boldsymbol{x}, Y) > R$ なら $T_{\boldsymbol{x}\boldsymbol{y}} = 0$ が成り立つことをいう．集合

$$\mathbb{C}[Y \subset X; \mathcal{H}_X] := \{T \in \mathbb{C}[X; \mathcal{H}_X] \mid T \text{ は } Y \text{ の傍らに台を持つ}\}$$

の閉包を $C^*(Y \subset X; \mathcal{H}_X)$ と書く．これは $C^*(X; \mathcal{H}_X)$ のイデアルである．特

に，$\mathcal{H}_X = \ell^2(X)$ あるいは $\mathcal{H}_X = \ell^2(X)^{\oplus\infty}$ のとき，それぞれ $C_u^*(Y \subset X)$, $C^*(Y \subset X)$ と書く．

$\ell^2(Y)$ を $\ell^2(X)$ の部分空間と同一視することで，$C_u^*(Y \subset X) \subset C_u^*(X)$, $C^*(Y \subset X) \subset C^*(X)$ とみなす．

命題 7.9. 包含 $C^*(Y) \subset C^*(Y \subset X)$ は K 群の同型を誘導する．X が有界幾何を持つならば，$C_u^*(Y) \subset C_u^*(Y \subset X)$ もまた K 群の同型を誘導する．

証明. $R > 0$ に対して，Y との距離が R 以下の点の集合を $N_R(Y) \subset X$ と書く．このとき，$Y \subset N_R(Y)$ は粗同値である．したがって，定理 7.7 より，包含 $C_u^*(Y) \subset C_u^*(N_R(Y))$ は K 群の同型を誘導する．今，$C_u^*(Y \subset X)$ が帰納極限 $\varinjlim_{R\to\infty} C_u^*(N_R(Y))$ と同型であることと，K 群の性質 $K_*(\varinjlim A_n) \cong \varinjlim K_*(A_n)$ から，命題は証明できる． □

次に，群作用に関して不変なロー環を導入する．離散群 G が離散距離空間 X に等長的に作用しているとする．X-加群 $\mathcal{H}_X$ に群 G がユニタリ表現していて，$c_0(X)$ の作用と整合的である，つまり $U_g f U_g^* = g^* f$ が成り立つとき，$\mathcal{H}_X$ は (X, G)-加群であるという．例えば，$\ell^2(X)$ や $\ell^2(X)^{\oplus\infty}$ は G の正則表現によって (X, G)-加群となる．このとき，

$$\mathbb{C}[X; \mathcal{H}_X]^G := \{T \in \mathbb{C}[X] \mid \text{任意の } g \in G \text{ に対して } U_g T U_g^* = T\}$$

の閉包を $C^*(X; \mathcal{H}_X)^G$ と書き，G-不変ロー環と呼ぶ．

命題 7.10. X は G のケイリー距離空間とする．このとき，以下が成り立つ．

$$C_u^*(X)^G \cong C_r^* G, \quad C^*(X)^G \cong C_r^*(G) \otimes \mathbb{K}.$$

証明. 命題 7.3 と同様に，群環 $\mathbb{C}[G]$ と不変ロー環 $\mathbb{C}[X]^G$ が $\mathbb{B}(\ell^2(X))$ の中で一致することを示す．$T \in \mathbb{C}_u[X]^G$ を (7.1) のように有限和 $T = \sum_g f_g \cdot U_g$ に分解する．このとき，T が右 G-作用と交換することから，それぞれの f_g が G-不変関数，つまり定数関数であることがわかる．したがって，$\mathbb{C}[X]^G = \mathbb{C}[G]$. $C^*(X)^G \cong C_r^*(G) \otimes \mathbb{K}$ も同様に証明できる． □

7.1.4 粗指数理論

ロー環や一様ロー環は，非コンパクト多様体上のディラック作用素の指数理論の基礎をなしている．この指数理論は，離散距離空間のロー環の K 群の計算にも有用である．ここでは，最低限必要な事実のみ列挙する．以下，$\mathbb{Z}^d$ や $\mathbb{R}^d$ を距離空間とみなすとき，そのことを強調して $|\mathbb{Z}^d|$ や $|\mathbb{R}^d|$ と書く．

(1) ロー環は離散的でない距離空間に対しても同様に定義できる．これは単に X-加群として $C_0(X)$ の表現を持つヒルベルト空間を考えればよい．ここ

でも離散の場合と同様に，粗同値な距離空間のロー環は同型となる．特に $K_*(C^*(|\mathbb{Z}^d|)) \cong K_*(C^*(|\mathbb{R}^d|))$.

(2) 任意の $f \in C_0(X)$ に対して $[T, f]$ がコンパクト作用素となるとき，T は擬局所的であるという．作用素の集合

$$D^*_{\mathrm{alg}}(X) := \{T \in \mathbb{B}(\mathcal{H}_X) \mid \mathrm{Prop}(T) < \infty, T \text{ は擬局所的 }\}$$

の閉包を $D^*(X)$ と書くと，$D^*(X)$ は $C^*(X)$ をイデアルとして含む．

(3) 局所コンパクト距離空間 X に対して，$Q^*(X) \cong D^*(X)/C^*(X)$ の K 群 $K_{*+1}(Q^*(X))$ は X の K-ホモロジー群 $K_*(X)$ と同型になる[9], [128].

(4) X が完備リーマン計量を持つスピン多様体のとき，X 上のディラック作用素の有界化変換 $F = D(1 + D^2)^{-1/2}$ は $K_{d+1}(Q^*(X))$ の元を定める．$\mathrm{Ind}(D) := \partial[F] \in K_*(C^*(X))$ を D の**粗指数** (coarse index) と呼ぶ．

(5) X が一様可縮性という性質を満たすならば，$D^*(X)$ の K 群が 0 になるという主張を粗バウム–コンヌ予想と呼ぶ．これには反例も知られているが，本書で扱う $|\mathbb{R}^d|$ のような空間では成り立つ．このとき粗指数は同型 $K_*(|\mathbb{R}^d|) \cong K_*(C^*(|\mathbb{R}^d|))$ を与える．

特に，上の議論を合わせると，同型

$$K_*(C^*(|\mathbb{Z}^d|)) \cong K_*(C^*(|\mathbb{R}^d|)) \cong K_*(|\mathbb{R}^d|) \cong K_{*-d}(\mathrm{pt})$$

が得られる（最後の同型はボット周期性）．群 $K_d(|\mathbb{R}^d|)$ の生成元が $\mathbb{R}^d$ のディラック作用素 D によって与えられることから，左辺の群は粗指数 $\mathrm{Ind}(D)$ によって生成されている．

上の (1)–(5) は，X が有限群 G の対称性を持つ状況でも，K 群を同変 K 群に取り換えることで同様に成り立つ．

7.2 ユークリッド空間の粗 C*-環の非可換幾何

ユークリッド空間と粗同値な有界幾何を持つ距離空間（デローネ集合）は，距離空間として非常に穏やかであることを示す以下の性質を持っている．

定義 7.11. X が多項式増大であるとは，ある多項式 $p \in \mathbb{R}[t]$ が存在して，任意の $\boldsymbol{x} \in X$ に対して $|B_{\boldsymbol{x}}(r)| \leq p(r)$ が成り立つことをいう．

これは粗幾何学で対象とする大半の距離空間では成り立たないような強い仮定である．この事実によって，6 章で行われた非可換幾何の解析の多くを一様ロー環上でも行うことができる．

7.2.1 トレース状態

デローネ集合 X に対し，$X \cap [-L, L]^d$ を Λ_L，有限次元部分ヒルベルト空間

$\ell^2(\Lambda_L)$ への射影を P_L と書くとする．以下，X は (6.4) を満たすと仮定する．

補題 7.12. $T \in \mathbb{C}_u[X]$ に対して，以下の数列 $(\mathfrak{Tr}_L(T))_L$ は (1), (2) を満たす．

$$(\mathfrak{Tr}_L(T))_{L\in\mathbb{N}} := \left(\frac{1}{(2L)^d}\mathrm{Tr}(\mathsf{P}_L T \mathsf{P}_L)\right)_{L\in\mathbb{N}}.$$

(1) 任意の $T \in \mathbb{C}_u[X]$ に対して $|\mathfrak{Tr}_L(T)| \le \|T\|$．特に $(\mathfrak{Tr}_L(T))_L \in c_b(\mathbb{N})$.
(2) 任意の $T, S \in \mathbb{C}_u[X]$ に対して，数列 $\mathfrak{Tr}_L([S,T])$ は 0 に収束する．

証明. (1): $T, S \in \mathbb{C}_u[X]$ に対して，命題 A.1 (4) より

$$\tfrac{1}{(2L)^d}\mathrm{Tr}(\mathsf{P}_L T \mathsf{P}_L) \le \tfrac{1}{(2L)^d}\mathrm{Tr}(\mathsf{P}_L)\cdot\|T\mathsf{P}_L\| \le \tfrac{|\Lambda_L|}{(2L)^d}\cdot\|T\|.$$

(2): $T, S \in \mathbb{C}_u[X]$ に対して，$R := \mathrm{Prop}(T)$ と置くと，

$$\mathfrak{Tr}_L(ST) = \tfrac{1}{(2L)^d}\Big(\mathrm{Tr}(\mathsf{P}_L S \mathsf{P}_L T \mathsf{P}_L) + \mathrm{Tr}(\mathsf{P}_L S(\mathsf{P}_{L+R} - \mathsf{P}_L)T\mathsf{P}_L)\Big)$$

と書ける．右辺第 1 項は $\frac{1}{(2L)^d}\mathrm{Tr}(\mathsf{P}_L S \mathsf{P}_L T \mathsf{P}_L) = \frac{1}{(2L)^d}\mathrm{Tr}(\mathsf{P}_L T \mathsf{P}_L S \mathsf{P}_L)$ のように S と T の入れ替えに関して不変である．一方，右辺第 2 項は

$$\begin{aligned}&\tfrac{1}{(2L)^d}\mathrm{Tr}(\mathsf{P}_L S(\mathsf{P}_{L+R} - \mathsf{P}_L)T\mathsf{P}_L) = \tfrac{1}{(2L)^d}\mathrm{Tr}((\mathsf{P}_{L+R} - \mathsf{P}_L)T\mathsf{P}_L S)\\ \le{}& \tfrac{1}{(2L)^d}\mathrm{Tr}(\mathsf{P}_{L+R} - \mathsf{P}_L)\cdot\|T\mathsf{P}_L S\| \le \tfrac{|\Lambda_{L+R}\setminus\Lambda_L|}{(2L)^d}\cdot\|T\|\cdot\|S\| \xrightarrow{L\to\infty} 0. \quad\square\end{aligned}$$

一般に数列 $\mathfrak{Tr}_L(x)$ は収束しないが，ストーン–チェックコンパクト化（例 2.40）を用いた超越的なやり方で“無理やり収束させる”方法がある．

定義 7.13. 点 $\varpi \in \beta\mathbb{N}\setminus\mathbb{N}$ を主要な超フィルターと呼ぶ．有界関数 $f \in c_b(\mathbb{N})$ に対して，$f(\varpi)$ を f の超極限 (ultralimit) と呼び，$\lim_{n\to\varpi} f(n)$ と書く．

命題 7.14. 主要な超フィルター $\varpi \in \beta\mathbb{N}\setminus\mathbb{N}$ に対して，

$$\mathfrak{Tr}_\varpi(T) := \lim_{n\to\varpi}\mathfrak{Tr}_L(T)$$

は $C^*_u(X)$ 上の有界なトレースを定める．数列 $(\mathfrak{Tr}_L(T))_L$ が収束するならば，$\mathfrak{Tr}_\varpi(T)$ はその極限になる．

証明. 有界性，トレース条件はすでに確認した．正値性は，線形汎関数 Tr_L の正値性から従う． $\square$

注意 7.15. 線形汎関数

$$\mathbb{P}_\varpi\colon C(\beta X) \to \mathbb{C}, \quad \mathbb{P}_\varpi(f) := \mathfrak{Tr}_\varpi(f) = \lim_{L\to\varpi}\frac{1}{(2L)^d}\sum_{\boldsymbol{x}\in\Lambda_L} f(\boldsymbol{x})$$

は，X のストーン–チェックコンパクト化 βX の上のラドン測度 $\mathbb{P}_\varpi$ を与える．これによってトレース $\mathfrak{Tr}_\varpi$ は次の積分表示を持つ．

$$\mathfrak{Tr}_\varpi(T) = \int_{\omega\in\beta X}\mathrm{Tr}(\delta_{\mathbf{0}} T(\omega)\delta_{\mathbf{0}})\,d\mathbb{P}_\varpi(\omega).$$

7.2.2 フレドホルム加群と指数ペアリング

(5.6) や (5.9) と同様に，$\ell^2(X, S_d)$ に作用する双対ディラック作用素

$$\mathsf{D} := \mathfrak{e}_1 \otimes \mathsf{X}_1 + \mathfrak{e}_2 \otimes \mathsf{X}_2 + \cdots + \mathfrak{e}_d \otimes \mathsf{X}_d \colon c_c(X, S_d) \to c_c(X, S_d)$$

との指数ペアリングを考える．$\pi \colon C^*_u(X) \to \mathbb{B}(\ell^2(X, S_d))$ を包含写像とすると，3 つ組 $(\ell^2(X, S_d), \pi, F)$ は $C^*_u(X)$ の d-フレドホルム加群を定める．よって，指数ペアリングは準同型 $\langle \sqcup, [F] \rangle \colon K_d(C^*_u(X)) \to \mathbb{Z}$ を与える．

補題 7.16. 指数ペアリング $\langle \sqcup, [F] \rangle$ は，ロー環 $K_*(C^*(X))$ を経由する．

証明．これは，$F \otimes 1 \in \mathbb{B}(\ell^2(X, S_d))$ が $C^*_u(X) \otimes \mathbb{K}$ のみでなく $C^*(X)$ の元ともコンパクト作用素を法として交換することからわかる*2)． □

また，$\mathsf{D}^\flat := \mathfrak{e}_1 \mathsf{X}_1 + \cdots + \mathfrak{e}_{d-1} \mathsf{X}_{d-1}$ と置き，その有界化変換を $F^\flat$ と置くと，$(\ell^2(X, S_{d-1}), \pi, F^\flat)$ は $C^*(Y \subset X)$ 上の $(d-1)$-フレドホルム加群である．よって，指数ペアリングは準同型 $\langle \sqcup, [F^\flat] \rangle \colon K_{j-1}(C^*_u(Y \subset X)) \to \mathbb{Z}$ を与える．これもまた上と同様に $K_{d-1}(C^*(Y \subset X))$ を経由する．

7.2.3 滑らかな部分環と巡回コサイクル

$T \in \mathbb{C}_u[X]$ に対して，6.4.2 節と同様にして，$\partial_j(T) := i[\mathsf{X}_j, T]$ は well-defined な有界作用素であることがわかる．

定義 7.17. 非可換 C^n-ノルム

$$\|T\|_n := \sup_{k_1 + \cdots + k_d \le n} \|\partial_1^{k_1} \partial_2^{k_2} \cdots \partial_d^{k_d}(T)\|$$

の族によって $\mathbb{C}_u[X]$ を完備化して得られるフレシェ $*$-代数を $\mathscr{A}_u(X)$ と書く．

命題 6.35 と同じ議論により，$\mathscr{A}_u(X)$ は正則関数計算に関して閉じていることがわかる．したがって，補題 6.36 より以下が結論づけられる．

命題 7.18. 同型 $K_*(C^*_u(X)) \cong K_*(\mathscr{A}_u(X))$ が成り立つ．

定理 6.39 と同じ議論によって，以下が成り立つ．

定理 7.19. $\mathscr{A}_u(X)^{\otimes(d+1)}$ 上の線形写像

$$\xi_d(a_0, \cdots, a_d) := \lambda_d \cdot \sum_{\sigma \in \mathfrak{S}_d} \mathrm{sgn}(\sigma) \cdot \mathfrak{Tr}_\varpi(a_0 \partial_{\sigma(1)}(a_1) \cdots \partial_{\sigma(d)}(a_d))$$

（λ_d は (5.14) の定数）は $\mathscr{A}_u(X)$ 上の巡回コサイクルを定め，フレドホルム加

2) 本書では KK 理論を本格的に導入することを避けたが，もし指数ペアリングを KK 理論の枠組の中で理解したければ，$C^*(X)$ が σ-単位的ではないことによる技術的問題が発生する．これを回避するには，ロー環が単位的 C-環の非可算な帰納極限として実現されることを用いればよい（cf. [157, Proposition 2.30]）．

群 $(\ell^2(X,S_d),\pi,F)$ の指数コサイクルである．

また，$\mathscr{A}_u(Y\subset X)\subset\mathscr{A}_u(X)$ を，任意の $k\in\mathbb{N}$ に対して $\|T\cdot\mathsf{X}^k\|<\infty$ となるような作用素のなす部分 $*$-代数として定義する．これは $C^*_u(Y\subset X)$ の稠密な部分 $*$-代数で，やはり正則関数計算について閉じている（cf. 補題 6.42）．特に $X=Y\times\mathbb{Z}$ のときには $\mathscr{A}_u(Y\subset X)\subset\mathscr{A}_u(Y)\otimes\mathcal{L}^1(\mathcal{H})$ で，

$$\mathfrak{Tr}^\flat_\varpi(T):=\lim_{L\to\varpi}\frac{1}{(2L)^{d-1}}\mathrm{Tr}(\mathsf{P}_L T\mathsf{P}_L)=(\mathfrak{Tr}_\varpi\otimes\mathrm{Tr})(T)$$

は $\mathscr{A}_u(Y\subset X)$ 上のトレースを与える．定理 7.19 で $\mathfrak{Tr}_\varpi$ の代わりにこれを用いると，$\mathscr{A}_u(Y\subset X)$ 上の巡回コサイクル $\xi^\flat_{d-1}$ を得る．

7.3 非周期的ハミルトニアンのバルク・境界対応

7.3.1 バルク系の分類

5.1 節と同様に，内部自由度に作用する $\mathbb{Z}_2$-次数 Γ を持つ X 加群 $\mathcal{H}:=\ell^2(X;\mathbb{C}^n)$ を考える．

定義 7.20. 定義 5.1 の 4 条件のうち (1), (2), (3) を満たす上の有界作用素 H を $\mathcal{H}$ 上の**ギャップドハミルトニアン**と呼び，$H\in\mathcal{H}(X;\mathcal{H})$ と書く．その（定義 5.2 の意味での）安定ホモトピー類のなす集合を $\mathcal{TP}(X)$ と書く．

定理 7.21. 以下の写像は同型を与えている:

$$\mathcal{TP}(X)\to K_0(C^*_u(X)),\quad [H]\mapsto[J_H]:=[(1-J_H)/2]-[(1-\Gamma)/2].$$

証明は定理 5.6 と同じ．定理 7.7 より，$\mathcal{TP}(X)$ はデローネ集合 $X\subset\mathbb{R}^d$ の選び方に依存せず，空間の次元だけから定まる．

次に，これまで天下り的に扱ってきた強トポロジカル相の概念を，次のように定式化する．$H\in\mathcal{H}(X;\mathcal{H})$ が非自明な強トポロジカル相に属するとは，$[J_H]\in K_0(C^*(X))$ が 0 でないことをいう*3)．

定義 7.22. $\mathrm{ind}_b(H):=[J_H]\in K_0(C^*(X))$ を H のバルク指数と呼ぶ．

5.1.1 節のように AIII 型の対称性を考えることもできる．AIII 型の対称性 S を持つ次数つき X-加群 $\mathcal{H}=\ell^2(X;\mathbb{C}^{n,n})$ に対して，$\mathsf{S}H\mathsf{S}=-H$ を満たすギャップドハミルトニアンの集合を $\mathcal{H}_{\mathrm{AIII}}(X;\mathcal{H})$，その安定ホモトピー類のなす集合を $\mathcal{TP}_{\mathrm{AIII}}(X)$ と置くと，これは $K_1(C^*_u(X))$ と同型になる．このとき，$\mathrm{ind}_b(H):=[J_H]\in K_1(C^*(X))$ を H のバルク指数と呼ぶ．

---

*3) ここでいう強トポロジカル相の意味について検討してみる．ロー環の K 群による分類を考えることは，作用素の間の同値関係をよりラフなものに取り替えていると言える．一様ロー環とロー環の違い（cf. 注意 7.2）は空間が無限に広がっていることに起因しており，実際の物質は有限なので，このラフな分類を考えることには一定の根拠がある．

7.3.2 粗マイヤー–ビートリス完全列

X を有界幾何を持つ離散距離空間，$X_+, X_- \subset X$ を X の分割 (i.e., $X_+ \cup X_- = X$) とする．X としては $\mathbb{R}^d$ のデローネ集合，$X_\pm$ としては $X_+ := X \cap (\mathbb{R}^{d-1} \times \mathbb{R}_{\geq -r})$ と $X_- := X \cap (\mathbb{R}^{d-1} \times \mathbb{R}_{\leq r})$ を念頭に置いている．

$Y := X_+ \cap X_-$ と置く．部分空間 $W \subset X$ の R-近傍を $N(W, R)$ と書くとき，分割 $X = X_+ \cup X_-$ が ω-切除的 (ω-excisive) であるとは，任意の $R > 0$ に対して包含 $Y \to N(X_+, R) \cap N(X_-, R)$ が粗同値であることをいう．

定理 7.23 ([129])**.** ω-切除的な分割 $X = X_+ \cup X_-$ に対して，以下の**粗マイヤー–ビートリス完全列**が存在する．

$$\begin{aligned} \cdots \to K_*(C^*(X)) \to K_*(C^*(X_+)) \oplus K_*(C^*(X_-)) \to K_*(C^*(Y)) \\ \xrightarrow{\partial_{\mathrm{MV}}} K_{*-1}(C^*(X)) \to K_{*-1}(C^*(X_+)) \oplus K_{*-1}(C^*(X_-)) \to \cdots \end{aligned}$$

また，一様ロー環に対しても定理 7.23 に相当する完全列が存在する．

この定理は，以下のより一般的な事実を $A = C^*(X)$，$I_1 := C^*(X_+ \subset X)$，$I_2 := C^*(X_- \subset X)$ に対して適用することで証明できる．

補題 7.24. A を C*-環，I_1, I_2 を A のイデアルであって $I_1 + I_2 = A$ を満たすものとする．$I := I_1 \cap I_2$ と置く．このとき次が成り立つ．

(1) 商 C*-環 A/I は直和 $I_1/I \oplus I_2/I$ と同型である．

(2) C*-環 $\Omega(A; I_1, I_2) := \{f \in C([0,1], A) \mid f(0) \in I_1, f(1) \in I_2\}$ は，I と同型な K 群を持つ．

(3) 完全列 $\cdots \to K_*(A) \to K_*(I_1) \oplus K_*(I_2) \to K_*(I) \to K_{*-1}(A) \to \cdots$ が存在する．

証明. (1): これは孫子剰余定理に他ならない．(2): $I[0,1]$ は $\Omega(A; I_1, I_2)$ のイデアルであり，商 C*-環は

$$\begin{aligned} \Omega(A; I_1, I_2)/I[0,1] &\cong \{f \in C([0,1], A/I) \mid f(0) \in I_1/I, f(1) \in I_2/I\} \\ &\cong \mathtt{C}(I_1/I) \oplus \mathtt{C}(I_2/I) \end{aligned}$$

で，右辺は補題 4.24 (1) より自明な K 群を持つ．6 項完全列 (定理 4.38) より，$\Omega(A; I_1, I_2)$ と $I[0,1]$ の K 群は包含写像によって同型となる．また，$K_*(A) \cong K_*(A[0,1])$ である．(3): 短完全列 $0 \to SA \to \Omega(A; I_1, I_2) \to I_1 \oplus I_2 \to 0$ に対して 6 項完全列を適用すればよい． □

定理 7.23 の準同型 ∂_{MV} は，合成

$$K_0(A) \cong K_1(SA) \to K_1(\Omega(A; I_1, I_2)) \xleftarrow{i_*} K_1(I)$$

によって与えられているが，これにはより具体的な記述がある．

定理 7.25. $q\colon A \to A/A_1 \cong A_1/I$ と置くと，$\partial_{MV} = \partial \circ q_*$.

証明. $\Omega(A; I_1, I_2)$ をイデアル $\mathtt{C}I_2$ で割った商 C*-環が写像錐 $\mathtt{C}(I_1 \to I_1/I)$ になることに注意すると，以下の図式

$$
\begin{array}{ccccc}
\mathtt{S}A & \longrightarrow & \Omega(A; I_1, I_2) & \longleftarrow & I \\
\downarrow{\scriptstyle \mathtt{S}q_*} & & \downarrow & & \| \\
\mathtt{S}I_1/I & \longrightarrow & \mathtt{C}(I_1 \to I_1/I) & \longleftarrow & I
\end{array}
$$

は交換する．この 1 行目が ∂_{MV} を，2 行目が境界準同型 ∂ を誘導している． □

系 7.26. 射影 $p \in \mathbb{M}_n(C^*(X))$ に対して，以下が成り立つ．

$$\partial_{\mathrm{MV}}([p]) = [-\exp(2\pi i \mathsf{P}_+ p \mathsf{P}_+)] \in K_1(C^*(Y \subset X)).$$

すなわち，∂_{MV} はテープリッツ境界準同型の拡張である．

注意 7.27. X がスピン多様体，Y がその余次元 1 部分多様体のとき，∂_{MV} はディラック作用素の粗指数 $\mathrm{Ind}(\not{D}_X)$（cf. 7.1.4 節）を境界 Y のディラック作用素の粗指数に送る; $\partial_{MV}(\mathrm{Ind}(\not{D}_X)) = \mathrm{Ind}(\not{D}_Y)$．この事実は “boundary of Dirac is Dirac” 原理と呼ばれている．

7.3.3 バルク・境界対応

系 7.26 より，粗マイヤー–ビートリス境界準同型 ∂_{MV} は $[J_H] \in K_0(C^*(X))$ を $\hat{H}$ の境界ユニタリ $[U_{\hat{H}}]$ に対応させる．$\hat{H}$ の境界指数を

$$\mathrm{ind}_\partial(\hat{H}) := [U_{\hat{H}}] \in K_{d-1}(C^*(Y)) \cong \mathbb{Z}$$

と定義すると，以下の定理により $\mathrm{ind}_b(H) = \mathrm{ind}_\partial(\hat{H})$ がわかる．

定理 7.28 (バルク・境界対応)．以下の図式は交換する:

$$
\begin{array}{ccccc}
K_d(C^*_u(X)) & \longrightarrow & K_d(C^*(X)) & \xrightarrow{\langle \sqcup, [F] \rangle} & \mathbb{Z} \\
\downarrow{\scriptstyle \partial_{\mathrm{MV}}} & & \downarrow{\scriptstyle \partial_{\mathrm{MV}}} & & \| \\
K_{d-1}(C^*_u(Y)) & \longrightarrow & K_{d-1}(C^*(Y)) & \xrightarrow{\langle \sqcup, [F^\flat] \rangle} & \mathbb{Z}.
\end{array}
$$

証明. 左の図式が回るのは明らか，右については，$K_d(C^*(X)) \cong \mathbb{Z}$ より，$K_d(C^*(X))$ の生成元を送ったときの関係のみチェックすれば十分である．これは定理 5.22 で既に示されている． □

これと系 7.26 から，前章で予告した定理 6.50 の証明が得られる．粗幾何学を用いたことによって，点配置が準周期的でない場合や，境界 Y が格子方向に関して斜めな場合のような，6.5 節の理論の適用範囲外に対しても有効である．

7.3.4 弱トポロジカル相について

ここまで，定義 5.8 や定義 6.49 ではバルクハミルトニアンのトポロジーから“強い”トポロジカル相を，ディラック作用素との指数ペアリングによって取り出すということをしてきた．しかし，これがいかなる意味でロバストなのかについては触れなかった．例えば [152] では，強トポロジカル相は“周期を N 倍にしても K 群の元として不変である”ため，並進対称性の周期という付加的なデータによらないロバストな量であると説明されている．本章の設定の下では，$C_u^*(X)^\Pi$ から $C_u^*(X)$ や $C^*(X)$ に送っても非自明なままであるようなトポロジカル相が，ロバストであると考えられる．

命題 7.29. $I \neq \{1, \cdots, d\}$ に対して，以下が成り立つ．

(1) 準同型 $K_*(C_r^*\Pi) \cong K_*(C_u^*(X)^\Pi) \to K_*(C_u^*(X))$ は β_I を 0 でない元に送る．一方，$K_*(C_u^*(X)^\Pi) \to K_*(C^*(X))$ は β_I を 0 に送る．

(2) 準同型 $KR_*(C_u^*(X)^\Pi) \to KR_*(C_u^*(X))$ は，$\mathbb{Z}_2$ 値の弱トポロジカル相 $\beta_I \cdot \eta$ および $\beta_I \cdot \eta^2$ を 0 に送る（cf. 注意 8.49）．

証明. (1): $K_*(C^*(X))$ まで送ると 0 になるのは，ここまでの議論からわかる．β_I が $K_*(C_u^*(X))$ で非自明であることは，次のように理解できる．$x_{i_1}, \cdots, x_{i_k}$ 方向の k 次元のディラック作用素 D' と p の“ペアリング” $F_p' = pF'p + (1-p)$ を考える．$Z := |\mathbb{Z}^{d-k}|$ と置くと，$1-(F_p')^2$ はイデアル $C_u^*(Z \subset X)$ に属するので，$[F_p'] \in K_1(C_u^*(X)/C_u^*(Z \subset X))$ を定める．$\partial[F_p] \in K_0(C_u^*(Z \subset X))$ をトレース $\mathfrak{Tr}_\varpi$ で送ると整数が得られる．写像 $[p] \mapsto \mathfrak{Tr}_\varpi(\partial[F_p])$ は，$\beta_{\{i_1,\cdots,i_k\}}$ を 1 に送る．

(2): $\mathbb{Z}_2$-値の弱トポロジカル相は包含写像 $C^*(X)^\Pi \to C^*(X)^{2\Pi}$ で送った時点で消滅するので，特に Π-対称性を忘れれば消滅する． □

注意 7.30. 一般に，C*-環の完全列 $0 \to I \to A \to A/I \to 0$ があり，イデアル I が（非有界な）トレース τ を持つとき，合成

$$K_1(A/I) \xrightarrow{\partial} K_0(I) \xrightarrow{\tau} \mathbb{R}$$

はトレース τ に関する L^2-指数と呼ばれる．この L^2-指数を取り出す操作を，半無限スペクトル 3 つ組との指数ペアリングと呼ぶ[53]．

例 7.31. $X = \mathbb{Z}$ のときは，具体的に一様ロー環の K 群が計算できる．$K_0(c_b(\mathbb{Z}))$ は $\mathbb{Z}$ 上の有界な整数列のなすアーベル群 $B(\mathbb{Z})$ と同型になる．したがって，接合積 $C_u^*(X) \cong c_b(\mathbb{Z}) \rtimes_r \mathbb{Z}$ にピムスナー–ヴォイクレスク完全列 (6.5) を適用すると

$$K_0(C_u^*(X)) \cong \mathrm{Ker}((1-s)\colon B(\mathbb{Z}) \to B(\mathbb{Z})), \quad K_1(C_u^*(X)) \cong \mathbb{Z},$$

がわかる．この K_0 群は非可算無限濃度を持つ大きな群である．

7.4 螺旋転位とバルク・欠陥対応

粗幾何学のもうひとつの応用に，バルク・(螺旋) 欠陥対応[131], [205], [228]の数学的証明がある．これは，3 次元の結晶の点配置が螺旋転位（図 7.1）を持つような状況で，バルク系のハミルトニアンが非自明なトポロジーを持っていたら螺旋転位に沿った局在状態が存在する，という主張である．ここでいうバルク系のトポロジーとは，x_1x_2-方向の弱トポロジカル相 $\beta_{1,2}$ を指す．

7.4.1 螺旋転位を持った物質の観測量の代数

x_3 軸に沿った螺旋転位を持った 3 次元の点配置を X_{sc} と置く．つまり，X_{sc} とは $\mathbb{R}^3$ 内の螺旋曲面

$$\widetilde{M} := \{(r\cos(2\pi\phi), r\sin(2\pi\phi), \phi) \mid r \in \mathbb{R}_{>0}, \phi \in \mathbb{R}\}$$

（これは $\mathbb{Z}$-作用 $(x_1, x_2, x_3) \mapsto (x_1, x_2, x_3 + n)$ を持つ）の格子点集合とする:

$$X_{\mathrm{sc}} := \bigl(\widetilde{M} \cap (\mathbb{Z} \times \mathbb{Z} \times \mathbb{R})\bigr) \cup (\{(0,0)\} \times \mathbb{Z}).$$

点 $\boldsymbol{v} \in \mathbb{Z}^2 \times \mathbb{R}$ に対して，螺旋転位を持つ点配置 X_{sc} の中で $\boldsymbol{v}$ に最も近い点を $[\boldsymbol{v}]$ と書くとする*4)．この記法を用いて，螺旋転位を持った格子上のシフト作用素 $U^{\mathrm{sc}}_{x_1}, U^{\mathrm{sc}}_{x_2}, U^{\mathrm{sc}}_{x_3}$ を，$\ell^2(X_{\mathrm{sc}})$ 上のユニタリ

$$U^{\mathrm{sc}}_{x_1}\delta_{\boldsymbol{v}} := \delta_{[\boldsymbol{v}+\boldsymbol{v}_1]}, \qquad U^{\mathrm{sc}}_{x_2}\delta_{\boldsymbol{v}} := \delta_{[\boldsymbol{v}+\boldsymbol{v}_2]}, \qquad U^{\mathrm{sc}}_{x_3}\delta_{\boldsymbol{v}} := \delta_{\boldsymbol{v}+\boldsymbol{v}_3}, \tag{7.2}$$

によって定義する．ここで，$\boldsymbol{v}_1 := (1,0,0)$, $\boldsymbol{v}_2 := (0,1,0)$, $\boldsymbol{v}_3 := (0,0,1)$.

定義 7.32. 螺旋転位つきの並進作用素 $U^{\mathrm{sc}}_{x_1}, U^{\mathrm{sc}}_{x_2}, U^{\mathrm{sc}}_{x_3}$ と x_3 軸 $Z := \{(0,0)\}\times\mathbb{Z}$ の近くに局在した作用素のなす部分 C*-環 $C^*_u(Z \subset X_{\mathrm{sc}})^{\mathbb{Z}}$ が生成する $\mathbb{B}(\ell^2(X_{\mathrm{sc}}))$ の部分 C*-環を A_{sc} と書く．

注意 7.33. 点配置 X_{sc} の横断面 $\Omega_{X_{\mathrm{sc}}}$ は，2 次元格子 $\mathbb{Z}^2$ の S^1 によるコンパクト化である．横断面亜群 $\mathcal{G} = \mathcal{G}_{X_{\mathrm{sc}}}$ の等質ランダム作用素の C*-環 $A_{\mathcal{G}}$ は，上の A_{sc} を部分 C*-環として含む[202].

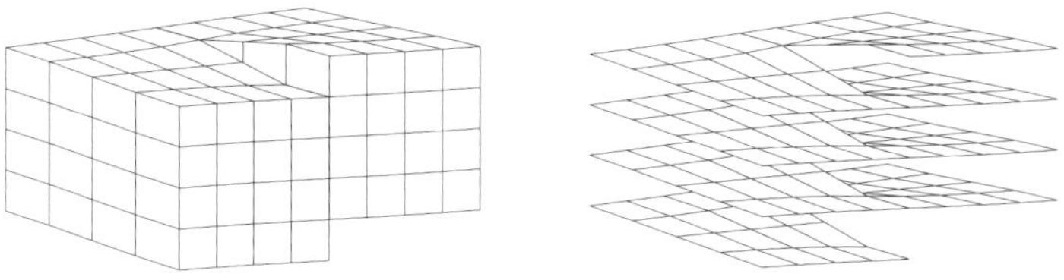

図 7.1 螺旋転位を持つ格子: 螺旋曲面の離散部分集合.

*4) そのような点が複数ある場合には，z 座標が大きな方を選ぶとする．

7.4.2 バルク・欠陥対応

部分 C*-環 $C_u^*(Z \subset X_{\mathrm{sc}}) \cong \mathbb{K} \otimes C_r^*(\mathbb{Z})$ は A_{sc} のイデアルである．さらに，$U_{x_1}^{\mathrm{sc}}$ と $U_{x_2}^{\mathrm{sc}}$ はこのイデアルを法として交換する．したがって，短完全列

$$0 \to \mathbb{K} \otimes C_r^*(\mathbb{Z}) \to A_{\mathrm{sc}} \xrightarrow{q} C_r^*(\mathbb{Z}^3) \to 0 \tag{7.3}$$

が存在する．これによって，以下の境界準同型を得る:

$$\partial\colon K_0(C_r^*(\mathbb{Z}^3)) \to K_1(\mathbb{K} \otimes C_r^*(\mathbb{Z})) \cong K_1(C_r^*(\mathbb{Z})).$$

螺旋転位のない並進対称ギャップドハミルトニアン $H = \sum_{\boldsymbol{v} \in \mathbb{Z}^3} a_{\boldsymbol{v}} U_{\boldsymbol{v}}$ は，$K_0(C_r^* \mathbb{Z}^3)$ の元 $[J_H]$ を代表する．この H に螺旋転位を挿入したときのハミルトニアン H_{sc} を，U_{x_j} を螺旋転位つき並進作用素 $U_{x_j}^{\mathrm{sc}}$ に取り換えたものによって定義する．すなわち

$$H_{\mathrm{sc}} = \sum_{\boldsymbol{v} \in \mathbb{Z}^3} a_{\boldsymbol{v}} (U_{x_1}^{\mathrm{sc}})^{v_1} (U_{x_2}^{\mathrm{sc}})^{v_2} (U_{x_3}^{\mathrm{sc}})^{v_3} \in A_{\mathrm{sc}}.$$

すると，この作用素は H の A_{sc} への持ち上げである: $q(H_{\mathrm{sc}}) = H$．よって，

$$\partial[J_H] = [U_{H_{\mathrm{sc}}}] = [-\exp(-\pi i \chi(\varepsilon^{-1} H_{\mathrm{sc}}))] \in K_1(C_r^* \mathbb{Z} \otimes \mathbb{K})$$

が成り立つ．したがって，$\partial[J_H] \neq 0$ が成り立つならば，H_{sc} のスペクトルギャップは x_3 軸の近くに局在した状態によって埋まることがわかる．

定理 7.34 ([158])．完全列 (7.3) に付随する境界準同型 $\partial\colon K_*(C_r^*(\mathbb{Z}^3)) \to K_{*-1}(\mathbb{K} \otimes C_r^*(\mathbb{Z}))$ は，$x_1 x_2$ 方向のボット生成元 $\beta_{\{1,2\}}$ を $K_1(C_r^*(\mathbb{Z}))$ のボット生成元に，他のボット生成元を 0 に送る．

この定理の主要部は $\partial(\beta_{\{1,2\}})$ を決定するところである．標語的には，これは “バルク・欠陥対応とは，螺旋平面におけるバルク・境界対応である” と説明できる．簡単のため，H は x_3 方向のホッピングを持たないとする．H_{sc} の伝播より大きな $R > 0$ に対して，Z の R-近傍の補集合への射影を P_R^c と置くと，

$$H_{\mathrm{sc},R} := \mathsf{P}_R^c H_{\mathrm{sc}} \mathsf{P}_R^c + (1 - \mathsf{P}_R^c) \in A_{\mathrm{sc}}$$

もまた H の A_{sc} への持ち上げである．このとき，上の $H_{\mathrm{sc},R}$ は局所的には $x_1 x_2$ 方向のレイヤーを飛び越えるホッピングを持たず，粗視的には螺旋平面 $\widetilde{M}_R := \widetilde{M} \cap N_R(Z)^c$（の格子 $X_{\mathrm{sc},R}$）上の作用素とみなすことができる．螺旋平面 $\widetilde{M}_R$ は境界つき多様体で，その境界は螺旋である．バルク・境界対応がこの空間に対しても同様に成り立つのであれば，螺旋に沿った局在状態が発生することになる．

以上の考察は，粗指数理論を用いて連続な空間 $\widetilde{M}_R$ の幾何に帰着することによって正当化できる．(7.3) は，x_3 方向の並進に関する同変ロー環の完全列

$$0 \to C^*(\partial \widetilde{M}_R \subset \widetilde{M}_R)^{\mathbb{Z}} \to C^*(\widetilde{M}_{\boldsymbol{z},R})^{\mathbb{Z}} \to \frac{C^*(|\mathbb{R}^2|)}{C^*(\mathrm{pt} \subset |\mathbb{R}^2|)} \to 0$$

に延長する．$K_0(C^*(|\mathbb{R}^2|))$ はディラック作用素の粗指数 $\mathrm{Ind}(D_{\mathbb{R}^2})$ によって生成されており，この元の境界準同型による像は注意 7.27 によって追跡できる．結論として，$\partial\,\mathrm{Ind}(D_{\mathbb{R}^2})$ は $K_1(C^*(\partial \widetilde{M}_R)) \cong \mathbb{Z}$ の生成元 $\mathrm{Ind}(D_{\partial \widetilde{M}_R})$ に送られることがわかる．

この議論は，8 章で扱うトポロジカル絶縁体・実 K 理論に対しても同様に機能する．よって，並進不変な 3 次元トポロジカル絶縁体の x_1x_2 方向の弱指数が非自明ならば，螺旋転位に沿った局在状態が発生することがわかる．

7.4.3 ラフリンの議論再訪

実は，定理 7.34 はそのまま定理 5.40 の証明にもなっている．

ハミルトニアン H_{sc} は x_3 軸方向への並進対称性を依然として持っているので，そのフーリエ変換を考えることができる．同一視 $X_{\mathrm{sc}} \cong \mathbb{Z}^3$ を適切に選んで，並進作用素 $U^{\mathrm{sc}}_{x_1}$, $U^{\mathrm{sc}}_{x_2}$ のフーリエ変換を具体的に計算すると，これらはそれぞれ

$$U^{\mathrm{sc}}_{x_1}(k_3) = U^{\mathrm{AB},k_3}_{x_1}, \quad U^{\mathrm{sc}}_{x_2}(k_3) = U^{\mathrm{AB},k_3}_{x_2}$$

のように，アハラノフ–ボーム磁場を印加した並進作用素 (5.18) と一致する．したがって，特に H が x_3 方向のホッピングを持たない場合，H_{sc} のフーリエ変換は H にアハラノフ–ボーム磁場を挿入したものと一致する:

$$H_{\mathrm{sc}}(k_3) = \sum_{\boldsymbol{v} \in \mathbb{Z}^2} a_{\boldsymbol{v}} U^{\mathrm{AB},k_3}_{\boldsymbol{v}} = H^{\mathrm{AB}}_{k_3}.$$

この作用素の k_3 を 0 から 1 まで動かしたときのスペクトル流は，定理 7.34 より 2 次元系 H のバルク指数と一致する．

文献案内

粗幾何学はロー (J. Roe) によって 1980 年代後半に創始された理論で，当初はコンパクトでない多様体上の楕円型偏微分作用素に対してアティヤの L^2-指数定理を一般化することを動機としていた．その中で公理化された有限伝播性や粗構造のような概念は，現在では幾何群論の考え方と合流して大きな広がりを見せており，本書で扱ったのはその表層に過ぎない．粗指数理論，特に粗バウム–コンヌ予想はその大きな一側面であり，[128], [207], [208], [210], [242] など多くの書籍によって詳しく解説されている．また，SGC ライブラリから出版されている [255] は本書と相補的である．

粗幾何学をトポロジカル相の数理に適用するという考えは [157] で導入して以降，いくつかの研究で応用されている[3], [90], [158], [160], [173], [174]．

第 8 章
トポロジカル絶縁体と実 K 理論

本章からは，対称性によって守られたトポロジカル相の分類と，そのバルク・境界対応について議論していく．ここでは群の線形表現を超えた量子力学の対称性を扱うことになるため，同変 K 理論（4.5 節）より一般的な枠組が必要になる．8 章では，中でも基本的とされる 10 種類の AZ 型対称性を扱う．この 10 種は 2 種の複素 K 理論と 8 種の実 K 理論にちょうど対応し，強トポロジカル相の分類表は次元に関して 8 周期を持つ（キタエフの周期表）．また，AZ 対称性に守られたトポロジカル相に対してもバルク・境界対応が成り立つ．

8.1 AII 型トポロジカル絶縁体

まずは本章の内容の雛型である，2 次元と 3 次元の AII 型トポロジカル絶縁体のトポロジカルな分類[101], [135]について議論する（cf. 1.3.1 節）．

8.1.1 時間反転対称性

ケイン–メレ模型（例 1.9）や BHZ 模型（例 1.10）は，時間反転作用素

$$\mathsf{T}\colon \ell^2(X;\mathbb{C}^2) \to \ell^2(X;\mathbb{C}^2), \quad \mathsf{T}\begin{pmatrix}\psi_1\\ \psi_2\end{pmatrix} = \begin{pmatrix}0 & -1\\ 1 & 0\end{pmatrix}\begin{pmatrix}\bar{\psi}_1\\ \bar{\psi}_2\end{pmatrix}$$

と交換するという対称性を持っていた（この T は $\mathsf{T}^2 = -1$ を満たす）．補題 5.5 のように，並進対称なハミルトニアンをフーリエ–ブロッホ変換した $\hat{\Pi} \cong \mathbb{T}^2$ 上の行列値関数 $H(k_1, k_2)$ を考える．一方，T のフーリエ変換 $\mathcal{F}\mathsf{T}\mathcal{F}^*\colon L^2(\mathbb{T}^2;\mathbb{C}^2) \to L^2(\mathbb{T}^2;\mathbb{C}^2)$（以下これも単に T と書く）は

$$\mathsf{T}e^{2\pi i n k_1}\mathsf{T}^{-1} = e^{2\pi i n k_1} = \overline{e^{-2\pi i n k_1}}, \quad \mathsf{T}e^{2\pi i n k_2}\mathsf{T}^{-1} = e^{2\pi i n k_2} = \overline{e^{-2\pi i n k_2}}$$

を満たす．すなわち，波数空間 $\hat{\Pi}$ 上の関数に対して，$\mathrm{Ad}(\mathsf{T})$ は各点での時間反転と空間上の対合 $(k_1, k_2) \mapsto (-k_1, -k_2)$ の合成によって作用している．し

たがって，$H(\boldsymbol{k})$ は

$$\mathsf{T}H(k_1,k_2)\mathsf{T}^{-1} = H(-k_1,-k_2) \tag{8.1}$$

を満たす．ここで，5 章でも少し触れたように，H のフェルミ射影 $P_\mu(H)$ からベクトル束 $E := \operatorname{Im} P_\mu(H)$ を定義する．すると，T は E の異なるファイバー同士の反線形写像

$$\mathsf{T}\colon E_{(k_1,k_2)} \to E_{(-k_1,-k_2)}$$

を与えている．このような対称性を持つベクトル束の分類を与えるが，アティヤの実 K 理論[7]である．

8.1.2 "実" 位相空間の四元数 K 理論

実 K 理論が対象とするのは，上の例でいうところの $(k_1,k_2) \mapsto (-k_1,-k_2)$ のような対合（$\mathbb{Z}_2$ の作用）を持った位相空間である．

定義 8.1 ([7]). 局所コンパクト空間 X に対して，$\tau^2 = \mathrm{id}$ を満たす連続写像 $\tau\colon X \to X$ を X の**実構造** (Real structure) と呼ぶ．

例 8.2. 実数直線 $\mathbb{R}$ に反射 $x \mapsto -x$ によって実構造を導入したものを $\mathbb{R}^{0|1}$ と書き，$\mathbb{R}^{n|m} := \mathbb{R}^n \times (\mathbb{R}^{0|1})^m$ と置く．

また，円周 $\mathbb{T} = U(1)$ に同様の対合 $z \mapsto \bar{z}$ を導入したものを $\mathbb{T}^{0|1}$ と書き，$\mathbb{T}^{n|m} := \mathbb{T}^n \times (\mathbb{T}^{0|1})^m$ と置く．$\mathbb{T}^{0|m}$ への対合の固定点は 2^m 個の点 $(\pm 1, \cdots, \pm 1)$ からなる．8.1.1 節で扱った $\hat{\Pi} = \mathbb{T}^2$ 上の対合は，この記法における $\mathbb{T}^{0|2}$ に他ならない．

定義 8.3. X をコンパクト空間，τ を X の実構造とする．対 (X,τ) 上の $\mathfrak{R}$-ベクトル束 (resp. $\mathfrak{Q}$-ベクトル束) とは，複素ベクトル束 $E \xrightarrow{\pi} X$ と，τ 上の反線形束写像 $\mathsf{T}\colon E \to E$ (i.e., $\tau \circ \pi = \pi \circ \mathsf{T}$) であって $\mathsf{T}^2 = \mathrm{id}$ (resp. $\mathsf{T}^2 = -\mathrm{id}$) を満たすもの，の対のことをいう．

$\mathfrak{R}$-ベクトル束 (E_1, T_1) と (E_2, T_2) が同型であるとは，束同型 $U\colon E_1 \to E_2$ であって $\mathsf{T}_2 U = U \mathsf{T}_1$ を満たすものが存在することをいう．$\mathfrak{R}$-ベクトル束の同型類のなす半群を $\mathrm{Vect}_{\mathfrak{R}}(X)$ と書く．$\mathfrak{Q}$-ベクトル束についても同様に束同型を定義し，同型類のなす半群を $\mathrm{Vect}_{\mathfrak{Q}}(X)$ と書く．

定義 8.4. 実空間 (X,τ) の位相的 KR 群と KQ 群を以下のように定義する:

$$KR^0(X) := \mathfrak{G}(\mathrm{Vect}_{\mathfrak{R}}(X)), \quad KQ^0(X) := \mathfrak{G}(\mathrm{Vect}_{\mathfrak{Q}}(X)).$$

例 8.5. 対合 τ が特別な場合，KR 群と KQ 群は以下のように言い換えられる．

(1) $\tau = \mathrm{id}_X$ のとき，X 上の $\mathfrak{R}$-ベクトル束は $\mathbb{R}$-係数のベクトル束，$\mathfrak{Q}$-ベクトル束は $\mathbb{H}$-係数のベクトル束と，それぞれ 1:1 に対応する．これらに対

応する K 理論をそれぞれ $KO^0(X)$，$KSp^0(X)$ と書く．

(2) 同じ空間 2 つのコピー $X \sqcup X$ に入れ替えによって実構造が導入されているとき，対応 $E \mapsto E|_X$ は同型 $KR^0(X \sqcup X) \cong K^0(X)$ および $KQ^0(X \sqcup X) \cong K^0(X)$ を与える．

ここまでの議論をまとめると，AII 型の対称性を持つ d 次元並進対称ハミルトニアンのトポロジカル相は，群 $KQ^0(\mathbb{T}^{0|d})$ によって分類される．この群は以下のように計算される（後に注意 8.49 で説明する）．

命題 8.6. 同型 $KQ^0(\mathbb{T}^{0|2}) \cong \mathbb{Z} \oplus \mathbb{Z}_2$，$KQ^0(\mathbb{T}^{0|3}) \cong \mathbb{Z} \oplus \mathbb{Z}_2^{\oplus 4}$ が成り立つ．

8.1.3 FKMM / FKM 不変量

命題 8.6 のような $\mathbb{T}^{0|d}$ 上の $\mathfrak{Q}$-ベクトル束の分類は，局所的な位相不変量によって与えられる．これが古田–亀谷–松江–南による **FKMM 不変量**[102]であり，フー–ケイン–メレによる **FKM 指数**[101], [135], [136]である．本節では，五味–デ・ニッティス[73], [74], [76]に従ってこれを導入する．

(E, T) を (X, τ) 上の $\mathfrak{Q}$-ベクトル束とする．固定点集合 X^τ が空でないとき，$\mathfrak{Q}$-ベクトル束 E の階数は偶数となる．行列式束 $\det E := \bigwedge_{\mathbb{C}}^{\operatorname{rank} E} E$ には T によって誘導される反線形対合 $\det \mathsf{T}$ が作用するが，E の階数が偶数なので $(\det \mathsf{T})^2 = 1$ となる．すなわち $(\det E, \det \mathsf{T})$ は $\mathfrak{R}$-線束となる．

$\mathbb{Z}$ に $\mathbb{Z}_2$ が -1 倍によって作用するものを $\widetilde{\mathbb{Z}}$ と書くと，(X, τ) 上の $\mathfrak{R}$-線束の同型類のなす群 $\mathrm{Pic}_{\mathfrak{R}}(X)$ は同変コホモロジー群 $H^2_{\mathbb{Z}_2}(X; \widetilde{\mathbb{Z}})$ と同型になる (cf. 10.2.2 節)．$\mathbb{T}^{0|d}$ のような空間ではこの群が自明になる（[72, Proposition 5.3]）ため，$\det(E)$ の $\mathfrak{R}$-線束としての自明化 $h_{\det}$ が取れる．

一方，X^τ 上では，$\det(E)$ には E から定まる "自然な" 連続切断 s_E が存在する*1)．この切断に対応する $\mathfrak{R}$-線束の自明化を $\det_{X^\tau}$ と置き，

$$\omega_{E,\mathsf{T}} := h_{\det}|_{X^\tau} \circ \det_{X^\tau}^{-1} \colon X^\tau \times \mathbb{C} \to X^\tau \times \mathbb{C}$$

と定める．これは $\mathfrak{R}$-構造を保つことから，X^τ から $\{\pm 1\}$ への写像になっている．また，これには $h_{\det}$ の選び方だけ任意性があるが，$\mathbb{Z}_2$-同変写像の群 $\mathrm{Map}(X, \mathbb{T})^{\mathbb{Z}_2}$ を法とすると一意になる．

定義 8.7 ([102], [73, Definition 3. 8])**.** $\mathbb{T}^{0|d}$ 上の $\mathfrak{Q}$-ベクトル束 (E, T) に対して，その FKMM 不変量を以下によって定義する．

$$\kappa(E, \mathsf{T}) := [\omega_{E,\mathsf{T}}] \in [X^\tau, \mathbb{T}]^{\mathbb{Z}_2} / [X, \mathbb{T}]^{\mathbb{Z}_2}.$$

---

*1) $\mathsf{T}^2 = -1$ を満たす反ユニタリ T が作用している複素ベクトル空間 V に対して，$\mathsf{T}\xi_{2j} = \xi_{2j-1}$ を満たすような正規直交基底 $\xi_1, \cdots, \xi_{\dim V}$（このような基底を標準基底と呼ぶ）を取り，$s_V := \xi_1 \wedge \cdots \wedge \xi_{2n} \in \det(V)$ と置く．すると，この s_V は $\xi_1, \cdots, \xi_{\dim V}$ の取り方によらない．$x \mapsto s_{E_x}$ は $\det(E)|_{X^\tau}$ の連続切断をなす．

定理 8.8 ([73, Theorem 1.5]). $X = \mathbb{T}^{0|2}, \mathbb{T}^{0|3}$ のとき，以下は同型:

$$(\mathrm{rank}, \kappa)\colon\ KQ^0(X) \xrightarrow{\cong} 2\mathbb{Z} \oplus [X^\tau, \mathbb{T}]^{\mathbb{Z}_2}/[X, \mathbb{T}]^{\mathbb{Z}_2}.$$

$X = \mathbb{T}^{0|d}$ $(d = 2, 3)$ の FKMM 不変量には，FKM 指数と呼ばれる具体的な表示がある．$\mathbb{T}^{0|d}$ 上の $\mathfrak{Q}$-ベクトル束は複素ベクトル束として自明なので，E の自明化を固定しておく．すると，複素共役 $\mathcal{C}$ と $w\colon X \to U_{2n}$ によって $\mathsf{T} = w \circ \mathcal{C}$ と書け，条件 $\mathsf{T}^2 = -1$ は $\overline{w_{\boldsymbol{k}}} = -w^*_{-\boldsymbol{k}}$ と書き換えられる．特に $w|_{X^\tau}$ は反対称行列に値を取り，パッフィアン $\mathrm{Pf}(w)$ が定義できる．一方，$\mathfrak{R}$-ベクトル束 $(\det E, \det \mathsf{T})$ の自明化は，$q(\boldsymbol{k})q(-\boldsymbol{k}) = \det(w_{\boldsymbol{k}})$ を満たす関数 $q\colon X \to \mathbb{T}$ に対応する．$x \in X^\tau$ に対して，$q(\boldsymbol{k})^2 = \det(w_{\boldsymbol{k}}) = \mathrm{Pf}(w_{\boldsymbol{k}})^2$ より $q(\boldsymbol{k})/\mathrm{Pf}(w_{\boldsymbol{k}}) \in \{\pm 1\}$ が成り立つ．

命題 8.9 ([73, Proposition 4.4]). $\mathfrak{Q}$-ベクトル束 $(X \times \mathbb{C}^n, w \circ \mathcal{C})$ に対して

$$\kappa(E, \mathsf{T}) = [q/\mathrm{Pf}(w)] \in [X^\tau, \mathbb{T}]^{\mathbb{Z}_2}/[X, \mathbb{T}]^{\mathbb{Z}_2}$$

が成り立つ．また，

(1) $X = \mathbb{T}^{0|2}$ のときの同型 $[X^\tau, \mathbb{T}]^{\mathbb{Z}_2}/[X, \mathbb{T}]^{\mathbb{Z}_2} \cong \mathbb{Z}_2$ は

$$u \mapsto \kappa_0 := \prod_{\boldsymbol{k} \in X^\tau} u(\boldsymbol{k}),$$

(2) $X = \mathbb{T}^{0|3}$ のときの同型 $[X^\tau, \mathbb{T}]^{\mathbb{Z}_2}/[X, \mathbb{T}]^{\mathbb{Z}_2} \cong \mathbb{Z}_2 \oplus \mathbb{Z}_2^{\oplus 3}$ は

$$u \mapsto (\kappa_0, \kappa_1, \kappa_2, \kappa_3), \qquad \kappa_0 := \prod_{\boldsymbol{k} \in X^\tau} u(\boldsymbol{k}), \quad \kappa_i := \prod_{\boldsymbol{k} \in X_i^\tau} u(\boldsymbol{k}),$$

によってそれぞれ与えられる（ただしここで $X_i^\tau := \{\boldsymbol{k} \in X^\tau \mid k_i = 0\}$）．

本節とは逆に，[74] や [182] などでは定理 5.19 に似た微分形式の積分（cf. WZW 不変量）による記述が与えられている．

注意 8.10. 系が時間反転対称性に加えて空間方向の反転対称性も持つとき，FKM 指数は真に局所的な情報のみから計算できる（フー–ケイン公式[100]）．

空間反転対称性は，$\mathfrak{Q}$-ベクトル束 (E, T) に線形な対称性 $\mathsf{R}_{\boldsymbol{k}}\colon E_{\boldsymbol{k}} \to E_{-\boldsymbol{k}}$ を誘導する．各点 $\boldsymbol{k} \in \mathbb{T}^{0|d}$ に対して，$\mathsf{R}_{-\boldsymbol{k}} w_{\boldsymbol{k}}$ は反対称行列で，$\mathsf{R}_{\boldsymbol{k}} w_{-\boldsymbol{k}} = w_{\boldsymbol{k}} \overline{\mathsf{R}_{-\boldsymbol{k}} w_{\boldsymbol{k}}} w_{\boldsymbol{k}}^t$ を満たす．よって，$q(\boldsymbol{k})$ として $\mathrm{Pf}(\mathsf{R}_{-\boldsymbol{k}} w_{\boldsymbol{k}})$ を選べる．

$\boldsymbol{k} \in (\mathbb{T}^{0|d})^\tau$ に対して，$E_{\boldsymbol{k}}$ の標準基底 $\xi_1, \cdots, \xi_{2n}$ (126 ページ脚注 1) を，$\mathsf{R}_{\boldsymbol{k}}$ が $\xi_2, \xi_4, \cdots, \xi_{2n}$ の生成する $\mathsf{E}_{\boldsymbol{k}}$ の部分空間 $\mathsf{E}^0_{\boldsymbol{k}}$ を保つように選ぶ．すると，

$$q(\boldsymbol{k})/\mathrm{Pf}(w_{\boldsymbol{k}}) = \mathrm{Pf}(\mathsf{R}_{-\boldsymbol{k}} w_{\boldsymbol{k}})/\mathrm{Pf}(w_{\boldsymbol{k}}) = \det(\mathsf{R}_{\boldsymbol{k}}|_{\mathsf{E}^0_{\boldsymbol{k}}})$$

が成り立つことがわかる．この右辺は，点 $\boldsymbol{k}$ での情報だけから定まる量である．FKM 指数はこれらの積によって計算できる．（参考: [264, 5.3 節].）

8.1.4 バルク・境界対応

次に，$d=2$ のときに境界系のバンド図がどうなるかを検討する．H に対応する境界系のハミルトニアン $\hat{H}$ を x_1 方向にフーリエ–ブロッホ変換することで得られる $\hat{\Pi}^\flat \cong \mathbb{T}$ 上の作用素値関数 $\hat{H}(k_1)$ は，

$$\mathsf{T}\hat{H}(k_1)\mathsf{T}^{-1} = \hat{H}(-k_1)$$

を満たす．このことによって，1.3.1 節でも述べた通り，$(\hat{H}(k_1))_{k_1\in\mathbb{T}}$ のスペクトルの図は図 1.5 右のように左右対称になり，特に通常の意味でのスペクトル流は 0 になる．一方で，Mod 2 スペクトル流 $\mathrm{sf}_2(\hat{H})$ を "フェルミ準位 μ を横切るスペクトルを $k_1 \in [0,1/2]$ の範囲で数え上げたものの偶奇" として定義すると，これは位相不変量になる．

このことは次のように理解できる．$\hat{H}$ に付随する (5.4) のユニタリ $U_{\hat{H}}$ は

$$\mathsf{T}U_{\hat{H}}(k_1)\mathsf{T}^{-1} = U_{\hat{H}}(-k_1)^*$$

を満たす．つまり，この $[U_{\hat{H}}]$ は $\mathbb{Z}_2$-同変な連続写像 $\mathbb{T}\to U_\infty$ を定めている．この写像を $[0,1/2]$ に制限すると，$U_\infty^{\mathbb{Z}_2}$ の 2 点を U_∞ で結ぶパスが得られる．相対ホモトピー群の計算から，

$$[\mathbb{T}, U_\infty]^{\mathbb{Z}_2} \cong \pi_1(U_\infty, U_\infty^{\mathbb{Z}_2}) \cong \pi_1(U_\infty)/\pi_1(U_\infty^{\mathbb{Z}_2}) \cong \mathbb{Z}/2\mathbb{Z}$$

がわかる．実際，$u \in U_\infty^{\mathbb{Z}_2}$ の各固有空間には T が作用するので，その次元は偶数になり，特に $u\colon \mathbb{T}\to U_\infty^{\mathbb{Z}_2}$ に対しては $\mathrm{wind}(\det(u))$ が偶数となる．

並進対称性を持つ 2 次元 AII 型トポロジカル絶縁体のバルク・境界対応は，以下のように定式化される．証明は定理 8.54 で与える．

定理 8.11. AII 型対称性に守られた 2 次元のギャップドハミルトニアン H に対して，$\kappa(\mathrm{Im}\,P_\mu, \mathsf{T}) = \mathrm{sf}_2(\hat{H})$ が成り立つ．

特に，$\kappa(\mathrm{Im}\,P_\mu, \mathsf{T}) = 1$ ならば，対応する境界系 $\hat{H}$ のスペクトルギャップは境界に局在した状態によって埋まることがわかる．これはどのようにうまく境界条件を導入しても同じで，H の変形に対してロバストである．

8.1.5 スピン演算子 σ_z の対称性を持つ場合

1.3.1 節では，スピンホール伝導度を考えるためにハミルトニアンが T だけではなくスピン作用素 σ_z の対称性も持つことを仮定した．この対称性の下では整数値の位相不変量が得られ，その偶奇のみが σ_z 対称性を破っても保たれるのだった．この事実は K 群の計算から理解できる．以下，σ_z は内部自由度に作用し，$\sigma_z^2 = 1$ と $\mathsf{T}\sigma_z\mathsf{T}^{-1} = -\sigma_z$ を満たすとする．

命題 8.12. $\mathsf{T}H\mathsf{T}^{-1} = H$ と $\sigma_z H = H\sigma_z$ を満たす 2 次元ギャップドハミルトニアン H に対し，σ_z の ± 1 固有空間への H の制限を $H_\pm$ と置く．このとき，

$c_1(P_\mu(H_+))$ の偶奇は FKMM 不変量 $\kappa(\mathrm{Im}\, P_\mu, \mathsf{T})$ と一致する．

証明．σ_z の ± 1 固有空間の基底をうまく選んで，

$$H = \begin{pmatrix} H_+ & 0 \\ 0 & H_- \end{pmatrix}, \quad \mathsf{T} = \begin{pmatrix} 0 & -\mathcal{C} \\ \mathcal{C} & 0 \end{pmatrix}, \quad \sigma_z = \begin{pmatrix} 1 & 0 \\ 0 & -1 \end{pmatrix}$$

と表示する．このとき，$\mathcal{C}H_+\mathcal{C} = H_-$ が成り立っている．逆に，A 型のギャップドハミルトニアン H_+ に対して，$H_- = \mathcal{C}H_+\mathcal{C}$ と置いて H, T, σ_z を上のように定義すればこれは AII 型のギャップドハミルトニアンとなる．この対応 $[J_{H_+}] \mapsto [J_H]$ は，例 8.5 と 2 重被覆写像による押し出しの合成によって

$$K^0(\hat{\Pi}) \xrightarrow{\cong} KQ^0(\hat{\Pi} \sqcup \hat{\Pi}) \to KQ^0(\hat{\Pi})$$

と書ける．後述の注意 8.32 より，これは全射となる． □

8.2 キタエフの周期表

前節では系の時間反転対称性に着目して，この対称性によって守られているような系のトポロジカル相について議論をした．量子力学において，時間発展対称性とともに基本的な対称性とされるものが全部で 3 種類存在する．

- **時間反転対称性** (time-reversal symmetry, TRS) : 反線形写像 $\mathsf{T}\colon \mathcal{H} \to \mathcal{H}$ で，$\mathsf{T}H\mathsf{T}^* = H$，$\mathsf{T}^2 = \pm 1$.
- **粒子・正孔対称性** (particle-hole symmetry, PHS) : 反線形写像 $\mathsf{C}\colon \mathcal{H} \to \mathcal{H}$ で，$\mathsf{C}H\mathsf{C}^* = -H$，$\mathsf{C}^2 = \pm 1$.
- **副格子対称性** (sub-lattice symmetry, SLS) : 線形写像 $\mathsf{S}\colon \mathcal{H} \to \mathcal{H}$ で，$\mathsf{S}H\mathsf{S}^* = H$，$\mathsf{S}^2 = 1$.

部分格子対称性はカイラル対称性とも呼ばれる．また，これらは $\mathsf{CT} = \mathsf{S}$ という関係式を満たしている．

定義 8.13. **アルトランド–ツィルンバウアー対称性**（Altrand–Zirnbauer, 以下 AZ 対称性）とは，上の TRS，PHS，SLS の 3 種類の作用素のうちいくつかの組み合わせによって実現される対称性のことをいう．

AZ 対称性には，$\mathsf{T}, \mathsf{C}, \mathsf{S}$ のうちどれを考慮に入れるか，T^2 や C^2 は ± 1 のどちらになるか，という選択肢*2) が合わせて 10 種類存在する．この 10 種類は，カルタンによるリーマン対称空間の分類で用いられるラベルによって A, AIII, AI, BDI, D, DII, AII, CII, C, CI 型と名付けられている（表 8.1）．

そこで，これらの対称性のそれぞれに対して命題 8.6 のように（強）トポロジカル相の分類を与える K 群のようなものを定義し，これを決定するという問題が考えられる．これは [152], [212], [215], [216] などで解決され，そのリス

*2) $\mathsf{T}^3 = \mathsf{T}^2 \cdot \mathsf{T} = \mathsf{T} \cdot \mathsf{T}^2$ を計算すると，$\mathsf{T}^2 \in \{\pm 1\}$ となることはわかる．

表 8.1　キタエフの周期表.

$\mathcal{A}$	C^2	T^2	Cartan	0	1	2	3	4	5	6	7
-	-	-	A	$\mathbb{Z}$	0	$\mathbb{Z}$	0	$\mathbb{Z}$	0	$\mathbb{Z}$	0
$\mathcal{S}$	-	-	AIII	0	$\mathbb{Z}$	0	$\mathbb{Z}$	0	$\mathbb{Z}$	0	$\mathbb{Z}$
$\mathcal{T}$	-	$+$	AI	$\mathbb{Z}$	0	0	0	$\mathbb{Z}$	0	$\mathbb{Z}_2$	$\mathbb{Z}_2$
$\mathcal{G}$	$+$	$+$	BDI	$\mathbb{Z}_2$	$\mathbb{Z}$	0	0	0	$\mathbb{Z}$	0	$\mathbb{Z}_2$
$\mathcal{C}$	$+$	-	D	$\mathbb{Z}_2$	$\mathbb{Z}_2$	$\mathbb{Z}$	0	0	0	$\mathbb{Z}$	0
$\mathcal{G}$	$+$	$-$	DIII	0	$\mathbb{Z}_2$	$\mathbb{Z}_2$	$\mathbb{Z}$	0	0	0	$\mathbb{Z}$
$\mathcal{T}$	-	$-$	AII	$\mathbb{Z}$	0	$\mathbb{Z}_2$	$\mathbb{Z}_2$	$\mathbb{Z}$	0	0	0
$\mathcal{G}$	$-$	$-$	CII	0	$\mathbb{Z}$	0	$\mathbb{Z}_2$	$\mathbb{Z}_2$	$\mathbb{Z}$	0	0
$\mathcal{C}$	$-$	-	C	0	0	$\mathbb{Z}$	0	$\mathbb{Z}_2$	$\mathbb{Z}_2$	$\mathbb{Z}$	0
$\mathcal{G}$	$-$	$+$	CI	0	0	0	$\mathbb{Z}$	0	$\mathbb{Z}_2$	$\mathbb{Z}_2$	$\mathbb{Z}$

トは現在では**キタエフの周期表** (Kitaev's periodic table) と呼ばれている.

定理 8.14. 10 種類のそれぞれの AZ 対称性によって守られた "強トポロジカル相" の分類は，表 8.1 のようになる.

この定理の正確な主張については 8.6.1 節で後述する．この周期表を見ると，上の 2 種類は次元に関して 2 周期，下の 8 種類は 8 周期で変化することがわかる．この周期はまさに複素・実 K 理論のボット周期性に他ならない.

本章では，この事実を体系的に理解するため，特に 7 章の議論を AZ 対称性のある場合に一般化するために，実 C*-環の K 理論を導入する.

8.3　実 C*-環

定義 8.15. C*-環 A の**複素共役**とは，対合的な反線形 $*$-準同型 $\tau \colon A \to A$，つまり $\tau(ab) = \tau(a)\tau(b)$，$\tau(a)^* = \tau(a^*)$，$\tau^2 = \mathrm{id}$ を満たす反線形写像のことをいう．組 (A, τ) を**実 C*-環** (Real C*-algebra) と呼ぶ.

以下しばしば，$\tau(a)$ を単に $\bar{a}$ とも書く．実 C*-環と "実係数の C*-環" は，以下の定理によって結びつけられる（cf. 補題 3.29).

定理 8.16. 以下の 2 つの対象の間に 1 対 1 の対応がある[*3]:

(1) 実 C*-環 (A, τ).

(2) $\mathbb{R}$ 係数の代数 A，実線形な対合 $* \colon A \to A$，A 上のノルム $\|\llcorner\!\lrcorner\|$ の 3 つ組であって，定義 2.11 の 2 条件に加えて $\|a^*a\| \leq \|a^*a + b^*b\|$ が任意の $a, b \in A$ に対して成り立つもの.

(3) 実ヒルベルト空間 $\mathcal{H}_{\mathbb{R}}$ 上の有界作用素のなす環の閉部分 $*$-代数.

(1) から (2) へは A に $A \otimes_{\mathbb{R}} \mathbb{C}$ を対応させ，(2) から (1) へは複素共役の固定点集合 $A^\tau := \{a \in A \mid \bar{a} = a\}$ を取ればよい．(2) と (3) の同値性は，GNS 表現定理（定理 2.14）の実版である．詳細は [192] を参照.

3)　英語では，(2) を "real C-algebra", (1) を "Real C*-algebra" と表記することによって区別する．本書では，一対一対応しているこれらを特に区別することはせず，単に実 C*-環と呼ぶ．また，特に断らない限り後者を念頭に置く.

例 8.17. 複素数体 $\mathbb{C}$ は複素数の共役によって実 C*-環になる．これは定理 8.16 の同一視のもとで実数体 $\mathbb{R}$ に対応するため，今後は単に $\mathbb{R}$ と書く．

例 8.18. $\mathbb{M}_2$ の実構造を，$\mathbb{C}^2$ 上の $\mathsf{T}_{\mathbb{H}}^2 = -1$ を満たす反線形写像

$$\mathsf{T}_{\mathbb{H}}\begin{pmatrix} a \\ b \end{pmatrix} = \begin{pmatrix} 0 & -1 \\ 1 & 0 \end{pmatrix}\begin{pmatrix} \bar{a} \\ \bar{b} \end{pmatrix} = \begin{pmatrix} -\bar{b} \\ \bar{a} \end{pmatrix} \tag{8.2}$$

を用いて $\mathrm{Ad}(\mathsf{T}_{\mathbb{H}})$ によって与える．具体的には

$$\mathrm{Ad}(\mathsf{T}_{\mathbb{H}})\begin{pmatrix} a & b \\ c & d \end{pmatrix} := \mathsf{T}_{\mathbb{H}}\begin{pmatrix} a & b \\ c & d \end{pmatrix}\mathsf{T}_{\mathbb{H}}^* = \begin{pmatrix} \bar{d} & -\bar{c} \\ -\bar{b} & \bar{a} \end{pmatrix}.$$

$\mathrm{Ad}(\mathsf{T}_{\mathbb{H}})$ の固定部分環は，行列 $1, i\sigma_x, i\sigma_y, i\sigma_z$ によって生成されている．これらは四元数体 $\mathbb{H}$ の生成元と同じ関係式を満たす．この実 C*-環を $\mathbb{H}$ と書く．

例 8.19. 実ヒルベルト空間 $\mathcal{H}_{\mathbb{R}}$（補題 3.29）に対して，コンパクト作用素環 $\mathbb{K}(\mathcal{H}_{\mathbb{R}})$ と有界作用素環 $\mathbb{B}(\mathcal{H}_{\mathbb{R}})$ は $A \mapsto \mathsf{T}A\mathsf{T}^{-1}$ によって実 C*-環の構造を持つ．一般に，定理 8.16 (1)⇔(3) によると，任意の実 C*-環は $\mathbb{B}(\mathcal{H})$ の閉部分 $*$-代数で複素共役 $\mathcal{C}$ について閉じているものと同型である．

例 8.20. コンパクト空間 X の連続関数環 $C(X)$ は自然な実構造 $\bar{f}(x) := \overline{f(x)}$ を持つ．一般に，X の実構造 τ（定義 8.1）に対して，$C(X)$ に実構造 $\bar{f}(x) := \overline{f(\tau(x))}$ を定義できる．ゲルファント–ナイマルク双対定理（定理 2.37）より，可換 C*-環上の実構造はこのようなものに限られる．

例 8.21. クリフォード代数（定義 2.35）は $\mathbb{Z}_2$-次数つき実 C*-環の構造を持つ．

例 8.22. 群 C*-環 C_r^*G（定義 2.24）には，$\overline{\sum a_g u_g} = \sum \bar{a}_g u_g$ によって実構造が導入される．これは正則表現 $\ell^2(G)$ から例 8.19 によって誘導されるものと一致する．例えば $G = \Pi = \mathbb{Z}^d$ のときに $C_r^*\mathbb{Z}^d$ に導入される実構造は，例 8.20 より空間 $\hat{\Pi}$ 上のある実構造から誘導されている．(8.1) で述べたように，$\hat{\Pi}$ の実構造は $\mathbb{T}^{0|d}$ のもの（例 8.2）と一致する．

より一般に，実 C*-環 (A, τ) に群 G が作用していて，それが τ と交換するとき，接合積 $A \rtimes_r G$ には $\overline{\sum a_g u_g} = \sum \tau(a_g) u_g$ によって実構造が導入される．

例 8.23. C*-環 A に対して，A に新しい複素スカラー倍として $(\lambda, a) \mapsto \bar{\lambda} \cdot a$ を導入したものを $\overline{A}$ と書く（これは C*-環である）．$A \oplus \overline{A}$ に複素共役 $(a, b) \mapsto (b, a)$ を導入した $A_{\mathbb{R}}$ は実 C*-環である．言い換えると，$A_{\mathbb{R}}$ は A の複素構造を忘れて $\mathbb{R}$-代数とみなしたものの複素化 $A \otimes_{\mathbb{R}} \mathbb{C}$ である．

8.4 実 C*-環の KR_0 群

8.4.1 KR_0 群: 定義と例

実 C*-環 A の元 a が $\bar{a} = a$ を満たすとき，a は実な元であるという．$p \in A$

が実射影であるとは，射影でありかつ $p=\bar{p}$ を満たすことをいう．A の実射影の集合を $\mathcal{PR}(A)$ と書く．

ここから定義 4.8 と同様のやり方で群を定義する．$\mathcal{PR}_n(A) := \mathcal{PR}(\mathbb{M}_n(A))$ を $p \mapsto p \oplus 0$ によって $\mathcal{PR}_{n+1}(A)$ の部分集合とみなし，増大列の合併を $\mathcal{PR}_\infty(A) := \bigcup_{n\in\mathbb{N}} \mathcal{PR}_n(A)$ と置く．ホモトピー類のなす集合 $\pi_0(\mathcal{PR}_\infty(A))$ は，和 $[p]+[q] := [p \oplus q]$ によって可換モノイドとなる．

注意 8.24. 命題 4.6 と同様に，実射影 $p, q \in \mathcal{PR}_\infty(A)$ がホモトピックである，すなわち $\mathcal{PR}_\infty(A)$ 内の連続なパスで繋げることは，実な元 $v \in \mathbb{M}_n(A)$ によって M-vN 同値であることと同値になる．実際，補題 4.7 と命題 4.6 の証明はすべて実の設定でも機能する．

定義 8.25. 単位的実 C*-環 A の KR_0 群を $KR_0(A) := \mathfrak{G}(\pi_0(\mathcal{PR}_\infty(A)))$ によって定義する．A が単位的でないときには，$KR_0(A) := \mathrm{Ker}(KR_0(A^+) \to KR_0(\mathbb{R}))$ によって定義する．

例 8.26. 例 4.10 の実 C*-環版に相当する実 C*-環の KR_0 群の例を挙げる．

(1) $KR_0(\mathbb{R}) \cong \mathbb{Z}$ である．同型は $[p]-[q] \mapsto \mathrm{rank}(p) - \mathrm{rank}(q)$ によって与えられる．一方，$\mathbb{H}$-ベクトル空間の複素化は必ず偶数次元なので，同じ同型写像によって $KR_0(\mathbb{H}) \cong 2\mathbb{Z}$ が得られる．

(2) 実ヒルベルト空間 $\mathcal{H}_\mathbb{R}$ に対して，実構造を忘れる写像 $KR_0(\mathbb{K}(\mathcal{H}_\mathbb{R})) \to K_0(\mathbb{K}(\mathcal{H}_\mathbb{R})) \cong \mathbb{Z}$ は同型である．四元数ヒルベルト空間 $\mathcal{H}_\mathbb{H} := \mathcal{H}_\mathbb{R} \otimes \mathbb{H}$ に対しては，$KR_0(\mathbb{K}(\mathcal{H}_\mathbb{H})) \to K_0(\mathbb{K}(\mathcal{H}_\mathbb{H}))$ の像は $2\mathbb{Z}$ となる．

(3) 例 4.10 と同様の "$\infty + 1 = \infty$" 論法によって，$KR_0(\mathbb{B}(\mathcal{H}_\mathbb{R})) \cong 0$ および $KR_0(\mathbb{B}(\mathcal{H}_\mathbb{H})) \cong 0$ がわかる．

定義 2.39 で導入した A の懸垂 $\mathtt{S}A := A \otimes C_0(\mathbb{R})$ と錐 $\mathtt{C}A := A \otimes C_0([0,\infty))$ には，$C_0(\mathbb{R})$ および $C_0([0,\infty))$ の実構造（例 8.20）を用いて実構造を導入する．これを用いると，実 $*$-準同型 $\varphi\colon A \to B$ の写像錐 $\mathtt{C}\varphi$ にも実構造を導入できる．以下は補題 4.24 および命題 4.21 と同様に証明される．

命題 8.27. 実 C*-環の KR_0 群は，実 C*-環の圏からアーベル群の圏への C*-安定，ホモトピー不変，かつ半完全な関手である．特に，実 C*-環の完全列 $0 \to I \to A \to A/I \to 0$ に対して，境界準同型 $\partial\colon KR_0(\mathtt{S}A/I) \to KR_0(I)$ が存在して以下は完全列となる:

$$KR_0(\mathtt{S}A) \to KR_0(\mathtt{S}A/I) \xrightarrow{\partial} KR_0(I) \to KR_0(A) \to KR_0(A/I).$$

8.4.2 ファン・ダーレの K_1 群とヒグソン–カスパロフの K_0 群

4.6 節と同様に，KR 群もまた $\mathbb{Z}_2$-次数つき実 C*-環に対して一般化できる．このように定義を一般化しておくことで，KR_j 群をクリフォード代数とのテン

ソル積 $A \hat{\otimes} C\ell_{0,j-1}$ の KR_1 群として定義できるようになる（8.5 節）．また，実 K 理論における 8 周期のボット周期性定理がクリフォード代数の周期と関連づけて理解できるようになる．

単位的な $\mathbb{Z}_2$-次数つき実 C*-環 A に対して，その奇な実自己共役ユニタリ元の集合を $\mathcal{SR}(A)$ と書くとする．つまり，

$$\mathcal{SR}(A) := \{s \in A \mid \gamma(s) = -s, s = s^*, s^2 = 1, s = \bar{s}\}.$$

この集合は一般に空集合でありうる．

$\mathcal{SR}(A) \neq \emptyset$ と仮定して，$e \in \mathcal{SR}(A)$ をひとつ固定する．$\mathcal{SR}_n(A) := \mathcal{SR}(\mathbb{M}_n(A))$ を，写像 $s \mapsto s \oplus e$ によって $\mathcal{SR}_{n+1}(A)$ の部分集合とみなす．これによって得られる増大列の合併を $\mathcal{SR}_\infty(A)_e := \bigcup_{n \in \mathbb{N}} \mathcal{SR}_n(A)$ と置く．そのホモトピー類のなす集合 $\pi_0(\mathcal{SR}_\infty(A))$ は，和 $[s_1] + [s_2] := [s_1 \oplus s_2]$ によって可換モノイドとなる．以下は補題 4.52 と同様に証明できる．

補題 8.28. ある実な偶ユニタリ v によって $vev^* = -e$ が成り立つとする．このとき，$\mathsf{DKR}_e(A) := \pi_0(\mathcal{SR}_\infty(A)_e)$ は群となる．さらに，群 $\mathsf{DKR}_e(A)$ はそのような e の選び方によらず同型である．

定義 8.29. 単位的な $\mathbb{Z}_2$-次数つき C*-環 A に対し，その KR_1 群を

$$KR_1(A) := \mathsf{DKR}_e(\mathbb{M}_{2,2}(A)) = \pi_0(\mathcal{SR}_\infty(\mathbb{M}_{2,2}(A))_e)$$

によって定義する（$e \in \mathbb{M}_{2,2}$ は (4.12) の行列）．A が単位的でない場合には，$\mathrm{Ker}(KR_1(A^+) \to KR_1(\mathbb{R}))$ によって定義する．

例 8.30. カルキン環の実 K 群は，定理 3.31 の $\mathcal{F}_j(\mathcal{H})$ のホモトピー群と

$$\pi_0(\mathcal{F}_j(\mathcal{H})) \cong KR_1(\mathcal{Q}_{j,0}(\acute{\mathcal{H}}_{j,j})) \cong KR_1(\mathcal{Q}(\mathcal{H}) \hat{\otimes} C\ell_{0,j}), \quad [F] \mapsto [\Gamma F],$$

によって同一視できる．ここで，$\acute{\mathcal{H}}_{j,j}$ を $\mathcal{H}_{j,j} := \mathcal{H} \hat{\otimes} S_{j,j}$ に $C\ell_{j,0}$ が $\mathfrak{e}_i := \Gamma \mathfrak{f}_i$ によって作用しているものとし，$\mathcal{Q}_{j,0}(\acute{\mathcal{H}}_{j,j})$ はこの $C\ell_{j,0}$ と次数つき可換な元のなす $\mathcal{Q}(\acute{\mathcal{H}}_{j,j})$ の部分 C*-環とする（このとき $\mathcal{Q}_{j,0}(\acute{\mathcal{H}}_{j,j}) \cong \mathcal{Q}(\mathcal{H}) \hat{\otimes} C\ell_{0,j}$）．

次に，ヒグソン–カスパロフ K_0 群の実版も考える．単位的な $\mathbb{Z}_2$-次数つき実 C*-環 A に対して，以下の集合 $\hat{\mathcal{U}}\mathcal{R}(A)$ を定義する:

$$\hat{\mathcal{U}}\mathcal{R}(A) := \{u \in \mathcal{U}(A) \mid \gamma(u) = u^*, \bar{u} = u^*\}.$$

集合 $\hat{\mathcal{U}}\mathcal{R}_n(A) := \hat{\mathcal{U}}\mathcal{R}(\mathbb{M}_n(A))$ を，写像 $u \mapsto u \oplus 1$ によって $\hat{\mathcal{U}}\mathcal{R}_{n+1}(A)$ の部分集合とみなし，増大列の合併を $\hat{\mathcal{U}}\mathcal{R}_\infty(A) := \bigcup_{n \in \mathbb{N}} \hat{\mathcal{U}}\mathcal{R}_n(A)$ と書くとする．ホモトピー類のなす集合 $\pi_0(\hat{\mathcal{U}}\mathcal{R}_\infty(A))$ に和 $[u_1] + [u_2] := [u_1 \oplus u_2]$ を導入する．以下も命題 4.57 と同じ議論によって証明できる．

命題 8.31. $\mathbb{Z}_2$-次数つき C*-環 A に対して，以下の同型が成り立つ:

$$KR_0(A) := \pi_0\big(\hat{\mathcal{U}}\mathcal{R}_\infty(\mathbb{M}_{2,2}(A))\big) \cong KR_1(\mathbb{M}_{2,2}(A) \mathbin{\hat{\otimes}} C\ell_{0,1}).$$

注意 8.32. 実構造を忘れる準同型 $KR_*(A) \to K_*(A)$ が存在する．逆に，K_* 群から KR_* 群へ準同型 $K_*(A) \cong KR_*(A_\mathbb{R}) = KR_*(A \oplus A) \to KR_*(\mathbb{M}_2(A))$ が定義できる（例 8.23）．これらは関手的で，境界準同型と交換する．また，$K_2(\mathbb{C}) \to KR_2(\mathbb{R})$ は $\mathbb{Z}$ から $\mathbb{Z}_2$ への全射である（注意 8.43）．

注意 8.33. 実 C*-環に有限群 G が $\mathbb{Z}_2$-次数や複素共役と交換するように作用しているとき，4.5 節と同様に G 不変な作用素のホモトピー類を考えることで G 同変実 K 群 $KR_j^G(A)$ が定義できる．

注意 8.34. 実 K 群にもカップ積が定義される（注意 A.17）．特に，$KR_*(A) := \bigoplus_{j=0}^{7} KR_j(A)$ は $\mathbb{Z}/8$-次数つき可換環

$$KR_* := KR_*(\mathbb{R}) \cong \mathbb{Z}[\eta, \alpha]/(2\eta, \eta^3, \eta\alpha, \alpha^2 - 4)$$

上の $\mathbb{Z}_8$-次数つき加群であり（各生成元の次数は $|\eta| = -1$, $|\alpha| = -4$），カップ積は KR_* 加群としての積 $KR_*(A) \otimes_{KR_*} KR_*(B) \to KR_*(A \otimes B)$ を与える．

8.4.3 ボット周期性と 24 項完全列

定理 8.35 (ボット周期性定理). 任意の $\mathbb{Z}_2$-次数つき実 C*-環 A に対して，同型 $KR_1(A \mathbin{\hat{\otimes}} C_0(\mathbb{R}^{j|l})) \cong KR_1(A \mathbin{\hat{\otimes}} C\ell_{l,j})$ が成り立つ．

$KR_j(A) := KR_0(\mathsf{S}^j A)$ と定義する．注意 2.36 (2) より，群 $KR_0(A \mathbin{\hat{\otimes}} C\ell_{l,j})$ は $KR_{j-l}(A)$ と同型になり，$KR_j(A)$ は j に関して 8 周期を持つ．

証明の概略. 同型 $KR_1(A) \cong KR_1(\mathsf{S}A \mathbin{\hat{\otimes}} C\ell_{1,0})$ は，定理 4.59 と同じく実な偶ユニタリ $\nu(s) := \cos(\pi t/2) + \mathfrak{e}s\sin(\pi t/2)$ を用いて

$$\beta\colon\ KR_1(A) \to \mathsf{DKR}_\mathfrak{e}(\mathsf{S}A \mathbin{\hat{\otimes}} C\ell_{1,0}), \quad \beta([s]) := [\mathrm{Ad}(\nu(s)\nu(e)^*)(\mathfrak{e})]$$

によって与えられる．この写像が同型であることは，やはり [235, Theorem 2.14] で示されている（cf. 定理 A.18）．

同型 $KR_1(A \mathbin{\hat{\otimes}} C_0(\mathbb{R}^{0|1})) \cong KR_0(A)$ は，定理 4.35 と同じようにカップ積 β_A とテープリッツ境界準同型 α_A によって与えられる．ここでは，$\alpha_A \circ \beta_A = \mathrm{id}$ を示すために後述の境界準同型 ∂（定理 8.37）を用いることになるが，その well-defined 性の証明には前段の同型 β しか用いないことに注意．

一般の場合については，これらの組み合わせで証明できる． □

例 8.36. クリフォード代数 $C\ell_{l,j}$ の実 K 群は群 $\mathfrak{B}_{l,j}$ と同型になる（注意 8.43 で後述）．注意 2.36 によると，$\mathfrak{B}_{l,j}$ は $l - j \pmod 8$ にしか依存せず，表 8.2 のようになる．定理 8.35 より，$KR_0(C_0(\mathbb{R}^{l|j}))$ もまた表 8.2 のようになる．

表 8.2　ボット周期性: 8 周期の実 K 群.

j	0	1	2	3	4	5	6	7
$KR_0(C_0(\mathbb{R}^j)) \cong KR_0(C\ell_{0,j})$	$\mathbb{Z}$	$\mathbb{Z}_2$	$\mathbb{Z}_2$	0	$\mathbb{Z}$	0	0	0
$KR_0(C_0(\mathbb{R}^{0\|j})) \cong KR_0(C\ell_{j,0})$	$\mathbb{Z}$	0	0	0	$\mathbb{Z}$	0	$\mathbb{Z}_2$	$\mathbb{Z}_2$

$\mathbb{Z}_2$-次数つき実 C*-環の短完全列 $0 \to I \to A \to A/I \to 0$ に対して，命題 8.27 と定理 8.35 より，6 項完全列（定理 4.38）の実版にあたる 24 項からなる周期的な長完全列が得られる．その境界準同型 $KR_1(A/I) \to KR_0(I)$ は，ファン・ダーレ KR_1 群からヒグソン–カスパロフ KR_0 群への写像として次のように書き下すことができる．証明は定理 4.60 と同じである．

定理 8.37. 境界準同型 $\partial\colon KR_1(A/I) \to KR_0(I)$ を

$$\partial[s] = [-\exp(-\pi i\tilde{s})], \quad (\tilde{s} \text{ は } s \text{ の奇自己共役で実な持ち上げ})$$

によって定義すると，以下は完全列となる:

$$KR_1(A) \to KR_1(A/I) \xrightarrow{\partial} KR_0(I) \to KR_0(A).$$

8.4.4　実指数ペアリング

フレドホルム加群との指数ペアリング（4.7 節）は，実 K 理論に一般化することができる．ここでは，$\mathbb{Z}$ の他に $\mathbb{Z}_2$ に値を取る準同型も構成できる．

定義 8.38. $\mathbb{Z}_2$-次数つき実 C*-環 A 上の**実 d-フレドホルム加群**とは，以下の 3 つ組 $(\mathcal{H}, \pi, F)$ のことをいう:

- $\mathcal{H}$ は $C\ell_{0,d}$ の次数つき表現を持つ $\mathbb{Z}_2$-次数つき実ヒルベルト空間,
- $\pi\colon A \to \mathbb{B}(\mathcal{H})$ は $[\pi(A), C\ell_{0,d}] = 0$ を満たす次数つき実 $*$-準同型,
- $F \in \mathcal{F}^1_{\mathrm{sa}}(\mathcal{H})$ は $[F, \pi(A)] \subset \mathbb{K}(\mathcal{H})$, $[F, C\ell_{0,d}] = 0$ を満たす実作用素.

$\mathbb{K}(\mathcal{H})$, $\mathbb{B}(\mathcal{H})$, $\mathcal{Q}(\mathcal{H})$ の $C\ell_{0,d}$ と次数つき可換な作用素のなす部分実 C*-環をそれぞれ $\mathbb{K}_{0,d}(\mathcal{H})$, $\mathbb{B}_{0,d}(\mathcal{H})$, $\mathcal{Q}_{0,d}(\mathcal{H})$ と書くとする．

完全列 (4.15) の定義に用いた $*$-準同型 $\bar{\pi}$ は，$C_0(\mathbb{R})$ を $C_0(\mathbb{R}^{0|1})$ に取り換えれば実構造を保つ．つまり，$\mathcal{D} := (\mathbb{M}_{1,1}(A) \hat{\otimes} C_0(\mathbb{R}^{0|1})) \oplus_{\mathcal{Q}_{0,d}(\mathcal{H})} \mathbb{B}_{0,d}(\mathcal{H})$ と置くと，$\mathbb{Z}_2$-次数つき実 C*-環の完全列

$$0 \to \mathbb{K}_{0,d}(\mathcal{H}) \to \mathcal{D} \to \mathbb{M}_{1,1}(A) \hat{\otimes} C_0(\mathbb{R}^{0|1}) \to 0$$

が得られる．同型 $\mathbb{K}_{0,d}(\mathcal{H}) \cong C\ell_{d,0} \hat{\otimes} \mathbb{K}(\mathcal{H})$ に注意すると以下が定義できる．

定義 8.39. A 上の実 d-フレドホルム加群 $(\mathcal{H}, \pi, F)$ に対して，群準同型

$$KR_*(A) \xrightarrow{\cong} KR_{*+1}(\mathbb{M}_{1,1}(A) \hat{\otimes} C_0(\mathbb{R}^{0|1})) \xrightarrow{\partial} KR_*(\mathbb{K}_{0,d}(\mathcal{H})) \cong KR_{*-d}(\mathbb{R})$$

による $\eta \in KR_*(A)$ の像を η と $(\mathcal{H}, \pi, F)$ の**実指数ペアリング**と呼び，これを

$\langle \eta, [\mathcal{H}, \pi, F] \rangle$ または $\langle \eta, [F] \rangle$ と書く．

例 8.40. 例 4.63 で導入した，スピン多様体 M のディラック作用素に付随するスペクトル 3 つ組 $(C^\infty(M), L^2(M;S), D)$ は実構造を保つ．したがって，その有界化変換によって得られるフレドホルム加群は実フレドホルム加群である．

8.4.5 位相的 $\boldsymbol{KR^{j,l}}$ 群

位相空間の実 K 理論および四元数 K 理論（定義 8.4）は，いずれも可換な実 C*-環の KR 群と同一視できる．

命題 8.41. 実空間 (X, τ) に対して，同型 $KR^0(X) \cong KR_0(C_0(X))$, $KQ^0(X) \cong KR_0(C_0(X) \otimes \mathbb{H})$ が成り立つ．

この関係の延長として，可換 C*-環の高次の位相的実 K 群はカロウビの位相的実 K 理論[137]と関係づけられる．

コンパクト実空間 X に対して，E を $C\ell_{l,j}$ の表現を持つ X 上の $\mathfrak{R}$-ベクトル束を E とし，η_1, η_2 を E の次数，すなわち $C\ell_{l,j}$ の生成元 $\mathfrak{e}_i, \mathfrak{f}_i$ と反交換し $\eta_i^2 = 1$ を満たす束同型とする．このとき，3 つ組 (E, η_1, η_2) を **$C\ell_{l,j}$-カロウビ 3 つ組**と呼ぶ．ふたつのカロウビ 3 つ組 (E, η_1, η_2) と (E', η_1', η_2') がホモトピックであるとは，束同型 $V \colon E \to E'$ が存在して，(η_1, η_2) と $(V\eta_1'V^*, V\eta_2'V^*)$ が E の次数としてホモトピックであることをいう．

定義 8.42. コンパクト実空間 X に対して，X 上の $C\ell_{l,j}$-カロウビ 3 つ組のホモトピー類のなす可換モノイドを，$[E, \eta, \eta]$ という形の元のなす部分モノイドで割った商を $KR^{j,l}(X)$ と定める．

注意 8.43. 同型 $\mathfrak{B}_{l,j} \cong KR^{j,l}(\mathrm{pt})$ が成り立つ．これは，$C\ell_{l,j}$ の次数つき表現 (E, Γ) に 3 つ組 $[E, -\Gamma, \Gamma]$ を対応させることで得られる．全射性は，3 つ組 $[E, \eta_1, \eta_2]$ に対して $u := \eta_1\eta_2$ が $\eta_2 u \eta_2 = u^*$ を満たすユニタリであることに注意すると確認できる．

命題 8.44. 群 $KR^{j,l}(X)$ は $KR_0(C(X) \otimes C\ell_{j,l})$ と同型になる．

証明. $S_{j+l,j+l}$ には $C\ell_{j,l}$ と $C\ell_{l,j}$ が互いに次数つき可換になるよう表現されている．$C\ell_{j,l} \subset \mathrm{End}(S)$ とみなして，以下の写像を定義する:

$$KR_0(C(X) \otimes C\ell_{j,l}) \to KR^{j,l}(X), \quad [u] \mapsto [X \times S^n_{j+l,j+l}, u\Gamma, \Gamma].$$

これが同型であることは標準的な議論からわかる（例えば [105]）． □

$KR^{j,l}(X)$ は差 $j - l$ にしかよらないため，これを単に $KR^{j-l}(X)$ と書く．ここでは，$KR^{j-l}(X) \cong KR_{l-j}(C(X))$ のように，位相的 K 群と C*-環の K

群で次数が反転するのが標準的な記法である.

例 8.45. 例 8.5 (2) と同様に，同型 $KR^*(X \sqcup X) \cong K^*(X)$ が成り立つ．一方，X に $\mathbb{Z}_2$ が自由に作用しているからといって実 K 群が $X/\mathbb{Z}_2$ の複素 K 群と同型になるわけではない．例えば，S^1 に $\mathbb{Z}_2$ が 180 度回転によって作用しているとき，$KR^*(S^1)$ は $\mathbb{Z}, 0, \mathbb{Z}_2, \mathbb{Z}$ の 4 周期を持つ（[108, (6.5)]）.

8.5 KR_j 群と AZ 対称性

前章で定義したファン・ダーレの KR_1 群を用いて，

$$KR_j(A) := KR_0(\mathsf{S}^j A) \cong KR_1(A \otimes C\ell_{0,j-1})$$

が A のどのような作用素を分類しているかを書き下す（参考: [40], [146]).

以下，A は $\mathbb{B}(\mathcal{H}_{\mathbb{R}})$ の部分実 C*-環であるとする．$\mathcal{H}_{\mathbb{R}}$ の実構造を $\mathsf{T}_0 \colon \mathcal{H} \to \mathcal{H}$ と置く．$\mathbb{C}^2$ 上の実構造 $\binom{a}{b} \mapsto \binom{\bar{a}}{\bar{b}}$ を $\mathsf{T}_{\mathbb{R}}$，(8.2) で定義された反線形写像を $\mathsf{T}_{\mathbb{H}}$，$\Gamma := 1 \oplus (-1) \in \mathbb{M}_2$ と書く.

8.5.1 KR_0 群と KR_4 群: AI 型対称性と AII 型対称性

定義 8.25 より，$KR_0(A)$ の元は T_0 と交換する A の射影によって代表される．このとき $s := 1 - 2p$ は AI 型の対称性を満たす自己共役ユニタリである.

一方，$KR_4(A) \cong KR_0(A \otimes \mathbb{H})$ の元は $\mathsf{T} := \mathsf{T}_0 \otimes \mathsf{T}_{\mathbb{H}}$ と交換する射影 p によって代表される．$\mathsf{T}^2 = -1$ より，$s := 1 - 2p$ は AII の対称性を満たす自己共役ユニタリである.

8.5.2 KR_1 群: BDI 型対称性

$\mathsf{T} := \mathsf{T}_0 \otimes \mathsf{T}_{\mathbb{R}}, \mathsf{S} := 1 \otimes \Gamma$ と置くと，$\mathbb{M}_{1,1}(A)$ は $(\mathbb{B}(\mathcal{H} \otimes \mathbb{C}^2), \mathrm{Ad}(\mathsf{T}), \mathrm{Ad}(\mathsf{S}))$ の部分 $\mathbb{Z}_2$-次数つき実 C*-環とみなすことができる．作用素 $s \in \mathbb{B}((\mathcal{H} \otimes \mathbb{C}^2)^{2n})$ が $\mathcal{SR}_n(\mathbb{M}_{2,2}(A))$ に属することは

- $\mathbb{M}_{4n}(A)$ の自己共役ユニタリ元で
- $\mathbb{Z}_2$-次数 S と反交換し，実構造 T と交換する

ことと同値である．$\mathsf{C} := \mathsf{ST}$ と置くと $\mathsf{T}^2 = 1, \mathsf{C}^2 = 1, \mathsf{CT} = \mathsf{S}$ が成り立つので，この s は BDI 型の対称性を満たす自己共役ユニタリである.

8.5.3 KR_2 群: D 型対称性

集合 $\mathcal{D}(A)$ を以下のように定義する:

$$\mathcal{D}(A) := \{h \in \mathbb{M}_{2,2}(A) \mid h = h^*, h^2 = 1, \bar{h} = -\Gamma h \Gamma\}.$$

$\mathcal{D}_n(A) := \mathcal{D}(\mathbb{M}_n(A))$ と置き，包含 $\mathcal{D}_n(A) \to \mathcal{D}_{n+1}(A)$ を $x \mapsto h \oplus e$ によっ

て定め，$\mathcal{D}_\infty(A) := \bigcup_n \mathcal{D}(A)$ と置く．

補題 8.46. 以下の $*$-準同型 π は，全単射 $\pi_*\colon \mathcal{SR}_\infty(\mathbb{M}_{2,2}(A) \hat{\otimes} C\ell_{0,1})_e \to \mathcal{D}_\infty(A)$ を誘導する．これにより $KR_2(A) \cong \pi_0\big(\mathcal{D}_\infty(A)\big)$ となる．

$$\pi\colon \mathbb{M}_{2,2}(A) \hat{\otimes} C\ell_{0,1} \to \mathbb{M}_{2,2}(A), \quad \pi(a \hat{\otimes} 1 + b \hat{\otimes} \mathfrak{f}) = a + bi\Gamma.$$

証明. $\mathfrak{f}$ と $i\Gamma$ はいずれも反自己共役ユニタリで，$\mathbb{M}_{2,2}(A)$ の偶な元と交換，奇な元と反交換するので，上の π は $*$-準同型である．自己共役ユニタリ元 $s = a \hat{\otimes} 1 + b \hat{\otimes} \mathfrak{f}$ が $\mathcal{SR}_n(\mathbb{M}_{2,2}(A) \otimes C\ell_{0,1})$ に属するのは，

- $a \in \mathbb{M}_{2n,2n}(A)^1$，$b \in \mathbb{M}_{2n,2n}(A)^0$ であって
- $a = a^*$, $b = -b^*$, $\bar{a} = a$, $\bar{b} = b$, $ab = ba$，$a^2 - b^2 = 1$ を満たす

ことと同値である．一方，$h \in \mathbb{M}_{2n,2n}(A)$ を $\mathbb{Z}_2$-次数に関して $h = h^0 + h^1$ と分解して，$a := h^1$, $b := -i\Gamma h^0$ と置くと，$h \in \mathcal{D}_n(A)$ となることもまた上の 2 条件と同値になる．

今，$\pi(e) = e$ より π は包含写像と交換するので，補題は示された． □

$\mathsf{C} := \mathsf{T}_0 \otimes \Gamma \mathsf{T}_\mathbb{R}$ と置くと，$\mathbb{M}_{1,1}(A)$ は $(\mathbb{B}(\mathcal{H} \otimes \mathbb{C}^2), \mathsf{C})$ の部分実 C*-環とみなすことができる．作用素 $h \in \mathbb{B}((\mathcal{H} \otimes \mathbb{C}^2)^{2n})$ が $\mathcal{D}_n(A)$ に属することは

- $\mathbb{M}_{4n}(A)$ は自己共役ユニタリ元で
- 実構造 C と反交換する

ことと同値である．この C は $\mathsf{C}^2 = 1$ を満たすので，この h は D 型の対称性を満たす自己共役ユニタリである．

8.5.4 KR_3 群: DIII 型対称性

$\mathbb{Z}_2$-次数つき実 C*-環 $C\ell_{0,2}$ は $(\mathbb{B}(\mathbb{C}^2), \mathrm{Ad}(\mathsf{T}_\mathbb{H}), \mathrm{Ad}(\Gamma))$ と同型である．よって，$\mathsf{T} := \mathsf{T}_0 \otimes \mathsf{T}_\mathbb{R} \otimes \mathsf{T}_\mathbb{H}$，$\mathsf{S} := 1 \otimes \Gamma \otimes \Gamma$ と置くと，$\mathbb{M}_{1,1}(A \hat{\otimes} C\ell_{0,2})$ は $(\mathbb{B}(\mathcal{H} \otimes \mathbb{C}^4), \mathrm{Ad}(\mathsf{T}), \mathrm{Ad}(\mathsf{S}))$ の部分 $\mathbb{Z}_2$-次数つき実 C*-環とみなせる．作用素 $s \in \mathbb{B}((\mathcal{H} \otimes \mathbb{C}^4)^{2n})$ が $\mathcal{SR}_n(\mathbb{M}_{2,2}(A \hat{\otimes} C\ell_{0,2}))$ に属することは

- $\mathbb{M}_{8n}(A)$ の自己共役ユニタリ元で
- $\mathbb{Z}_2$-次数 S と反交換し，実構造 T と交換する

ことと同値である．$\mathsf{C} := -\mathsf{ST}$ と置くと $\mathsf{T}^2 = -1$, $\mathsf{C}^2 = 1$，$\mathsf{CT} = \mathsf{S}$ が成り立つので，この s は DIII 型の対称性を満たす自己共役ユニタリである．

8.5.5 KR_5 群: CII 型

同型 $KR_5(A) \cong KR_1(A \hat{\otimes} C\ell_{0,4}) \cong KR_1(A \otimes \mathbb{H})$ を用いて 8.5.2 節に帰着する．$\mathcal{H}' := \mathcal{H} \otimes \mathbb{C}^2$, $\mathsf{T}_0' := \mathsf{T}_0 \otimes \mathsf{T}_\mathbb{H}$ と置くと，$A \otimes \mathbb{H}$ は $(\mathbb{B}(\mathcal{H}^2), \mathsf{T}_0')$ の部分実 C*-環とみなすことができる．$\mathsf{T} := \mathsf{T}_0' \otimes \mathsf{T}_\mathbb{R}$, $\mathsf{S} := 1 \otimes \Gamma$ と置く．作用素 $s \in \mathbb{B}((\mathcal{H}' \otimes \mathbb{C}^2)^{2n})$ が $\mathcal{SR}_n(\mathbb{M}_{2,2}(A \otimes \mathbb{H}))$ に属することは

- $\mathbb{M}_{8n}(A)$ の自己共役ユニタリ元で

• $\mathbb{Z}_2$-次数 S と反交換し，実構造 T と交換する

ことと同値である．$\mathsf{C} := -\mathsf{ST}$ と置くと $\mathsf{T}^2 = -1$, $\mathsf{C}^2 = -1$, $\mathsf{CT} = \mathsf{S}$ が成り立つので，この s は CII 型の対称性を満たす自己共役ユニタリである．

8.5.6 KR_6 群: C 型

同型 $KR_6(A) \cong KR_1(A \otimes \mathbb{H} \hat{\otimes} C\ell_{0,1})$ を用いて 8.5.3 節に帰着する．8.5.5 節の $\mathcal{H}'$, T'_0 を使って $\mathsf{C} := \mathsf{T}'_0 \otimes \mathsf{T}_{\mathbb{R}}$ と置くと，作用素 $h \in \mathbb{B}((\mathcal{H}' \otimes \mathbb{C}^2)^{2n})$ が $\mathcal{D}_n(A \otimes \mathbb{H})$ に属することは

• $\mathbb{M}_{8n}(A)$ の自己共役ユニタリ元で

• 実構造 C と反交換する

ことと同値である．この C は $\mathsf{C}^2 = -1$ を満たすので，この h は C 型の対称性を満たす自己共役ユニタリである．

8.5.7 KR_7 群: CI 型

同型 $KR_7(A) \cong KR_1(A \otimes \mathbb{H} \otimes C\ell_{0,3})$ を用いて 8.5.4 節に帰着する．8.5.5 節の $\mathcal{H}'$, T'_0 を使って $\mathsf{T} := \mathsf{T}'_0 \otimes \mathsf{T}_{\mathbb{R}} \otimes \mathsf{T}_{\mathbb{H}}$, $\mathsf{S} := 1 \otimes \Gamma \otimes \Gamma$ と置くと，作用素 $s \in \mathbb{B}((\mathcal{H}' \otimes \mathbb{C}^4)^{2n})$ が $\mathcal{SR}_n(\mathbb{M}_{2,2}(A \otimes \mathbb{H} \otimes C\ell_{0,2}))$ に属することは

• $\mathbb{M}_{8n}(A)$ の自己共役ユニタリ元で

• $\mathbb{Z}_2$-次数 S と反交換し，実構造 T と交換する

ことと同値である．$\mathsf{C} := \mathsf{ST}$ と置くと $\mathsf{T}^2 = 1$, $\mathsf{C}^2 = -1$, $\mathsf{CT} = \mathsf{S}$ が成り立つので，この s は CI 型の対称性を満たす自己共役ユニタリである．

8.6 非周期的なトポロジカル絶縁体

8.6.1 バルク系の分類

カルタンのラベル A, AIII, AI, BDI, D, DIII, AII, CI, C, CII のうち前節で KR_j 群と対応していたものを $\mathrm{L_j}$ と書く（例えば $\mathrm{L}_4 = \mathrm{AII}$, $\mathrm{L}_1 = \mathrm{BDI}$ など）．次数つき X-加群 $\mathcal{H} := \ell^2(X; \mathbb{C}^n)$ が内部自由度 $\mathbb{C}^n$ に作用する $\mathrm{L_j}$ 型の対称性を持ち，$\mathbb{Z}_2$-次数 Γ は T と交換，C, S と反交換するとする．

定義 8.47. 定義 5.1 の条件 (1), (2), (3) に加えて

(4) H は $\mathrm{L_j}$ 型の AZ 対称性を持つ，

を満たす H を L_j 型の**対称性に守られたギャップドハミルトニアン**と呼ぶ．

並進対称性については，以下の 3 パターンのいずれにも対応する:

(i) 並進対称性 $U_{\boldsymbol{v}} H U_{\boldsymbol{v}}^* = H$ を持つハミルトニアン（cf. 5 章），

(ii) 等質なランダムハミルトニアン（cf. 6 章），

(iii) 並進対称性を持たないハミルトニアン（cf. 7 章）．

それぞれについて，L_j 型の対称性に守られた $\mathcal{H}$ 上のギャップドハミルトニア

ンの集合を $\mathcal{H}^{\Pi}_{\mathrm{L}_j}(X;\mathcal{H})$, $\mathcal{H}_{\mathrm{L}_j}(\mathcal{G};\mathcal{H})$, $\mathcal{H}_{\mathrm{L}_j}(X;\mathcal{H})$，その（定義 5.2 の意味での）安定ホモトピー類のなす集合を $\mathcal{TP}^{\Pi}_{\mathrm{L}_j}(X)$, $\mathcal{TP}_{\mathrm{L}_j}(\mathcal{G})$, $\mathcal{TP}_{\mathrm{L}_j}(X)$ と書く．すると，8.5 節の議論から，定理 5.6 や定理 5.10 と同様に以下が結論づけられる．

定理 8.48. 対応 $[H]\mapsto[J_H]$ は，以下の同型を与える:

$$\mathcal{TP}^{\Pi}_{\mathrm{L}_j}(X)\cong KR_j(C^*_r\Pi),\ \mathcal{TP}_{\mathrm{L}_j}(\mathcal{G})\cong KR_j(C^*_r\mathcal{G}),\ \mathcal{TP}_{\mathrm{L}_j}(X)\cong KR_j(C^*_u(X)).$$

注意 8.49. 注意 5.7 と同様に，$KR_*(C^*_r(\mathbb{Z}^d))\cong KR^{-*}(\mathbb{T}^{0|d})$ は

$$KR^{-*}(\mathbb{T}^{0|d})\cong KR^{-*}(\mathbb{T}^{0|1})\otimes\cdots\otimes KR^{*}(\mathbb{T}^{0|1})\cong\bigotimes_{i=1}^{d}(KR_*[1]\oplus KR_*\,\beta_i)$$

となる．ただしここで，テンソル積は環 KR_* 上の加群として取っており，同型はカップ積（注意 8.34）によって与えられる．右辺はランク 2^d の自由 KR_* 加群で，その基底はボット元のカップ積

$$\{\beta_I:=\beta_{i_1}\otimes\cdots\otimes\beta_{i_k}\in KR^{-|I|}(\mathbb{T}^{0|d})\mid I=\{i_1,\cdots,i_k\}\subset\{1,\cdots,d\}\}$$

によって与えられる*4)．元 $\beta_i\in KR^{-1}(\mathbb{T}^{0|1})$ の次数は -1 なので，$|\beta_I|=-|I|$ である．よって，例えば

$$\begin{aligned}KR^4(\mathbb{T}^{0|2})&\cong\mathbb{Z}\alpha\beta_\emptyset\oplus\mathbb{Z}_2\eta^2\beta_{\{1,2\}},\\KR^4(\mathbb{T}^{0|3})&\cong\mathbb{Z}\alpha\beta_\emptyset\oplus\mathbb{Z}_2\eta^2\beta_{\{1,2\}}\oplus\mathbb{Z}_2\eta^2\beta_{\{2,3\}}\oplus\mathbb{Z}_2\eta^2\beta_{\{1,3\}}\oplus\mathbb{Z}_2\eta\beta_{\{1,2,3\}}\end{aligned}$$

となる．これらはそれぞれ $d=2,3$ の $\mathcal{TP}^{\Pi}_{\mathrm{AII}}(X)$ と同型になる（cf. 命題 8.6）．

定義 5.8 と同様に，$KR_j(C(\mathbb{T}^{0|d}))$ の最高次のボット元 $\beta_{\{1,\cdots,d\}}$ の係数に注目する．7.1.4 節に列挙した一連の事実が実 K 理論においても同様に成り立つことから，この係数はやはり摂動に対して特にロバストな強トポロジカル相を特徴づけている．

定理 8.50. 同型 $KR_j(C^*(X))\cong KR_{j-d}(\mathbb{R})$ が成り立つ．

ギャップドハミルトニアン H の**バルク指数**を

$$\mathrm{ind}_b(H):=[J_H]\in KR_j(C^*(X))\cong KR_{j-d}(\mathbb{R})$$

によって定義する．H が並進対称ならば，これは $[J_H]\in KR_j(C(\mathbb{T}^{0|d}))$ の最高次の係数と一致する．今，キタエフの周期表（表 8.1）は定理 8.14 とボット周期性（表 8.2）の帰結として得られる．

バルク指数は，双対ディラック作用素との指数ペアリングによって取り出す

---

*4) 実 K 理論ではキュネスの定理はやや複雑になるため，カップ積が同型を与えることは 74 ページ脚注 5 のように分裂完全列 $0\to A\otimes C_0(\mathbb{R}^{0|1})\to A\otimes C(\mathbb{T}^{0|1})\to A\to 0$ に対する 24 項完全列の繰り返しによって証明されると思っていた方がよい．

ことができる．実 K 理論における双対ディラック作用素は，$C\ell_{d,d}$ のただひとつの既約表現 $S_{d,d}$ を用いて

$$\mathsf{D} = \mathfrak{c}_1 \otimes \mathsf{X}_1 + \cdots + \mathfrak{c}_d \otimes \mathsf{X}_d \colon c_c(X; S_{d,d}) \to c_c(X; S_{d,d})$$

と定義される非有界作用素である．これは実自己共役フレドホルム作用素であって，コンパクトレゾルベントを持ち，$C\ell_{0,d}$ の作用と反交換する．また，$[\mathsf{D}, f] = \mathfrak{c}(df)$ は有界作用素となる．したがって，$(c_c(X), L^2(X; S_{d,d}), \mathsf{D})$ は実 d-スペクトル 3 つ組である．その有界化変換 $F := \mathsf{D}(1+\mathsf{D}^2)^{-1/2}$ との実指数ペアリング（定義 8.39）は，以下の準同型を与える:

$$\mathrm{ind}_b \colon KR_j(A) \cong KR_{j+1}(A \hat{\otimes} C\ell_{1,0}) \to KR_j(\mathbb{K}_{0,d}(\mathcal{H})) \cong KR_{j-d}(\mathbb{R}).$$

例 8.51. 表 8.1 のそれぞれについて，非自明な指数を持つ模型を挙げる．

(1) AII 型のトポロジカル絶縁体は $d = 2, 3$ のときに非自明な $\mathbb{Z}_2$ トポロジカル相を持ち，そのバルク指数はいずれも FKM 指数（8.1.3 節）と一致する．特にケイン–メレ模型（例 1.9）と，$0 < \epsilon_s - \epsilon_p < 4(t_{ss} + t_{pp})$ のときの BHZ 模型（例 1.10）は，いずれも非自明なバルク指数を持つ．

(2) 1 次元 BDI 型トポロジカル絶縁体は $\mathbb{Z}$ に値を持つバルク指数を持つ．これはハミルトニアンの非対角項に現れるユニタリの巻きつき数によって与えられる．特に，SSH 模型（例 1.12）は非自明なバルク指数を持つ．

(3) $d = 2$ の実トポロジカル絶縁体は，AII 型のほかに D, DIII, C 型で非自明なトポロジーを持つ．この 3 種はいずれも 2 次元トポロジカル超伝導体の BdG ハミルトニアン（例 1.14）によって実現されており，ここで挙げた模型はいずれも非自明なバルク指数を持つ．

(4) d 次元の QWZ 模型（例 1.2）は L_d 型の対称性を持ち，そのバルク指数は $\mathbb{Z}$ の生成元となる．

例 8.52. $j - d = 2$ で，$\sigma_z^2 = 1$, $\mathsf{T}\sigma_z = -\sigma_z\mathsf{T}$, $\mathsf{S}\sigma_z = \sigma_z\mathsf{S}$, $H\sigma_z = \sigma_z H$ を満たす作用素 σ_z が存在するとする．このとき，命題 8.12 と同じ議論により (cf. 注意 8.32)，$\mathrm{ind}_b(H) \in \mathbb{Z}_2$ は H を σ_z の $+1$ 固有空間に制限した作用素 H_+ の複素バルク指数 $\mathrm{ind}_b(H_+) \in \mathbb{Z}$ の偶奇と一致する．

8.6.2 バルク・境界対応

5 章，6 章，または 7 章の設定の下で，AZ 対称性に守られたバルク・境界対応が定式化できる．

ヒグソン–カスパロフ KR 群 $KR_{j-1}(A) \cong KR_0(A \hat{\otimes} C\ell_{0,j-1})$ に対して 8.5 節の結果と命題 4.57 を比較すると，$KR_{j-1}(A)$ は “$\mathbb{M}_n(A)$ のユニタリ元であって，L_j 型の AZ 対称性に対して $\mathsf{T}u\mathsf{T} = u^*$, $\mathsf{C}u\mathsf{C} = u$ を満たすもの” のホ

モトピー類のなす群と同一視できる*5)．特に，(5.4) のユニタリ $U_{\hat{H}}$ は境界に局在した作用素のなす C*-環の KR_{j-1} 群の元を定める．この同一視のもとで定理 8.37 を適用すると以下がわかる．

定理 8.53. $\mathcal{H}^{\Pi}_{\mathrm{L}_j}(X;\mathcal{H})$, $\mathcal{H}_{\mathrm{L}_j}(\mathcal{G};\mathcal{H})$, $\mathcal{H}_{\mathrm{L}_j}(X;\mathcal{H})$ のいずれかの元 H に対して，その平坦化を J_H，境界ユニタリを $U_{\hat{H}}$ と置く．このとき，テープリッツまたは粗マイヤー–ビートリス境界準同型 ∂ は $\partial[J_H] = [U_{\hat{H}}]$ を満たす．

境界ハミルトニアン $\hat{H}$ の境界指数を

$$\mathrm{ind}_{\partial}(\hat{H}) := [U_{\hat{H}}] \in KR_{j-1}(C^*(Y)) \cong KR_{j-d}(\mathbb{R})$$

によって定義する．今，バルク・境界対応は次の図式の可換性に帰着する．

定理 8.54. 以下の図式は交換する：

$$\begin{array}{ccccc}
KR_j(C^*_u(X)) & \longrightarrow & KR_j(C^*(X)) & \xrightarrow{\langle \sqcup, [F] \rangle} & KR_{j-d}(\mathbb{R}) \\
\downarrow \partial_{\mathrm{MV}} & & \downarrow \partial_{\mathrm{MV}} & & \| \\
KR_{j-1}(C^*_u(Y)) & \longrightarrow & KR_{j-1}(C^*(Y)) & \xrightarrow{\langle \sqcup, [F^{\flat}] \rangle} & KR_{j-d}(\mathbb{R}).
\end{array}$$

証明. 定理 7.28 とまったく同じ方法で証明できる． □

2 次元 AII 型トポロジカル絶縁体の場合，命題 8.9 と 8.1.4 節の議論から，$\mathrm{ind}_b(H) = \kappa(\mathrm{Im}\, P_\mu, \mathsf{T})$, $\mathrm{ind}_{\partial}(\hat{H}) = \mathrm{sf}_2(\hat{H})$ がわかる．よって，定理 8.54 の特別な場合として，定理 8.11 が得られる．

文献案内

位相的 KR 群は元々はアティヤによって導入された概念である[7]．その有限次元的な定義（カロウビ 3 つ組）についてはカロウビの書籍 [137] が標準的な文献である．実 C*-環の構造論や KR 理論については [217] を挙げておく．高次 KR 理論については，現在では [40] が基本的である．

実 K 群を用いたトポロジカル相の分類およびバルク・境界対応については，物理[152], [212], [215], [216] と数学[3], [47], [98], [146], [229] の両方で多くの研究が同時に行われた．AII 型のバルク・境界対応の最初の証明はグラフ–ポルタ[112]で，これは A 型の場合における初貝の議論を踏襲したものになっている．本書で採用した流儀は筆者の [156], [157] をもとにしており，バルク指数と境界状態を直接関係づける定理 8.53 が特色である．また，トポロジカル絶縁体の FKM 指数については，本文中でも紹介したデ・ニッティス–五味の一連の研究[73], [74], [76]がある．

*5) ここでは紙幅の都合でこの点についての詳細は述べない．この事実の証明自体は，10.5 節で別の方法で与える．

第 9 章
スペクトル局在子

5 章と 6 章で議論した通り，A 型トポロジカル絶縁体のホール伝導度には，(1) TKNN 数，(2) 指数ペアリング，(3) 境界系のスペクトル流，の 3 通りの計算方法がある．一方で，8 章では不変量が値を取る群については議論したが，その具体的な求め方については一部の場合にしか述べなかった．また，A 型の場合においても，実際に計算するとなると大きな有限系で行列の計算によって求められるのが望ましい．第 9 章では，これらの問題に対するひとつの解答としてシュルツ-バルデス–ローリングのスペクトル局在子の理論を紹介する．

9.1 複素スペクトル局在子

9.1.1 偶指数ペアリングのスペクトル局在子

d を偶数とする．H を（定義 7.20 の意味での）A 型のギャップドハミルトニアン，$\mathsf{D} = \left(\begin{smallmatrix} 0 & \mathsf{D}_0^* \\ \mathsf{D}_0 & 0 \end{smallmatrix}\right)$ を (5.6) で定義した双対ディラック作用素とする．これらはヒルベルト空間 $\mathcal{H} := \ell^2(X; \mathbb{C}^n \otimes S_d)$ に作用している．

定義 9.1. D と H のスペクトル局在子 (spectral localizer) と呼ばれる非有界な自己共役作用素 L_κ $(\kappa \in \mathbb{R}_{>0})$ を，以下のように定義する:

$$L_\kappa := \begin{pmatrix} H & \kappa \mathsf{D}_0^* \\ \kappa \mathsf{D}_0 & -H \end{pmatrix} = \kappa \mathsf{D} + H\Gamma.$$

定理 9.2. H の $\mu = 0$ でのスペクトルギャップを $\mathsf{g} := \|H^{-1}\|^{-1}$ と置く．このとき，$\kappa > 0$ が $\kappa < \|[\mathsf{D}, H]\|^{-1}\mathsf{g}^2/2$ を満たすならば，L_κ は可逆となる．

証明. ノルム評価 $\|\kappa(\mathsf{D}H\Gamma + H\Gamma\mathsf{D})\| = \kappa\|[\mathsf{D}, H]\| \leq \mathsf{g}^2/2$ より，$L_\kappa^2 = \kappa^2\mathsf{D}^2 + \kappa(\mathsf{D}H\Gamma + H\Gamma\mathsf{D}) + H^2 > 0$ が以下のように確認できる:

$$L_\kappa^2 \geq \kappa(\mathsf{D}H\Gamma + H\Gamma\mathsf{D}) + H^2 \geq \mathsf{g}^2 \cdot 1 + \kappa(\mathsf{D}H\Gamma + H\Gamma\mathsf{D}) \geq \mathsf{g}^2/2. \qquad \square$$

定数 $\kappa > 0$ が定理 9.2 の仮定を満たすならば，

$$L_\kappa|L_\kappa|^{-1} - \mathsf{D}|\mathsf{D}|^{-1} = H\Gamma|L_\kappa|^{-1} + \mathsf{D}|\mathsf{D}|^{-1}(|\mathsf{D}| - |L_\kappa|)|L_\kappa|^{-1}$$

はコンパクト作用素であり，これらの形式差 $[L_\kappa|L_\kappa|^{-1}] - [\mathsf{D}|\mathsf{D}|^{-1}]$ は $K_0(\mathbb{K}(\mathcal{H})) \cong \mathbb{Z}$ の元を定める（cf. 注意 4.39）．また，

$$L_\kappa(t) := tL_\kappa + (1-t)\mathsf{D}, \quad \mathcal{L}_\kappa(t) := L_\kappa(t)(1 + L_\kappa(t)^2)^{-1/2} \tag{9.1}$$

と置くと，$(\mathcal{L}_\kappa(t))_{t\in[0,1]}$ は $\mathcal{F}_{\mathrm{sa}}(\mathcal{H})$ の元の 1 パラメータ族を与えている．これは $t = 0, 1$ で可逆なので，そのスペクトル流（定義 3.18）が定義できる．

定理 9.3 ([170, Theorem 3])**.** 以下が成り立つ．

$$\langle [H], [F_d] \rangle = [L_\kappa|L_\kappa|^{-1}] - [\mathsf{D}|\mathsf{D}|^{-1}] = \mathrm{sf}((\mathcal{L}_\kappa(t))_{t\in[0,1]}).$$

この定理の証明として，KK 理論を用いるものを付録 A.2.5 で紹介する．

定義 9.4. $\rho > 0$ に対して，D のスペクトル $[-\rho, \rho]$ のスペクトル射影を P_ρ と置く．H の有限体積スペクトル局在子を以下によって定義する:

$$L_{\kappa,\rho} := P_\rho L_\kappa P_\rho = P_\rho \mathsf{D} + P_\rho H\Gamma P_\rho.$$

定理 9.5. $24\mathrm{g}^{-2}\|H\| \cdot \|[\mathsf{D}, H]\| < \rho$ とする．$\kappa > 0$ を 2 条件

$$\|[\mathsf{D}, H]\| \le \frac{\mathrm{g}^3}{12\|H\| \cdot \kappa}, \quad \frac{2\mathrm{g}}{\kappa} < \rho$$

を満たすように選ぶと，行列 $L_{\kappa,\rho}$ は可逆であり，その符号数 $\mathrm{Sgn}(L_{\kappa,\rho})$ は指数ペアリング $\langle [H], [F] \rangle$ の 2 倍となる．

証明. $F \in C_c^\infty((-1,1))$ を $[-1/2, 1/2]$ 上で 1 となり $\|\widehat{F}'\|_{L^1} < 8$ を満たす偶関数とする*1)．$\rho > 0$ に対して，$F_\rho(x) := F(x/\rho)$ と置くと，$\|[F_\rho(\mathsf{D}), H]\| \le 8\rho^{-1}\|[\mathsf{D}, H]\|$ が成り立つ（cf. [170, Section 2]）．

$\rho \le \rho'$ に対して $F_{\lambda,\rho} := (1-\lambda) \cdot 1 + \lambda F_\rho(\mathsf{D})$ と置き，

$$L^\lambda_{\kappa,\rho,\rho'} := P_{\rho'}\big(\kappa\mathsf{D} + F_{\lambda,\rho} H\Gamma F_{\lambda,\rho}\big)P_{\rho'}$$

が λ に関して連続な可逆作用素の族となることを示す．これが証明できれば，$L^0_{\kappa,\rho,\rho'} = L_{\kappa,\rho}$ で，$L^1_{\kappa,\rho,\rho'}$ は ρ' に依存しないので，2 つの異なる $\rho'_1, \rho'_2 \ge \rho$ に対して L_{κ,ρ'_1} と L_{κ,ρ'_2} を結ぶ可逆作用素のホモトピーが得られる．また，同じ議論を $\rho'_2 = \infty$ に対して適用すると，$L_{\kappa,\rho} + P_\rho^\perp \mathsf{D} P_\rho^\perp$ と L_κ の（D との差が有界な可逆作用素としての）ホモトピーが得られる．したがって，定理 9.3 より

$$\langle [H], [F] \rangle = [L_\kappa|L_\kappa|^{-1}] - [\mathsf{D}|\mathsf{D}|^{-1}] = [L_{\kappa,\rho}|L_{\kappa,\rho}|^{-1}] - [\mathsf{D}_\rho|\mathsf{D}_\rho|^{-1}]$$

*1) このような関数は存在する，(cf. [169, Lemma 4])．

となり，右辺は $\mathrm{Sgn}(L_{\kappa,\rho})/2$ と一致する．

以下，$L^{\lambda}_{\kappa,\rho,\rho'}$ の可逆性を示す．$\mathsf{D}_\rho := \mathsf{D}P_\rho$ と置くと，

$$(L^{\lambda}_{\kappa,\rho,\rho'})^2 = \kappa^2\mathsf{D}^2_{\rho'} + P_{\rho'}F_{\lambda,\rho}\big(H\Gamma F^2_{\lambda,\rho}H\Gamma + \kappa[\mathsf{D},H]\Gamma\big)F_{\lambda,\rho}P_{\rho'}$$

と計算できるが，$F_\rho(\mathsf{D})^2$ は偶作用素なので

$$\begin{aligned} H\Gamma F^2_{\lambda,\rho}H\Gamma \geq HF_\rho(\mathsf{D})^2H =& F_\rho(\mathsf{D})H^2F_\rho(\mathsf{D}) + \big[F_\rho(\mathsf{D})H, [F_\rho(\mathsf{D}),H]\big] \\ \geq& \mathsf{g}^2\cdot F_\rho(\mathsf{D})^2 + \big[F_\rho(\mathsf{D})H,[F_\rho(\mathsf{D}),H]\big] \end{aligned}$$

が成り立つ．また，κ の仮定 $2\mathsf{g}/\kappa < \rho$ から，$\kappa^2\mathsf{D}^2_{\rho'} \geq \mathsf{g}^2P_{\rho'}(1-F_\rho(\mathsf{D})^2)P_{\rho'}$ が得られる．今，$1-F_\rho(\mathsf{D})^2+F_\rho(\mathsf{D})^4 \geq \frac{3}{4}\cdot 1$ より

$$(L^{\lambda}_{\kappa,\rho,\rho'})^2 \geq \frac{3}{4}\mathsf{g}^2\cdot 1 + P_{\rho'}F_{\lambda,\rho}\big(\big[F_\rho(\mathsf{D})H,[F_\rho(\mathsf{D}),H]\big]+\kappa[\mathsf{D},H]\Gamma\big)F^*_{\lambda,\rho'}P_{\rho'}.$$

次の計算により，右辺は正作用素（特に可逆）であるとわかる．

$$\begin{aligned} &\big\|\big[F_\rho(\mathsf{D})H,[F_\rho(\mathsf{D}),H]\big]+\kappa[\mathsf{D},H]\Gamma\big\| \\ \leq&\big(2\|F_\rho(\mathsf{D})H\|\cdot 8\rho^{-1}+\kappa\big)\|[\mathsf{D},H]\| \leq 9\kappa\mathsf{g}^{-1}\|H\|\,\|[\mathsf{D},H]\| \leq \frac{3}{4}\mathsf{g}^2. \end{aligned}$$ □

行列 $L_{\kappa,\rho}$ の符号数は計算機により具体的に計算することができる．必要な近似精度としては，$\rho \approx 100$ 程度のサイズを考えればおおよそ十分である[169]．

9.1.2 奇指数ペアリングのスペクトル局在子

d を奇数とする．H を AIII 型のギャップドハミルトニアン（定義 8.47），D を (5.6) の奇双対ディラック作用素とする．これらは共にヒルベルト空間 $\mathcal{H} := \ell^2(X;\mathbb{C}^{2n}\hat{\otimes} S_d)$ に作用している．5.1.1 節と同様に，$\mathsf{S} = \begin{pmatrix} 1 & 0 \\ 0 & -1\end{pmatrix}$，$H = \begin{pmatrix} 0 & H_0^* \\ H_0 & 0\end{pmatrix}$ と行列表示しておく．

定義 9.6. D と H の**奇スペクトル局在子** (odd spectral localizer) を，以下の非有界な自己共役作用素によって定義する:

$$L^{\mathrm{odd}}_\kappa := \begin{pmatrix} \kappa\mathsf{D} & H_0^* \\ H_0 & -\kappa\mathsf{D}\end{pmatrix} = \kappa\mathsf{DS} + H.$$

残りの流れは偶スペクトル局在子の場合と同様である．まず，定理 9.2，定理 9.3 と同じ議論を繰り返すことで，次がわかる．

定理 9.7. H の $\mu = 0$ でのスペクトルギャップを $\mathsf{g} := \|H^{-1}\|^{-1}$ と置く．このとき，$\kappa > 0$ が $\kappa < \|[\mathsf{D},H]\|^{-1}\mathsf{g}^2/2$ を満たすならば，L_κ は可逆となる．

補題 9.8. $\mathcal{L}^{\mathrm{odd}}_\kappa(t) := tL_\kappa + (1-t)\mathsf{DS}$ と置くと．以下が成り立つ．

$$\langle [H],[F_d]\rangle = [L^{\mathrm{odd}}_\kappa|L^{\mathrm{odd}}_\kappa|^{-1}] - [\mathsf{DS}|\mathsf{DS}|^{-1}] = \mathrm{sf}\big((\mathcal{L}^{\mathrm{odd}}_\kappa(t))_{t\in[0,1]}\big) \in \mathbb{Z}.$$

主張の証明は，やはり付録 A.2.5 を参照．

定義 9.9. $\rho > 0$ に対して，D のスペクトル $[-\rho, \rho]$ のスペクトル射影を P_ρ と置く．H の有限体積奇スペクトル局在子を以下によって定義する．

$$L_{\kappa,\rho}^{\mathrm{odd}} := P_\rho L_\kappa^{\mathrm{odd}} P_\rho = \kappa P_\rho \mathsf{DS} + P_\rho H P_\rho.$$

以下の定理の証明も定理 9.5 と完全に同じく証明される．

定理 9.10. $24\mathrm{g}^{-2}\|H\| \cdot \|[\mathsf{D}, H]\| < \rho$ とする．$\kappa > 0$ を 2 条件

$$\|[\mathsf{D}, H]\| \leq \frac{\mathrm{g}^3}{12\|H\| \cdot \kappa}, \quad \frac{2\mathrm{g}}{\kappa} < \rho$$

を満たすように選ぶと，行列 $L_{\kappa,\rho}$ は可逆であり，その符号数 $\mathrm{Sgn}(L_{\kappa,\rho})$ は奇指数ペアリング $\langle [H], [F] \rangle$ の 2 倍となる．

9.2 実指数ペアリングの斜交スペクトル局在子

実指数ペアリングには，$KR_0 \cong \mathbb{Z}$, $KR_1 \cong \mathbb{Z}_2$, $KR_2 \cong \mathbb{Z}_2$, $KR_4 \cong \mathbb{Z}$ に値を取る 4 種類が存在する．これらのうち KR_0 と KR_4 に値を取るものは，実構造を忘れて複素スペクトル局在子を考えることで計算できる（cf. 注意 8.32）．

一方で，KR_1, KR_2 に値を取る実指数ペアリングにも，それを計算するスペクトル局在子が考えられる．以下，空間次元（D の持つ対称性のラベル）を d，AZ 対称性（H の持つ対称性のラベル）を j と置く．$\mathbb{Z}_2$-値の指数ペアリングが現れるのは $j - d$ が 1, 2 の場合である．

9.2.1 $j - d = 2$ の場合

$C\ell_{d+1,d+1}$ の既約表現 $S_{d+1,d+1}$ を S と略記する．8.5 節に従って，L_j 型の対称性を持つハミルトニアンを $H \in \mathcal{SR}(C_u^*(X) \hat{\otimes} C\ell_{0,j-1})$ と同一視し，H と D は同じ実ヒルベルト空間 $\mathcal{H} := \ell^2(X; S \otimes \mathbb{C}^n)$ に作用しているとする．D は $C_u^*(X) \otimes C\ell_{1,d+1}$ と反交換するので，3 つ組 $(\mathcal{H}, \pi, F)$ は $C_u^*(X) \hat{\otimes} C\ell_{0,d+1}$ の (-1)-フレドホルム加群をなす．よって，指数ペアリングは準同型

$$\langle \sqcup, [F] \rangle \colon KR_1(C_u^*(X) \hat{\otimes} C\ell_{0,d+1}) \to KR_2(\mathbb{R}) \cong \mathbb{Z}_2$$

を誘導する．これを具体的に書き下ししたい．

$\mathcal{H} = \mathcal{H}^0 \oplus \mathcal{H}^1$ の $\mathbb{Z}_2$-次数は

$$\Gamma := \mathfrak{e}_1 \cdots \mathfrak{e}_{d+1} \mathfrak{f}_1 \cdots \mathfrak{f}_{d+1} \in C\ell_{d+1,d+1} = \mathrm{End}(S)$$

によって与えられている．$\mathfrak{e}_{d+1}$ は Γ, H, D のすべてと反交換するので，特に S^0 と S^1 の同型を与えている．この同型によって S^0 と S^1 を同一視すると，

$$\mathfrak{e}_{d+1} = \begin{pmatrix} 0 & 1 \\ 1 & 0 \end{pmatrix}, \quad H = \begin{pmatrix} 0 & -H_0 \\ H_0 & 0 \end{pmatrix}, \quad \begin{pmatrix} 0 & -\mathsf{D}_0 \\ \mathsf{D}_0 & 0 \end{pmatrix},$$

と表示される．そこで，以下のように定義する．

定義 9.11. $\mathcal{H}^0 := \ell^2(X, S^0 \otimes \mathbb{C}^n)$ 上の作用素

$$L_\kappa := H_0 + \kappa \mathsf{D}_0 = \mathfrak{e}_{d+1}(H + \kappa \mathsf{D})|_{\mathcal{H}^0}, \quad \text{i.e.,} \quad H + \kappa \mathsf{D} = \begin{pmatrix} 0 & -L_\kappa \\ L_\kappa & 0 \end{pmatrix}$$

を，H の**斜交スペクトル局在子** (skew spectral localizer) と呼ぶ．

作用素 L_κ をもう少し具体的に記述しておく．まず，

$$\Gamma' := \begin{cases} i^{d/2}\mathfrak{e}_1 \cdots \mathfrak{e}_d & d\text{: 偶数}, \\ i^{(d+1)/2}\mathfrak{f}_1 \cdots \mathfrak{f}_{d+1} & d\text{: 奇数}, \end{cases} \qquad \mathfrak{r} := \begin{cases} \mathfrak{e}_1 & d\text{: 偶数}, \\ \mathfrak{f}_1 & d\text{: 奇数}, \end{cases}$$

と置いて，$\mathcal{H}^0$ を Γ' の固有空間の和に分解する．それぞれの固有空間を $\mathfrak{r}$ によって同一視し，H_0 と D_0 の一方への制限をそれぞれ H_{00}, D_{00} と書くと，

$$L_\kappa = \begin{pmatrix} H_{00} & \mathsf{D}_{00}^* \\ \mathsf{D}_{00} & -H_{00} \end{pmatrix} \quad (d\text{: 偶数}), \quad L_\kappa = \begin{pmatrix} \mathsf{D}_{00} & H_{00}^* \\ H_{00} & -\mathsf{D}_{00} \end{pmatrix} \quad (d\text{: 奇数}),$$

と表せる．したがって，L_κ は作用素としては定義 9.1 または定義 9.6 のスペクトル局在子のいずれかと一致する．$d = 0, 4$ のとき，D 型，C 型の対称性を持つハミルトニアン（cf. 8.5.3 節, 8.5.6 節）にあたるのはこの H_{00} である．

定理 9.2 と定理 9.7 より，次が成り立つ: H の $\mu = 0$ でのスペクトルギャップを $\mathsf{g} := \|H^{-1}\|^{-1}$ と置く．$\kappa > 0$ が $\kappa < \|[\mathsf{D}, H]\|^{-1}\mathsf{g}^2/2$ を満たすならば，L_κ は可逆となる．$H + \kappa\mathsf{D}$ の実自己共役性から，L_κ は実な反自己共役作用素になる．したがって，iL_κ は自己共役作用素で $\overline{iL_\kappa} = -iL_\kappa$ を満たす．したがって，KR_2 群の元（8.5.3 節）の形式差

$$[iL_\kappa|iL_\kappa|^{-1}] - [i\mathsf{D}_0|i\mathsf{D}_0|^{-1}] \in KR_2(\mathbb{K}(\mathcal{H}^0)) \cong \mathbb{Z}_2$$

と，(9.1) の作用素 $(i\mathcal{L}_\kappa(t))_{t\in[0,1]}$ の Mod 2 スペクトル流（定理 3.35）

$$\mathrm{sf}_2((i\mathcal{L}_\kappa(t))_{t\in[0,1]}) \in \mathbb{Z}_2$$

という 2 通りのやり方で，$\mathbb{Z}_2$ に値を取る不変量を定義できる．

補題 9.12. 上の状況で，以下が成り立つ．

$$[iL_\kappa|iL_\kappa|^{-1}] - [i\mathsf{D}_0|i\mathsf{D}_0|^{-1}] = \mathrm{sf}_2(\{i\mathcal{L}_\kappa(t)\}) = \langle [H], [F_d] \rangle \in \mathbb{Z}_2.$$

これについても定理 9.3 と同様に，証明は付録 A.2.5 で述べる．

ここから先は 9.1 節と同様である．$\rho > 0$ に対して，$i\mathsf{D}_0$ のスペクトル

$[-\rho, \rho]$ のスペクトル射影 P_ρ を用いて，H の有限体積斜交スペクトル局在子を以下によって定義する:

$$L_{\kappa,\rho} := P_\rho L_\kappa P_\rho = P_\rho \mathsf{D} + P_\rho H P_\rho.$$

定理 9.13 ([83])**.** $24\mathrm{g}^{-2}\|H\| \cdot \|[\mathsf{D}, H]\| < \rho$ とする．$\kappa > 0$ を 2 条件

$$\|[\mathsf{D}, H]\| \leq \frac{\mathrm{g}^3}{12\|H\| \cdot \kappa}, \quad \frac{2\mathrm{g}}{\kappa} < \rho$$

を満たすように選ぶと，行列 $L_{\kappa,\rho}$ は可逆であり，

$$\mathrm{sgn}(\mathrm{Pf}(L_{\kappa,\rho})) \cdot \mathrm{sgn}(\mathrm{Pf}(\hat{\mathsf{D}}_\rho)) = \langle [H], [F] \rangle.$$

証明. 定理 9.5 と同様．有限階作用素の 1 パラメータ族 $(L_{\kappa,\rho}(t))_{t \in [0,1]}$ の Mod 2 スペクトル流がパッフィアンの符号から定まるのは注意 3.36 による． □

9.2.2 $j - d = 1$ の場合

KR_1 値のスペクトル局在子は KR_2 値の場合から得られる．クリフォード代数の包含 $C\ell_{0,j-1} \subset C\ell_{0,j}$ は，準同型 $KR_{j-1}(C^*_u(X)) \to KR_j(C^*_u(X))$ を誘導する．また，この包含が誘導する $KR_1(\mathbb{R}) \to KR_2(\mathbb{R})$ は同型になる（これは例 8.36 から確認できる）．よって，以下がわかる．

補題 9.14. $\langle \llcorner\!\lrcorner, [F] \rangle\colon KR_j(C^*_u(X)) \to KR_1(\mathbb{R}) \cong \mathbb{Z}_2$ は以下と一致する．

$$KR_j(C^*_u(X)) \to KR_{j+1}(C^*_u(X)) \xrightarrow{\langle \llcorner\!\lrcorner, [F_d] \rangle} KR_2(\mathbb{R}) \cong \mathbb{Z}.$$

すなわち，ラベル $\mathrm{L_j}$ の対称性を持つギャップドハミルトニアン H を $\mathrm{L_{j+1}}$ の対称性を持つハミルトニアンとみなし，これに対して定義 9.11 の作用素 L_κ を考えれば，$\mathbb{Z}_2$-不変量が計算できる．

文献案内

スペクトル局在子の理論は，概可換行列のボット指数[91], [236]とトポロジカル相を関連づけるヘイスティングス–ローリングの研究[117]を前身とする．ボット指数は，“$[U, V]$ の作用素ノルムが非常に小さいときに，小さな摂動によって $[U, V] = 0$ となるように取り換えられること” の障害を与える位相不変量で，高エネルギー物理においては格子ゲージ理論におけるウィルソン–ディラック指数定理とも関係している[159]．

数値的な定義に関する他のアプローチもいくつか紹介しておく．ケレンドンク[147]は，Mod 2 不変量を巡回ペアリングで計算する方法を与えている．桂–高麗[141]も，各 AZ 対称性に対して具体的にバルク指数を計算する方法を与えている．プロダン[201]は，久保公式を有限体積で計算したときの誤差評価を調べている．

第 10 章
捩れ同変 K 理論

8 章では，AZ 対称性に守られたトポロジカル相の分類を実 K 理論によって与えた．第 10 章では，これらの対称性および対応するトポロジカル相の分類を“一般化された同変 K 理論”という形で改めて捉えなおすことで，AZ 対称性を超えた一般的な対称性に守られたトポロジカル相を扱う枠組を紹介する．これがフリード–ムーアの捩れ同変 K 理論である．ここでは，有限群 G，それが作用する空間あるいは C*-環，そして G の捩れと呼ばれる付加的なデータに対して，ひとつのアーベル群が与えられる．

10.1 量子力学の対称性: ウィグナーの定理

フリード–ムーアの理論は，量子力学が持ちうる対称性を公理的に規定した**ウィグナーの定理**に基礎づけられている．

$\mathcal{H}$ を $\mathbb{Z}_2$-次数つきヒルベルト空間とする．量子力学の純粋状態は $\mathcal{H}$ のベクトルによって指定されるが，$\psi \in \mathcal{H}$ と $\lambda\psi$ は同じ状態を表現する．すなわち，純粋状態の集合は無限次元の複素射影空間 $\mathbb{P}\mathcal{H} := (\mathcal{H} \setminus \{0\})/\mathbb{C}^{\times}$ と同一視できる．この空間は，基本的な構造として確率振幅関数

$$p\colon \mathbb{P}\mathcal{H} \times \mathbb{P}\mathcal{H} \to \mathbb{R}_{\geq 0}, \quad p([\psi],[\phi]) := \frac{|\langle \psi, \phi \rangle|}{\|\psi\| \cdot \|\phi\|}$$

を持っており，量子力学の対称性変換にはこの関数を保存することが要請される．さらに，$\mathbb{P}\mathcal{H}$ の $\mathbb{Z}_2$-次数 Γ を保つことも要請することにする．

定義 10.1. 量子力学の対称性のなす群 $\mathrm{Aut_q}(\mathbb{P}\mathcal{H})$ とは，自己同相 $\Phi\colon \mathbb{P}\mathcal{H} \to \mathbb{P}\mathcal{H}$ であって，任意の $[\psi],[\phi] \in \mathbb{P}\mathcal{H}$ に対して $p([\psi],[\phi]) = p(\Phi[\psi],\Phi[\phi])$ を満たし，かつ $\Gamma\Phi = \Phi\Gamma$ を満たすもののなす群のことをいう．

例えば，$\mathcal{H}$ のユニタリ作用素 U が斉次，すなわち $\Gamma U = \pm U\Gamma$ を満たすならば，$[\psi] \mapsto [U\psi]$ は量子力学の対称性を与えている．これは，U が斉次の反

ユニタリ作用素であっても同様である．そこで，

$$\mathrm{Aut_q}(\mathcal{H}) := \{U\colon \mathcal{H} \to \mathcal{H} \mid \text{斉次なユニタリまたは反ユニタリ}\} \quad (10.1)$$

と定義すると，群準同型 $\mathrm{Aut_q}(\mathcal{H}) \to \mathrm{Aut_q}(\mathbb{P}\mathcal{H})$ が誘導され，その核はスカラー倍のなす群 $U(1) = \mathbb{T}$ になる．

定理 10.2 (ウィグナーの定理)．$\mathrm{Aut_q}(\mathbb{P}\mathcal{H}) \cong \mathrm{Aut_q}(\mathcal{H})/\mathbb{T}$.

証明. 以下では $\mathcal{H}$ が有限次元の場合に限って説明するが，同じ証明が無限次元の場合にも適用できる[95]．有限次元の場合，下の補題 10.3 より $\Phi \in \mathrm{Aut_q}(\mathbb{P}\mathcal{H})$ は $\mathbb{P}\mathcal{H} \cong \mathbb{CP}^n$ 上の等長写像を与え，特に正則または反正則の写像になる．

任意の $\Phi \in \mathrm{Aut_q}(\mathbb{P}\mathcal{H})$ がある $U \in \mathrm{Aut_q}(\mathcal{H})$ によって実現されることを示す．必要なら $\mathrm{Aut_q}(\mathcal{H})$ の元を掛けることで，Φ はある点 $[\psi]$ を固定するとしてよい．このとき，$T_{[\psi]}\mathbb{P}\mathcal{H} \cong [\psi]^\perp$ より，写像の微分 $V := (d\Phi)_{[\psi]}$ は $[\psi]^\perp$ 上の線形または反線形写像になる．これを $V\psi = \psi$ によって $\mathcal{H}$ 全体に延長すると，$\Phi \circ V^{-1}$ は $[\psi]$ を固定してその接空間 $T_{[\psi]}\mathbb{P}\mathcal{H}$ に自明に作用するので，指数写像の全射性から恒等写像であることがわかる． □

補題 10.3. $\mathcal{H}$ が有限次元ヒルベルト空間のとき，$\mathbb{P}\mathcal{H} \cong \mathbb{CP}^n$ 上の確率振幅 p はフビニ–スタディ距離 d と $\cos(d) = 2p - 1$ の関係にある．

証明. $\psi, \phi \in \mathcal{H}$ に対して，$\mathrm{span}\{\psi, \phi\}$ の正規直交基底 ψ, ψ' を取って $\phi = \psi + \lambda\psi'$ と表す（ψ と ϕ が平行な場合には明らか）．$\mathbb{CP}^1$ のフビニ–スタディ計量がステレオグラフ射影で S^2 の標準計量に同一視されることに注意すると，$d([\psi], [\phi])$ は $(0, 0, -1)$ と $\left(\frac{2\mathrm{Re}\lambda}{1+|\lambda|^2}, \frac{2\,\mathrm{Im}\,\lambda}{1+|\lambda|^2}, \frac{-1+|\lambda|^2}{1+|\lambda|^2}\right)$ を結ぶ S^2 内の円弧の長さと一致する．これは 2 つのベクトルのなす角，つまり $\arccos\left(\frac{1-|\lambda|^2}{1+|\lambda|^2}\right)$ である．一方で，$p([\psi], [\phi]) = 1/(1 + |\lambda|^2)$. □

10.2 フリード–ムーアの捩れ

前節の議論を踏まえると，量子力学の対称性は群準同型

$$\pi\colon G \to \mathrm{Aut_q}(\mathbb{P}\mathcal{H})$$

によって与えられることになる．これは群のユニタリ表現の一般化（捩れ表現）に対応し，通常のユニタリ表現とのずれを測る捩れ (twist) と呼ばれる 3 つ組のデータ (ϕ, c, τ) によってラベルされる．

記号 10.4. 複素数 $z \in \mathbb{C}$ や実 C*-環の元 $z \in A$ に対して，${}^0z := z$, ${}^1z := \bar{z}$ という記法を用いる．複素ベクトル空間や複素ベクトル束に対しても同様に，${}^0E := E$, ${}^1E := \overline{E}$ と書く．

10.2.1 捩れ表現に付随するデータ

群 $\mathrm{Aut_q}(\mathbb{P}\mathcal{H})$ は，次のような構造を持っている．

(1) U が線形なら $\tilde{\phi}(U)=0$，反線形なら $\tilde{\phi}(U)=1$ と置くと，これは群準同型 $\tilde{\phi}\colon \mathrm{Aut_q}(\mathbb{P}\mathcal{H})\to\mathbb{Z}_2$ を誘導する．

(2) U が $\mathbb{Z}_2$-次数 Γ と交換するなら $\tilde{c}(U)=0$，反交換するなら $\tilde{c}(U)=1$ と置くと，これは群準同型 $\tilde{c}\colon \mathrm{Aut_q}(\mathbb{P}\mathcal{H})\to\mathbb{Z}_2$ を誘導する．

(3) 群の拡大 $1\to\mathbb{T}\to\mathrm{Aut_q}(\mathcal{H})\to\mathrm{Aut_q}(\mathbb{P}\mathcal{H})\to 1$ は，任意の $z\in\mathbb{T}$ と $U\in\mathrm{Aut_q}(\mathcal{H})$ に対して ${}^{\tilde{\phi}(U)}zU=Uz$ を満たす．

したがって，量子力学の対称性 $\pi\colon G\to\mathrm{Aut_q}(\mathbb{P}\mathcal{H})$ が与えられたとき，G には

- 群準同型 $\phi:=\tilde{\phi}\circ\pi\colon G\to\mathbb{Z}_2$ と $c:=\tilde{c}\circ\pi\colon G\to\mathbb{Z}_2$,
- 群の拡大 $1\to\mathbb{T}\to G^\tau\to G\to 1$，ただしここで

$$G^\tau:=\pi^*(\mathrm{Aut_q}(\mathcal{H}))=\{(g,U)\in G\times\mathrm{Aut_q}(\mathcal{H})\mid \pi(g)=[U]\},$$

という 3 つ組が付随する．この拡大 G^τ は，任意の $\tilde{g}\in G^\tau$ と $z\in\mathbb{T}$ に対して ${}^{\phi(\tilde{g})}z\tilde{g}=\tilde{g}z$ を満たしている．このような拡大を **ϕ-捩れ中心拡大**と呼ぶ．

群準同型 $\pi\colon G\to\mathrm{Aut_q}(\mathbb{P}\mathcal{H})$ は，線形または反線形の斉次ユニタリ表現 $\tilde{\pi}\colon G^\tau\to\mathrm{Aut_q}(\mathcal{H})$ に延長する．切断 $s\colon G\to G^\tau$ を任意に固定すると，各 $g,h\in G$ に対して $\tau(g,h)\in\mathbb{T}$ が存在して

$$s(g)s(h)=\tau(g,h)s(gh)\in G^\tau,\quad \text{よって } \tilde{\pi}(s(g))\tilde{\pi}(s(h))=\tilde{\pi}(s(gh))$$

を満たす．すなわち，$g\mapsto\tilde{\pi}(s(g))$ は G の線形または反線形の**射影表現**である．この τ は，以下の ϕ で捩られたコサイクル条件を満たす:

$$\tau(g,h)\tau(gh,k)={}^{\phi(g)}\tau(h,k)\tau(g,hk). \tag{10.2}$$

定義 10.5. 群準同型 $\phi\colon G\to\mathbb{Z}_2$, $c\colon G\to\mathbb{Z}_2$ と拡大 G^τ の 3 つ組を，G の**フリード–ムーア捩れ** (Freed–Moore twist) と呼び，$(\phi,c,\tau)\in\mathfrak{Tw}(G)$ と書く．

逆に，固定したフリード–ムーア捩れに対して，これを付随させるような量子力学の対称性を群の捩れ表現と呼ぶことにする．すなわち:

定義 10.6. $(\phi,c,\tau)\in\mathfrak{Tw}(G)$ に対して，線形または反線形な斉次ユニタリの族 $\{\pi_g\colon\mathcal{V}\to\mathcal{V}\}$ が G の $\mathbb{Z}_2$-次数つきヒルベルト空間 $\mathcal{V}$ への (ϕ,c,τ)-**捩れ表現**であるとは，以下を満たすことをいう．

- ϕ-線形: $\phi(g)=0$ なら π_g は線形，$\phi(g)=1$ なら π_g は反線形.
- c-次数つき: $c(g)=0$ なら π_g は偶，$c(g)=1$ なら π_g は奇.
- τ-射影表現: $\pi_g\pi_h=\tau(g,h)\pi_{gh}$.

命題 10.7. G の捩れ (ϕ,c,τ) に対して，ある (ϕ,c,τ)-捩れ表現が存在する．

証明. 複素ヒルベルト空間

$$ {}^{\phi}\ell^2(G;\mathfrak{t}) := \{\xi \in L^2(G^\tau) \mid \xi(z \cdot g) = z^{-1}\xi(g)\ \forall z \in \mathbb{T},\ g \in G^\tau\} $$

を考える．この空間の加法はそのままに，複素スカラー倍を $(\lambda \cdot \xi)(g) := {}^{\phi(g)}\lambda \cdot \xi(g)$ に取り換える．また，ここに $\mathbb{Z}_2$-次数を $(\Gamma\xi)(g) := (-1)^{c(g)} f(g)$, G^τ の作用を $(\lambda_g \xi)(h) := \xi(g^{-1}h)$ によって定義する．このとき，${}^{\phi}\ell^2(G;\mathfrak{t})$ は (ϕ, c, τ)-捩れ表現である． □

注意 10.8. 命題 10.7 で構成した捩れ表現は，次のような普遍性を持つ．

$$ {}^{\phi}\mathcal{H}_{G,\mathfrak{t}} := {}^{\phi}\ell^2(G;\mathfrak{t}) \oplus {}^{\phi}\ell^2(G;\mathfrak{t})^{\mathrm{op}} \cong {}^{\phi}\ell^2(G;\mathfrak{t}) \hat{\otimes} \mathbb{C}^{1,1} $$

と置くと，任意の有限次元 (ϕ, c, τ)-捩れ表現 $\mathcal{V}$ は ${}^{\phi}\mathcal{H}_{G,\mathfrak{t}}$ の有限個の直和に部分捩れ表現として含まれる．これは，偶ユニタリ $u\colon \mathcal{V} \to (\mathbb{C}^{1,1})^{\dim \mathcal{V}/2}$ を固定することで，以下が捩れ表現の同型を与えるためである：

$$ \ell^2(G) \otimes \mathcal{V} = \bigoplus_{g \in G} \mathcal{V} \xrightarrow{\bigoplus_g \lambda_g u \pi_g^*} \bigoplus_{g \in G} {}^{\phi(g)}(\mathbb{C} \oplus \mathbb{C}^{\mathrm{op}})^{\dim \mathcal{V}/2} = {}^{\phi}\mathcal{H}_{G,\mathfrak{t}}^{\oplus \dim \mathcal{V}/2}. $$

10.2.2 群コサイクル

フリード–ムーア捩れはコホモロジー類によって分類される．G を群，M を G 加群（G が作用しているアーベル群）とする．群 G の M 値 n-コサイクルとは関数 $\varphi\colon G^n \to \mathsf{M}$ であって

$$ \begin{aligned} (d^{n+1}\varphi)(g_1, \cdots, g_{n+1}) &:= g_1 \cdot \varphi(g_2, \cdots, g_{n+1}) \\ &\quad + \sum_{i=1}^{n} (-1)^i \varphi(g_1, \cdots, g_i g_{i+1}, \cdots, g_{n+1}) + (-1)^{n+1}\varphi(g_1, \cdots, g_n) \end{aligned} $$

が 0 となるものをいう．$H^n(G;\mathsf{M}) := \operatorname{Ker} d^{n+1} / \operatorname{Im} d^n$ を G の M 係数コホモロジー群と呼ぶ．本書では M として $\mathbb{Z}/2\mathbb{Z}$ または $\mathbb{T}$ を考える．群コホモロジーについて，次の事実は基本的である[58]．

(1) G が M に自明に作用しているとき，1 次コホモロジー群 $H^1(G;\mathsf{M})$ は群準同型のなす群 $\mathrm{Hom}(G, \mathsf{M})$ と同型である．

(2) 2 次コホモロジー群 $H^2(G;\mathsf{M})$ は，群の拡大 $1 \to \mathsf{M} \to E \to G \to 1$ であって共役作用 $\mathrm{Ad}\colon E \to \mathrm{Aut}(\mathsf{M})$（$\mathsf{M}$ は可換なのでこれは G を経由する）が G の M への作用と一致するものの同型類のなす集合と一致する．

以上の事実から，以下の命題が直ちに従う．ここで，$\mathbb{T} = U(1)$ に G が $g \cdot z := {}^{\phi(g)}z$ によって作用している G 加群を $\mathbb{T}_\phi$ と書くとする．

命題 10.9. 集合 $\mathfrak{Tw}(G)$ は，$\phi \in H^1(G;\mathbb{Z}_2)$, $c \in H^1(G;\mathbb{Z}_2)$, $\tau \in H^2(G;\mathbb{T}_\phi)$ の 3 つ組 (ϕ, c, τ) と 1 対 1 に対応する．

以下，$\mathfrak{Tw}(G)$ の元と対応するコホモロジー類の 3 つ組を区別しない．

10.2.3 捩れの和

捩れ表現の次数つきテンソル積と整合するように $\mathfrak{Tw}(G)$ に加法を導入したい．ここで，(ϕ_1, c_1, τ_1)-捩れ表現 $(\pi_1, \mathcal{V}_1)$ と (ϕ_2, c_2, τ_2)-捩れ表現 $(\pi_2, \mathcal{V}_2)$ のテンソル積を $\mathbb{C}$ 上で取るには $\phi_1 = \phi_2$ であることが必要である．この意味で，3 つ組 (ϕ, c, τ) のうち ϕ は特別である．固定した ϕ に対して，(ϕ, c, τ) が定義 10.5 の意味でフリード–ムーア捩れとなるようなペア (c, τ) の集合を ${}^{\phi}\mathfrak{Tw}(G)$ と書く．この集合は $H^1(G; \mathbb{Z}_2) \times H^2(G; \mathbb{T}_\phi)$ と同型になる．本書では，${}^{\phi}\mathfrak{Tw}(G)$ の元をしばしば 1 文字に短縮して $\mathfrak{t} = (c, \tau)$ のように書く．

集合 ${}^{\phi}\mathfrak{Tw}(G)$ に加法を次のように定義する:

$$(c_1, \tau_1) + (c_2, \tau_2) := (c_1 + c_2, \tau_1 + \tau_2 + (-1)^{c_2 \cup c_1}).$$

ただし，$c_2 \cup c^1 \in H^2(G; \mathbb{Z}_2)$ とは 1 次コホモロジー類のカップ積，つまり

$$(c_2 \cup c_1)(g, h) = c_2(g) c_1(h) \in \mathbb{Z}_2 = \{0, 1\}$$

を指す．これを $\mathbb{Z}_2 \cong \{\pm 1\} \subset {}^{\phi}\mathbb{T}$ によって $H^2(G; {}^{\phi}\mathbb{T})$ の元とみなす．

命題 10.10. $\mathfrak{t}_1, \mathfrak{t}_2 \in {}^{\phi}\mathfrak{Tw}(G)$ に対して，$(\pi_i, \mathcal{V}_i)$ を $(\phi, \mathfrak{t}_i)$-捩れ表現とする．このとき，次数つきテンソル積 $(\pi_1 \hat{\otimes} \pi_2, \mathcal{V}_1 \hat{\otimes} \mathcal{V}_2)$ は G の $(\phi, \mathfrak{t}_1 + \mathfrak{t}_2)$-捩れ表現である．

証明．表現の次数つきテンソル積 $\pi_1 \hat{\otimes} \pi_2$ の合成を計算すると，

$$\begin{aligned}
&(\pi_1(g) \hat{\otimes} \pi_2(g)) \cdot (\pi_1(h) \hat{\otimes} \pi_2(h)) \\
&= (-1)^{c_1(h) c_2(g)} \pi_1(g) \pi_1(h) \hat{\otimes} \pi_2(g) \pi_2(h) \\
&= (-1)^{c_1(h) c_2(g)} \cdot \tau_1(g, h) \cdot \tau_2(g, h) \pi_1(gh) \hat{\otimes} \pi_2(gh).
\end{aligned}$$

□

この加法における逆元は，捩れ表現の言葉では次のように理解される．

補題 10.11. (ϕ, c, τ)-捩れ表現 $(\pi, \mathcal{V})$ に対し，$\acute{\tau} := \tau + (-1)^{c \cup c}$ と置く．$(\acute{\pi}, \acute{\mathcal{V}})$ を $\acute{\mathcal{V}} := \mathcal{V}$, $\acute{\pi}_g := \Gamma^{c(g)} \cdot \pi_g$ によって定めると，これは $(\phi, c, \acute{\tau})$-捩れ表現である．また，$\acute{\mathcal{V}}^* \hat{\otimes} \mathcal{V}$ は ϕ-捩れ表現として $\mathrm{End}(\mathcal{V})$ と同型である．

証明．$\acute{\pi}$ が $(\phi, c, \acute{\tau})$-捩れ表現なのは計算によって直接確認できる．ϕ-捩れ表現の同型 $\acute{\mathcal{V}}^* \hat{\otimes} \mathcal{V} \cong \mathcal{V}^* \otimes \mathcal{V} \cong \mathrm{End}(\mathcal{V})$ は $v \hat{\otimes} (w^0 + w^1) \mapsto v \otimes w^0 + \Gamma v \otimes w^1$ によって与えられる． □

10.2.4 補足: 亜群の捩れ

ここまで議論したフリード–ムーア捩れに関する諸概念は，亜群に一般化することができる．この抽象論は，トポロジカル結晶絶縁体（11 章）の分類において自然に現れる．

(1) 亜群 $\mathcal{G}$ の捩れとは，準同型 $\phi, c\colon \mathcal{G} \to \mathbb{Z}_2$ と，$\mathcal{G}$ の ϕ-捩れ中心拡大 τ の 3 つ組のことをいう．ϕ-捩れ中心拡大の一般的な定義については省くが，連続写像 $\tau(g,h,x)\colon P \times P \times X \to \mathbb{C}$ がコサイクル条件 (10.2)，すなわち

$$\tau(g,h,kx)\tau(gh,k,x) = {}^{\phi(g,x)}\tau(h,k,x)\tau(g,hk,x)$$

を満たすとき，この τ は $\mathcal{G} = X \rtimes P$ の ϕ-捩れ中心拡大を与えている．

(2) ϕ-捩れ中心拡大 τ が上のように与えられているとき，亜群 $\mathcal{G} = X \rtimes P$ の (ϕ,c,τ)-捩れ表現とは，X 上のベクトル束 $\mathcal{V}$ と $g\colon X \to X$ 上のユニタリ束写像 $\pi_g\colon {}^{\phi(g)}\mathcal{V} \to \mathcal{V}$，つまりユニタリ $\pi_{g,x}\colon {}^{\phi(g,x)}\mathcal{V}_x \to \mathcal{V}_{gx}$ の連続な族であって，関係式 $\pi_{g,hx}\pi_{h,x} = \tau(g,h,x)\pi_{gh,x}$ を満たすものをいう．

より一般的な定義については，[98] や [105] を参照．

10.3 フリード–ムーア捩れ同変 K 理論

ここでは，4.5 節で定義した同変 K 理論を一般化して，G の捩れ $(\phi,c,\tau) \in \mathfrak{Tw}(G)$ と ϕ-捩れ G-C*-環に対してアーベル群を定めるフリード–ムーア捩れ同変 K 群[98]の定義を与える*1)．

10.3.1 ϕ-捩れ G-C*-環

これから考える K 理論の入力に当たる対象は，G の “ϕ-捩れ” 作用を持つ（$\mathbb{Z}_2$-次数つき）C*-環となる．$\mathbb{Z}_2$-次数つき C*-環 A に対して，A の次数つき自己同型または反自己同型（反線形写像であって，$\phi(ab) = \phi(a)\phi(b)$, $\phi(a^*) = \phi(a)^*$ を満たす全単射）のなす集合を $\mathrm{Aut}_{\mathrm{q}}(A)$ と書くとする．

定義 10.12. 群 G の C*-環 A への ϕ-捩れ作用とは，群準同型 $\alpha\colon G \to \mathrm{Aut}_{\mathrm{q}}(A)$ であって，各 α_g が $\phi(g)$-線形であるもののことをいう．このとき，対 (A,α) を **ϕ-捩れ G-C^*-環** (ϕ-twisted G-C*-algebra) と呼ぶ．

例 10.13. $\mathrm{pr}_2\colon G \times \mathbb{Z}_2 \to \mathbb{Z}_2$ を第 2 射影とする．実 G-C*-環 A は，pr_2-捩れ $G \times \mathbb{Z}_2$-C*-環と同じものである．任意の $\phi\colon G \to \mathbb{Z}_2$ に対して，作用を $(\mathrm{id},\phi)\colon G \to G \times \mathbb{Z}_2$ と合成することで A は ϕ-捩れ G-C*-環とみなせる．

例 10.14. $(\pi,\mathcal{V})$ を G の (ϕ,c,τ)-捩れ表現とする．このとき，$\mathrm{Ad}(\pi_g)\colon \mathbb{K}(\mathcal{V}) \to \mathbb{K}(\mathcal{V})$ は $\phi(g)$-線形な次数つき自己同型で，$\mathrm{Ad}(\pi_g) \circ \mathrm{Ad}(\pi_h) = \mathrm{Ad}(\pi_{gh})$ を満たす．つまり，$g \mapsto \mathrm{Ad}(\pi_g)$ は G の $\mathbb{K}(\mathcal{V})$ への ϕ-捩れ作用である．

例 10.14 は逆が成り立つ．つまり，$\alpha\colon G \to \mathrm{Aut}_{\mathrm{q}}(\mathbb{K}(\mathcal{H}))$ はある (ϕ,c,τ)-

*1) 本書ではこれをファン・ダーレの K_1 群の一般化として導入する．論文 [105], [156] では，発見的考察に沿った議論として，先にフレドホルム描像による定義を導入したのちに，それと同値なファン・ダーレ（カロウビ）描像を与えるという手順を取っている．

捩れ表現 π の共役作用によって得られる．実際，ϕ-捩れ作用 α に対して，α_g をランク 1 射影の集合 ($\cong \mathbb{P}\mathcal{H}$) に制限すると，これは等長性から確率振幅 $p([\psi],[\phi]) = \|P_\psi P_\phi\|$ を保つ．$\alpha_g|_{\mathbb{P}\mathcal{H}}$ を持ち上げて得られる $\pi_g \in \mathrm{Aut_q}(\mathcal{H})$（定理 10.2）に対して，$\alpha_g = \mathrm{Ad}(\pi_g)$ が成り立つ．

定義 10.15. ϕ-捩れ作用 $\alpha\colon G \curvearrowright \mathbb{K}(\mathcal{H})$ に対して，上の議論から復元される捩れ表現 π の捩れを，α の**ディクシミエ–ドゥアディ類**（以下 DD 類）と呼ぶ．

例 10.16. ベクトル空間 V への G の ϕ-捩れ表現 π に対して，$\mathfrak{c}(v) \mapsto \mathfrak{c}(\pi_g(v))$ は ϕ-捩れ G-作用 $\alpha\colon G \curvearrowright C\ell(V)$ に延長する．V が偶数次元ならば，$C\ell(V)$ は $\mathrm{End}(S_{2n})$ と同型となる．よって，$C\ell(V)$ の DD 類を $\mathfrak{v}$ と置くと，上の議論により S_{2n} 上に $(\phi,\mathfrak{v})$-捩れ表現 $\pi\colon G \to \mathrm{Aut_q}(\mathbb{P}S_{2n})$ が復元できる*2)．

10.3.2 $\mathbb{Z}_2$-次数つき C*-環の場合

ファン・ダーレ K 理論（4.6 節, 8.4.2 節）を一般化して，(G,ϕ,c,τ) の対称性を反映した K 理論を定義する．$\mathcal{S}(A)$ の元は奇なので，G の奇な元の表現とは反交換するよう定義するのが自然である．

A を $\mathbb{Z}_2$-次数つき ϕ-捩れ G-C*-環とする．A に G 作用 $\gamma^{c(g)} \circ \alpha_g$ を導入した $\mathbb{Z}_2$-次数つき ϕ-捩れ G-C*-環を A^c と置く．集合 ${}^\phi\mathcal{S}^G_c(A)$ を

$$
{}^\phi\mathcal{S}^G_c(A) := \{s \in \mathcal{S}(A) \mid \alpha_g(s) = (-1)^{c(g)}s\}
$$

によって定義する．(ϕ,c,τ)-捩れ表現 $\mathcal{V}$ に対し，${}^\phi\mathcal{S}^G_{c,\mathcal{V}}(A) := {}^\phi\mathcal{S}^G_c(A^c \hat{\otimes} \mathbb{K}(\mathcal{V}))$ と置く．元 $e \in {}^\phi\mathcal{S}^G(A)$ をひとつ固定し，包含写像

$$
{}^\phi\mathcal{S}^G_{c,\mathcal{V}}(A) \to {}^\phi\mathcal{S}^G_{c,\mathcal{V}\oplus\mathcal{W}}(A), \quad s \mapsto s \oplus (e \hat{\otimes} 1_{\mathcal{W}})
$$

によって得られる増大列の合併を ${}^\phi\mathcal{S}^G_{\mathrm{t},\infty}(A)_e$ と書く．すると，

$$
{}^\phi\mathsf{DK}^G_{\mathrm{t},e}(A) := \pi_0\big({}^\phi\mathcal{S}^G_{\mathrm{t},\infty}(A)_e\big)
$$

は，和 $[s_1]+[s_2] := [s_1 \oplus s_2]$ によって加法モノイドとなる．さらに $vev^* = -e$ となる G 不変な偶ユニタリが存在するとき，これは群となる（補題 4.52）．特に，(4.13) で導入した行列環 $\mathbb{M}_{2,2}$ の元 e, v は，この仮定を満たす．

定義 10.17. 単位的な $\mathbb{Z}_2$-次数つき ϕ-捩れ G-C*-環 A に対して，

$$
{}^\phi K^G_{1,\mathrm{t}}(A) := {}^\phi\mathsf{DK}^G_{\mathrm{t},e}(\mathbb{M}_{2,2}(A)).
$$

一般の場合には，${}^\phi K^{1;\mathrm{t}}_G(A) := \mathrm{Ker}({}^\phi K^{1;\mathrm{t}}_G(A^+) \to {}^\phi K^{1;\mathrm{t}}_G(\mathbb{R}))$ と定める．

---

*2) この作用の DD 類は，同変シュティーフェル–ホイットニー類 $(w^G_1(V), w^G_2(V)) \in H^1_G(\mathrm{pt};\mathbb{Z}_2) \oplus H^2_G(\mathrm{pt};\mathbb{Z}_2)$ に一致する．特に，π_g が V の向きを保つなら $c(g)=0$，反転させるなら $c(g)=1$ となり，τ は π_g のスピン構造への作用を記述する．

次に，ヒグソン–カスパロフの捩れ同変 K_0 群の定義を導入しておく．単位的な C*-環 A に対して，

$${}^{\phi}\hat{\mathcal{U}}_c^G(A) := \{u \in \hat{\mathcal{U}}(A) \mid \alpha_g(u) = \gamma^{\phi(g)+c(g)}(u)\}$$

を考える．$1 \in {}^{\phi}\hat{\mathcal{U}}_c^G(A)$ なので，この集合は空でない．典型的には，自己共役元 $h \in A$ が $\alpha_g(h) = (-1)^{c(g)}h$ を満たすとき，$e^{\pi i h} \in {}^{\phi}\hat{\mathcal{U}}_c^G(A)$ となる．(ϕ, c, τ)-捩れ表現 $\mathcal{V}$ に対して，${}^{\phi}\hat{\mathcal{U}}_{c,\mathcal{V}}^G(A) := {}^{\phi}\hat{\mathcal{U}}_c^G(A \hat{\otimes} \mathbb{K}(\mathcal{V}))$ と置く．包含

$${}^{\phi}\hat{\mathcal{U}}_{c,\mathcal{V}}^G(A) \subset {}^{\phi}\hat{\mathcal{U}}_{c,\mathcal{V}\oplus\mathcal{W}}^G(A), \quad u \mapsto u \oplus 1$$

によって得られる増大列の合併を ${}^{\phi}\hat{\mathcal{U}}_{\mathfrak{t},\infty}^G(A)$ と置く．

定義 10.18. $\mathbb{Z}_2$-次数つき ϕ-捩れ G-C*-環 A に対して，

$${}^{\phi}K_{0,\mathfrak{t}}^G(A) := \pi_0\big({}^{\phi}\hat{\mathcal{U}}_{\mathfrak{t},\infty}^G(A)\big).$$

補題 10.19. $(\phi, \mathfrak{t}) \in \mathfrak{Tw}(G)$ と ϕ-捩れ C*-環 A に対して，以下が成り立つ．
(1) ${}^{\phi}K_{1,\mathfrak{t}}^G(A) \cong {}^{\phi}K_{0,\mathfrak{t}}^G(A \hat{\otimes} C\ell_{0,1})$.
(2) ${}^{\phi}K_{*,\mathfrak{t}}^G(A) \cong {}^{\phi}K_*^G(A \hat{\otimes} \mathbb{K}({}^{\phi}\mathcal{H}_{G,c,\tau}))$.
(3) ${}^{\phi}K_*^G(A) \cong KR_*^G(A_{\mathbb{R}})$（cf. 例 8.23）.

証明. (1): 命題 4.57 と同様に証明できる．(2): ${}^{\phi}\mathcal{S}_{c,\mathcal{V}}^G(A)$ と ${}^{\phi}\mathcal{S}^G(A \hat{\otimes} \mathbb{K}(\acute{\mathcal{V}}))$ は $\mathbb{M}_{2,2}(A) \hat{\otimes} \mathbb{K}(\mathcal{V})$ の部分集合として自然に同一視できる．(3): これは同型 ${}^{\phi}\mathcal{S}_{\mathcal{V}}^G(A) \cong {}^{\mathrm{pr}_2}\mathcal{S}_{\mathcal{V}}^{G\times\mathbb{Z}_2}(A_{\mathbb{R}}) = \mathcal{SR}_{\mathcal{V}}^G(A_{\mathbb{R}})$ から従う． □

これらによって，実 K 理論で成立する事実が捩れ同変 K 群に移植できる．以下では結論のみを列挙する（[156] も参照）.

定義 10.20. G を有限群，A を $\mathbb{Z}_2$-次数つき ϕ-捩れ G-C*-環とする．このとき，$\mathfrak{t} \in {}^{\phi}\mathfrak{Tw}(G)$ に対して，有限和 $\sum_{g\in G} a_g u_g$ のなすベクトル空間に演算が

$$(a_g u_g) \cdot (b_h u_h) = (-1)^{c(g)\cdot|b|}\tau(g,h) \cdot a\alpha_g(b) \cdot u_{gh},$$
$$(a_g u_g)^* = (-1)^{c(g)\cdot|a_g|}\alpha_{g^{-1}}(a_g)u_g^*, \quad \gamma(a_g u_g) = (-1)^{c(g)}\gamma(a_g)u_g,$$

によって定まる $\mathbb{Z}_2$-次数つき $\mathbb{R}$-代数（を複素化して得られる実 C*-環）を $A \,{}^{\phi}\rtimes_{\mathfrak{t}} G$ と置く．特に ${}^{\phi}C_{\mathfrak{t}}^*G := \mathbb{C} \,{}^{\phi}\rtimes_{\mathfrak{t}} G$ を捩れ群 C*-環と呼ぶ.

定理 10.21. 以下が成り立つ.
(1) 捩れ同変 K 群 ${}^{\phi}K_{*,\mathfrak{t}}^G(A)$ は，ϕ-捩れ G-C*-環の圏からアーベル群の圏への C*-安定，ホモトピー不変，半完全関手である．特に，境界準同型 $\partial\colon {}^{\phi}K_{*,\mathfrak{t}}^G(\mathsf{S}A/I) \to {}^{\phi}K_{*,\mathfrak{t}}^G(I)$ が存在して，以下は完全列となる:

$${}^{\phi}K_{*,\mathfrak{t}}^G(\mathsf{S}A) \to {}^{\phi}K_{*,\mathfrak{t}}^G(\mathsf{S}A/I) \xrightarrow{\partial} {}^{\phi}K_{*,\mathfrak{t}}^G(I) \to {}^{\phi}K_{*,\mathfrak{t}}^G(A) \to {}^{\phi}K_{*,\mathfrak{t}}^G(A/I).$$

(2) ${}^{\phi}K_{*,\mathfrak{t}}^G(A \hat{\otimes} C_0(\mathbb{R}^{j|l})) \cong {}^{\phi}K_{*,\mathfrak{t}}^G(A \hat{\otimes} C\ell_{l,j})$ が成り立つ．特に，${}^{\phi}K_{0,\mathfrak{t}}^G(\mathsf{S}^j A)$

は j に関して 8 周期のボット周期性を持つ.

(3) 境界準同型 $\partial\colon {}^{\phi}K^G_{1,\mathfrak{t}}(A/I) \to {}^{\phi}K^G_{0,\mathfrak{t}}(I)$ を

$$\partial[s] = [-\exp(-\pi i\tilde{s})] \quad (\tilde{s}\text{ は } s \text{ の奇・自己共役・実な持ち上げ})$$

によって定義すると, 以下は完全列となる:

$${}^{\phi}K^G_{1,\mathfrak{t}}(A) \to {}^{\phi}K^G_{1,\mathfrak{t}}(A/I) \xrightarrow{\partial} {}^{\phi}K^G_{0,\mathfrak{t}}(I) \to {}^{\phi}K^G_{0,\mathfrak{t}}(A).$$

(4) カップ積 ${}^{\phi}K^G_{0,\mathfrak{t}}(A) \times {}^{\phi}K^G_{0,\mathfrak{s}}(B) \to {}^{\phi}K^G_{0,\mathfrak{t}+\mathfrak{s}}(A \hat{\otimes} B)$ が存在する (cf. 注意 A.17). 特に, ${}^{\phi}K^G_{*,\mathfrak{t}}(A)$ は可換環 ${}^{\phi}R(G) := {}^{\phi}K^G_0(\mathbb{R})$ 上の加群である. この環は G の ϕ-捩れ表現のなす可換モノイドの群完備化と同型であり, その単位元は g が $\mathcal{C}^{\phi(g)}$ で作用する自明表現によって与えられる.

(5) 捩れグリーン–ジュルク定理: $KR_*(A \,{}^{\phi}\!\rtimes_{-\mathfrak{t}} G) \cong {}^{\phi}K^G_{*,\mathfrak{t}}(A)$.

(5) の同型は, 実 C*-環の同型 $(A \,{}^{\phi}\!\rtimes_{c,\tau} G) \otimes \mathbb{K} \cong (A_{\mathbb{R}} \hat{\otimes} \mathbb{K}({}^{\phi}\mathcal{H}_{G,c,-\tau})) \,{}^{\phi}\!\rtimes G$ ([156, Lemma 4.9]) と補題 10.19 (2), (3) から従う.

10.3.3 自明な $\mathbb{Z}_2$-次数を持つ C*-環の場合

自明な $\mathbb{Z}_2$-次数を持つ ϕ-捩れ G-C*-環に対しては, これより簡素化された, トポロジカル相の分類により適切な定義が存在する.

(ϕ, c, τ)-捩れ表現 $\mathcal{V}$ に対し, 集合 ${}^{\phi}\mathscr{S}^G_{c,\mathcal{V}}(A)$ と ${}^{\phi}\hat{\mathscr{U}}^G_{c,\mathcal{V}}(A)$ を

$$\begin{aligned} {}^{\phi}\mathscr{S}^G_{c,\mathcal{V}}(A) &:= \{s \in A \hat{\otimes} \mathbb{K}(\mathcal{V}) \mid s = s^*, s^2 = 1, \alpha_g(s) = (-1)^{c(g)}s\}, \\ {}^{\phi}\hat{\mathscr{U}}^G_{c,\mathcal{V}}(A) &:= \{u \in \mathcal{U}(A \hat{\otimes} \mathbb{K}(\mathcal{V})) \mid \alpha_g(u) = \operatorname{Re} u + (-1)^{(c+\phi)(g)} i \operatorname{Im} u\}, \end{aligned}$$

によって定義する. これらの包含を

$$\begin{aligned} {}^{\phi}\mathscr{S}^G_{c,\mathcal{V}}(A) &\to {}^{\phi}\mathscr{S}^G_{c,\mathcal{V}\oplus\mathcal{W}}(A), \quad s \mapsto s \oplus \Gamma_{\mathcal{W}}, \\ {}^{\phi}\hat{\mathscr{U}}^G_{c,\mathcal{V}}(A) &\to {}^{\phi}\hat{\mathscr{U}}^G_{c,\mathcal{V}\oplus\mathcal{W}}(A), \quad s \mapsto s \oplus 1, \end{aligned}$$

によって定め, 増大列の合併をそれぞれ ${}^{\phi}\mathscr{S}^G_{\mathfrak{t},\infty}(A)$, ${}^{\phi}\hat{\mathscr{U}}^G_{\mathfrak{t},\infty}(A)$ と置く.

定義 10.22. モノイド ${}^{\phi}\mathcal{K}^G_{*,\mathfrak{t}}(A)$ を以下のように定義する:

$${}^{\phi}\mathcal{K}^G_{0,\mathfrak{t}}(A) := \pi_0\big({}^{\phi}\mathscr{S}^G_{\mathfrak{t},\infty}(A)\big), \quad {}^{\phi}\mathcal{K}^G_{-1,\mathfrak{t}}(A) := \pi_0\big({}^{\phi}\hat{\mathscr{U}}^G_{\mathfrak{t},\infty}(A)\big).$$

命題 10.23. 自明な $\mathbb{Z}_2$-次数を持つ ϕ-捩れ G-C*-環 A に対して,

$${}^{\phi}K^G_{1,\mathfrak{t}}(A \hat{\otimes} C\ell_{1,0}) \cong {}^{\phi}\mathcal{K}^G_{0,\mathfrak{t}}(A), \quad {}^{\phi}K^G_{0,\mathfrak{t}}(A \hat{\otimes} C\ell_{1,0}) \cong {}^{\phi}\mathcal{K}^G_{-1,\mathfrak{t}}(A).$$

証明. $\mathcal{W} := \mathbb{C}^{2,2} \hat{\otimes} \mathcal{V}$ と置く. $\mathbb{M}^c_{2,2} \hat{\otimes} \mathbb{K}(\mathcal{V}) \cong \mathbb{K}(\mathcal{W})$ に注意して, 同変 $*$-準同型 $\pi\colon (\mathbb{M}_{2,2}(A) \hat{\otimes} C\ell_{1,0})^c \hat{\otimes} \mathbb{K}(\mathcal{V}) \to A \hat{\otimes} \mathbb{K}(\mathcal{W})$ を $\pi(a \hat{\otimes} 1 + b \hat{\otimes} \mathfrak{e}) = a + \Gamma_{\mathcal{W}} b$ によって定義する. これは $\mathfrak{e}$ を $\Gamma_{\mathcal{W}}$ に送る 1:1 対応

$$\pi_*\colon {}^{\phi}\mathcal{S}^G_{c,\mathcal{V}}(A) \to {}^{\phi}\mathscr{S}^G_{c,\mathcal{W}}(A), \quad \pi_*\colon {}^{\phi}\hat{\mathcal{U}}^G_{c,\mathcal{V}}(A) \to {}^{\phi}\hat{\mathscr{U}}^G_{c,\mathcal{W}}(A),$$

を誘導する．実際，奇な元 $a \in A \hat{\otimes} \mathbb{K}(\mathcal{W})^1$ と偶な元 $b \in A \hat{\otimes} \mathbb{K}(\mathcal{W})^0$ に対して，条件 $a \hat{\otimes} 1 + b \hat{\otimes} \mathfrak{e} \in {}^{\phi}\mathcal{S}^G_{c,\mathcal{V}}(A)$ および $a + \Gamma b \in {}^{\phi}\mathscr{S}^G_{c,\mathcal{W}}(A)$ はいずれも

$$a = a^*,\ \ b = b^*,\ \ ab = ba,\ \ a^2 + b^2 = 1,\ \ \alpha_g(a) = (-1)^{c(g)}a,\ \ \alpha_g(b) = b,$$

と同値になる．同様に，$a^* = \gamma(a)$, $b^* = -\gamma(b)$ を満たす $a, b \in A \hat{\otimes} \mathbb{K}(\mathcal{W})$ に対して，条件 $a \hat{\otimes} 1 + b \hat{\otimes} \mathfrak{e} \in {}^{\phi}\hat{\mathcal{U}}^G_{c,\mathcal{V}}(A)$ と $a + \Gamma b \in {}^{\phi}\hat{\mathscr{U}}^G_{c,\mathcal{W}}(A)$ はいずれも

$$a^*a + b^*b = 1,\ \ a^*b = b^*a,\ \ \alpha_g(a) = \gamma^{(c+\phi)(g)}(a),\ \ \alpha_g(b) = (-\gamma)^{(c+\phi)(g)}(b),$$

と同値になる． □

系 10.24. ϕ-群捩れ G-C*-環の完全列 $0 \to I \to A \to A/I \to 0$ に対して，群準同型 $\partial\colon {}^{\phi}\mathcal{K}^G_{0,\mathfrak{t}}(A/I) \to {}^{\phi}\mathcal{K}^G_{-1,\mathfrak{t}}(I)$ を

$$\partial[s] = [-\exp(-\pi i \tilde{s})] \qquad (\tilde{s}\ \text{は}\ \alpha_g(\tilde{s}) = (-1)^{c(g)}\tilde{s}\ \text{を満たす持ち上げ})$$

によって定義すると，以下は完全列となる:

$${}^{\phi}\mathcal{K}^G_{0,\mathfrak{t}}(A) \to {}^{\phi}\mathcal{K}^G_{0,\mathfrak{t}}(A/I) \xrightarrow{\partial} {}^{\phi}\mathcal{K}^G_{-1,\mathfrak{t}}(I) \to {}^{\phi}\mathcal{K}^G_{-1,\mathfrak{t}}(A).$$

10.3.4 位相的捩れ同変 K 理論

G を有限群，X を G の作用するコンパクト空間，$(\phi, c, \tau) \in \mathfrak{Tw}(G)$ とする．以下，${}^{\phi}K^{0,\mathfrak{t}}_G(X) := {}^{\phi}K^G_{0,\mathfrak{t}}(C(X)) \cong {}^{\phi}K^G_0(C(X, \mathbb{K}({}^{\phi}\mathcal{H}_{G,\mathfrak{t}})))$ と置く．11 章では，より一般に亜群 $X \rtimes G$ の捩れに関する捩れ同変 K 群を考える．

位相的 K 理論の演算は，捩れ同変 K 理論にも一般化される (cf. 4.4.3 節)．

(1) G-同変写像 $f\colon X \to Y$ による引き戻し $f^*\colon {}^{\phi}K^{0,\mathfrak{t}}_G(Y) \to {}^{f^*\phi}K^{0,f^*\mathfrak{t}}_G(X)$ が定義できる．

(2) カップ積（定理 10.21 (4)）と対角埋め込み写像による引き戻しによって，積 ${}^{\phi}K^{n,\mathfrak{t}}_G(X) \otimes {}^{\phi}K^{m,\mathfrak{s}}_G(X) \to {}^{\phi}K^{n+m,\mathfrak{t}+\mathfrak{s}}_G(X)$ が定義できる．

(3) 次の捩れトム同型定理が成り立つ．これを用いて，多様体の間の KO-向きづけ可能とは限らない写像に対して押し出しが定義できる．

定理 10.25 ([105, Theorem 3.19])**.** E を X 上のランク r の G-実ベクトル束とする．このとき，$C\ell(E)$ の DD 類 (cf. 例 10.16) を $\mathfrak{v}$ と置くと，$\beta_E \in {}^{\phi}K^{r,\mathfrak{v}}_G(E)$ が存在して，この元とのカップ積は同型 ${}^{\phi}K^{*,\mathfrak{t}}_G(X) \cong {}^{\phi}K^{*+r,\mathfrak{t}+\mathfrak{v}}_G(E)$ を与える．

G-多様体の間の C^∞ 級写像 $f\colon M \to N$ に対して，埋め込み $\iota\colon M \to \mathbb{R}^n$ を固定し，$(\iota \times f)(M) \subset \mathbb{R}^n \times N$ の法束を νM と置き，合成

$${}^{\phi}K^{*,\mathfrak{t}}_G(M) \cong {}^{\phi}K^{*+r+n,\mathfrak{t}+\mathfrak{v}}_G(\nu M) \to {}^{\phi}K^{*+r+n,\mathfrak{t}+\mathfrak{v}}_G(\mathbb{R}^n \times N) \cong {}^{\phi}K^{*+r,\mathfrak{t}+\mathfrak{v}}_G(N)$$

を $f_!$ と書く．f が G-同変 KO-向きづけ可能となるのは $\mathfrak{v} = 0$ のときに限る．

10.4 捩れ対称性に守られたトポロジカル相の分類

10.4.1 バルク系の分類

まずは，ここで扱う空間的な対称性と内部自由度に作用する対称性の複合を定式化する．以下，距離空間 $V = \mathbb{R}^d$ の等長変換群を $\mathrm{Euc}(V)$ と書く．この群は並進と回転からなる半直積群 $\mathbb{R}^d \rtimes O(d)$ と一致する．

G を離散群とする．以下のデータが与えられているとする．

- G の V への固有な等長作用（i.e., 群準同型 $G \to \mathrm{Euc}(V)$ であって任意の $\boldsymbol{x} \in \mathbb{R}^d$ に対して $G \cdot \boldsymbol{x} \subset \mathbb{R}^d$ が離散部分集合なもの）と，G 不変なデローネ集合 $X \subset V$．
- $(\phi, \mathfrak{t})$-捩れ (X, G)-加群 $\mathcal{H}$: $\mathbb{Z}_2$-次数つき X-加群 $\mathcal{H}$ と，G の $\mathcal{H}$ への $(\phi, \mathfrak{t})$-捩れ表現 π であって X-加群の構造と整合する（i.e., π_g が $\pi_{g,\boldsymbol{x}} \colon \mathcal{H}_x \to \mathcal{H}_{g\boldsymbol{x}}$ の直和に分解する）もの．

定義 10.26. 定義 5.1 の 3 条件 (1), (2), (3) に加えて以下の条件
(4) 任意の $g \in G$ に対して，$U_g H U_g^* = (-1)^{c(g)} H$ が成り立つ．
を満たす $\mathcal{H}$ 上の作用素を**捩れ対称性 $(G, \phi, \mathfrak{t})$ に守られたギャップドハミルトニアン**と呼び，$H \in {}^{\phi}\mathcal{H}_{\mathfrak{t}}^{G}(X; \mathcal{H})$ と書く．その安定ホモトピー類のなす集合を ${}^{\phi}\mathcal{TP}_{\mathfrak{t}}^{G}(X)$ と書く．

以下，G を有限群とする．G が有限群でない場合については 11 章で扱う．命題 10.23 より，以下は定理 5.6 と同じように証明できる．

定理 10.27. 捩れ対称性 $(G, \phi, \mathfrak{t})$ に対して，${}^{\phi}\mathcal{TP}_{\mathfrak{t}}^{G}(X) \cong {}^{\phi}K_{0,\mathfrak{t}}^{G}(C_u^*(X))$ が成り立つ．

また，定義 7.22 にならって，ロー環の捩れ同変 K 群 ${}^{\phi}K_{0,\mathfrak{t}}^{G}(C^*(X))$ を捩れ対称性 $(G, \phi, \mathfrak{t})$ に守られた強トポロジカル相の集合と呼ぶことにする．

定理 10.28. 捩れ対称性 $(G, \phi, \mathfrak{t})$ に対して，${}^{\phi}K_{0,\mathfrak{t}}^{G}(C^*(X)) \cong {}^{\phi}K_{0,\mathfrak{t}}^{G}(C\ell(V))$ が成り立つ．

この同型は，粗バウム–コンヌ同型（cf. 7.1.4 節）の捩れ同変版（[157, Theorem 2.25]）にあたる．本書では同型写像の構成だけ紹介する．これは，対称性がある双対ディラック作用素 (5.6) との指数ペアリングによって与えられる．

空間対称性 G は，クリフォード代数 $C\ell(V)$ に例 10.16 のように作用している．V に負定値内積を導入したベクトル空間を $\check{V}$，$\boldsymbol{V} := V \oplus \check{V}$ と置き，$C\ell(\boldsymbol{V})$ の既約表現を $S_{\boldsymbol{V}}$ と書くとする．捩れ (X, G)-加群 $\mathcal{H}$ に対して，双対ディラック作用素 D は $\mathcal{H}_{\boldsymbol{V}} := \mathcal{H} \hat{\otimes} S_{\boldsymbol{V}}$ に作用し，(4.15) の $*$-準同型 $\tilde{\pi}$ は

$$\tilde{\pi}\colon \mathbb{M}_{1,1}(C^*(X)) \otimes C_0(\mathbb{R}^{0|1}) \to \mathcal{Q}_{\check{V}}(\mathcal{H}_{\boldsymbol{V}})$$

を与える．ただしここで，$\mathcal{Q}_{\check{V}}(\mathcal{H}_{\boldsymbol{V}})$ は $C\ell(\check{V})$ と次数つき可換な元のなす $\mathcal{Q}(\mathcal{H}_{\boldsymbol{V}})$ の部分 C*-環とする（$\mathbb{K}_{\check{V}}(\mathcal{H}_{\boldsymbol{V}}), \mathbb{B}_{\check{V}}(\mathcal{H}_{\boldsymbol{V}})$ も同様）．(4.15) と同様に，ファイバー和によって $\mathbb{Z}_2$-次数つき ϕ-捩れ G-C*-環の完全列

$$0 \to \mathbb{K}_{\check{V}}(\mathcal{H}_{\boldsymbol{V}}) \to \mathcal{D} \to \mathbb{M}_{1,1}(A) \otimes C_0(\mathbb{R}^{0|1}) \to 0$$

が得られる．$\mathbb{K}_{\check{V}}(\mathcal{H}_{\boldsymbol{V}}) \cong \mathbb{K}(\mathcal{H}) \hat{\otimes} C\ell(V)$ に注意すると，捩れ同変 K 群の境界準同型は次の ϕ-捩れ G-同変**指数ペアリング**を与える:

$$ {}^{\phi}K^{G}_{j,\mathfrak{t}}(C^*(X)) \to {}^{\phi}K^{G}_{j,\mathfrak{t}}(\mathbb{K}_{\check{V}}(\mathcal{H})) \cong {}^{\phi}K^{G}_{j,\mathfrak{t}}(C\ell(V)). \tag{10.3}$$

例 10.29. $C\ell(V)$ の DD 類を $\mathfrak{v}$ と置く．$\mathfrak{t} = \mathfrak{v}$ のとき，同型 ${}^{\phi}K^{G}_{0,\mathfrak{v}}(C\ell(V)) \cong {}^{\phi}K^{G}_{0}(\mathbb{R}) \cong {}^{\phi}R(G)$ が成り立つ（定理 10.21 (4)）．一方，V 上の $S_{\boldsymbol{V}}$ に作用するディラック作用素 $\not{D}_V$ の粗指数は ${}^{\phi}K^{G}_{0,\mathfrak{v}}(C^*(X))$ の元を与えているが，これは同型 (10.3) のもとで $1 \in {}^{\phi}R(G)$ に対応する（これは，[247, Theorem 1] の同変版と定理 A.18 からわかる）．

10.4.2 バルク・境界対応

捩れ対称性 $(G, \phi, \mathfrak{t})$, G-不変なデローネ集合 $Y \subset W := \mathbb{R}^{d-1}$，$(\phi, \mathfrak{t})$-捩れ Y-加群 $\mathcal{H}$ を前節のように取る．ここでは，$V := W \times \mathbb{R}$ のデローネ集合 $X := Y \times \mathbb{Z}$ 上のバルク系と，半空間 $X_+ := Y \times \mathbb{Z}_{\geq 0}$ 上の境界系の間の，バルク・境界対応を考える．クリフォード代数の同型 $C\ell(W) \hat{\otimes} C\ell_{1,0} \cong C\ell(V)$ により，${}^{\phi}K^{G}_{0,\mathfrak{t}}(C\ell(V)) \cong {}^{\phi}K^{G}_{-1,\mathfrak{t}}(C\ell(W))$ が成り立つことに注意．

定義 10.30. $(G, \phi, \mathfrak{t})$ の対称性を持つギャップドハミルトニアン H に対して，そのバルク指数と境界指数を以下によって定義する．

$$\begin{aligned}
\mathrm{ind}_b(H) &:= [J_H] \in {}^{\phi}\mathcal{K}^{G}_{0,\mathfrak{t}}(C^*(X)) \cong {}^{\phi}K^{G}_{0,\mathfrak{t}}(C\ell(V)),\\
\mathrm{ind}_\partial(\hat{H}) &:= [U_{\hat{H}}] \in {}^{\phi}\mathcal{K}^{G}_{-1,\mathfrak{t}}(C^*(Y)) \cong {}^{\phi}K^{G}_{-1,\mathfrak{t}}(C\ell(W)).
\end{aligned}$$

系 10.24 より，これまでの場合と同様に

$$\partial_{\mathrm{MV}}[J_H] = [U_{\hat{H}}] \in {}^{\phi}\mathcal{K}^{G}_{-1,\mathfrak{t}}(C^*_u(Y))$$

が成り立つ．今，バルク・境界対応は以下の図式の可換性に帰着する．

定理 10.31 (バルク・境界対応)**.** 以下の図式は交換する:

$$\begin{array}{ccccc}
{}^{\phi}K^{G}_{0,\mathfrak{t}}(C^*_u(X)) & \longrightarrow & {}^{\phi}K^{G}_{0,\mathfrak{t}}(C^*(X)) & \xrightarrow{\langle \sqcup, [F] \rangle} & {}^{\phi}K^{G}_{0,\mathfrak{t}}(C\ell(V)) \\
\downarrow \partial_{\mathrm{MV}} & & \downarrow \partial_{\mathrm{MV}} & & \| \\
{}^{\phi}K^{G}_{-1,\mathfrak{t}}(C^*_u(Y)) & \longrightarrow & {}^{\phi}K^{G}_{-1,\mathfrak{t}}(C^*(Y)) & \xrightarrow{\langle \sqcup, [F^b] \rangle} & {}^{\phi}K^{G}_{-1,\mathfrak{t}}(C\ell(W)).
\end{array}$$

すなわち，$(G,\phi,\mathfrak{t})$ の捩れ対称性を持つギャップドハミルトニアン H に対して，$\mathrm{ind}_b(H)=\mathrm{ind}_\partial(\hat{H})$ が成り立つ．

捩れ同変 K 群はアーベル群として 1 元生成ではないので定理 7.28 や定理 8.54 の証明をそのまま繰り返すことはできないが，類似の議論は機能する．

証明. 注意 7.27 より $\partial_{\mathrm{MV}}\mathrm{Ind}(\not{D}_V)=\mathrm{Ind}(\not{D}_W)$ が成り立つ．また，例 10.29 より，任意の ${}^\phi K^G_{0,\mathfrak{t}}(C^*(X))$ の元は $\eta\in{}^\phi K^G_{0,\mathfrak{t}}(\mathbb{R})$ によって $\eta\cdot\mathrm{Ind}(\not{D}_V)$ と書ける．よって，定理は以下の計算によって示される:

$$\langle\partial_{\mathrm{MV}}(\eta\,\mathrm{Ind}(\not{D}_V)),[F^\flat]\rangle=\eta\langle\mathrm{Ind}(\not{D}_W),[F^\flat]\rangle=\eta=\langle\eta\,\mathrm{Ind}(\not{D}_V),[F]\rangle.\ \square$$

10.5 AZ 対称性再訪

捩れ同変 K 理論の例として，8.5 節の AZ 対称性に再訪する．AZ 対称性に守られたトポロジカル相の分類を改めて再定式化し，これが実 K 群と同型になることを捩れグリーン–ジュルク定理の帰結として理解する．

定義 10.32. 群 $\mathcal{G}:=\mathbb{Z}_2\times\mathbb{Z}_2$ 上に準同型 ϕ,c を $\phi:=\mathrm{pr}_1$，$c:=\mathrm{pr}_2$ によって定義する．**AZ 対称性** とは，$\mathcal{G}$ の部分群 $\mathcal{A}$ と $\tau\in H^2(\mathcal{A};\mathbb{T}_\phi)$ の対のことをいう．

$\mathcal{G}$ の部分群には，$\mathcal{G}$ 全体と $\{0\}$ のほかに $\mathcal{T}:=\mathbb{Z}_2\times\{0\}$, $\mathcal{C}:=\{(0,0),(1,1)\}$, $\mathcal{S}:=\{0\}\times\mathbb{Z}_2$ の 3 種類がある．定理 10.28 によると，これらの対称性を持つ系の強トポロジカル相は，捩れ接合積 $C\ell_{d,0}\,{}^\phi\!\rtimes_{-\mathfrak{t}}\mathcal{A}\cong C\ell_{d,0}\hat{\otimes}\,{}^\phi C^*_{-\mathfrak{t}}\mathcal{A}$ の実 K 群によって分類される．

定理 10.33. AZ 対称性は 10 種類存在する．さらに，それぞれの捩れ群 C*-環 ${}^\phi C^*_{-\mathfrak{t}}\mathcal{A}$ は，実または複素のクリフォード代数 $\mathbb{C}\ell_k$, $C\ell_{0,l}$ $(k=0,1$, $l=0,\cdots,7)$ のうちのいずれかと森田同値である．

捩れ群 C*-環 ${}^\phi C^*_{-\mathfrak{t}}\mathcal{A}$ は，T, $\acute{\mathsf{C}}$, i から生成される有限次元 $\mathbb{R}$-代数である（$\acute{\mathsf{C}}$ は $\acute{\mathsf{C}}^2=-\mathsf{C}^2$ を満たす）．C, $i\mathsf{C}$, TC または $i\mathsf{TC}$ がクリフォード生成元の関係式を満たすことから，定理は以下のように個別に確認できる．得られる結論は，8.5 節の議論と整合する．

10.5.1 A 型，AIII 型

$\mathcal{A}=\{0\}$ のとき，τ の選び方を考える必要はなく，可能な対称性は 1 種類である．捩れ群 C*-環は自明環 $\mathbb{C}$ となる．実際，この捩れに関して定義 10.22 の群を考えると，非同変 K_0 群と同じものが得られる．

$\mathcal{A}=\mathcal{S}$ のとき，群 $H^2(\mathcal{S};\mathbb{T}_\phi)=H^2(\mathbb{Z}_2;\mathbb{T})$ は 0 である．これは，$\mathcal{S}$ の捩れ

表現の生成元 S を必要なら複素定数倍することで $\mathsf{S}^2 = 1$ とできることに対応している．ペア $(\mathcal{S}, 0)$ は AIII 型の対称性に相当する．捩れ群 C*-環 $C^*_c\mathcal{S}$ はクリフォード代数 $\mathbb{C}\ell_1$ になるので，AIII 型の AZ 対称性に対応する捩れ同変 K_0 群は K_1 群と同型になる．実際，この捩れに関する定義 10.22 の群は，4.6 節で扱ったファン・ダーレの K_1 群になる．

10.5.2 AI 型，AII 型

$\mathcal{A} = \mathcal{T}$ のとき，群 $H^2(\mathcal{T}; \mathbb{T}_\phi) \cong \mathbb{Z}_2$ である．実際，$\mathcal{T}$ の ϕ-捩れ中心拡大 $\mathcal{T}^\tau$ の生成元 T の 2 乗は ± 1 のいずれかになるが，$(\lambda \mathsf{T})^2 = \lambda \cdot \bar{\lambda} \mathsf{T}^2 = \mathsf{T}^2$ より，T を複素定数倍してもこの値は変わらない．$\mathsf{T}^2 = 1$ のときが AI 型，$\mathsf{T}^2 = -1$ のときが AII 型の対称性に相当する．

対応する捩れ群 C^*-環 ${}^\phi C^*_{-\mathrm{t}}\mathcal{T}$ はそれぞれ $\mathbb{M}_2(\mathbb{R})$, $\mathbb{H}$ と同型になる．よって，捩れ同変 K_0 群はそれぞれ KR_0 群と KR_4 群になる．実際，この捩れに関する定義 10.22 の群は，8.5 節の KR_0 群，KR_4 群と同じものになる．

10.5.3 D 型，C 型

$\mathcal{A} = \mathcal{C}$ のとき，群 $H^2(\mathcal{C}; \mathbb{T}_\phi) \cong \mathbb{Z}_2$ であり，これは $\mathsf{C}^2 \in \{\pm 1\}$ によって決まる．$\mathsf{C}^2 = 1$ のときが D 型，$\mathsf{C}^2 = -1$ のときが C 型の対称性に相当する．

ペア $(\mathcal{C}, \tau)$ に関する捩れ群 C^*-環 ${}^\phi C^*_{-\mathrm{t}}\mathcal{C}$ はそれぞれ $C\ell_{0,2}$，$C\ell_{2,0}$ と同型になる．よって，捩れ同変 K_0 群はそれぞれ KR_2 群と KR_6 群になる．実際，この捩れに関する定義 10.22 の群は，8.5 節のファン・ダーレ KR_2 群，KR_6 群と同じものになる．

10.5.4 BDI 型，DIII 型，CI 型，CII 型

$\mathcal{A} = \mathcal{G}$ のとき，群 $H^2(\mathcal{G}; \mathbb{T}_\phi) \cong \mathbb{Z}_2 \times \mathbb{Z}_2$ で，これは対応する捩れ表現を $\mathsf{S} = \mathsf{CT}$，$\mathsf{S}^2 = 1$ となるように正規化したときに $\mathsf{C}^2 \in \{\pm 1\}$, $\mathsf{T}^2 \in \{\pm 1\}$ の選択肢が 4 通りあることに相当する．

ペア $(\mathcal{G}, \tau)$ に関する捩れ群 C^*-環 ${}^\phi C^*_{-\mathrm{t}}\mathcal{G}$ はそれぞれ $C\ell_{1,2}$，$C\ell_{0,3}$，$C\ell_{3,0}$，$C\ell_{2,1}$ と同型になる．よって，捩れ同変 K_0 群はそれぞれ KR_1 群，KR_3 群，KR_5 群，KR_7 群になる．実際，この捩れに関する定義 10.22 の群は，8.5 節のファン・ダーレ KR_1 群，KR_3 群，KR_5 群，KR_7 群と同じものになる．

10.6 鏡映対称性に守られたトポロジカル相

もうひとつの例として，AZ 対称性に加えて x_1 方向の鏡映（空間反転）

$$\mathsf{R} \colon (x_1, \cdots, x_d) \mapsto (-x_1, x_2, \cdots, x_d)$$

の対称性を考える．R の生成する群 $\mathbb{Z}_2$ を $\mathcal{R}$ と置くと，$\mathcal{A} = \mathcal{S}, \mathcal{C}, \mathcal{T}, \mathcal{G}$ のいず

れかに対して，群 $\mathcal{R} \times \mathcal{A}$ の可能な捩れは $\tau \in H^2(\mathcal{R} \times \mathcal{A}; \mathbb{T}_\phi)$ によって分類される．群コホモロジーの計算から以下がわかる．

補題 10.34. $H^2(\mathcal{R} \times \mathcal{A}; \mathbb{T}_\phi)$ は $\mathcal{A} = \{e\}$, $\mathcal{S}$, $\mathcal{T}$, $\mathcal{C}$, $\mathcal{G}$ のときそれぞれ 0, $\mathbb{Z}_2$, $\mathbb{Z}_2^2$, $\mathbb{Z}_2^2$, $\mathbb{Z}_2^4$ になる．それぞれの群は，対応する捩れ中心拡大の言葉では，AZ の捩れ $\mathsf{C}^2 = \pm 1$, $\mathsf{T}^2 = \pm 1$ に加えて $\mathsf{CR} = \pm \mathsf{RC}$, $\mathsf{TR} = \pm \mathsf{RT}$ の符号の選び方（のうち存在するもの）によってラベルされる．

これらの対称性のそれぞれについて，強トポロジカル相の分類は定理 10.28 によって計算できる．

定理 10.35. 捩れ対称性 $(\mathcal{R} \times \mathcal{A}, \phi, c, \tau)$ によって守られた強トポロジカル相は，$KR_0(C\ell(V) \,{}^{\phi}{\rtimes}_{-\mathfrak{t}} (\mathcal{R} \times \mathcal{A}))$ と同型になる．

$\mathcal{R} \times \mathcal{A}$ は有限群なので，捩れ接合積は有限次元 $\mathbb{R}$-代数（を複素化した実 C*-環）になる．これを具体的に決定することで実 K 群を求めてみよう．

まず一般的な観察として，$\mathcal{R}$ の $C\ell_{d,0}$ への作用は次数つきテンソル分解 $C\ell_{d,0} \cong C\ell_{1,0} \hat{\otimes} C\ell_{d-1,0}$ に関して左の成分にのみ非自明に作用する（接合積の中では $\mathsf{R}\mathfrak{e}_1 = -\mathfrak{e}_1\mathsf{R}$）．したがって，捩れ接合積は $(C\ell_{0,1} \,{}^{\phi}{\rtimes}_{-\mathfrak{t}} (\mathcal{R} \times \mathcal{A})) \hat{\otimes} C\ell_{d-1,0}$ と同型になる．また，接合積 $C\ell_{1,0} \rtimes \mathcal{R}$ はクリフォード関係式を満たす 2 元 $\mathfrak{e}$ と $\mathfrak{e}\mathsf{R}$ によって生成される（ただし $(\mathfrak{e}\mathsf{R})^2 = -1$）ため，次数つき複素 C*-環として $\mathbb{C}\ell_2$ と同型となる．

Case 1: $\mathsf{S} \notin \mathcal{A}$ または $\mathsf{SR} = \mathsf{RS}$ の場合 $(\nu_1 := +)$

この場合には，$\nu_2 \in \{\pm 1\}$ を

$$\mathsf{TR} = \nu_2 \mathsf{RT} \quad (\mathsf{T} \in \mathcal{A} \text{ のとき}), \qquad \mathsf{CR} = \nu_2 \mathsf{RC} \quad (\mathsf{C} \in \mathcal{A} \text{ のとき}),$$

によって定義する（$\mathcal{A} = \mathcal{G}$ のときには左右のどちらの定義を採用しても ν_2 は同じものになる）．$C\ell_{1,0} \rtimes \mathcal{R} \cong \mathbb{C}\ell_2$ に，$\nu_2 = +1$ のときには $\mathfrak{e}$ と $\mathfrak{e}\mathsf{R}$, $\nu_2 = -1$ のときには $\mathfrak{e}$ と $i\mathfrak{e}\mathsf{R}$ を $\mathbb{C}\ell_2$ の生成する $\mathbb{R}$-代数を実部とするような実構造を新たに導入する．すると，$\mathcal{A}$ は実 C*-環 $C\ell_{1,0} \rtimes \mathcal{R}$ に自明に作用している．したがって捩れ接合積は

$$(C\ell_{1,0} \rtimes \mathcal{R}) \,{}^{\phi}{\rtimes}_{-\mathfrak{t}} \mathcal{A} \cong \begin{cases} C\ell_{1,1} \hat{\otimes} {}^{\phi}C^*_{-\mathfrak{t}}\mathcal{A} & \nu_2 = +1 \text{ のとき}, \\ C\ell_{2,0} \hat{\otimes} {}^{\phi}C^*_{-\mathfrak{t}}\mathcal{A} & \nu_2 = +1 \text{ のとき}, \end{cases}$$

となる．その実 K 群は，$\mathcal{R}$ 対称性を考えない場合と比べて次数を ± 1 シフトしたものになっている．

Case 2: $\mathsf{SR} = -\mathsf{RS}$ の場合 $(\nu_1 := -)$

この場合には，捩れ接合積 $C\ell_{1,0} \rtimes_c (\mathcal{R} \times \mathcal{P})$ が直和 $\mathbb{C}\ell_2 \oplus \mathbb{C}\ell_2$ と同型にな

表 10.1　反射対称性に守られたトポロジカル相の周期表（cf. [62], [184]）.

(ν_1,ν_2)	$\mathcal{A}$	C^2	T^2	ν_{C}	ν_{T}	Cartan	0	1	2	3	4	5	6	7
(-, -)	-	-	-	-	-	AIII	0	$\mathbb{Z}$	0	$\mathbb{Z}$	0	$\mathbb{Z}$	0	$\mathbb{Z}$
(+, -)	$\mathcal{S}$	-	-	-	-	A	$\mathbb{Z}$	0	$\mathbb{Z}$	0	$\mathbb{Z}$	0	$\mathbb{Z}$	0
(−, -)	$\mathcal{S}$	-	-	+	-	AIII$^{\oplus 2}$	0	$\mathbb{Z}^{\oplus 2}$	0	$\mathbb{Z}^{\oplus 2}$	0	$\mathbb{Z}^{\oplus 2}$	0	$\mathbb{Z}^{\oplus 2}$
(+, +)	$\mathcal{T}$	-	+	-	+	BDI	$\mathbb{Z}_2$	$\mathbb{Z}$	0	0	0	$\mathbb{Z}$	0	$\mathbb{Z}_2$
	$\mathcal{G}$	+	+	+	+	D	$\mathbb{Z}_2$	$\mathbb{Z}_2$	$\mathbb{Z}$	0	0	0	$\mathbb{Z}$	0
	$\mathcal{C}$	+	-	+	-	DIII	0	$\mathbb{Z}_2$	$\mathbb{Z}_2$	$\mathbb{Z}$	0	0	0	$\mathbb{Z}$
	$\mathcal{G}$	+	−	+	+	AII	$\mathbb{Z}$	0	$\mathbb{Z}_2$	$\mathbb{Z}_2$	$\mathbb{Z}$	0	0	0
	$\mathcal{T}$	-	−	-	+	CII	0	$\mathbb{Z}$	0	$\mathbb{Z}_2$	$\mathbb{Z}_2$	$\mathbb{Z}$	0	0
	$\mathcal{G}$	−	−	+	+	C	0	0	$\mathbb{Z}$	0	$\mathbb{Z}_2$	$\mathbb{Z}_2$	$\mathbb{Z}$	0
	$\mathcal{C}$	−	-	+	-	CI	0	0	0	$\mathbb{Z}$	0	$\mathbb{Z}_2$	$\mathbb{Z}_2$	$\mathbb{Z}$
	$\mathcal{G}$	−	+	+	+	AI	$\mathbb{Z}$	0	0	0	$\mathbb{Z}$	0	$\mathbb{Z}_2$	$\mathbb{Z}_2$
(+, −)	$\mathcal{T}$	-	+	-	−	CI	0	0	0	$\mathbb{Z}$	0	$\mathbb{Z}_2$	$\mathbb{Z}_2$	$\mathbb{Z}$
	$\mathcal{G}$	+	+	−	−	AI	$\mathbb{Z}$	0	0	0	$\mathbb{Z}$	0	$\mathbb{Z}_2$	$\mathbb{Z}_2$
	$\mathcal{C}$	+	-	−	-	BDI	$\mathbb{Z}_2$	$\mathbb{Z}$	0	0	0	$\mathbb{Z}$	0	$\mathbb{Z}_2$
	$\mathcal{G}$	+	−	−	−	D	$\mathbb{Z}_2$	$\mathbb{Z}_2$	$\mathbb{Z}$	0	0	0	$\mathbb{Z}$	0
	$\mathcal{T}$	-	−	-	−	DIII	0	$\mathbb{Z}_2$	$\mathbb{Z}_2$	$\mathbb{Z}$	0	0	0	$\mathbb{Z}$
	$\mathcal{G}$	−	−	−	−	AII	$\mathbb{Z}$	0	$\mathbb{Z}_2$	$\mathbb{Z}_2$	$\mathbb{Z}$	0	0	0
	$\mathcal{C}$	−	-	−	-	CII	0	$\mathbb{Z}$	0	$\mathbb{Z}_2$	$\mathbb{Z}_2$	$\mathbb{Z}$	0	0
	$\mathcal{G}$	−	+	−	−	C	0	0	$\mathbb{Z}$	0	$\mathbb{Z}_2$	$\mathbb{Z}_2$	$\mathbb{Z}$	0
(−, +)	$\mathcal{G}$	+	+	+	−	BDI$^{\oplus 2}$	$\mathbb{Z}_2^{\oplus 2}$	$\mathbb{Z}^{\oplus 2}$	0	0	0	$\mathbb{Z}^{\oplus 2}$	0	$\mathbb{Z}_2^{\oplus 2}$
	$\mathcal{G}$	+	−	+	−	DIII$^{\oplus 2}$	0	$\mathbb{Z}_2^{\oplus 2}$	$\mathbb{Z}_2^{\oplus 2}$	$\mathbb{Z}^{\oplus 2}$	0	0	0	$\mathbb{Z}^{\oplus 2}$
	$\mathcal{G}$	−	−	+	−	CII$^{\oplus 2}$	0	$\mathbb{Z}^{\oplus 2}$	0	$\mathbb{Z}_2^{\oplus 2}$	$\mathbb{Z}_2^{\oplus 2}$	$\mathbb{Z}^{\oplus 2}$	0	0
	$\mathcal{G}$	−	+	+	−	CI$^{\oplus 2}$	0	0	0	$\mathbb{Z}^{\oplus 2}$	0	$\mathbb{Z}_2^{\oplus 2}$	$\mathbb{Z}_2^{\oplus 2}$	$\mathbb{Z}^{\oplus 2}$
(−, −)	$\mathcal{G}$	+	+	−	+	AIII	0	$\mathbb{Z}$	0	$\mathbb{Z}$	0	$\mathbb{Z}$	0	$\mathbb{Z}$
	$\mathcal{G}$	+	−	−	+	AIII	0	$\mathbb{Z}$	0	$\mathbb{Z}$	0	$\mathbb{Z}$	0	$\mathbb{Z}$
	$\mathcal{G}$	−	−	−	+	AIII	0	$\mathbb{Z}$	0	$\mathbb{Z}$	0	$\mathbb{Z}$	0	$\mathbb{Z}$
	$\mathcal{G}$	−	+	−	+	AIII	0	$\mathbb{Z}$	0	$\mathbb{Z}$	0	$\mathbb{Z}$	0	$\mathbb{Z}$

る．実際，このとき $\mathfrak{c}\mathsf{RS}$ は 2 乗すると 1 になる偶な元であり，$\mathfrak{c}$, R, S のすべてと交換するため，射影 $(1 \pm \mathfrak{c}\mathsf{RS})/2$ がそれぞれの直和因子の単位元を与えている．このことから，$\mathcal{A} = \mathcal{S}$ の場合には捩れ同変 K 群は $\mathbb{C}\ell_2 \oplus \mathbb{C}\ell_2$ の複素 K 群と等しくなり，$\mathbb{Z}$ または 0 がふたつ表れる．$\mathcal{A} = \mathcal{G}$ のときには，$\nu_2 \in \{\pm 1\}$ を

$$\mathsf{RST} = \nu_2 \mathsf{TRS} \qquad (\Longleftrightarrow \nu_2 = \nu_{\mathsf{T}} \mathsf{CTC}^{-1}\mathsf{T}^{-1} = -\nu_{\mathsf{T}})$$

によって定義する．$\nu_2 = \pm$ のときには T はそれぞれの直和因子を保つ（入れ替える）ように作用するので，捩れ接合積は次数つき $\mathbb{R}$-代数として

$$(C\ell_{1,0} \rtimes \mathcal{R})\,{}^{\phi}\!\rtimes_{-\mathfrak{t}} \mathcal{A} \cong \begin{cases} (C\ell_{1,0} \hat{\otimes}\, {}^{\phi}C^*_{-\mathfrak{t}}\mathcal{A})^{\oplus 2} & \nu_2 = +1 \text{ のとき}, \\ \mathbb{M}_2(\mathbb{C}\ell_2) & \nu_2 = +1 \text{ のとき}, \end{cases}$$

となる．その実 K 群は，$\nu_2 = +$ のときには $\mathcal{R}$ 対称性を考えない場合の群の直和，$\nu_2 = -$ のときには $\mathcal{R}$ 対称性を考えない場合の複素化，になっている．

まとめると分類表は表 10.1 のようになる．これは，物性物理で他の定式化を用いて作成されていた分類表[62], [184]を再現している（ここで行われている有限次元代数の計算自体は同等のものである）．

文献案内

捩れ K 理論は，1980 年代に発見されていた[85]ものが，2000 年代のウィッテ

ンによるＤブレーンの研究[245]で再度注目され，ループ群のフリード–ホプキンス–テレマン定理[96]などによって数学的にも重要性が認識されるようになった．本章で述べた形の捩れ K 理論は，フリード–ムーアの論文 [98] によって提案された．ウィグナーの定理についても現代的な解説 [95] がある．本章の内容は筆者の論文 [156], [157] の再編である．捩れ対称性を持つ C^*-環の K 理論の研究には [229] もある．また，本章の位相的捩れ同変 K 理論の定義は五味によるもの[105]と等価である．

第 11 章
トポロジカル結晶絶縁体

物質の結晶構造は，その対称性によって分類される．第 11 章では，10 章で導入したフリード–ムーア捩れ同変 K 理論を用いて，空間的な結晶対称性と量子力学的な対称性の複合によって守られたトポロジカル相の理論を展開する．この一般的な対称性のクラスは，結晶対称性と AZ 対称性の単なる直積の他にも，磁気結晶群の対称性のような例を含む．また，捩れ同変 K 群の計算に関する話題として，捩れ結晶 T 双対性，アティヤ–ヒルツェブルフのスペクトル系列，誘導（アトミック絶縁体）の 3 つのトピックを紹介する．

11.1 結晶対称性とその一般化

11.1.1 結晶対称性

ユークリッド空間 $V \cong \mathbb{R}^d$ のユークリッド距離に関する等長変換群 $\mathrm{Euc}(V)$ は，半直積群 $\mathbb{R}^d \rtimes O(d)$ と同型である．

定義 11.1. 群 G が d-次元の**結晶群** (crystallographic group)，あるいは空間群 (space group) であるとは，以下を満たすことをいう:

- G は $\mathrm{Euc}(V)$ の余コンパクトな離散部分群である．
- $\Pi := G \cap \mathbb{R}^d$ は G の指数有限正規部分群である．

このとき，Π は $\mathbb{R}^d$ の部分群としてフルランクである (i.e., $\Pi \otimes_{\mathbb{Z}} \mathbb{R} = \mathbb{R}^d$)．$P := G/\Pi$ を**点群** (point group) と呼ぶ．これは $O(d)$ の有限部分群である．

上の定義から，次のような群の短完全列の包含が得られる．

$$\begin{array}{ccccccccc} 1 & \longrightarrow & \mathbb{R}^d & \longrightarrow & \mathrm{Euc}(V) & \longrightarrow & O(d) & \longrightarrow & 1 \\ & & \cup & & \cup & & \cup & & \\ 1 & \longrightarrow & \Pi & \longrightarrow & G & \longrightarrow & P & \longrightarrow & 1. \end{array} \tag{11.1}$$

このような群が与えられたとき，点 $\boldsymbol{x} \in V$ の軌道 $X := G \cdot \boldsymbol{x}$ は V 上の G 対称性を持つ点配置を与える．これを結晶の点配置とみなす．

例 11.2. 短完全列 (11.1) の同型類は，群 $H^2(P;\Pi)$ の元によって分類される．ここで，Π に P は共役 $t \mapsto ptp^{-1}$ によって作用している．これらの同型類のうち，結晶対称性によって実現できるのはその一部である[106]．

2 次元の結晶群は全部で 17 種類ある．まず，非自明な等長変換が点群として作用しうる格子 $\Pi \subset \mathbb{R}^2$ は，正方格子 $\mathbb{Z}(1,0) \oplus \mathbb{Z}(0,1)$，斜方格子 $\mathbb{Z}(1,1) \oplus \mathbb{Z}(1,-1)$，ハニカム格子 $\mathbb{Z}(1,0) \oplus \mathbb{Z}(\frac{1}{2}, \frac{\sqrt{3}}{2})$ の 3 種類である．これらに作用する 2 次元の点群としてあり得るのは，自明群，$\mathbb{Z}/p$ 回転 $(p = 2,3,4,6)$，二面体群 D_p $(p = 1,2,3,4,6)$ である．これらのうち，D_1, D_2, D_3 は格子 Π への作用が 2 通り存在する．

(1) シンモルフィックな結晶群 (i.e., $G = \Pi \rtimes P$) は点群の数だけ，すなわち全部で 13 種類存在する．これらは点群の種類に応じて p1, p2, p3, p4, p6, cm, pm, cmm, pmm, p4m, p3m1, p31m, p6m とラベルされる．

(2) 非シンモルフィックな結晶群，すなわち (11.1) が非自明な拡大になっているような群は 4 種類ある．いずれも格子 Π は正方格子を考える．
   - Π と $(x,y) \mapsto (-x, y+\frac{1}{2})$ に生成される結晶群は pg とラベルされる．このとき，$P = D_1$ で $\mathbb{R}^2/G$ はクラインの壺となる．
   - pg に変換 $(x,y) \mapsto (x,-y)$, $(x,y) \mapsto (x+\frac{1}{2}, -y)$ を加えた結晶群は，それぞれ pmg, pgg とラベルされる．いずれの場合も $P = D_2$.
   - pgg にさらにもうひとつの変換 $(x,y) \mapsto (y, -x+\frac{1}{2})$ を加えた結晶群は p4g とラベルされる．このとき $P = D_4$.

同様に，3 次元の結晶群は 230 種類存在する．

11.1.2 一般化された結晶対称性

より一般に，G が空間に等長的に作用するだけではなく，内部自由度の有限次元ベクトル空間 $\mathcal{K}$ にも量子力学の対称性として作用する状況を考える．

定義 11.3. 群 G が捩れ結晶群であるとは，以下を満たすことをいう．
- G は $\mathrm{Euc}(V) \times \mathrm{Aut_q}(\mathbb{P}\mathcal{K})$ の余コンパクト離散部分群である．
- $\Pi := G \cap (\mathbb{R}^d \times 1)$ は G の指数有限正規部分群である．

このとき，Π は $\mathbb{R}^d$ の部分群としてフルランクである (i.e., $\Pi \otimes_{\mathbb{Z}} \mathbb{R} = \mathbb{R}^d$). $P = G/\Pi$ を捩れ点群と呼ぶ．これはコンパクト群 $O(d) \times \mathrm{Aut_q}(\mathbb{P}\mathcal{K})$ の有限部分群である．

上の定義より，次の群の完全列の包含が存在する．

$$
\begin{array}{ccccccccc}
1 & \longrightarrow & \mathbb{R}^d & \longrightarrow & \mathrm{Euc}(V) \times \mathrm{Aut_q}(\mathbb{P}\mathcal{K}) & \longrightarrow & O(d) \times \mathrm{Aut_q}(\mathbb{P}\mathcal{K}) & \longrightarrow & 1 \\
 & & \cup & & \cup & & \cup & & \\
1 & \longrightarrow & \Pi & \longrightarrow & G & \longrightarrow & P & \longrightarrow & 1.
\end{array}
$$

捩れ結晶群には，第 2 成分への射影 $G \to \mathrm{Aut_q}(\mathbb{P}\mathcal{K})$ によって $(\tilde{\phi}, \tilde{c}, \tilde{\tau})$ を引き

戻した捩れ $(\phi, c, \tau) \in \mathfrak{Tw}(G)$ が備わっている．

逆に，捩れ結晶群は V への空間的作用と $(\phi, c, \tau) \in \mathfrak{Tw}(G)$ から復元される．

命題 11.4 ([108, Proposition 2.3])．以下のデータ (G, j, ϕ, c, τ) を考える．

- $j\colon G \to \mathrm{Euc}(V)$ は群準同型で，$\mathrm{Im}(j)$ は結晶群で $\mathrm{Ker}\, j$ は有限群，
- (ϕ, c, τ) は G の捩れで，ある $N \in \mathbb{N}$ が存在して $N\tau = 0$ を満たす．

このとき，ある群準同型 $\kappa\colon G \to \mathrm{Aut}_{\mathrm{q}}(\mathbb{P}\mathcal{K})$ が存在して，$\kappa^*(\tilde{\phi}, \tilde{c}, \tilde{\tau}) = (\phi, c, \tau)$ を満たし，$(j \times \kappa)(G) \subset \mathrm{Euc}(V) \times \mathrm{Aut}_{\mathrm{q}}(\mathbb{P}\mathcal{K})$ は捩れ結晶群となる．

例 11.5. いくつかの例を挙げる．

(1) 結晶群 G と AZ 対称性 $(\mathcal{A}, \tau)$ の直積による対称性 $(G \times \mathcal{A}, \phi, c, \tau)$ は捩れ結晶対称性である．

(2) 10.6 節で扱った反射対称性と AZ 対称性の組み合わせは，そこにさらに並進対称性を加えることで捩じれ結晶対称性とみなせる．

(3) より一般的なクラスとして，次章で扱う磁気結晶群がある．

11.1.3 磁気結晶群

捩れ結晶群としてもっとも単純なのが $\dim_{\mathbb{C}} \mathcal{K} = 1$ の場合である．このとき，$\mathrm{Aut}_{\mathrm{q}}(\mathbb{P}\mathcal{K})$ は $\mathbb{Z}_2$ と同型で，複素共役によって生成されている．

定義 11.6. $\dim \mathcal{K} = 1$ の場合の捩れ結晶群（定義 11.3）を**磁気結晶群**，このときの商群 $P = G/\Pi \subset O(d) \times \mathbb{Z}_2$ を捩れ点群と呼ぶ．

言い換えると，群の完全列

$$
\begin{array}{ccccccccc}
1 & \longrightarrow & \mathbb{R}^d & \longrightarrow & \mathrm{Euc}(V) \times \mathbb{Z}_2 & \longrightarrow & O(d) \times \mathbb{Z}_2 & \longrightarrow & 1 \\
 & & \cup & & \cup & & \cup & & \\
1 & \longrightarrow & \Pi & \longrightarrow & G & \longrightarrow & P & \longrightarrow & 1
\end{array}
$$

が存在するということである．磁気結晶群は次の 3 種類に細分される．

- 黒群: ϕ が自明写像.
- 灰群: $G \cong S \times \mathbb{Z}_2$ で，ϕ は第 2 成分への射影.
- 白黒群: ϕ は非自明だが，$G \to \mathrm{Euc}(V)$ は単射.

2 次元の磁気結晶群は 80 種類，3 次元の磁気結晶群は 1651 種類存在する（2 次元の場合の分類については [108, Section 2.2]）．例えば反強磁性トポロジカル絶縁体[183] は $G = \mathbb{Z}^2$, $\phi(v_1, v_2) = [v_2] \in \mathbb{Z}_2$ による白黒群の対称性を持つ．

11.2 結晶対称性に守られたトポロジカル相

$\mathcal{K}$ を有限次元の次数つきヒルベルト空間，G を内部自由度 $\mathcal{K}$ の捩れ結晶群，$(\phi, c, \tau) \in \mathfrak{Tw}(G)$ を対応する捩れとする．

定義 11.7. 定義 5.1 の条件 (1), (2), (3) に加えて，
(4) H は捩れ結晶対称性を持つ: $U_g H U_g^* = (-1)^{c(g)} H$.
を満たす $\mathcal{H} := \ell^2(X; \mathcal{K})$ 上の有界作用素を，$\mathcal{H}$ 上の捩れ結晶対称性 $(G, \phi, \mathfrak{t})$ に守られたギャップドハミルトニアンと呼ぶ．その（定義 5.2 の意味での）安定ホモトピー類のなす集合を ${}^\phi\mathcal{TP}_{\mathfrak{t}}^G(X)$ と書く．

ここでは，この群を捩れ同変 K 群の言葉で記述する．これには (ϕ, c, τ) の寄与に加えて，群の拡大 $1 \to \Pi \to G \to P \to 1$ の非自明さに由来する捩れの寄与が存在する．

結晶群 G の，格子 Π のポントリャーギン双対 $\hat{\Pi}$ への作用を

$$\rho_g(\chi)(t) := \chi(g^{-1}tg), \quad (\chi \in \hat{\Pi},\ g \in G)$$

によって定める．$t \in \Pi$ ならば ρ_t は恒等写像なので，この作用は点群 P を経由する．切断 $s \colon P \to G$ を取り，これを用いて連続写像 $\sigma \colon \hat{\Pi} \times P \times P \to \mathbb{T}$ を

$$\sigma(\chi, p, q) := \chi(s(p)s(q)s(pq)^{-1}) \tag{11.2}$$

によって定める．この σ が作用亜群 $\hat{\Pi} \rtimes P$ の 2-コサイクルであることは容易に確認でき，$\sigma \in H_P^2(\hat{\Pi}; \mathbb{T})$ を得る．

このコサイクルは次の捩れ表現に対応する．$X = G \cdot \mathbf{0} \subset V$ と置き，$\ell^2(X)$ を $\ell^2(\Pi; \mathbb{C}^n)$ と同一視する．このとき，Π-同変一様ロー環 $C_u^*(X)^\Pi$ は $C_r^*(\Pi) \otimes \mathbb{M}_n$ と同型であるが，この C*-環への G の共役作用は，Π に制限すると自明となるので P-作用を誘導する．

補題 11.8. 作用 $P \curvearrowright C_u^*(X)^\Pi \cong C(\hat{\Pi}, \mathbb{M}_n)$ の DD 類は σ に一致する．また，$C_u^*(X)^\Pi$ の P-作用に関する固定部分環は群 C*-環 $C_r^*(G)$ と同型である．

証明. この作用は，ベクトル束 $\hat{\Pi} \times \mathbb{C}^n$ への G の表現から誘導されているが，$t \in \Pi$ に対しては U_t は $C_r^*\Pi$ に t 倍で作用するので，$p, q \in P$ に対して

$$u_{s(p)} u_{s(q)} u_{s(pq)}^{-1} = \sigma(\chi, p, q)$$

が成り立つ．$(C(\hat{\Pi}) \otimes \mathbb{M}_n)^P = C_u^*(X)^G \cong C_r^* G$ は命題 7.3 の帰結である． □

補題 11.8 より，K 群の同型

$$K_0(C_u^*(X)^G) = K_0(C_r^* G) \cong K_0^P(C(\Pi, \mathcal{K}_G)) =: K_P^{0,\sigma}(\hat{\Pi})$$

が得られる．左辺の群 $K_0(C_u^*(X)^G)$ は定理 5.6 と同様に $\mathcal{TP}^G(X)$ と同型になる．ここにさらに G の捩れを加えると，次のような同型が得られる．

定理 11.9. 捩れ結晶対称性 (G, ϕ, c, τ) に対して，以下の同型が成り立つ:

$${}^\phi\mathcal{TP}_{\mathfrak{t}}^G(X) \cong {}^\phi K_{0,\mathfrak{t}}^P(C_u(X)^\Pi) = {}^\phi K_{0,\mathfrak{t}}^P(C(\hat{\Pi}, \mathbb{M}_n)) =: {}^\phi K_P^{0,\mathfrak{t}+\sigma}(\hat{\Pi}).$$

例 11.10. G を例 11.2 の 2 次元 pg 型結晶群とする．すなわち $G=\mathbb{Z}^2$ で，$\boldsymbol{a}_1(x,y):=(x+\frac{1}{2},-y)$ と $\boldsymbol{a}_2(x,y):=(x,y+1)$ によって生成されている．並進部分群は $\Pi=\langle \boldsymbol{a}_1^2,\boldsymbol{a}_2\rangle$ である．準同型 $\phi\colon G\to G/\Pi\cong\mathbb{Z}_2$ によって G に白黒磁気結晶群の構造を入れる*1)．この (G,ϕ) に対し，捩れ同変 K 群 ${}^{\phi}K_P^{*;\sigma}(\hat{\Pi})$ は以下のようになる（計算は 11.4 節で述べる）．

$$
{}^{\phi}K_P^{*;\sigma}(\hat{\Pi})\cong\begin{cases}\mathbb{Z}^2 & *\equiv 0 \bmod 4,\\ \mathbb{Z} & *\equiv 1 \bmod 4,\\ \mathbb{Z}_2 & *\equiv 2 \bmod 4,\\ \mathbb{Z}\oplus\mathbb{Z}_2 & *\equiv 3 \bmod 4.\end{cases}\tag{11.3}
$$

11.3 捩れ結晶 T 双対

捩れ K 理論の位相的 T 双対[55]とは，弦理論に由来するある種のトーラス束の捩れ同変 K 群の間の同型を指す語である．トポロジカル絶縁体の立場からは，周期境界条件を持つ位置空間 $\mathbb{R}^d/\Pi$ と周期的な波数空間（ブリルアン領域）$\hat{\Pi}$ の間の双対性であると思える．実際，位相的 T 双対はその特別な場合として同型 $K^d(\mathbb{R}^d/\Pi)\cong K^0(\hat{\Pi})$ を与えている．この同型には，片側の強トポロジカル相がもう片側では弱トポロジカル相に対応するという特徴がある[180]．この性質は，系に結晶対称性を課した場合により顕著になる．本節では，結晶 T 双対[109], [110]とその一般化である捩れ結晶 T 双対[108]について述べる．

捩れ結晶 T 双対写像は，射影 $\hat{\pi}\colon V/\Pi\times\hat{\Pi}\to V/\Pi$, $\pi\colon V/\Pi\times\hat{\Pi}\to\hat{\Pi}$ から誘導される準同型とカップ積（cf. 10.3.4 節）の合成によって与えられる．

補題 11.11. $V/\Pi\times\hat{\Pi}$ 上のポアンカレ線束

$$
\mathcal{P}:=(V\times\hat{\Pi}\times\mathbb{C})/\{(v,\chi,z)\sim(v+t,\chi,\overline{\chi(t)}z)\}
$$

は，$p\cdot[v,\chi,z]=[s(p)v,\chi,{}^{\phi(p)}z]$ によって $V/\Pi\times\hat{\Pi}$ 上の $(\phi,0,\pi^*\sigma)$-捩れ P-同変ベクトル束を与えている．ただしここで，$s\colon P\to G$ は切断とする．

証明. $\hat{t}\in C(\hat{\Pi})$ を $\hat{t}(\chi):=\chi(t)$ によって定まる関数とする．$\mathcal{P}$ に $g\cdot[v,\chi,z]=[gv,\chi,{}^{\phi(g)}z]$ によって G-作用を導入したとき，その Π への制限が関数 $\hat{\pi}^*(\hat{t})$ の掛け算によって与えられることを示せばよい．これは次のように確認できる:

$$
t\cdot[v,\chi,z]=[v+t,\chi,z]=[v,\chi,\chi(t)z]=[v,\chi,\hat{t}(\chi)z].
$$

□

クリフォード代数 $C\ell(V\oplus\mathbb{R}^{8n-d})$ の DD 類を $\mathfrak{v}=(\nu,\mu)\in H_P^2(\mathrm{pt};\mathbb{Z}_2)\oplus H_P^2(\mathrm{pt};{}^{\phi}\mathbb{T})$ と置く．これを V/Π に引き戻した同変コホモロジー類は，接ベクトル束 $T(V/\Pi)$ の 1 次，2 次同変シュティーフェル–ホイットニー類になって

*1） 例えば GdBiPt や $MnBi_2Te_4$ のような物質がこの対称性を持つ[183]．

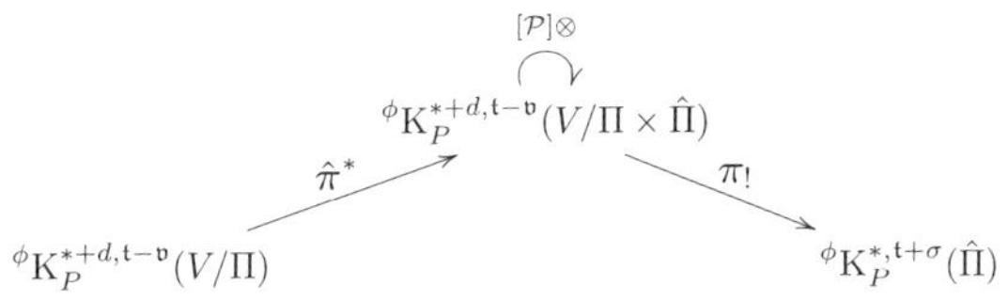

図 11.1　捩れ結晶 T 双対.

いるため，射影 $\pi\colon V/\Pi\to\mathrm{pt}$ による押し出し $\pi_!$ は捩れを $\mathfrak{v}$ だけずらす.

定義 11.12. 以下の合成写像（cf. 図 11.1）を**捩れ結晶 T 双対**と呼ぶ:

$$ {}^{\phi}\mathrm{T}_G^{\mathfrak{t}} := \pi_!\circ([\mathcal{P}]\otimes\sqcup)\circ\hat{\pi}^*\colon\ {}^{\phi}K_P^{*+d,\mathfrak{t}-\mathfrak{v}}(V/\Pi)\to{}^{\phi}K_P^{*;\mathfrak{t}+\sigma}(\hat{\Pi}). $$

定理 11.13. 写像 ${}^{\phi}\mathrm{T}_G^{\mathfrak{t}}$ は同型である.

証明は，バウム–コンヌ組み立て写像（の捩れ同変版）の同型性に帰着することによって与えられる．詳細は [108, Section 5] を参照.

11.4　アティヤ–ヒルツェブルフのスペクトル系列

スペクトル系列は，何らかのコホモロジー群を計算するための一般的な機構である．単体複体のような空間の一般（同変）コホモロジーは，原理的にはマイヤー–ビートリス完全列を繰り返し計算すれば決定できるが，実際に実行するのは複雑になりうる．特に，捩れ結晶群はその種類（結晶群とその捩れの選び方）が膨大になることから，これらの全てについて一斉に捩れ同変 K 群を計算することには困難が伴う[222].

11.4.1　一般論

スペクトル系列の一般論については専門書（[42] など）に譲ることにして，ここではその特別な場合である**アティヤ–ヒルツェブルフスペクトル系列** (AHSS) に関して，最低限の事実を手短に述べる．一般に，スペクトル系列とは次のデータからなる: 各自然数 $r\in\mathbb{Z}_{\geq 1}$ に対して

- アーベル群の系列 $\{E_r^{pq}\}_{p,q\in\mathbb{Z}}$,
- 群準同型 $d_r^{pq}\colon E_r^{p,q}\to E_r^{p-r,q+r+1}$.

これらは $\mathrm{Ker}(d_r^{pq})/\mathrm{Im}(d_r^{p+r,q-r-1})=E_{r+1}^{pq}$ という関係を満たす．系列 E_r^{pq} はしばしば途中で収束する，つまり $E_r^{pq}\cong E_{r+1}^{pq}\cong\cdots=: E_\infty^{pq}$. この E_∞^{pq} が計算したい群にほぼ一致するというのがスペクトル系列の利用法である.

捩れ同変 K 群の AHSS の場合，まず P-作用を持つ空間 X の P-同変な単体分割 $X=\bigcup_{l,j}e_j^{(l)}$ を固定し*2)，その p 骨格を $X^{(p)}\subset X$ と置く.

*2)　ここでは，単体分割が P-同変であるとは次を満たすことをいう: 各単体 $e_j^{(l)}$ は $p\in P$

• E_1 項は各単体の捩れ同変 K 群を直和したもの

$$E_1^{pq} = {}^\phi K_P^{p+q,\mathfrak{t}}(X^{(p)}, X^{(p-1)}) \cong \bigoplus_j {}^\phi K_P^{p+q,\mathfrak{t}}(e_j^{(p)}, \partial e_j^{(p)}),$$

微分 $d_1 \colon E_1^{p,q} \to E_1^{p+1,q}$ は 3 つ組 $(X^{(p+1)}, X^{(p)}, X^{(p-1)})$ の境界準同型 $\partial\colon {}^\phi K_P^{p+q,\mathfrak{t}}(X^{(p)}, X^{(p-1)}) \to {}^\phi K_P^{p+q+1,\mathfrak{t}}(X^{(p+1)}, X^{(p)})$ によって定める．

• $E_2^{pq} := \mathrm{Ker}(d_1^{pq})/\,\mathrm{Im}(d_1^{p-1,q})$ 上の微分 $d_2\colon E_2^{p,q} \to E_2^{p+2,q-1}$ は次のように定義される．$\eta \in \mathrm{Ker}\, d_1^{pq}$ に対して，$\tilde{\eta} \in {}^\phi K_P^{p+q,\mathfrak{t}}(X^{(p+1)}, X^{(p-1)})$ であって $\iota^*\tilde{\eta} = \eta$ を満たすものをひとつ取り，3 つ組 $(X^{(p+2)}, X^{(p+1)}, X^{(p-1)})$ の境界準同型を用いて $d_2^{pq}([\eta]) := [\partial\tilde{\eta}]$ と置く．これは well-defined な準同型 $d_2\colon E_2^{p,q} \to E_2^{p+2,q-1}$ を定める．

• 一般に，E_r^{pq} は ${}^\phi K_P^{p+q,\mathfrak{t}}(X^{(p)}, X^{(p-1)})$ の部分群の商群である．E_r^{pq} の元を代表する $\eta \in {}^\phi K_P^{p+q,\mathfrak{t}}(X^{(p)}, X^{(p-1)})$ は，${}^\phi K_P^{p+q,\mathfrak{t}}(X^{(p+r)}, X^{(p-1)})$ の元 $\tilde{\eta}$ に持ちあがる．3 つ組 $(X^{(p+r)}, X^{(p+r-1)}, X^{(p-1)})$ に関する境界準同型を用いて，$d_r^{pq}([\eta]) := [\partial\tilde{\eta}]$ と定義される．

得られた群の系列 $\{E_\infty^{pq}\}_{p,q}$ は，${}^\phi K_P^{p+q,\mathfrak{t}}(X)$ にフィルトレーション

$$F_r\, K_P^{p+q,\mathfrak{t}}(X) := \mathrm{Ker}({}^\phi K_P^{p+q,\mathfrak{t}}(X) \to {}^\phi K_P^{p+q,\mathfrak{t}}(X^{(r)}))$$

を導入したときの $F_p\, K_P^{p+q,\mathfrak{t}}(X)/F_{p+1}\, K_P^{p+q,\mathfrak{t}}(X)$ と同型になる．また，同型

$$E_2^{p,q} \cong H^{p+q}(X/P; {}^\phi\mathcal{K}_P^{p+q,\mathfrak{t}}) \tag{11.4}$$

は計算上有用である．ここで，$H^*(X/P; {}^\phi\mathcal{K}_P^{*;\mathfrak{t}})$ とは，$[x] \in X/P$ での茎が ${}^\phi K_{P_x}^{*,\mathfrak{t}}(\mathrm{pt})$ となるような層 ${}^\phi\mathcal{K}_P^{*,\mathfrak{t}}$ に関する層係数コホモロジー（cf. [96, Section 4]）である．特に，$E_2^{p,q}$ は P-同変な単体分割の選び方によらない．

スペクトル系列による捩れ同変 K 群の計算には，次の 2 点の困難がある．

(1) 1 次微分 d_1 と E_2 項までは確実に計算できるが，一般には 2 次以上の微分を決定することは易しくないことも多い．

(2) 収束先 E_∞^{pq} を決定できたとしても，スペクトル系列の機構だけからは決定できない拡大の問題が残されている．例えば，群の減少列 $F_0 = \mathbb{Z}_4$, $F_1 = \mathbb{Z}_2$, $F_2 = 0$ と $F_0 = \mathbb{Z}_2 \oplus \mathbb{Z}_2$，$F_1 = \mathbb{Z}_2$, $F_2 = 0$ は区別できない．

例えば前節で紹介した捩れ結晶 T 双対は，同じ群に 2 通りの計算手法を与えることでこれらの困難を乗り越えるひとつの処方を与えている．[222] では，非常に広いクラスの対称性に対して捩れ同変 K 群の計算が実行されている．

11.4.2 例: 2 次元白黒 pg 型群磁気結晶群

ここでは計算例をひとつだけ挙げる．(G, ϕ) を pg 型の白黒磁気結晶群とする．P の作用する空間 V/Π と $\hat{\Pi}$ を次のように同変単体分割する．

の作用によって別の単体 $e_{p\cdot j}^{(l)}$ にうつされ，さらにもし $p \cdot e_j^{(l)}$ ならば p の $e_j^{(l)}$ への作用は恒等写像となる．

表 11.1 ${}^\phi K_P^{*,-\mathfrak{v}}(V/\Pi)$ (左) と ${}^\phi K_P^{*,\sigma}(\hat{\Pi})$ (右) の AHSS の E_1 項および E_2 項.

7	0	0	0
6	$\mathbb{Z}$	$\mathbb{Z}^2$	$\mathbb{Z}$
5	0	0	0
4	$\mathbb{Z}$	$\mathbb{Z}^2$	$\mathbb{Z}$
3	0	0	0
2	$\mathbb{Z}$	$\mathbb{Z}^2$	$\mathbb{Z}$
1	0	0	0
0	$\mathbb{Z}$	$\mathbb{Z}^2$	$\mathbb{Z}$
E_1^{pq}	0	1	2

7	0	0	0
6	$\mathbb{Z}$	$\mathbb{Z}$	$\mathbb{Z}_2$
5	0	0	0
4	0	$\mathbb{Z}_2 \oplus \mathbb{Z}$	$\mathbb{Z}$
3	0	0	0
2	$\mathbb{Z}$	$\mathbb{Z}$	$\mathbb{Z}_2$
1	0	0	0
0	0	$\mathbb{Z}_2 \oplus \mathbb{Z}$	$\mathbb{Z}$
E_2^{pq}	0	1	2

7	$\mathbb{Z}_2$	$0 \oplus \mathbb{Z}_2$	0
6	$\mathbb{Z}_2$	$\mathbb{Z} \oplus \mathbb{Z}_2$	$\mathbb{Z}$
5	0	$0 \oplus 0$	0
4	$\mathbb{Z}^2$	$\mathbb{Z} \oplus \mathbb{Z}^2$	$\mathbb{Z}$
3	$\mathbb{Z}_2$	$0 \oplus \mathbb{Z}_2$	0
2	$\mathbb{Z}_2$	$\mathbb{Z} \oplus \mathbb{Z}_2$	$\mathbb{Z}$
1	0	$0 \oplus 0$	0
0	$\mathbb{Z}^2$	$\mathbb{Z} \oplus \mathbb{Z}^2$	$\mathbb{Z}$
E_1^{pq}	0	1	2

7	$\mathbb{Z}_2$	$\mathbb{Z}_2$	0
6	$\mathbb{Z}_2$	$\mathbb{Z} \oplus \mathbb{Z}_2$	$\mathbb{Z}$
5	0	0	0
4	$\mathbb{Z}$	$\mathbb{Z}$	0
3	$\mathbb{Z}_2$	$\mathbb{Z}_2$	0
2	$\mathbb{Z}_2$	$\mathbb{Z} \oplus \mathbb{Z}_2$	$\mathbb{Z}$
1	0	0	0
0	$\mathbb{Z}$	$\mathbb{Z}$	0
E_2^{pq}	0	1	2

$V/\Pi =$ 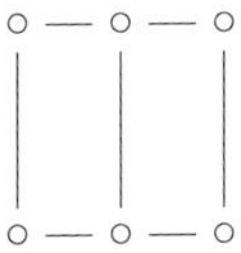 $\hat{\Pi} =$ 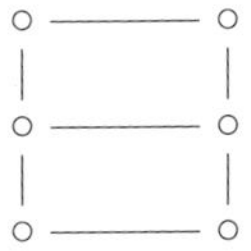

この単体分割に関する ${}^\phi K_P^{*+d,-\mathfrak{v}}(V/\Pi) \cong {}^\phi K_P^{*,\sigma}(\hat{\Pi})$ の AHSS は以下のようになる (詳細は [108, Section 6]). まず, $K^* := K^*(\mathrm{pt})$, $KO^* := KO^*(\mathrm{pt})$ と書くと, ${}^\phi K_P^{*,-\mathfrak{v}}(V/\Pi)$ の AHSS の E_1 項は

$$
{}^\phi K_P^{*,-\mathfrak{v}}((V/\Pi)^{(0)}) \cong K^*, \quad {}^\phi K_P^{*+2,-\mathfrak{v}}((V/\Pi)^{(2)}, (V/\Pi)^{(1)}) \cong K^*,
$$
$$
{}^\phi K_P^{*+1,-\mathfrak{v}}((V/\Pi)^{(1)}, (V/\Pi)^{(0)}) \cong K^* \oplus K^*,
$$

${}^\phi K_P^{*-d,+\sigma}(\hat{\Pi})$ の AHSS の E_1 項は

$$
{}^\phi K_P^{*,\sigma}(\hat{\Pi}^{(0)}) \cong KO^* \oplus KO^{*+4}, \quad {}^\phi K_P^{*+2,\sigma}(\hat{\Pi}^{(2)}, \hat{\Pi}^{(1)}) \cong K^*,
$$
$$
{}^\phi K_P^{*+1,\sigma}(\hat{\Pi}^{(1)}, \hat{\Pi}^{(0)}) \cong K^* \oplus KO^* \oplus KO^{*+4},
$$

となる. これらの間の微分 d_1 は具体的に計算でき, E_1 項と E_2 項は表 11.1 のようになる. 定義域と値域の比較から, この例では微分 d_2 はすべて 0 となる. 拡大問題によって, ${}^\phi K_P^{*,\sigma}(\hat{\Pi})$ の E_2 項からは求める群が特定できない. 一方, ${}^\phi K_P^{*,-\mathfrak{v}}(V/\Pi)$ にはこの問題は起きず, 結論として (11.3) が得られる.

11.5 トポロジカル絶縁体の誘導とアトミック絶縁体

11.5.1 部分群から誘導された絶縁体

(捩れ) 結晶群 G の部分群 H に対して, H の対称性に守られたトポロジカル相から G の対称性に守られたトポロジカル相を "誘導"*3) することができる. これは弱トポロジカル相の概念の同変版に当たる. G を捩れ結晶群, H をその部分群とする. $\Sigma := H \cap \Pi$, $Q := H/\Sigma \subset P$ と置き, この H を以下の補題 11.14 のように捩れ結晶群とみなす.

補題 11.14. あるアフィン部分空間 $W \subset V$ が存在して, 任意の $h \in H$ に対して $\alpha_h(W) = W$ が成り立ち, $\Sigma \subset \mathrm{Euc}(W) \cap \mathbb{R}^d \cong \mathbb{R}^{d'}$ はフルランクである.

*3) この語 "誘導" (induction) は, 群の誘導表現の "誘導".

証明. Σ の張る $\mathbb{R}^d$ の部分ベクトル空間を $\Sigma_{\mathbb{R}}$ と書くとする. $h\Sigma_{\mathbb{R}}h^{-1} = \Sigma_{\mathbb{R}}$ より, H の V への作用は商アフィン空間 $V/\Sigma_{\mathbb{R}}$ への Q-作用を誘導する. 有限群のアフィン空間への作用は必ず固定点 $[v]$ を持つので, 対応する $\Sigma_{\mathbb{R}}$-作用の軌道 $W := v\Sigma_{\mathbb{R}}$ は欲しい性質を満たす. □

$X := G \cdot x$ を V への G-作用の軌道とする. 基点 x は W の元から選んでおき, $Y := H \cdot x \subset W$ と置く. 内部自由度のヒルベルト空間 $\mathcal{K}$ として, テンソル積 $\ell^2(H_x) \hat{\otimes} \mathcal{K}'$ という形のものを選んでおくと, Y-加群 $\ell^2(Y; \mathcal{K})$ は $\ell^2(H; \mathcal{K}')$ と同一視できる. また,

$$\ell^2(G; \mathcal{K}') = \bigoplus_{gH \in G/H} \ell^2(gH; \mathcal{K}')$$

は, 内部自由度 $\tilde{\mathcal{K}} := \ell^2(G_x; \mathcal{K}')$ を持つ X-加群と同一視できる.

定義 11.15. トポロジカル相の誘導写像 $\mathrm{Ind}_H^G \colon {}^{\phi}\mathcal{TP}_{\mathfrak{t}}^H(Y) \to {}^{\phi}\mathcal{TP}_{\mathfrak{t}}^H(X)$ を, 以下のように定義する:

$$\mathrm{Ind}_H^G([h]) := \Big[\bigoplus_{gH \in G/H} U_g h U_g^* \in \mathbb{B}\Big(\bigoplus_{gH \in G/H} \ell^2(gH; \mathcal{K}') \Big) \Big].$$

これは定理 11.13 の同一視のもとで捩れ同変 K 群の演算の合成によって記述できる. 包含 $H \leq G$ に対して, 射影 $q \colon G \to P$ による Q の逆像を H' と置く. このとき, $1 \to \Pi \to H' \to Q \to 1$ は群の完全列であり, 包含 $\Sigma \to \Pi$ は Q の共役作用に関して同変である. したがって, Q-同変全射 $\theta \colon \hat{\Pi} \to \hat{\Sigma}$ が得られる. (11.1) より, $\sigma_H \in H_Q^2(\hat{\Sigma}; \mathbb{T})$ が存在して $\theta^* \sigma_H = \sigma$ が成り立つ.

命題 11.16. 定理 11.13 の同一視のもとで, 定義 11.15 の誘導写像 Ind_H^G は次の合成写像と一致する:

$${}^{\phi}K_Q^{*, \mathfrak{t}+\sigma}(\hat{\Sigma}) \xrightarrow{\theta^*} {}^{\phi}K_Q^{*, \mathfrak{t}+\sigma}(\hat{\Pi}) \cong {}^{\phi}K_P^{*, \mathfrak{t}+\sigma}(\hat{\Pi} \times_Q P) \xrightarrow{q_!} {}^{\phi}K_P^{*, \mathfrak{t}+\sigma}(\hat{\Pi}).$$

11.5.2 アトミック絶縁体

アトミック絶縁体とは, 結晶対称性に守られた (トポロジカル) 絶縁体であって, エネルギーのバンドが孤立した原子のそれと同じで平坦であることをいう. 論文 [221] では, K-理論におけるアトミック絶縁体はワイコフ位置と呼ばれる点配置から構成された.

トポロジカル相の誘導 (定義 11.15) を, H が有限群のときに考えてみる. このとき, 補題 11.14 における W は H-作用の固定点で, $X = G \times_H W$ は V 内での G 軌道である.

定義 11.17. V 内での G-軌道を**ワイコフ位置** (Wyckoff position) と呼ぶ[*4)].

*4) この定義は, 例えば [115] で用いられている用法とはやや異なる. ここでは, ワイコフ位置とは G_x が互いに共役になるような点をすべて集めてきた部分集合を指している.

固定部分群 G_x から誘導されたトポロジカル相を，このワイコフ位置から誘導されるアトミック絶縁体 (atomic insulator) と呼ぶ．

ふたつのワイコフ位置 W と W' がホモトピックであるとは，連続な G-同変写像 $f\colon [0,1]\times G/H \to V$ が存在して，$f(t,\cdot)$ は単射で，$\mathrm{Im}(f(0,\cdot)) = W$ と $\mathrm{Im}(f(1,\cdot)) = W'$ が成り立つことをいうこととする．

補題 11.18. ワイコフ位置のホモトピー類と G の有限部分群は 1:1 対応する．

証明. H を有限部分群とする．このとき，位相空間 $\mathrm{Map}(G/H,V)^G$ と V^H の間には，$f\colon G/H \to V$ を $f(eH)\in V$ に送るという同相写像が存在する．V^H は V のアフィン部分空間なので，特に可縮である． □

例 11.19. 2 次元 p4 結晶群 $G=\mathbb{Z}^2\rtimes C_4$（ここで，$P=C_4\cong\mathbb{Z}/4\subset SO(2)$ は 90 度回転）について，[221, VIII.F] から計算結果を紹介する．群 $K_P^0(\hat{\Pi})$ は，同型 $R(\mathbb{Z}_4)\cong\mathbb{Z}[t]/(1-t^4)$ のもとで

$$\mathrm{K}_P^0(\hat{\Pi})\cong R(C_4)\oplus R(C_4)\oplus(1-t+t^2-t^3)R(C_4)$$

と計算できる．それぞれの生成元を e_1, e_2, e_3 と置く．この空間には

$$W_a = G\cdot(0,0),\quad W_b = G\cdot\left(\tfrac{1}{2},\tfrac{1}{2}\right),\quad W_c := G\cdot\left(\tfrac{1}{2},0\right),\quad W_d := G\cdot(x,y)$$

の 4 種類のワイコフ位置が存在し（ただし $(x,y)\notin W_a\cup W_b\cup W_c$），それぞれの誘導 $\mathrm{Ind}_{G_x}^G\colon R(G_x)\to K_P^0(\hat{\Pi})$ は $[1]$ を e_1, $e_1+(t-t^2)e_2+e_3$, $(1+t^2)e_1-e_3$, $(1+t+t^2+t^3)e_1$ に送る．特に，この例では自明なチャーン類を持つ同変ベクトル束のなす部分群はアトミック絶縁体によって生成されている．

11.5.3 捩れ結晶 T 双対の関手性

誘導 Ind_H^G と捩れ結晶 T 双対の関係について補足する．包含写像 $\iota\colon W\to V$ は，P-同変写像 $\iota\colon P\times_Q W/\Sigma \to V/\Pi$ を誘導する．これに関する押し出しは，以下の群準同型を与える．

$$\iota_!\colon {}^{\phi}K_Q^{*,\mathfrak{t}}(W/\Sigma)\cong {}^{\phi}K_P^{*,\mathfrak{t}}(P\times_Q W)\to {}^{\phi}K_P^{*,\mathfrak{t}}(V/\Pi).$$

定理 11.20 ([108, Theorem 7.10])**.** 以下の図式は交換する:

$$\begin{array}{ccc}
{}^{\phi}K_Q^{*-m,\mathfrak{t}-\mathfrak{w}}(W/\Sigma) & \xrightarrow{{}^{\phi}\mathrm{T}_H^{\mathfrak{t}}} & {}^{\phi}K_Q^{*,\mathfrak{t}+\sigma}(\hat{\Sigma}) \\
\big\downarrow{\scriptstyle \iota_!} & & \big\downarrow{\scriptstyle \mathrm{Ind}_H^G} \\
{}^{\phi}K_P^{*-n,\mathfrak{t}-\mathfrak{v}}(V/\Pi) & \xrightarrow{{}^{\phi}\mathrm{T}_G^{\mathfrak{t}}} & {}^{\phi}K_P^{*,\mathfrak{t}+\sigma}(\hat{\Pi}).
\end{array}$$

11.5.4 対称性指標

点群の捩れ対称性をブリルアン領域の 0-骨格に制限したものは，しばしば捩

れ同変 K 群全体の情報の多くを持っている．このデータから，例えば系のバルク指数をどの程度復元できるかを示すのが，対称性指標である[199]．ここでは [220] の説明に従って AHSS の言葉で導入する．

AHSS の第 2 項 $E_2^{0,0} \cong H^0(\hat{\Pi}; {}^{\phi}\mathcal{K}_P^{0,\mathfrak{t}})$ は，$E_1^{0,0} := {}^{\phi}K_P^{0,\mathfrak{t}}(X^0)$ の部分群で，準同型 ${}^{\phi}K_P^{0,\mathfrak{t}}(X^1) \to {}^{\phi}K_P^{0,\mathfrak{t}}(X^0)$ の像と一致する．部分群 K_{ai} を，アトミック絶縁体が生成する ${}^{\phi}K_P^{0,\mathfrak{t}}(\hat{\Pi})$ の部分群の像（つまり $E_2^{0,0}$ の部分群）とする．

定義 11.21. 群 $E_2^{0,0}/K_{\mathrm{ai}}$ を対称性指標群 (symmetry indicator group)，商写像 ${}^{\phi}K_P^{0,\mathfrak{t}}(\hat{\Pi}) \to E_2^{0,0}/K_{\mathrm{ai}}$ を**対称性指標** (symmetry indicator) と呼ぶ．

例 11.22. いくつかの例で，対称性指標はバルク指数（の一部）を復元する．

(1) 2 次元の $2\pi/n$ 回転対称性を持つ系では，対称性指標群は $\mathbb{Z}/n\mathbb{Z}$ となる．これはチャーン数を mod n で決定している[92], [99], [130]．

(2) 2 次元 AII 型トポロジカル絶縁体が反射対称性を持つとき，フー–ケイン公準により FKMM 不変量は対称性指標によって決定できる（注意 8.10）．

対称性指標における基本的な事項として，次の事実が知られている．

定理 11.23 ([199], [238])**.** 230 種の複素トポロジカル結晶絶縁体と 1651 種のトポロジカル磁気結晶絶縁体のそれぞれについて，対称性指標群は有限群である．

文献案内

本章は概ね論文 [108] に基づいている．トポロジカル結晶絶縁体に関する物理の文献は膨大だが，いくつか挙げるならば [99], [100] などが先駆的な仕事である．本章と関連の深いものでは，[222] をはじめとした同変 K 理論の AHSS に関する一連の研究がある．ここでは例えば，AHSS の微分が持つ物理的意味などが説明されている．また，同内容を扱った概説 [257] も参考になる．

AHSS は K 理論以外のコホモロジー理論に対しても考えられ，やはり物理に応用されている（例えば [223]）．相互作用のある一般の“可逆な”トポロジカル相はある一般ホモロジー群によって分類されると考えられており（キタエフの提案[153], [154]），その有力な候補がコボルディズム群のアンダーソン双対である（フリード–ホプキンスの仮設[97]）．紙幅の都合もあって本書では解説できなかったが，これらは近年の数理物理の大きな潮流のひとつとなっている．

対称性指標の理論に関しては本書では軽く触れるのみとなったが，元論文のほかに記事 [271] を参考にした．また，本書執筆中に出版された [272] でも同内容が 1 章を割いて扱われている．

第 12 章
関連する話題

第 12 章では，ここまでの議論の流れの本筋には組み込まれなかったが本書の内容と関連するような話題について，簡単に案内をする．

12.1 アンダーソン絶縁体のトポロジカル相

物質が持つランダムな不純物 (disorder) は，量子ホール効果においてはバルクで電流が流れるために重要な役割を果たすとされる．ハミルトニアン H が乱雑なポテンシャル V によって摂動されたとき，$H+V$ のスペクトルはフェルミ準位にギャップを持たないにもかかわらず，フェルミ準位近傍の固有ベクトルが空間的に局在化して散乱しないことがある．この現象を**アンダーソン局在** (Anderson localization) と呼ぶ．アンダーソン局在が起こっているとき，ギャップが空いているときと同様のトポロジカル相の理論が展開できる．

12.1.1 移動度ギャップ

数学的には，アンダーソン局在は以下の移動度ギャップの概念によって特徴づけられる*1)．以下，$\mathcal{H} = \ell^2(\mathbb{Z}^d; \mathbb{C}^n)$ と置く．

定義 12.1. ボレル確率測度空間 $(\Omega, \mathbb{P})$ 上のランダム自己共役作用素 $H \colon \Omega \to \mathbb{B}(\mathcal{H})$ が区間 $\Delta \subset \mathbb{R}$ で**移動度ギャップ** (mobility gap) を持つとは，任意の $\mu \in \Delta$ と $s \in (0,1)$ に対して $C_{1,s}, C_{2,s} > 0$ が存在して

$$\int_{\omega \in \Omega} \|(\mu + i\varepsilon - H_\omega)^{-1}_{\boldsymbol{xy}}\|^s d\mathbb{P}(\omega) \le C_{1,s} e^{-C_{2,s} d(\boldsymbol{x}, \boldsymbol{y})}$$

が $0 < \varepsilon \ll 1$ に対して一様に成り立つことをいう．

ランダムシュレディンガー作用素のアンダーソン局在の解析は，本書の内容

---

*1) アンダーソン局在のこの数学的定式化は，アイゼンマン–モルチャロフ評価と呼ばれる[1]．このほかに，マルチスケール解析を用いたものもある[150]．

に分野的に隣接した大きなトピックである．参考文献として [2], [150] を引用しておく．ここでは，トポロジカル相と関係ある基本的な事実を列挙する．

(1) H が Δ に移動度ギャップを持つとき，a.s. $\omega \in \Omega$ に対して $\lambda \in \sigma(H_\omega) \cap \Delta$ はすべて点スペクトルである (i.e., $\mathrm{Ker}(H - \lambda \cdot 1) \neq 0$).

(2) スペクトル射影 $P_\Delta(H)$ は，任意の $l \in \mathbb{Z}_{>0}$, $\psi \in \mathcal{H}$ と a.s. $\omega \in \Omega$ に対して以下を満たす（力学的局所化）：$|\mathsf{X}|^l := (\mathsf{X}_1^2 + \cdots + \mathsf{X}_d^2)^{l/2}$ と置くと，

$$\sup_{t \in \mathbb{R}} \| \, |\mathsf{X}|^l \cdot P_\Delta(H_\omega) e^{-itH_\omega} \psi \, \| < \infty.$$

(3) $\mu \in \Delta$ に対して，スペクトル射影 $P_\mu(H)$ は以下の不等式を満たす[203]:

$$\int_{\omega \in \Omega} \|(P_\mu(H_\omega))_{\boldsymbol{xy}}\| d\mathbb{P}(\omega) \leq C_1 e^{-C_2 d(\boldsymbol{x}, \boldsymbol{y})}.$$

これらのうち (1), (2) は波動関数の非散乱を意味しており，(3) が以下に述べるように量子ホール効果などのトポロジカル相の存在を保証している．

12.1.2 ソボレフ代数とアンダーソン絶縁体のトポロジカル相

量子ホール伝導度の整数性は，TKNN 公式（定理 1.6）が双対ディラック作用素の指数コサイクルであることの帰結であった（定理 6.32）．実はこの議論は，移動度ギャップを持つランダムハミルトニアンに対しても成り立つ（参考: [203]）．要点は，TKNN 公式にまつわる解析が作用素ノルムより弱いトレースに関する連続性しか要求しないという事実にある．

定義 12.2. $\mathcal{G}$ をエタール亜群，$\mathbb{P}$ を $\Omega := \mathcal{G}^0$ のエルゴード的ボレル確率測度とする．非可換ソボレフ空間 $\mathcal{W}_{p,r}$ を，$C_c(\mathcal{G})$ のノルム

$$\|T\|_{p,r} := \sum_{\boldsymbol{x} \in X} (1 + \|\boldsymbol{x}\|)^r \left(\int_{\omega \in \Omega} \|(T_\omega)_{\boldsymbol{x0}}\|^p d\mathbb{P}(\omega) \right)^{\frac{1}{p}}$$

による完備化とする．また，$\mathbb{P} \in \mathrm{Prob}(\Omega)$ から局所同相写像 s によって $\mathcal{G}^{(1)}$ に誘導される測度 $\widetilde{\mathbb{P}}$ を用いて，ソボレフ代数 $\mathscr{A}_{\mathrm{Sob}}$ を以下のように定義する．

$$\mathscr{A}_{\mathrm{Sob}} := \bigcap_k \mathcal{W}_{p,k} \cap \overline{C_c(\mathcal{G})}^{s*} \subset \mathbb{B}(L^2(\mathcal{G}^{(1)})).$$

上の移動度ギャップの性質 (3) より，ランダムハミルトニアン H が区間 Δ で移動度ギャップを持つとするならば，$\mu \in \Delta$ に対してスペクトル射影 $P_\mu(H)$ はソボレフ代数 $\mathscr{A}_{\mathrm{Sob}}$ に属する．また，非可換チャーン指標

$$\xi_d(a_0, \cdots, a_d) := \lambda_d \cdot \sum_{\sigma \in \mathfrak{S}_d} \mathrm{sgn}(\sigma) \cdot \mathfrak{Tr}(a_0 \partial_{\sigma(1)}(a_1) \cdots \partial_{\sigma(d)}(a_d))$$

は $\mathscr{A}_{\mathrm{Sob}}$ 上の巡回コサイクルを定める．

定理 12.3 ([203, Theorem 6.5.1]). $d = 2$ のエルゴード的な等質ランダムハミ

ルトニアン $H=(H_\omega)_{\omega\in\Omega}$ が，区間 $\Delta\subset\mathbb{R}$ に移動度ギャップを持つとする．このとき以下が成り立つ．

(1) $\mu\in\Delta$ に対して，$P_\mu(H)\in\mathscr{A}_{\mathrm{Sob}}$ で，バルク指数

$$\mathrm{ind}_b(H)=2\pi i\,\mathfrak{Tr}\left(P_\mu(H)\big[[i\mathsf{X}_1,P_\mu(H)],[i\mathsf{X}_2,P_\mu(H)]\big]\right)$$

は整数値を取る．この値は $\mu\in\Delta$ によらず，また移動度ギャップを持つランダム作用素の連続変形に関して不変である．

(2) $F=\mathsf{D}(1+\mathsf{D}^2)^{-1/2}$ に対して，$F_P=PFP+1-P$ は a.s. $\omega\in\Omega$ に対してフレドホルム作用素であり，その指数は (1) の整数と一致する．

この定理について，いくつか補足を述べておく．

- ここではボレル関数計算を用いて射影を作っているため，K 理論の枠組の下では自動的に成立していた不変量の連続性（位相不変性）が自明ではなくなる．この点については例えば [219] で議論されている．
- ここでは巡回コホモロジーとのペアリングを用いているため，例えば AII 型の AZ 対称性を持つときに $\mathbb{Z}_2$ 不変量を取り出せないように見える．これは，[147] や [141] でよい方法が議論されている．また，[52] では定理 12.3 (2) に当たる方法で不変量を取り出している．
- アンダーソン絶縁体のバルク・境界対応を定式化し証明するという課題については，量子ホール効果（2 次元 A 型）の場合に [88]，1 次元 AIII 型の場合は [113] で考えられている．

12.2 ギャップラベリング予想

まずはハーパー作用素（例 1.3）のスペクトルについて説明する．θ を動かして作用素 H_θ のスペクトルをプロットすると，図 12.1 のように**ホフスタッターの蝶** (Hofstadter's butterfly) と呼ばれるフラクタル状の図形が得られる．図からわかるように，H_θ は $\theta=0$ ではギャップを持たないが，θ を動かすと一部でギャップを持つようになる．一般に，$\theta=p/q\in\mathbb{Q}$ のときにはスペクトルは閉区間 q 個の合併となり，$\theta\in\mathbb{R}\setminus\mathbb{Q}$ のときにはカントール集合となる*2)．

H_θ の複数あるスペクトルギャップは，単位体積当たりのエネルギー μ 以下の粒子数を表す IDOS と呼ばれる実数によってラベルされている．

定義 12.4. $\mu\in\mathbb{R}$ とハミルトニアン H に対して，

$$\mathcal{N}_\mu=\lim_{L\to\infty}\frac{1}{(2L)^d}\,\mathrm{Tr}(P_\mu(\mathsf{P}_L H\mathsf{P}_L))$$

*2) θ が無理数のときスペクトルが全不連結になることの証明は有名な難問で，カッツ (V. Kac) が「証明できたらマティーニを 10 杯おごる」と言ったことから “ten martini problem” と呼ばれた．これはアヴィラとジトミスカヤによって解決された[18]．

を H のフェルミ準位 μ での積分された状態密度 (IDOS) と呼ぶ.

この量は定義から μ に関して単調増大であるが, μ を H のギャップ内で動かしても一定で, 正規化トレース $\mathfrak{Tr}(P_\mu(H))$ と一致する（シュビンの公式[224]）.
ハーパー作用素 H_θ の場合には, この IDOS によるラベリングは直ちにチャーン数を決定するという点でも有用である.

命題 12.5. 自己共役作用素 $H \in C^*_r(\Pi;\theta)$ のギャップでの IDOS は部分群 $\mathbb{Z}+\mathbb{Z}\theta \subset \mathbb{R}$ に値を取る. ギャップ $\mu \in \mathbb{R}$ に対して, $[P_\mu(H)] = n[1] + m\beta \in K_0(C^*_r(\Pi;\theta))$ と置くと, n と m は $n + m\theta = \mathcal{N}_\mu$ を満たす.

証明. これは非可換トーラス上のトレース $\mathfrak{Tr}$ が誘導する $\mathfrak{Tr}\colon K_*(C^*_r(\Pi,\theta)) \to \mathbb{R}$ が $\mathfrak{Tr}(\beta) = \theta$ を満たすという事実からわかる. □

$\theta \in \mathbb{R} \setminus \mathbb{Q}$ の場合, n と m は $\mathcal{N}_\mu$ からただ 1 通りに定まる. $\theta = p/q$ でも, ハーパー模型のスペクトル射影は $|m| < q/2$ を満たす（[63, Section 3]）ことから, やはり n と m は $\mathcal{N}_\mu$ から定まる.
q が奇数のときには, ギャップの数が $q-1$ 個あること（[63, Theorem 3.3]）と IDOS の単調性から, j 番目のギャップの IDOS は j/q となることがわかる. よって, チャーン数 m_j は方程式 $m_j p \equiv j \pmod q$ を満たす. q が偶数のときも同様で, この場合には $q-2$ 個のギャップがあるが, $\sigma(H_\theta)$ が -1 倍に関して対称である*3) ことから, 下から j 番目のギャップの IDOS は j/q, 上から j 番目のギャップの IDOS は $1-j/q$ となる $(1 \le j \le q/2-1)$.
スペクトルギャップを持つハミルトニアンの例が様々に構成される中で（cf. [29] の導入にある参考文献）, どの例でも各ギャップの IDOS が特定の値しか取れないことがわかってきた. ベリサールが最初に C*-環の K 理論を物性物理に導入したとき, その背景にはこのギャップラベリングの問題があった. ギャップをラベルする IDOS の値域の決定は, C*-環のトレースによる K_0 群の像を決定する問題に言い換えられる.

図 12.1　ホフスタッターの蝶.

*3) $\alpha(U_{x_1}) = -U_{x_1}$, $\alpha(U_{x_2}) = -U_{x_2}$ は $C^*_r(\Pi;\theta)$ の自己同型を定めるが, これは $\alpha(H_\theta) = -\alpha(H_\theta)$ を満たす.

予想 12.6. $\mathfrak{Tr}\colon K_0(A_{\mathcal{G}}) \to \mathbb{R}$ の像は Ω の開かつ閉な集合の体積によって生成される部分アーベル群である．言い換えると，$\mathfrak{Tr}(K_0(A_{\mathcal{G}})) = \mathfrak{Tr}(K_0(C(\Omega)))$ が成り立つ．

この予想には 3 種類の "証明" が提出されており [32], [36], [133]*4)，そのいずれでも非可換幾何学における葉層の指数理論が証明に用いられている．

例 12.7. 分割タイリング（例 6.21）が予想 12.6 を満たすなら，$\mathfrak{Tr}$ の像は次のように決定できる．ここではタイリングは境界を強制すると仮定する．このとき，$\mathfrak{Tr}(K_0(A_{\mathcal{G}})) = \mathfrak{Tr}(K_0(C(\Omega))) = \mathfrak{Tr}(K_0(C(\mathsf{E}^\infty)))$ となるが，これは AF 環の一般論から以下のように決定できる．

以下，G が強連結（i.e., 隣接行列のある冪 A^n のすべての成分が > 0）であるとすると仮定する．A^t のペロン–フロベニウス固有値を ρ_{A^t}，固有ベクトルを $(\nu_{\mathsf{v}})_{\mathsf{v}\in\mathsf{V}}$ と置く ($\sum_{\mathsf{v}} \nu_{\mathsf{v}} = 1$)．すると，$\mathsf{E}^\infty$ 上の $\mathcal{F}_{\mathsf{G}}$-不変な確率測度 $\mathbb{P}$ が

$$\mathbb{P}(\mathsf{e}_1 \cdots \mathsf{e}_l \mathsf{E}^\infty) = \nu_{s(\mathsf{e}_1)} \cdot (\rho_{\mathsf{A}^t})^l$$

によって定義できる．この $\mathbb{P}$ によって $\mathfrak{Tr}$ を定義 6.33 のように定義すると，これが $C_r^*\mathcal{F}_{\mathsf{G}}$ 上のただ一つのトレース状態を与える．その像は，構成から $\mathfrak{Tr}(C(\mathsf{E}^\infty)) = \mathbb{Z}[\rho_{\mathsf{A}^t}] \subset \mathbb{R}$ となる*5)．例えば $\mathsf{A} = \left(\begin{smallmatrix} 0 & 1 \\ 1 & 1 \end{smallmatrix}\right)$ のときには，$\mathfrak{Tr}(K_0(C(\mathsf{E}^\infty))) = \mathbb{Z} + \mathbb{Z} \cdot \frac{1+\sqrt{5}}{2}$ となる．

磁場がある場合のギャップラベリングについても研究がある[34], [35]．

12.3 連続系のバンド理論

12.3.1 ランダウ量子化

ランダウ作用素 (1.6) は，量子ホール効果を説明する最も標準的な模型である（cf. 1.2.7 節）．以下で説明するように，ランダウ作用素のスペクトルは $\mathbb{Z}_{>0}$ に量子化する．各固有空間（への射影）を**ランダウ準位**と呼ぶ．

以下，簡単のため $\hbar = c = \mathsf{e} = 1$ と単純化して話を進める．

定理 12.8. θ が定数関数のときのランダウ作用素 (1.6)，すなわち

$$H_\theta = (d + a_\theta)^*(d + a_\theta)\colon L^2(\mathbb{R}^2) \to L^2(\mathbb{R}^2), \quad a_\theta := -i\theta x_2 dx_1,$$

のスペクトルは $(2\mathbb{N}+1)|\theta|$ となる．また，各固有値 $(2\lambda+1)|\theta|$ に対応するスペクトル射影はロー環の K 群 $K_0(C^*(|\mathbb{R}^2|)) \cong \mathbb{Z}$ の生成元 1 に対応する．

---

*4) 3 種類のすべてに同じギャップがあり，予想は一般に未解決である ([36, p.140])．

*5) この数 ρ_{A^t} は代数的整数なので，$\mathbb{Z}$-加群 $\mathbb{Z}[\rho_{\mathsf{A}}] \subset \mathbb{R}$ は有限生成である．また，各 $\mathsf{v} \in \mathsf{V}$ に対して $\nu_{\mathsf{v}} \in \mathbb{Z}[\rho_{\mathsf{A}}]$ も成り立つ．

証明. 一般に，ガウス曲率 R を持つ曲面 M と $\theta \in C^\infty(M)$ に対して，$U(1)$-接続 ia_θ による捩れディラック作用素 D_θ は次のワイゼンベック公式を満たす.

$$\begin{pmatrix} D_\theta^* D_\theta & 0 \\ 0 & D_\theta D_\theta^* \end{pmatrix} = \begin{pmatrix} H_{\theta-\frac{R}{4}} & 0 \\ 0 & H_{\theta+\frac{R}{4}} \end{pmatrix} + \begin{pmatrix} \frac{R}{4}-\theta & 0 \\ 0 & \frac{R}{4}+\theta \end{pmatrix}.$$

今の場合は $R=0, \theta \in \mathbb{R}$ である．よって[*6)]

$$\sigma(H_\theta+\theta) \cup \{0\} = \sigma(D_\theta^* D_\theta) \cup \{0\} = \sigma(H_\theta+\theta) \cup \{0\} = \sigma(H_\theta-\theta) \cup \{0\}$$

より，$\sigma(H_\theta) \subset (2\mathbb{N}+1)|\theta|$ がわかる．固有値 λ のスペクトル射影 p_λ は，$[p_{|\theta|}] = \mathrm{Ind}(D_\theta) = 1 \in K_0(C^*(|\mathbb{R}^2|))$ を満たすことが粗指数理論（7.1.4 節）からわかる．$D_\theta(D_\theta^* D_\theta)^{-1/2} p_\lambda$ は p_λ と $p_{\lambda+2|\theta|}$ の M-vN 同値を与えているので, 帰納的に $[p_\lambda]=1$ がわかる．特に $p_\lambda \neq 0$ なので, $\sigma(H_\theta) = (2\mathbb{N}+1)|\theta|$. □

これと定理 7.23 を組み合わせると次がわかる.

系 12.9. 半平面 $\mathbb{R} \times \mathbb{R}_{\geq 0}$ 上のランダウ作用素に自己共役となるような境界条件（例えばディリクレ境界条件）を導入したもののスペクトルは $[|\theta|, \infty)$ を含む．また，x 方向の並進対称性によってフーリエ変換したとき，区間 $[(2\lambda-1)|\theta|, (2\lambda+1)|\theta|]$ でのスペクトル流は λ となる.

定理 12.8 の証明では，空間が 2 次元であることと平坦であることを共に用いている．実際，負の定曲率空間（双曲平面）では，ランダウ作用素のスペクトルは同様の議論から $\{(2m+1)|\theta| - m(m+1) \mid m \in \mathbb{N}\} \cup [\frac{\theta^2}{4}, \infty)$ となり，特に連続スペクトルが現れる．この場合にも，測地線に沿って分割した半平面上ではスペクトルギャップが埋まる[173].

注意 12.10 (e.g. [77, Appendix B])**.** ランダウ準位の完全正規直交系は，$\psi_0(\boldsymbol{x}) := \left(\frac{\theta}{2\pi}\right)^{1/2} e^{-\|\boldsymbol{x}\|^2}$ に $D_{\pm\theta}$ を作用させていくことによって得られる．これは ψ_0 とラゲール多項式の積として具体的に表示できる．同様に，p_λ もまたラゲール多項式を用いて表示でき，その帰結として $\mathfrak{Tr}(p_\lambda) = \frac{\theta}{2\pi}$（定数を正規化しなければ $\frac{\mathfrak{e}\theta}{hc}$）が得られる．したがって，フェルミ準位 μ が N 番目と $N+1$ 番目のランダウ準位の間にあるとき，IDOS は $\mathcal{N}_\mu = N\frac{\mathfrak{e}\theta}{hc}$ となる.

同様の議論は定曲率でない曲面に対しても適用できる．例えば [160] では，遠くで曲率が 0 となるような曲面としてヘリコイドを考え，そこに z 軸方向の磁場を印加したときのスペクトルを調べている．まず，H_θ を商 C*-環 $C^*(X)/C^*(Z \subset X)$ で送った像のスペクトル（これを本質的スペクトルの一般化とみなして非局在スペクトルと呼んでいる）はランダウ量子化する．そこに生じたギャップが $C^*(X)$ で埋まることが，K 理論によって証明できる.

*6) 一般に，$\sigma(a^*a)$ と $\sigma(aa^*)$ は $\{0\}$ を除いて一致する ([185, Remark 1.2.1]).

12.3.2 ワニエ基底

1.2 節で触れたように，連続系のハミルトニアンを離散近似するひとつの方法としてワニエ基底を用いるものがある．連続関数 $\psi \in C(\mathbb{R}^d)$ が

$$\|\psi(\boldsymbol{x})\| \le C_l \cdot d(\boldsymbol{x}, \boldsymbol{x}_0)^{-l} \quad \forall l \in \mathbb{N} \tag{12.1}$$

を満たすとき，$\boldsymbol{x}_0$ を中心とした（超多項式減衰の）**ワニエ関数**と呼ぶ．

定義 12.11. 部分空間 $\mathcal{H} \subset L^2(\mathbb{R}^d)$ に対して，その**ワニエ基底**とは，$\mathbb{R}^d$ のデローネ集合 X によって添え字づけられた完全正規直交系 $\{\psi_{\boldsymbol{x}}\}_{\boldsymbol{x} \in X}$ であって，各 $\psi_{\boldsymbol{x}}$ は $\boldsymbol{x}$ に依存しない一様な定数 C_l によって (12.1) を満たすことをいう．

$\mathcal{H}$ がワニエ基底を持つとき，$\mathcal{H} \cong \ell^2(X)$ と同一視できる．実際，連続系のハミルトニアン $H_{\mathrm{cont}} = -\Delta + V$ に対して，それを射影で切断した

$$P_{\mathcal{H}} H_{\mathrm{cont}} P_{\mathcal{H}} = \sum_{\boldsymbol{x},\boldsymbol{y}} \langle H_{\mathrm{cont}} \psi_{\boldsymbol{x}}, \psi_{\boldsymbol{y}} \rangle \cdot |\psi_{\boldsymbol{x}}\rangle\langle\psi_{\boldsymbol{y}}| \in C^*_u(X)$$

は，H_{cont} を低エネルギー領域で強束縛近似したものである．ただし，例えば H_{cont} がランダウ作用素のとき，フェルミ準位 $\mu \in \mathbb{R}$ 以下のバンドだけを取り出して強束縛近似することはできない．これは，部分空間 $\mathcal{H}$ がワニエ基底を持つことにトポロジカルな障害があるためである．

定義 7.17 と同様に，$\partial_j(T) := [i\mathsf{X}_j, T]$ に関して無限回微分可能な局所コンパクト作用素の集合を $\mathscr{A}(|\mathbb{R}^d|)$ と置く．これは $C^*(|\mathbb{R}^d|)$ の稠密部分環で，正則関数解析について閉じている．同様に，G 不変な $\mathscr{A}(|\mathbb{R}^d|)$ の元のなす集合 $\mathscr{A}(|\mathbb{R}^d|)^G$ は，$C^*(|\mathbb{R}^d|)^G$ の稠密部分環で正則関数計算について閉じている．

定理 12.12 ([172], [174])**.** P を $\mathscr{A}(|\mathbb{R}^d|)$ の射影とする．次が成り立つ．

(1) 部分ヒルベルト空間 $PL^2(\mathbb{R}^d)$ がワニエ基底を持つことは，$[P] = 0 \in K_0(\mathscr{A}(|\mathbb{R}^d|)) \cong K_0(C^*(|\mathbb{R}^d|))$ と同値．

(2) P が結晶群 G の作用に関して不変なとき，$PL^2(\mathbb{R}^d)$ が G 不変なワニエ基底を持つことは，$[P] = 0 \in K_0(\mathscr{A}(|\mathbb{R}^d|)^G) \cong K_0(C^*_r G)$ と同値．

証明. $\{\xi_{\boldsymbol{x}}\}$ を $\boldsymbol{x} \in X$ の近傍に台を持ち $\|\xi_{\boldsymbol{x}}\| = 1$ を満たす関数の族であって台が互いに交わらないものとし，$\mathcal{H}_0 := \overline{\mathrm{span}}\{\xi_{\boldsymbol{x}}\}$ と置く．このとき，無限和

$$V_{\mathcal{H}} := \sum_{\boldsymbol{x} \in X} |\psi_{\boldsymbol{x}}\rangle\langle\xi_{\boldsymbol{x}}| \colon \mathcal{H}_0 \to \mathcal{H}$$

は $L^2(\mathbb{R}^d)$ 上の有界作用素に強 $*$-収束する．この元が $V_{\mathcal{H}} \in \mathscr{A}(|\mathbb{R}^d|)$ かつ $V_{\mathcal{H}} V_{\mathcal{H}}^* = P_{\mathcal{H}}$, $V_{\mathcal{H}}^* V_{\mathcal{H}} = P_{\mathcal{H}_0}$ を満たすことから，$[P_{\mathcal{H}}] = [P_{\mathcal{H}_0}] = 0 \in K_0(\mathscr{A}(|\mathbb{R}^d|))$ となることが結論できる．逆に，$P_{\mathcal{H}}$ と $P_{\mathcal{H}_0}$ が $V \in \mathscr{A}(|\mathbb{R}^d|)$ によって M-vN 同値であるとすると，$\psi_{\boldsymbol{x}} := V\xi_{\boldsymbol{x}}$ は $\mathcal{H}$ のワニエ基底となる．G 対称性がある場合にも同様である． □

12.4 高次トポロジカル相

バルク・境界対応をさらに発展させて，系が余次元 2 の角を持つ状況（例えば四半平面 $\mathbb{R}^2_{>0}$）を考える．すると，その角に局在する状態 (corner state) が発生することがある．このような相は高次トポロジカル相と呼ばれる[33]．

平面 $\mathbb{R}^2$ 内の，極座標 (r,θ) が $\alpha \le \theta \le \beta$ によって定まる領域への射影を $\mathsf{P}_{\alpha,\beta} \in \mathbb{B}(\ell^2(\mathbb{Z}^2))$ と置く．四半平面テープリッツ作用素

$$T_f^{\alpha,\beta} := \mathsf{P}_{\alpha,\beta} f(k_x,k_y)\mathsf{P}_{\alpha,\beta}, \quad f \in C(\mathbb{T}^2)$$

によって生成される C*-環 $\mathcal{T}^{\alpha,\beta}$ の K 理論は次のようになる[193]．

$$K_0(\mathcal{T}^{\alpha,\beta}) \cong \begin{cases} \mathbb{Z} \oplus \mathbb{Z}/t & \alpha = \frac{p}{q}, \beta = \frac{r}{s} \in \mathbb{Q} \text{ のとき}, \\ \mathbb{Z}^2 & \alpha \in \mathbb{Q}, \beta \in \mathbb{R} \setminus \mathbb{Q} \text{ のとき}, \\ \mathbb{Z}^3 & \alpha, \beta \in \mathbb{R} \setminus \mathbb{Q} \text{ のとき}, \end{cases} \quad K_1(\mathcal{T}^{\alpha,\beta}) = 0.$$

ただしここで $t := qr - ps$．$\alpha \le \theta \le \alpha + \pi$，$\beta - \pi \le \theta \le \beta$ の領域への射影を P_+^α, P_-^β，それぞれのテープリッツ環を $\mathcal{T}_+^\alpha$, $\mathcal{T}_-^\beta$ 置くと，短完全列

$$0 \to \mathbb{K}(\mathcal{H}^{\alpha,\beta}) \to \mathcal{T}^{\alpha,\beta} \to \mathcal{S}^{\alpha,\beta} := \mathcal{T}_+^\alpha \oplus_{C_r^*(\mathbb{Z}^2)} \mathcal{T}_-^\beta \to 0$$

が得られる．$K_1(\mathcal{S}^{\alpha,\beta}) \cong \mathbb{Z}$ で，境界準同型によって $K_0(\mathbb{K}(\mathcal{H}))$ と同型になる．この境界準同型は**角指数** (corner index) を記述している（林[121], [122]）．

H は並進対称な 2 次元 AIII 型ハミルトニアンで，そこに境界を挿入した $H_{\alpha,+} := \mathsf{P}_{\alpha,+}H\mathsf{P}_{\alpha,+}$ と $H_\beta := \mathsf{P}_{\beta,-}H\mathsf{P}_{\beta,-}$ もまたギャップを持つと仮定する．すると，$H_{\alpha,\beta} := T_H^{\alpha,\beta}$ は AIII 対称性を持つ自己共役フレドホルム作用素となり，その指数は $\partial[(H_{\alpha,+}, H_{\beta,-})]$ と一致する．同様に，3 次元 A 型ハミルトニアンにふたつの境界を挿入すると，角指数 $\partial[(H_{\alpha,+}, H_{\beta,-})] \in K_1(C_r^*(\mathbb{Z})) \cong \mathbb{Z}$ が定まるが，この量は 1 次元の角に沿った方向に関する $H_{\alpha,\beta}$ のフーリエ変換のスペクトル流で，角に沿って流れるカレントを特徴づける（cf. 1.2.4 節）．

ハミルトニアンが AZ 型の対称性を持つ場合も考察されている[123]．この場合，$KR_j(\mathcal{S}^{\alpha,\beta})$ は表 12.1 のようになり，いずれの場合も角指数を与える境界準同型 ∂: $KR_j(\mathcal{S}^{\alpha,\beta}) \to KR_{j-1}(\mathbb{K}(\mathcal{H}^{\alpha,\beta}))$ は全射となる．

表 12.1 $KR_j(\mathcal{S}^{\alpha,\beta})$ の表．ここで t は $\alpha := p/q$, $\beta := r/s$ のとき $t := qr - ps$.

j	0	1	2	3	4	5	6	7
$\alpha,\beta \in \mathbb{Q}, t \equiv 0$	$\mathbb{Z} \oplus \mathbb{Z}_t$	$(\mathbb{Z}_2)^2 \oplus \mathbb{Z}$	$(\mathbb{Z}_2)^4$	$(\mathbb{Z}_2)^2$	$\mathbb{Z} \oplus \mathbb{Z}_t$	$\mathbb{Z}$	0	0
$\alpha,\beta \in \mathbb{Q}, t \equiv 1$	$\mathbb{Z} \oplus \mathbb{Z}_t$	$\mathbb{Z}_2 \oplus \mathbb{Z}$	$(\mathbb{Z}_2)^2$	$\mathbb{Z}_2$	$\mathbb{Z} \oplus \mathbb{Z}_t$	$\mathbb{Z}$	0	0
$\alpha \in \mathbb{Q}, \beta \notin \mathbb{Q}$	$\mathbb{Z}_2$	$(\mathbb{Z}_2)^2 \oplus \mathbb{Z}$	$(\mathbb{Z}_2)^3$	$\mathbb{Z}_2$	$\mathbb{Z}^2$	$\mathbb{Z}$	0	0
$\alpha,\beta \notin \mathbb{Q}$	$\mathbb{Z}^3$	$(\mathbb{Z}_2)^3 \oplus \mathbb{Z}$	$(\mathbb{Z}_2)^4$	$\mathbb{Z}_2$	$\mathbb{Z}^3$	$\mathbb{Z}$	0	0

12.5 ワイル半金属

物質のトポロジカル相を考えるにあたって，ハミルトニアンがフェルミ準位でスペクトルにギャップを持つことは基本的な仮定であった．例えば図 1.2 左のように，ギャップの埋まり方が運動量空間の中で局在しているとき，物質は**半金属** (semimetal) であるという．半金属には**ワイル半金属**や**ディラック半金属**といった種類があり，これらはギャップレス点の近傍でのハミルトニアンの形から決まる．以下，$d=3$ のワイル半金属について議論する．ここでは並進対称なディラック型の模型

$$H(\boldsymbol{k}) = h_1(\boldsymbol{k})\cdot\sigma_1 + h_2(\boldsymbol{k})\cdot\sigma_2 + h_3(\boldsymbol{k})\cdot\sigma_3 \colon \mathbb{T}^3 \to \mathbb{M}_2$$

を考える（この制限のため，そのトポロジーは K 理論ではなく常コホモロジー論によって分類される）．$H^2 = \sum h_i^2$ より，実ベクトル値関数 $\boldsymbol{h}=(h_1,h_2,h_3)$ がすべての点で非消滅であることと H が 0 でスペクトルギャップを持つことが同値になる．ここで扱うのは $\boldsymbol{h}$ の零点（ワイル点）の集合 W が有限集合となる場合である．

ベクトル値関数 $\boldsymbol{h}$ を $w\in W$ の近傍 D_w の境界 $S_w := \partial D_w \cong S^2$ に制限すると，連続写像 $\boldsymbol{h}\colon S_w \to \mathbb{R}^2\setminus\{0\}$ が得られる．その写像度 c_w をワイル点 $w\in W$ の局所電荷と呼ぶ．ワイル点の集合 W と各ワイル点の局所電荷を固定して，外側へのハミルトニアンの延長の分類を考える．これはオイラー鎖[178] (cf. オイラー構造[233]）と呼ばれる次の等価なデータによって与えられる．

命題 12.13. 以下は $H^2(\mathbb{T}^3\setminus W;\mathbb{Z})\cong H_1(\mathbb{T}^3, W;\mathbb{Z})$ によって分類される．

(1) $\mathbb{T}^3\setminus D_W$ 上いたるところ 0 でないベクトル場 $\boldsymbol{h}'$ で S_w への制限の写像度が c_w となるもののホモトピー類のなす集合．

(2) 1-チェイン $\ell\in C_1(\mathbb{T}^3;\mathbb{Z})$ であって $\partial\ell = \sum_{w\in W} c_w[w]$ を満たすもの（オイラー鎖）のコホモロジー類．

(3) コホモロジー類 $[u]\in H^2((\mathbb{T}^3\setminus W)\times S^2;\mathbb{Z})$ であって，$(\mathrm{pr}_1)_![u]=1$ と $\iota_w^*[u] = \mathrm{PD}(c_w[w])$ を満たすもの（$\iota_w\colon S_w\to(\mathbb{T}^3\setminus W)\times S^2$ は包含）．

局所電荷とトポロジカル相の関係は，マイヤー–ビートリス完全列

$$H^2(\mathbb{T}^3;\mathbb{Z}) \to H^2(\mathbb{T}^3\setminus W;\mathbb{Z})\oplus H^2(D_W;\mathbb{Z}) \xrightarrow{\partial_{\mathrm{MV}}} H^1(S_W;\mathbb{Z})$$

によって説明できる．ワイル半金属のトポロジカル相を分類するのは中央の $H^2(\mathbb{T}^3\setminus W;\mathbb{Z})$ で，その ∂_{MV} による像が局所電荷である．一方，$H^2(\mathbb{T}^3;\mathbb{Z})$ からの像はギャップドハミルトニアンの強トポロジカル相の寄与である．

次に，ワイル半金属のバルク・境界対応について議論する．有限個のワイル点を持つディラック型ハミルトニアンに対して，それを半無限系 $\mathbb{Z}^2\times\mathbb{Z}_{\geq 0}$ に制限することを考える．得られた境界ハミルトニアン $\hat{H} = \mathsf{P}_+ H \mathsf{P}_+$ は，xy

方向にフーリエ変換すると $\mathbb{T}^2$ 上の関数であって，ワイル点の射影による像 $\widetilde{W} := \mathrm{pr}(W)$ の補集合上ではフレドホルム作用素になる．$\widetilde{W}$ の近傍を $\widetilde{D}_W$，その境界を $\widetilde{S}_W$ と置くと，

$$\mathcal{F} := \{(k_x, k_y) \in \mathbb{T}^2 \setminus \widetilde{D}_W \mid 0 \in \sigma(\hat{H}(k_x, k_y))\}$$

は，ワイル点の近傍どうしを結ぶパスの有限族となる．このようなパスは**フェルミ弧** (Fermi arc) と呼ばれる．

ワイル半金属のバルク・境界対応に相当する以下の主張はマタイ–シアンによって提案され[178], [179]，五味によって適切な設定の下で証明された[107]．

定理 12.14. 以下が成り立つ．

$$\partial c_1(\mathrm{Im}\, P_\mu) = [\mathcal{F}] = \pi_*[\ell] \in H^1(\mathbb{T}^2 \setminus \widetilde{W}; \mathbb{Z}) \cong H_1(\mathbb{T}^2, \widetilde{W}; \mathbb{Z}).$$

ここまではワイル点を固定した場合の話をしてきたが，これを自由に動かすことを考えてもよい．このとき，ワイル点の対を発生させてからブリルアン領域を一周させて対消滅させるという変形を考えると，同じ局所電荷を持ちながら $[\boldsymbol{h}]$ が異なるハミルトニアンに変形できる．

また，対称性に守られたワイル半金属とそのバルク・境界対応についても考えられている[230]．系が時間反転対称性を持つことは $\boldsymbol{h}(-\boldsymbol{k}) = -\boldsymbol{h}(\boldsymbol{k})$ を意味し，このような対称性を持つオイラー構造は同変コホモロジー群 $H^2_{\mathbb{Z}_2}(\mathbb{T}^3, W; \widetilde{\mathbb{Z}})$ によって分類される．

12.6 非エルミート系

本書では系の運動を記述するハミルトニアン作用素は常に自己共役であることを仮定してきた．これは量子力学の基本的な前提であるが，一方である種の近似を施した方程式が自己共役（エルミート）でない作用素によって制御されることがある (e.g. 羽田野–ネルソン模型)．1.1 節でも述べたように，物性理論では大きな有限系が無限系をよく近似する（端の寄与が内部と独立している）という考えが基本的である (cf. 命題 3.28)．しかし，正規でない作用素はスペクトルによって制御されておらず，有限系と無限系の近似も成り立たない．

例えば 1 次元系の非自己共役な差分作用素

$$H = \lambda U + \lambda^{-1} U^* \in \mathbb{B}(\ell^2(\mathbb{Z})) \qquad (\lambda > 0 \text{ は実数})$$

を考えてみる．H のスペクトル $\sigma(H)$ は楕円 $\mathrm{Im}(\lambda z + \lambda^{-1} z^*)$ となる (例 2.43)．対応する半無限系 $\mathsf{P}_+ H \mathsf{P}_+$ のスペクトルは，テープリッツ指数定理から楕円 $\sigma(H)$ の内部を塗りつぶした 2 次元領域となることがわかる．実際，λ が楕円内部の点ならば，$\mathrm{Ind}(\mathsf{P}_+(H - \lambda \cdot 1)\mathsf{P}_+) = \mathrm{wind}(H - \lambda \cdot 1) = -1$ により $\lambda \in$

$\sigma(\mathsf{P}_+ H \mathsf{P}_+)$ となる．一方で，対応する有限系の作用素 $H_{[0,L]} := \mathsf{P}_{[0,L]} H \mathsf{P}_{[0,L]}$ は，$D_\lambda := \mathrm{diag}(1, \lambda, \lambda^2, \ldots, \lambda^{L-1})$ によって

$$H_{[0,L]} = \begin{pmatrix} 0 & \lambda^{-1} & 0 & \cdots & 0 & 0 \\ \lambda & 0 & \lambda^{-1} & \cdots & 0 & 0 \\ 0 & \lambda & 0 & \cdots & 0 & 0 \\ \vdots & \vdots & \vdots & \ddots & \vdots & \vdots \\ 0 & 0 & 0 & \cdots & 0 & \lambda^{-1} \\ 0 & 0 & 0 & \cdots & \lambda & 0 \end{pmatrix} = D_\lambda \begin{pmatrix} 0 & 1 & 0 & \cdots & 0 & 0 \\ 1 & 0 & 1 & \cdots & 0 & 0 \\ 0 & 1 & 0 & \cdots & 0 & 0 \\ \vdots & \vdots & \vdots & \ddots & \vdots & \vdots \\ 0 & 0 & 0 & \cdots & 0 & 1 \\ 0 & 0 & 0 & \cdots & 1 & 0 \end{pmatrix} D_\lambda^{-1}$$

のように自己共役行列と共役になる．特に固有値はすべて実数となり，半無限系のスペクトルを近似しない．

このような場合，有限系の固有値の代わりに ε-擬スペクトル

$$\sigma_\varepsilon(H_{[0,L]}) := \{\lambda \in \mathbb{C} \mid \|(H_{[0,L]} - \lambda \cdot 1)^{-1}\| < \varepsilon^{-1}\}$$

を考えるのが適切である．命題 2.51 と命題 3.28 の証明から，$L \to \infty$ 極限でのこの集合の集積点は半無限系のスペクトルを含むことがわかる．

非エルミート系に起こる以下の現象を総じて**表皮効果** (skin effect) と呼ぶ．

(1) 有界系 $H_{[0,L]}$ の $O(L)$ 個の固有ベクトルが端に局在する．その帰結として，有界系と無限系でスペクトルが劇的に変化する．

(2) $H_{[0,L]}$ の固有値 λ に対応する固有状態が片方の端に局在するとき，転置 $H^t_{[0,L]}$ の同じ固有値 λ に対応する固有状態は反対の端に局在している．

上でも説明した通り，このような現象はテープリッツ指数定理と深く関わっている．[190] などでは，対称性に守られた非エルミートトポロジカル相の位相的性質と表皮効果の関係が調べられている．

12.7 多体系としての自由フェルミオン

12.7.1 量子スピン系

強束縛近似のもとで，たくさんの粒子が格子点の近くに局在したまま相互作用する数理モデルを量子スピン系と呼ぶ．無限サイズの量子スピン系は，やはり作用素環を用いて定式化される（参考: [56], [89], [260]）．

格子 X の各点 $\boldsymbol{x}$ に行列 C*-環 $\mathcal{A}_{\boldsymbol{x}} \cong \mathbb{M}_n$ を置く．有限部分集合 $\Lambda \subset X$ に対して，Λ に台を持つ観測量のなす C*-環をテンソル積 $\mathcal{A}_\Lambda := \bigotimes_{\boldsymbol{x} \in \Lambda} \mathcal{A}_{\boldsymbol{x}}$ によって定義する*7)．X 上の観測量のなす C*-環は，$\mathcal{A}_X := \varinjlim \mathcal{A}_\Lambda$ とする．

量子スピン系のハミルトニアンは，それが定める時間発展によって定義する．相互作用と呼ばれる作用素の族 $\{\Phi_\Lambda \in \mathcal{A}_\Lambda\}_{\Lambda \subset X}$ に対して，“無限系のハミルトニアン $H = \sum \Phi_\Lambda$ による時間発展” に相当する $\mathbb{R}$-作用 τ_t を

$$\tau_t(a) := \lim_{\Lambda \to X} \exp(itH_\Lambda) a \exp(-itH_\Lambda), \quad H_\Lambda := \sum_{\Lambda' \subset \Lambda} \Phi_{\Lambda'},$$

*7) これはボソン系の定義である．フェルミオン系の定義には，各 $\mathcal{A}_{\boldsymbol{x}}$ に $\mathbb{Z}_2$-次数を入れておき，テンソル積ではなく次数つきテンソル積を用いる．

によって定める．直径が $R > 0$ 以下の Λ に対してのみ $\Phi_\Lambda \neq 0$ となるとき，極限は収束して $\mathcal{A}_X$ への $\mathbb{R}$-作用を定める．

この設定におけるスペクトルギャップの定義を述べる．まず，量子力学的な状態は，連続線形写像 $\omega\colon \mathcal{A}_X \to \mathbb{C}$ であって $\omega(1) = 1$ かつ $\omega(a^*a) \geq 0$ を満たすものとして定式化される．一般に，τ-不変な状態 ω による GNS 表現[185, Theorem 3.4.1]を $(\mathcal{H}_\omega, \pi_\omega, \Omega_\omega)$ と置くと，そこには $\frac{d}{dt}\tau_t = \mathrm{ad}(iH_\omega)$ を満たすような $\mathcal{H}_\omega$ 上の非有界自己共役作用素 H_ω が存在する．状態 ω が τ の基底状態であるとは，H_ω が正作用素になることをいう．これは，$\delta_\tau(a) := \frac{d}{dt}\big|_{t=0}\tau_t(a)$ が $-i\omega(a^*\delta_\tau(a)) \geq 0$ を満たすことと同値である．そして，τ がスペクトルギャップを持つとは，定数 $\lambda > 0$ が存在して任意の基底状態 ω に対して $H_\omega \cap (0, \lambda) = \emptyset$ が成り立つことをいう．これは，$\omega(a) = 0$ となるような $a \in \mathcal{A}_X$ が不等式 $-i\omega(a^*\delta_\tau(a)) \geq \lambda \cdot \|a\|^2$ を満たすことと同値である．

量子スピン系にもトポロジカル相が考えられている．近年の大きな進展として，カプスティン，ソペンコらによる高次ベリー位相の理論[134]や，緒方による作用素環を用いた $\mathbb{Z}_2$-指数の構成[189]を挙げておく．

12.7.2 CAR 環上の準自由状態

本書で扱ってきた 1 粒子ハミルトニアン H に対して，12.7.1 節の意味でのハミルトニアン（自由フェルミオン）を対応させることができる．

ここでは簡単のため，有限系の話に限る．1 粒子（有限次元）ヒルベルト空間 $\mathcal{H} = \ell^2(X; \mathbb{C}^n)$ に対応する多体系のヒルベルト空間は反対称フォック空間

$$\mathcal{F}_{\mathrm{f}}(\mathcal{H}) := \bigoplus_{n \geq 0} \bigwedge^n \mathcal{H} \cong \widehat{\bigotimes_{\boldsymbol{x} \in X}} \mathbb{C}^N \quad \text{（ただしここで } N := 2^n\text{）}$$

である．観測量の C*-環 $\mathcal{A}(\mathcal{H}) := \widehat{\bigotimes}_{\boldsymbol{x} \in X} \mathbb{M}_N$ は **CAR 環**と呼ばれ，生成・消滅作用素 $\mathfrak{a}^*(\psi), \mathfrak{a}(\psi)$ $(\psi \in \mathcal{H})$ から生成されている．これらは

$$\mathfrak{a}^*(\psi)(\phi_1 \wedge \cdots \wedge \phi_k) := \psi \wedge \phi_1 \wedge \cdots \wedge \phi_k, \quad \mathfrak{a}(\psi) := (\mathfrak{a}^*(\psi))^*$$

によって定義され，$\mathfrak{a}(\phi)\mathfrak{a}(\psi) + \mathfrak{a}(\psi)\mathfrak{a}(\phi) = 0$ と $\mathfrak{a}(\phi)\mathfrak{a}^*(\psi) + \mathfrak{a}^*(\psi)\mathfrak{a}(\phi) = \langle \phi, \psi \rangle \cdot 1$ を満たす．

1 粒子ハミルトニアン H の第二量子化作用素を

$$d\Gamma(H) := \sum_{n \geq 0} \sum_{k=1}^{n} 1 \otimes \cdots \otimes 1 \otimes H \otimes 1 \otimes \cdots \otimes 1 \in \mathbb{B}(\mathcal{F}_{\mathrm{f}}(\mathcal{H}))$$

によって定義する．化学ポテンシャルを $\mu \in \mathbb{R}$ に置いたとき，系の時間発展は

$$\tau_t(T) = \exp(it \cdot d\Gamma(H - \mu)) T \exp(-it \cdot d\Gamma(H - \mu)),$$

で記述される．$d\Gamma(H - \mu)$ の最低固有値の固有ベクトルを Ω と置き，この系の逆温度 β の平衡状態と基底状態を

$$\omega_{\beta,\mu}(T) := \frac{\mathrm{Tr}(e^{-\beta d\Gamma(H-\mu)}T)}{\mathrm{Tr}(e^{-\beta d\Gamma(H-\mu)})}, \quad \omega_{\infty,\mu}(T) = \langle T\Omega, \Omega\rangle$$

によって定義する．すると，これらは (1.4) の作用素 $\varrho_{\beta,\mu}$ によって

$$\omega_{\beta,\mu}(\mathfrak{a}^*(\psi_l)\cdots\mathfrak{a}^*(\psi_1)\mathfrak{a}(\phi_1)\cdots\mathfrak{a}(\phi_k)) := \delta_{k,l}\cdot\det\left(\langle\phi_i, \varrho_{\beta,\mu}\psi_j\rangle\right)_{i,j}$$

と特徴づけられる．このような状態を CAR 環の**準自由状態** (quasi-free state) と呼ぶ．特に，$T \in \mathbb{B}(\mathcal{H})$ は以下を満たす:

$$\omega_{\beta,\mu}(d\Gamma(T)) = \omega_{\beta,\mu}\Big(\sum_i \mathfrak{a}^*(T\psi_i)\mathfrak{a}(\psi_i)\Big) = \mathrm{Tr}(\varrho_{\beta,\mu}T).$$

12.7.3 自己相似 CAR 環と BdG ハミルトニアン

超伝導の BdG ハミルトニアンに対しても類似の構成ができる．$\mathcal{H} = \ell^2(X;\mathbb{C}^n)$ に対して，$\hat{\mathcal{H}} := \mathcal{H}\oplus\mathcal{H}$ に粒子・正孔対称性 $\mathsf{C} := \mathcal{C}\circ\sigma_x$ を導入し，第 i 成分への射影を E_i と置く．$\psi\in\hat{\mathcal{H}}$ に対して $\mathfrak{c}(\psi) := \mathfrak{a}(E_0\psi)+\mathfrak{a}^*(E_1\psi)\in\mathcal{A}(\mathcal{H})$ と定める．$\mathfrak{a}_{\boldsymbol{x}} := \mathfrak{a}(\delta_{\boldsymbol{x}})$, $\mathfrak{c}_{\boldsymbol{x}} := \mathfrak{c}(\delta_{\boldsymbol{x}}\oplus 0)$ と置くと，(1.13) は

$$\mathbf{H} = \frac{1}{2}\sum_{\boldsymbol{x},\boldsymbol{y}\in X}\begin{pmatrix}\mathfrak{a}_{\boldsymbol{x}}^* & \mathfrak{a}_{\boldsymbol{x}}\end{pmatrix} H_{\boldsymbol{x},\boldsymbol{y}}\begin{pmatrix}\mathfrak{a}_{\boldsymbol{y}}\\ \mathfrak{a}_{\boldsymbol{y}}^*\end{pmatrix} = \frac{1}{2}\sum_{\boldsymbol{x},\boldsymbol{y}\in X}\begin{pmatrix}\mathfrak{c}_{\boldsymbol{x}}^* & \mathfrak{c}_{\boldsymbol{x}}\end{pmatrix} H_{\boldsymbol{x},\boldsymbol{y}}\begin{pmatrix}\mathfrak{c}_{\boldsymbol{y}}\\ \mathfrak{c}_{\boldsymbol{y}}^*\end{pmatrix}$$

と書ける（ここで，H は $\mathsf{C}H\mathsf{C} = -H$ を満たす作用素).

元 $\mathfrak{c}(\psi)$ によって生成され，関係式

$$\mathfrak{c}(\psi)^* = \mathfrak{c}(\mathsf{C}\psi), \quad \mathfrak{c}(\phi)^*\mathfrak{c}(\psi)+\mathfrak{c}(\psi)\mathfrak{c}(\phi)^* = \langle\phi,\psi\rangle\cdot 1$$

を満たす C*-環 $\mathcal{A}^{\mathrm{sd}}(\hat{\mathcal{H}},\mathsf{C})$ を，**自己相似 CAR 環**と呼ぶ．この C*-環は，対応 $\mathfrak{a}(\psi)\mapsto\mathfrak{c}(\psi)$, $\mathfrak{a}(\psi)^*\mapsto\mathfrak{c}(\mathsf{C}\psi)$ によって $\mathcal{A}(\mathcal{H})$ と同型である．

$\mathbf{H}$ は $\mathcal{A}^{\mathrm{sd}}(\hat{\mathcal{H}},\mathsf{C})$ 上の時間発展 τ を定め，ただひとつの基底状態 ω を持つ．この τ と ω は，$\tau(\mathfrak{c}(\psi)) = \mathfrak{c}(e^{-itH}\psi)$, $\omega(\mathfrak{c}(\psi_1)\cdots\mathfrak{c}(\psi_{2n+1})) = 0$ と

$$\omega(\mathfrak{c}(\psi_1)\cdots\mathfrak{c}(\psi_{2n})) = (-1)^{\frac{n(n-1)}{2}}\sum_{\sigma\in\mathfrak{S}_{2n}}\mathrm{sgn}(\sigma)\cdot\langle\mathsf{C}\psi_{\sigma(j)}, E_0\psi_{\sigma(j+m)}\rangle$$

によって特徴づけられる（[5, Theorem 1]）．また，H がスペクトルギャップを持つならば，τ もまたスペクトルギャップを持つ（[89, Proposition 6.37]）．

[54] ではこのようなハミルトニアンに対して $\mathbb{Z}_2$ 値の不変量が定義された．

12.8 分数量子ホール効果

1.2 節では量子ホール伝導度は整数値を取ると述べたが，実際の実験ではこの量は e^2/h の有理数倍を取りうることが確認されている．このような**分数量子ホール効果**は，電子間相互作用に起因して発生する（[273, 4.1.1 節]）と考えられており，自由電子近似した理論では捉えきれない．

12.8.1　負曲率空間の 1 粒子模型

[176] とそれに続く論文では，双曲平面上の非可換幾何を用いて分数値のホール伝導度を導出しようという試みが考えられている．ここでは，並進対称性の代わりにフックス群の対称性を考えており，フックス群の群 C*-環のトレースが K_0 群上で分数に値を取ることを利用している．負曲率空間中の運動と電子間相互作用の間にある種のアナロジーを見出す根拠については，[177, pp.78-79] に短い説明がある．

12.8.2　量子スピン系

近年，量子ホール伝導度を多体系に対して定義し，その量子化を証明する方法が提案された[24], [118]．その対象は，量子スピン系（12.7.1 節）であって，局所電荷と呼ばれる作用素 $Q_{\boldsymbol{x}} \in \mathcal{A}_{\boldsymbol{x}}$ に関する対称性を持つものである．このような系は全電荷（粒子数）の保存から来る $U(1)$ ネーター対称性を持つ．

トーラス $\mathbb{T}^2$ 上の系に磁場を断熱的に印加したときの周期的な断熱過程 $(U_t)_{t\in[0,T]}$ を考え，サイズを大きくしていく極限を取る．すると，1 周期後の U_T は，基底状態 Ω と全電荷 Q を保つ．トーラスの半分の領域 $\Gamma \subset \mathbb{T}^2$ に対して $Q_\Gamma := \prod_{\boldsymbol{x}\in\Gamma} Q_{\boldsymbol{x}}$ と置くと，$U_T Q_\Gamma U_T^* - Q_\Gamma$ は 2 つの境界 $\partial_\pm \Gamma$ の近くに局在する．今，ラフリンの議論（5.7 節）を思い出すと，

$$\sigma := \frac{1}{2\pi}\langle T_- \Omega, \Omega\rangle, \quad T_\pm := (UQ_\Gamma U^* - Q_\Gamma \text{ の } \partial_\pm \Gamma \text{ 近傍への制限})$$

がホール伝導度となる．この量は，基底状態が一意のときには整数[24]に，p 重に縮退しているときに $1/p$ の整数倍になる[25]ことが，それぞれ示されている．

12.8.3　場の理論

分数量子ホール効果には場の量子論の枠組による記述も与えられている．一般に，場の量子論はラグランジアンと呼ばれる関数によって統制されており，種々の観測量はその経路積分として得られる．分数量子ホール状態の例であるラフリン状態は $U(1)$ チャーン–サイモンズ理論と外部電磁場 A のカップリングによって記述される．その作用汎関数は

$$S_{\mathrm{QHE}} = S_{\mathrm{CS}} + S_{\mathrm{BF}} = \frac{k}{4\pi}\int a \wedge da + \frac{e}{2\pi}\int A \wedge da$$

となる[241]．ここで，k はレベルと呼ばれる整数で，その逆数 $\nu = \frac{1}{k}$ が分数量子ホール伝導度の分母となる．この理論では，ひとつの電子がもうひとつの電子の周りを 1 周すると $e^{2\pi i/k}$ の位相シフトが生じる．粒子の入れ替えに対するこのような振る舞いはエニオン統計と呼ばれており，量子コンピュータへの応用，高次圏などの抽象代数との関係[151]など，物理と数学の両面から注目されている．本書では扱えなかったが，近年大きく進展している分野である．

付録 A
補遺

この付録では，関数解析，C*-環論，非可換幾何に関する，本文中で説明しきれなかった背景知識や発展的な理論を紹介する．証明を含むより詳細な議論については，個別に引用した文献を参考にしてほしい．

A.1 関数解析と C*-環論の補足

A.1.1 作用素のトレースとシャッテンイデアル

$\mathcal{H}$ をヒルベルト空間，$\{\psi_j\}$ を $\mathcal{H}$ の完全正規直交系とする*1)．正作用素*2) $T \in \mathbb{B}(\mathcal{H})$ に対して，そのトレースを無限和 $\mathrm{Tr}(T) := \sum_j \langle T\psi_j, \psi_j \rangle$ によって定義する．和が発散するときは $\mathrm{Tr}(T) = \infty$ とする．

$l \geq 1$ に対して，$T \in \mathbb{B}(\mathcal{H})$ が l-シャッテンクラス $\mathcal{L}^l(\mathcal{H})$ に属するとは，$\|T\|_l := \mathrm{Tr}((T^*T)^{l/2})^{1/l} < \infty$ となることをいう．$\mathcal{L}^l(\mathcal{H})$ はこのノルムによってバナッハ空間となる．また，Tr は $\mathcal{L}^1(\mathcal{H})$ から $\mathbb{C}$ への線形写像に延長する．

命題 A.1. 作用素のトレースについて，以下が成り立つ．

(1) $T \in \mathcal{L}^1(\mathcal{H})$ に対して $\mathrm{Tr}(T)$ は $\mathcal{H}$ の完全正規直交系の選び方によらない．

(2) $T \in \mathcal{L}^1(\mathcal{H})$ に対して $\mathrm{Tr}(T)$ は T の固有値の重複度を込めた和となる．

(3) ヘルダーの不等式 $\|ST\|_r \leq \|S\|_p \cdot \|T\|_q$ が成り立つ（ただしここで $\frac{1}{r} = \frac{1}{p} + \frac{1}{q}$）．したがって，特に $\mathcal{L}^p(\mathcal{H}) \cdot \mathcal{L}^q(\mathcal{H}) \subset \mathcal{L}^r(\mathcal{H})$ となる．

(4) $T \in \mathcal{L}^p(\mathcal{H})$, $S \in \mathcal{L}^q(\mathcal{H})$（$\frac{1}{p} + \frac{1}{q} = 1$）に対して $\mathrm{Tr}(TS) = \mathrm{Tr}(ST)$.

上の (3), (4) は $\mathcal{L}^\infty(\mathcal{H}) = \mathbb{B}(\mathcal{H})$, $\|T\|_\infty$ を作用素ノルムとすることで $p = \infty$ の場合にも拡張する．特に，$T \in \mathcal{L}^1(\mathcal{H})$ ならば $\mathrm{Tr}(ST) \leq \|S\|_\infty \cdot \|T\|_1$.

---

*1) $\mathcal{H}$ の元の列 $\{\psi_j\}$ が完全正規直交系であるとは，$\langle \psi_i, \psi_j \rangle = \delta_{ij}$ かつ $\overline{\mathrm{span}}\{\psi_j\} = \mathcal{H}$ を満たすことをいう．

*2) T が正作用素であるとは，任意の $\psi \in \mathcal{H}$ に対して $\langle T\psi, \psi \rangle \geq 0$ を満たすことをいう．これは，ある S によって $T = S^*S$ と書けることと同値である．

A.1.2　局所凸線形位相空間

ベクトル空間 V 上の写像 $p\colon V \to \mathbb{R}_{\geq 0}$ であって，ノルムの条件のうち $p(\xi+\eta) \leq p(\xi)+p(\eta)$ と $p(\lambda\xi) = |\lambda| p(\xi)$ は満たすが $p(\xi)=0 \Rightarrow \xi = 0$ は満たさないようなものを，V の半ノルムと呼ぶ．例えば，線形写像 $\phi\colon V \to \mathbb{C}$ に対して $p_\phi(\xi) := |\phi(\xi)|$ は半ノルムである．V 上の半ノルムの無限族 $\{p_i\}_{i\in I}$ が与えられたとき，これらを連続にするような最弱の位相（**局所凸位相**）を導入することができる．V の局所凸位相が完備である，あるいは（特に I が可算集合のとき）V が**フレシェ空間**であるとは，どの半ノルムに対してもコーシー列になっているような点列が必ず収束することをいう．フレシェ空間 V が代数で，積が局所凸位相に関して連続なとき，これを**フレシェ代数**と呼ぶ．

本書では以下の局所凸位相を用いる．

(1) $\mathbb{B}(\mathcal{H})$ 上の半ノルム $T \mapsto \|T\psi\|, T \mapsto \|T^*\psi\|$ $(\psi \in \mathcal{H})$ によって生成される位相を，強 $*$-位相と呼ぶ．

(2) バナッハ空間 V に対して，双対空間 V^* に V から誘導される位相を弱 $*$-位相と呼ぶ．V^* の単位球は弱 $*$-位相に関してコンパクトである（バナッハ–アラオグルの定理[259, 定理 3.3.1]）．例えば $\mathcal{L}^1(\mathcal{H})$ は $\mathcal{L}^1(\mathcal{H})^* = \mathbb{B}(\mathcal{H})$ に，$C(X)$ はラドン確率測度の集合 $\mathrm{Prob}(X) \subset C(X)^*$ に，位相を誘導する．

(3) 補題 6.12 では，局所コンパクト空間 X 上の（有界全変動とは限らない）ラドン測度の集合 $\mathcal{M}(X)$ に $C_c(X)$ から誘導される位相を扱う．

(4) 6.4.2 節などでは，非有界作用素によって無限回微分可能となる作用素のなすフレシェ代数を扱う．

A.1.3　正則関数計算

$T \in \mathbb{B}(\mathcal{H})$ に対して，滑らかな境界を持つ有界領域 $D \subset \mathbb{C}$ が $\partial D \cap \sigma(T) = \emptyset$ を満たすとする．D 上の正則関数 f に対して，それを D の補集合上で 0 となるように延長したとき，その関数計算（定義 2.47）は

$$f(T) = \frac{1}{2\pi i}\int_{z\in\partial D} f(z)(T - z\cdot 1)^{-1}dz \tag{A.1}$$

のように積分表示できる（[6, Section 1.12]）．

単位的 C*-環 A の単位的部分代数 $\mathscr{A} \subset A$ が**正則関数計算で閉じている**とは，任意の $T \in \mathscr{A}$ と $z \in \mathbb{C}\setminus\sigma(T)$ に対して $(T - z\cdot 1)^{-1} \in \mathscr{A}$ となることをいう．また，$\mathscr{A} \subset A$ がフレシェ代数の構造を持つと言ったとき，包含 $\mathscr{A} \to A$ がこの位相に関して連続であることも含意するとする．

命題 A.2. $\mathscr{A} \subset A$ を正則関数計算で閉じた部分代数，$\mathscr{I}$ を $\mathscr{A}$ のイデアルとし，さらに $\mathscr{I}$ はフレシェ代数の構造を持つとする．$T_1, T_2 \in \mathscr{A}$ が $T_1 - T_2 \in \mathscr{I}$ を満たすとき，$\partial D \cap (\sigma(T_1)\cup\sigma(T_2)) = \emptyset$ を満たす領域 D と D 上の正則関数 f に対して，$f(T_1) - f(T_2) \in \mathscr{I}$ が成り立つ．

特に，$\mathscr{I} = \mathscr{A}, T_2 = 0$ のとき，上の D, f に対して $f(T_1) \in \mathscr{A}$ が成り立つ．

証明．$\mathscr{I}$ は完備性から積分について閉じている．また，仮定より

$$(T_1 - z \cdot 1)^{-1} - (T_2 - z \cdot 1)^{-1} = (T_1 - z \cdot 1)^{-1}(T_2 - T_1)(T_2 - z \cdot 1)^{-1}$$

は $\mathscr{I}$ の元となる．命題は，この等式と (A.1) から従う． □

A.1.4 C*-環のテンソル積

C*-環 A, B に対して，代数的な意味でのテンソル積（$A \otimes_{\mathrm{alg}} B$ と書く）はC*-環の構造を持ってはいない．C*-環としてのテンソル積を定義するには何かのノルムを導入してそれに関する完備化を取る必要があるが，$A \otimes_{\mathrm{alg}} B$ には A と B のノルムを延長したC*-ノルムが複数ありうることが知られている．これらのうち代表的なものは以下の2つである．

- 極大ノルム: テンソル積の普遍性を満たす．
- 被約ノルム: $A \otimes_{\mathrm{alg}} B \subset \mathbb{B}(\mathcal{H} \otimes \mathcal{K})$ の完備化．これを $A \otimes B$ と書く．

これらはしばしば一致せず，そのことは群の従順性やC*-環の核型性にまつわる深い理論的背景を持つ[59]．一方で，本書に現れる範囲のC*-環（$\mathbb{M}_n$, $\mathbb{K}(\mathcal{H})$, $C(X)$，可換C*-環とアーベル群 $\mathbb{Z}^d$ の接合積 $C(X) \rtimes \mathbb{Z}^d$，点配置に付随する亜群C*-環 $C^*(\mathcal{G}_X)$，ユークリッド空間の点配置の（一様）ロー環 $C^*_u(X), C^*(X)$）のテンソル積については，これらのノルムは一致する．

例 A.3. $A \subset \mathbb{B}(\mathcal{H})$ をC*-環とする．

(1) テンソル積 $A \otimes C(X)$ は $C(X, A)$，つまり X 上の A 値連続関数のなすC*-環と一致する．特に，$C([0,1]) \otimes A = C([0,1], A)$ を $A[0,1]$ と置く．

(2) テンソル積 $A \otimes \mathbb{M}_n$ は，A 係数の $n \times n$ 行列のなす代数 $\mathbb{M}_n(A)$ を $\mathbb{B}(\mathcal{H}^{\oplus n})$ の部分環とみなしてノルムを導入したものと一致する．

A.1.5 $\mathbb{Z}_2$-次数つきC*-環

定義 A.4. C*-環 A と，$\gamma_A^2 = \mathrm{id}_A$ を満たす自己同型 $\gamma_A \colon A \to A$（群 $\mathbb{Z}_2$ の作用）の対を，$\mathbb{Z}_2$-次数つきC*-環と呼ぶ．$\mathbb{Z}_2$-次数つきC*-環の間の $\phi \circ \gamma_A = \gamma_B \circ \phi$ を満たす $*$-準同型 $\phi \colon A \to B$ を次数つき $*$-準同型という．

$\mathbb{Z}_2$-次数つきC*-環 A の偶な元の集合を $A^0 := \{a \in A \mid \gamma(a) = a\}$，奇な元の集合を $A^1 = \{a \in A \mid \gamma(a) = -a\}$ と書く（$A = A^0 \oplus A^1$ と直和分解する）．また，$a \in A^i$ に対して $|a| := i$ という記法を用いる $(i = 0, 1)$．

例 A.5. $\Gamma^2 = 1$ を満たす $\Gamma \in \mathbb{B}(\mathcal{H})_{\mathrm{sa}}$ を $\mathcal{H}$ の $\mathbb{Z}_2$-次数と呼ぶ．このとき $\mathbb{K}(\mathcal{H})$ および $\mathbb{B}(\mathcal{H})$ には $\mathrm{Ad}(\Gamma)$ によって $\mathbb{Z}_2$-次数が入る．特に $\mathcal{H} = \mathbb{C}^{n+m}$ で $\Gamma := 1_n \oplus (-1_m)$ のとき，$\mathcal{H}$ を $\mathbb{C}^{n,m}$，$\mathbb{K}(\mathcal{H})$ を $\mathbb{M}_{n,m}$ と書く．一般に，$\Gamma \in A$

によって $\gamma = \mathrm{Ad}(\Gamma)$ と書ける $\mathbb{Z}_2$-次数を内部的であるという．

例 A.6. クリフォード代数 $C\ell_{j,l}$（2.3.4 節を参照）．

$\mathbb{Z}_2$-次数つき C*-環 (A, γ_A), (B, γ_B) に対して，奇な元同士が反交換するような次数つきテンソル積を考える．まず代数的な次数つきテンソル積 $A \hat{\otimes}_{\mathrm{alg}} B$ を，ベクトル空間のテンソル積 $A \otimes_{\mathrm{alg}} B$ に積

$$(a_1 \hat{\otimes} b_1)(a_2 \hat{\otimes} b_2) = (-1)^{|b_1||a_2|} a_1 a_2 \hat{\otimes} b_1 b_2$$

を導入したものとし，その被約 C*-ノルムによる完備化を $A \hat{\otimes} B$ と書く．これは $\gamma(a \hat{\otimes} b) := \gamma_A(a) \hat{\otimes} \gamma_B(b)$ によって $\mathbb{Z}_2$-次数つき C*-環になる．

例 A.7. A の $\mathbb{Z}_2$-次数が内部的であるとき，

$$A \hat{\otimes} B \to A \otimes B, \quad a \hat{\otimes} b \mapsto a\Gamma^{|b|} \otimes b,$$

は $A \hat{\otimes} B$ と $A \otimes B$ の同型を与える．特に，$\mathbb{M}_{n,m} \hat{\otimes} A$ は $\mathbb{M}_{n+m}(A)$ に $\mathbb{Z}_2$-次数 $\mathrm{Ad}(\Gamma_{n,m}) \circ \gamma$ を導入したものに相当する．

A.1.6 非有界作用素

有界作用素は連続な線形写像という自然な対象であるが，一方で微分作用素のような重要な例を含まない．$\mathcal{H}$ 全体で定義されていることを諦める代わりにある種の弱められた連続性を持つのが非有界作用素である（参考: [6], [259]）．(5.6) の双対ディラック作用素 D を例に取ると，これは

$$\mathrm{Dom}(\mathsf{D}) := \left\{ \psi \in \ell^2(X; \mathbb{C}^n) \mid \sum_{\boldsymbol{x} \in X} \|\boldsymbol{x}\|^2 \cdot \|\psi(\boldsymbol{x})\|^2 < \infty \right\}$$

を定義域とし，グラフ

$$\mathsf{Graph}(\mathsf{D}) := \{(\psi, \mathsf{D}\psi) \mid \psi \in \mathrm{Dom}(\mathsf{D})\} \subset \ell^2(X; \mathbb{C}^n) \oplus \ell^2(X; \mathbb{C}^n)$$

は閉部分空間であり（閉作用素），かつ左右の入れ替え $\psi \oplus \phi \mapsto \phi \oplus \psi$ に関して不変である（自己共役性）．

このような作用素には関数計算（cf. 定義 2.47）が定義でき，$f \in C_b(\mathbb{R})$ に対して $f(\mathsf{D}) \in \mathbb{B}(\mathcal{H})$ となる．本書では，この事実を用いて非有界作用素の有界化変換 $F := \mathsf{D}(1 + \mathsf{D}^2)^{-1/2}$ をしばしば考える．また，$(1 + \mathsf{D}^2)^{-1} \in \mathbb{K}(\mathcal{H})$ を満たすとき，D はコンパクトレゾルベントを持つという．

A.2 カスパロフ理論

本章では，カスパロフの KK 理論[138], [139]について手短に導入を行う．多くを省略した説明なので，詳細は他の文献を参考にしてほしい（参考: ヒルベルト

加群については [165]，KK 理論については論文 [138], [225] および書籍 [38]）．

A.2.1 KK 群

定義 A.8. C*-環 A 上のヒルベルト加群とは，右 A 加群 E と，A 値の双線形写像 $\langle\cdot,\cdot\rangle\colon E\times E\to A$ であって $\langle\xi,\eta a\rangle=\langle\xi,\eta\rangle a$, $\langle\eta,\xi\rangle=\langle\xi,\eta\rangle^*$, $\langle\xi,\xi\rangle\geq 0$ を満たし，$\|\xi\|_E:=\|\langle\xi,\xi\rangle\|_A^{1/2}$ が E の完備ノルムであるもののことをいう．

ヒルベルト A 加群の最も典型的な例は，$\mathcal{H}\otimes_{\mathrm{alg}}A$ を内積 $\langle\xi\otimes a,\eta\otimes b\rangle:=\langle\xi,\eta\rangle a^*b$ によって完備化して得られる $\mathcal{H}_A:=\mathcal{H}\otimes A$ である．

ヒルベルト加群はヒルベルト空間と同じように振る舞い，特にその上の有界作用素環を考えることができる．A 線形な有界作用素 $T\colon E\to E$ の随伴とは，任意の $\xi,\eta\in E$ に対して $\langle T\xi,\eta\rangle=\langle\xi,T^*\eta\rangle$ を満たす T^* のことをいう．随伴を持つような有界作用素のなす集合 $\mathcal{L}(E)$ は C*-環をなす．また，コンパクト作用素環 $\mathcal{K}(E)\subset\mathcal{L}(E)$ を $\theta_{\xi,\eta}(\zeta):=\xi\langle\eta,\zeta\rangle$ という形の作用素の生成する $\mathcal{L}(E)$ の部分 C*-環として定義すると，これは $\mathcal{L}(E)$ のイデアルとなる．

例 A.9. コンパクト空間 X 上のヒルベルト束 E に対して，連続な切断のなす空間 $\mathcal{E}:=C(X,E)$ はヒルベルト $C(X)$-加群をなす．特に E が自明束になるとき，$\mathcal{L}(\mathcal{E})$ は X から $\mathbb{B}(\mathcal{H})$ への強 $*$-連続なノルム有界関数のなす C*-環 $C^{\mathrm{st}}(X,\mathbb{B}(\mathcal{H}))$ と，$\mathcal{K}(\mathcal{E})$ は $C(X,\mathbb{K}(\mathcal{H}))$ とそれぞれ同型である．逆に，ヒルベルト $C(X)$-加群 $\mathcal{E}$ に対して，$T\in\mathcal{L}(\mathcal{E})$ が与える $\mathcal{E}_x:=\mathcal{E}/C_0(X\setminus\{x\})\mathcal{E}$ 上の有界作用素 T_x の族 $(T_x)_x\in\prod_x\mathbb{B}(\mathcal{E}_x)$ を，強 $*$-連続な族と呼ぶことにする．

以下，A, B を（$\mathbb{Z}_2$-次数つき）C*-環とする．ヒルベルト B 加群が $\mathbb{Z}_2$-次数つきであるとは，$E=E^0\oplus E^1$ と直和分解していて $E^i\cdot B^j\subset E^{i+j}$, $\langle E^i,E^j\rangle\subset B^{i+j}$ が成り立つことをいう．

定義 A.10. カスパロフ A-B 双加群とは，$\mathbb{Z}_2$-次数つきヒルベルト B-加群 E，$\varphi\colon A\to\mathcal{L}(E)$, $F\in\mathcal{L}(E)^{\mathrm{odd}}$ の 3 つ組であって，$[F,\varphi(a)],\varphi(a)(F^2-1),\varphi(a)(F-F^*)\in\mathcal{K}(E)$ を満たすもののことをいう．カスパロフ A-B 双加群のホモトピー類*3) の集合を $KK(A,B)$ と書き，A と B の KK 群と呼ぶ．

注意 A.11. A と B が自明な $\mathbb{Z}_2$-次数を持つとき，4.7.3 節と同様の議論から，カスパロフ $A\hat{\otimes}\mathbb{C}\ell_1$-$B$ 双加群は奇カスパロフ双加群と呼ばれる 3 つ組 (E,φ,F) と 1:1 に対応する: E はヒルベルト B-加群，$\varphi\colon A\to\mathcal{L}(E)$, $F\in\mathcal{L}(E)$ は自己共役作用素であって $[F,\varphi(a)],\varphi(a)(F^2-1),\varphi(a)(F-F^*)\in\mathcal{K}(E)$ を満たす．

このとき，$P:=(F+1)/2$ と置くと，例 2.23 と同様の構成によってテープリッツ完全列 $0\to\mathcal{K}(PE)\to\mathcal{T}(A,P)\to A\to 0$ が得られる．逆に，C*-環の

*3) ふたつのカスパロフ A-B 双加群 (E_i,φ_i,F_i) $(i=0,1)$ がホモトピックであるとは，カスパロフ A-$B[0,1]$ 双加群 $(\tilde{E},\tilde{\varphi},\tilde{F})$ が存在して $\mathrm{ev}_i(\tilde{E},\tilde{\varphi},\tilde{F})\cong(E_i,\varphi_i,F_i)$ となることをいう（より詳細は [38, Definition 17.2.2]）．

完全列 $0 \to A \to D \to B \to 0$ が半分裂性という条件を満たすならば，これは $KK_1(A, B)$ の元を定める（[38, Section 19.5]）．

A, B が G-C*-環や実 C*-環のとき，G-作用または実構造を保つカスパロフ双加群の概念もまた自然に定義できる．そこから同様にして定義される G-同変・実 KK 群を，それぞれ $KK^G(A, B)$, $KKR(A, B)$ と書く．

A.2.2 カスパロフ積

A_i を $\mathbb{Z}_2$-次数つき C*-環，E_i を $\mathbb{Z}_2$-次数つきヒルベルト A_i 加群とする $(i = 1, 2)$．E_2 に A_1 が左から作用する (i.e., 次数つき $*$-準同型 $\varphi\colon A \to \mathcal{L}(E_2)$ を持つ）とき，内部テンソル積 $E_1 \hat{\otimes}_{A_1} E_2$ を $E_1 \hat{\otimes}_{\mathrm{alg}} E_2$ の

$$\langle \xi_1 \hat{\otimes} \xi_2, \eta_1 \hat{\otimes} \eta_2 \rangle := \langle \xi_2, \varphi(\langle \xi_1, \eta_1 \rangle) \eta_2 \rangle$$

による完備化によって定義する．これはヒルベルト A_2 加群になり，自然に定義される準同型 $\sqcup \hat{\otimes} 1\colon \mathcal{L}(E_1) \to \mathcal{L}(E_1 \hat{\otimes}_{A_1} E_2)$ を持つ．

定義 A.12. カスパロフ A-B 双加群 (E_1, φ_1, F_1)，カスパロフ B-D 双加群 (E_2, φ_2, F_2) に対して，$(E_1 \hat{\otimes}_B E_2, \varphi_1 \hat{\otimes} 1, F)$ がこれらのカスパロフ積であるとは，以下を満たすことをいう:

- $(E_1 \hat{\otimes}_B E_2, \varphi_1 \hat{\otimes} 1, F)$ はカスパロフ A-D 双加群である．
- $FT_\xi - T_\xi F_2 \in \mathcal{K}(E_2, E)$ が成り立つ（ただし $T_\xi := \xi \hat{\otimes}_{A_2} \sqcup$）．
- $\varphi(a)[F_1 \hat{\otimes} 1, F]\varphi(a)^* \geq 0 \bmod \mathcal{K}(E)$ となる．

これは KK 群の間の結合的な積として well-defined である．特に，以下の注意 A.13 によって $KK(A, B)$ の元は準同型 $K_0(A) \to K_0(B)$ を誘導する．

注意 A.13. $\mathbb{Z}_2$-次数つき C*-環 A に対して，以下の 2 つの方法で同型 $K_0(A) \cong KK(\mathbb{C}, A)$ が与えられる[156]．

(1) $\mathcal{Q}(\mathcal{H}_A) := \mathcal{L}(\mathcal{H}_A)/\mathcal{K}(\mathcal{H}_A)$ と置くと，対応 $[q(F)] \mapsto [\mathcal{H}_A, 1, F]$ は同型 $K_0(A) \cong K_1(\mathcal{Q}(\mathcal{H}_A)) \to KK(\mathbb{C}, A)$ を与える．A が自明な $\mathbb{Z}_2$-次数を持つとき，$K_0(A) \cong KK(\mathbb{C}, A)$ は $[p] \mapsto [pA^n, 1, 0]$ によっても与えられる．

(2) 命題 4.57 の K 群 $K_0(A)$ と $KK(\mathbb{C}, A)$ の同型は，$[E, \varphi, F] \in KK(\mathbb{C}, A)$ に $-e^{-\pi i F} \in K_0(\mathcal{K}(E))$ を対応させればよい（cf. 以下の例 A.14）．この逆対応はケイリー変換によって与えられる[48]．

例 A.14. ヒルベルト A-加群 E は，カスパロフ $\mathcal{K}(E)$-A 加群 $[E, \mathrm{id}, 0]$ を与える．この元とのカスパロフ積は，E が充満 (i.e., $\langle E, E \rangle = A$) なら同型を与える．このとき $\mathcal{K}(E)$ と A は森田同値であるという[165, Section 7]．例えば，A の射影 p が $ApA = A$ を満たすとき，pA は充満ヒルベルト加群である．

例 A.15. 奇カスパロフ双加群 $[E, \varphi, F] \in KK_1(A, B)$ のカスパロフ積は，準

同型 $K_*(A) \to K_{*-1}(B)$ を与える．これは，対応する一般化テープリッツ完全列（注意 A.11）の境界準同型と一致する（[38, Section 19.5]）．

カスパロフ積を定義に基づいて計算するのは一般には簡単でないが，F が非有界作用素の有界化変換である場合には良い表示がある．(E, φ, D) が非有界カスパロフ A-B 双加群であるとは，E が次数つきヒルベルト B-加群，$\varphi\colon A \to \mathcal{L}(E)$ が次数つき $*$-準同型，D は E 上の奇な非有界自己共役作用素であって，$(1+D^2)^{-1} \in \mathcal{K}(E)$, $[D, \pi(a)] \in \mathcal{L}(E)$ を満たすことをいう[161]．これらの条件を満たすとき，$F := D(1+D^2)^{-1/2}$ と置くと，(E, φ, F) はカスパロフ A-B 双加群である．これが定める $KK(A, B)$ の元を $[E, \varphi, D]$ と書く．

命題 A.16 ([161])**.** 非有界カスパロフ A-B 双加群 (E_1, φ_1, D_1) と非有界カスパロフ B-D 双加群 (E_2, φ_2, D_2) が，$E_1 = B$, $\overline{\varphi(B)E_2} = E_2$（したがって $E_1 \hat{\otimes}_B E_2 = E_2$），$[D_1 \hat{\otimes} 1, D_2] \in \mathcal{L}(E_2)$ を満たすとする．このとき，$D := D_1 \hat{\otimes} 1 + D_2$ と置くと，$[E_1, \varphi_1, D_1] \hat{\otimes} [E_2, \varphi_2, D_2] = [E_2, \varphi_2 \circ \varphi_1, D]$.

注意 A.17. カスパロフ積には定義 A.12 より一般的な形

$$\sqcup \hat{\otimes}_D \sqcup\colon KK(A_1, B_1 \hat{\otimes} D) \times KK(D \hat{\otimes} A_2, B_2) \to KK(A_1 \hat{\otimes} A_2, B_1 \hat{\otimes} B_2)$$

がある．特に，$A_1 = D = A_2 = \mathbb{C}$ のとき，これは注意 A.13 の同型を介して $K_0(B_1)$ と $K_0(B_2)$ のカップ積 (4.2) を与えている．この積は実・同変 KK 理論に対しても同様に定義されるため，この方法によって $\mathbb{Z}_2$-次数つき実 G-C*-環の同変 K 群のカップ積が定義できる．

A.2.3　ボット周期性定理の証明

KK 理論の応用のひとつに，ボット周期性定理（定理 4.35, 定理 8.35, 定理 10.21 (2)）の統一的な証明がある．

定理 A.18 ([138, Theorem 7])**.** $A \hat{\otimes} C_0(\mathbb{R}^d) \hat{\otimes} \mathbb{C}\ell_d$ と A の K 群は同型.

この同型は，以下のボット元 β とその双対 α によって与えられる:

$$\beta := [C_0(\mathbb{R}^d) \hat{\otimes} \mathbb{C}\ell_d, 1, C] \in KK(\mathbb{C}, C_0(\mathbb{R}^d) \hat{\otimes} \mathbb{C}\ell_d),$$
$$\alpha := [L^2(\mathbb{R}^d) \hat{\otimes} S_{d,d}, m, D] \in KK(C_0(\mathbb{R}^d) \hat{\otimes} \mathbb{C}\ell_d, \mathbb{C}).$$

ただしここで，非有界作用素 C, D は

$$C := \mathfrak{e}_1 \mathsf{X}_1 + \cdots + \mathfrak{e}_d \mathsf{X}_d, \quad D := \mathfrak{f}_1 \partial_1 + \cdots + \mathfrak{f}_d \partial_d,$$

$1\colon \mathbb{C} \to \mathcal{L}(C_0(\mathbb{R}^d))$ は 1 を 1 に送る $*$-準同型, $m\colon C_0(\mathbb{R}^d) \hat{\otimes} \mathbb{C}\ell_d \to \mathbb{B}(L^2(\mathbb{R}^d))$ は関数 f を掛け算作用素に送る $*$-準同型である．実構造を考慮に入れる場合，$\mathbb{C}\ell_d$ を $C\ell_{d,0}$ に取り換えれば α, β は実 KK 群の元を定める．

証明の概略. 以下では, $\mathcal{S} := C_0(\mathbb{R}^d) \hat{\otimes} \mathbb{C}\ell_d$ と置く. カスパロフ積の結合則より, $\beta \hat{\otimes}_{\mathcal{S}} \alpha = \mathrm{id}_{\mathcal{S}}$ と $\alpha \hat{\otimes}_{\mathbb{C}} \beta = \mathrm{id}_{\mathcal{S}}$ を示せばよい. 命題 A.16 より,

$$\beta \hat{\otimes}_{\mathcal{S}} \alpha = [L^2(\mathbb{R}^d; S_{d,d}), 1, B], \quad B := C + D.$$

超対称調和振動子 B の固有空間分解は直接解け[127], 特に $\mathrm{Ind}(B) = 1$ とわかる. よって $\beta \hat{\otimes}_{\mathcal{S}} \alpha = \mathrm{id}$. 逆の合成 $\alpha \hat{\otimes}_{\mathbb{C}} \beta = \mathrm{id}$ は, いわゆる "アティヤの回転トリック" によって次のように証明できる:

$$\begin{aligned}\alpha \hat{\otimes}_{\mathbb{C}} \beta &= (\mathrm{id}_{\mathcal{S}} \hat{\otimes}_{\mathcal{S}} \alpha) \hat{\otimes}_{\mathbb{C}} (\beta \hat{\otimes}_{\mathcal{S}} \mathrm{id}_{\mathcal{S}}) \\ &= (\mathrm{id}_{\mathcal{S}} \hat{\otimes}_{\mathbb{C}} \beta) \hat{\otimes}_{\mathcal{S} \hat{\otimes} \mathcal{S}} (\alpha \hat{\otimes}_{\mathbb{C}} \mathrm{id}_{\mathcal{S}}) \\ &= (\beta \hat{\otimes}_{\mathbb{C}} \mathrm{id}_{\mathcal{S}}) \hat{\otimes}_{\mathcal{S} \hat{\otimes} \mathcal{S}} (\alpha \hat{\otimes}_{\mathbb{C}} \mathrm{id}_{\mathcal{S}}) = \mathrm{id}_{\mathcal{S}}.\end{aligned}$$

□

作用素 B, C, D はいずれも $G := O(d)$ の回転による作用や複素共役による実構造と交換する. つまり, α と β は実際には G-同変な実 KK 同値を与えている. このことからトム同型 (定理 4.44, 定理 10.21 (5)) も証明できる[8].

A.2.4 バルク・境界対応と *KK* 理論

ここでは, 定理 6.52 の証明の概略を述べる.

例 A.15 で述べたように, 命題 6.46 の完全列が定める KK^1 群の元 $[\partial]$ は, 自己共役フレドホルム作用素 $F_d := 2\mathsf{P}_+ - 1$ が定める奇カスパロフ $A_{\mathcal{G}}$-$I_{\mathcal{G}}$ 加群 $[I_{\mathcal{G}}, \pi, F_d]$ によって与えられる. 注意 A.11 より, この元は

$$[\partial] = [I_{\mathcal{G}} \hat{\otimes} \mathbb{C}^{1,1}, \pi, \mathfrak{e}F_d] = [I_{\mathcal{G}} \hat{\otimes} \mathbb{C}^{1,1}, \pi, \mathfrak{e}\mathsf{X}_d] \in KK(A_{\mathcal{G}} \hat{\otimes} \mathbb{C}\ell_1, I_{\mathcal{G}})$$

に対応する. ここで, π は $A_{\mathcal{G}}$ の $(I_{\mathcal{G}})$ の元への積によって与える.

一方, F は双対ディラック作用素 D の, $F^\flat$ は境界双対ディラック作用素 $\mathsf{D}^\flat$ の有界化変換である. 命題 A.16 より, 定理 6.52 は等式 $\mathsf{D}^\flat + \mathfrak{e}_d\mathsf{X}_d = \mathsf{D}$ から従う. より詳細は [49] を参照.

A.2.5 スペクトル局在子とカスパロフ積

C*-環 A に対して, $q \colon \mathcal{L}(\mathcal{H}_A) \to \mathcal{Q}(\mathcal{H}_A)$ を射影とし, ファイバー和

$$\begin{aligned}\mathcal{B}_A &:= \mathcal{L}(\mathcal{H}_A) \oplus_{\mathcal{Q}(\mathcal{H}_A)} \mathcal{L}(\mathcal{H}_A), \\ \mathcal{D}_A &:= \mathcal{L}(\mathcal{H}_A) \oplus_{\mathcal{Q}(\mathcal{H}_A)} \mathcal{Q}(\mathcal{H}_A)[0,1] \oplus_{\mathcal{Q}(\mathcal{H}_A)} \mathcal{L}(\mathcal{H}_A)\end{aligned}$$

を考える. このとき, $T \mapsto (T, 0)$ と $(T_0, T_1) \mapsto (T_0, T_1, q(T_0))$ によって定まる包含 $\mathcal{K}(\mathcal{H}_A) \to \mathcal{B}_A \to \mathcal{D}_A$ ともに $*$-準同型を定める. 6 項完全列の計算から, これらが誘導する K 群の準同型は同型になる. 一方, 注意 A.13 より

$$K_1(\mathcal{D}_A) \cong KK(\mathbb{C}, SA), \quad [(T_0, T_1, q(S_t))] \mapsto [\mathcal{H}_{SA} \hat{\otimes} \mathbb{C}^{2n,2n}, 1, S_t]$$

は同型である[156]. 以上の議論をまとめると次がわかる.

補題 A.19. $\mathbb{Z}_2$-次数つき C*-環 A に対して，写像 $K_1(A) \to KK(\mathbb{C}, \mathtt{S}A)$ を $[h] \mapsto [\mathtt{S}A \hat{\otimes} \mathbb{C}^{2n,2n}, 1, th + (1-t)e]$ によって定めると，これは同型である．

定理 9.5, 定理 9.10, 定理 9.13 の証明. 簡単のため，$h^2 = 1$ となるハミルトニアン h と D のスペクトル局在子を考える．$h \in \mathcal{SR}_n(\mathbb{M}_{2,2}(A) \hat{\otimes} C\ell_{0,j})$ に対して，$H_t := t^{-1}e + (1-t)^{-1}h$ は $(1 + H_t^2)^{-1} \in \mathtt{S}\mathbb{M}_{2n,2n}A \hat{\otimes} C\ell_{0,j}$ を満たす非有界自己共役作用素である．$l := \max\{d, j\}$ と置く．実 KK 群の元

$$[\ell^2(X, S_{l,l}) \hat{\otimes} \mathtt{S}, \pi \otimes \mathrm{id}_{\mathtt{S}}, \mathsf{D} \hat{\otimes} 1] \in KKR(\mathtt{S}A \hat{\otimes} C\ell_{l-d,l}, \mathtt{S}),$$
$$[h] = [\mathtt{S}A \hat{\otimes} C\ell_{0,j} \hat{\otimes} \mathbb{C}^{2n,2n}, 1, H_t] \in KKR(\mathbb{R}, \mathtt{S}A \hat{\otimes} C\ell_{0,j}),$$

のカスパロフ積は，命題 A.16 より $[\ell^2(X, S_{l,l} \hat{\otimes} \mathbb{C}^{2n,2n}) \hat{\otimes} \mathtt{S}, 1, \mathsf{D} + H_t] \in KKR(C\ell_{l-d,l-j}, \mathtt{S})$ によって代表される．ここで，族 $H_t \hat{\otimes} 1 + \mathsf{D}$ の有界化変換は，$t = 0, 1$ で可逆な，$C\ell_{l-d,l-j}$ と次数つき可換な奇自己共役フレドホルム作用素の 1 パラメータ族として，$L_1'(t) := th + \mathsf{D}$ の有界化変換とホモトピックになる．複素 $j = 1$ で d が偶数，複素 $j = 0$ で d が奇数，実 $j - d = 2$ のときのそれぞれについて，9.2.1 節のような整理を行うと，$L_1'(t)$ は h と D のスペクトル局在子と同一視できる． □

A.3 留数コサイクルと局所指数定理

定理 6.39 の証明には，本書で紹介した具体的な計算に基づくもののほかに，巡回コホモロジーの一般論の帰結によるものもある．そこで用いるのが，コンヌ–モスコヴィチの留数コサイクルの理論である（参考: [66], [125], [126]）．

まず，周期的巡回ホモロジーの (b, B)-二重複体による定義を紹介する[168, 2.1.7]．ホッホシルト複体 $C_l(\mathscr{A})$ に作用するコンヌ境界準同型

$$B := (-1)^{l+1} t_{l+1} \circ s \circ \Bigl(\sum_i t_i\Bigr) : C_l(\mathscr{A}) \to C_{l+1}(\mathscr{A})$$

（ここで $s(a^0, \cdots, a^l) := (1, a^0, \cdots, a^l)$）は，関係式 $B^2 = 0$ と $bB + Bb = 0$ を満たす．$\mathcal{B}_\bullet(\mathscr{A}) := C_\bullet(\mathscr{A})[v^{\pm 1}]$（$v$ は次数 -2 の文字）は $b + vB$ によって複体をなし，そのホモロジーは周期巡回ホモロジー $HP_*(\mathscr{A}) := \varinjlim HC_{*+2n}(\mathscr{A})$ と同型になる．留数コサイクルはこの双対複体 $\mathcal{B}^\bullet(\mathscr{A}) := C^\bullet(\mathscr{A})[\![u^{\pm 1}]\!]$（$u$ は次数 2 の文字）のコサイクルとして構成される．

定理 A.20. $(\mathscr{A}, \mathcal{H}, D)$ を正則で純粋・離散次元スペクトルを持つ*4) スペク

---

*4) スペクトル 3 つ組が正則であるとは，$\mathscr{A} \cup [D, \mathscr{A}] \subset \mathrm{Dom}(\mathrm{ad}(|D|))$ を満たすことをいう．$\mathrm{ad}(|D|)^n(\mathscr{A} \cup [D, \mathscr{A}])$ によって生成される代数を $\Psi^0(\mathscr{A})$ と置く．有限総和可能かつ正則なスペクトル 3 つ組が離散的な次元スペクトルを持つとは，離散部分集合 $F \subset \mathbb{C}$ が存在して，任意の $X \in \Psi^0(\mathscr{A})$ に対して正則関数 $\mathrm{Tr}(X|D|^{2z})$ が $\mathbb{C} \setminus F$ 上の有理型関数に解析接続されることをいう．さらにその極がすべて単純になるとき，純粋な次元スペクトルを持つという．双対ディラック作用素はいずれの条件も満たす．

トル 3 つ組とする．$T^{(m)} := \mathrm{ad}(|D|^2)^m(T)$ と書く．コンヌ–モスコヴィチ留数コサイクル $\phi := (\phi_{l+2n}) \in \prod C^{l+2n}(\mathscr{A}) \cong \mathcal{B}^l(\mathscr{A})$ を

$$\begin{aligned}&\phi_l(a^0, a^1, \cdots, a^l)\\ &:= \sum_{k=(k_1,\cdots,k_l)} c_{l,k} \operatorname*{Res}_{z=0} \mathrm{STr}(a^0[D,a^1]^{(k_1)} \cdots [D,a^l]^{(k_l)}|D|^{-l-2|k|-2z}),\\ &c_{l,k} = \frac{(-1)^{|k|}}{k_1! \cdots k_l!} \cdot \frac{\Gamma(|k| + \frac{l}{2})}{(k_1+1)(k_1+k_2+2)\cdots(k_1+\cdots+k_l+l)}\end{aligned}$$

によって定義すると，これは巡回コサイクルをなす．つまり，$B\phi_{l+1} = b\phi_{l-1}$．さらにこれは $(\mathscr{A}, \mathcal{H}, D)$ の指数コサイクルとなる．

K 群と留数コサイクルの巡回ペアリングは

$$\langle [p], [\phi] \rangle = \sum_{l \geq 0} \phi_{2l}(p, \cdots, p), \quad \langle [u], [\phi] \rangle = \sum_{l \geq 0} \phi_{2l+1}(u^{-1}, u, u^{-1}, \cdots, u)$$

によって与えられる．これが指数ペアリングに一致するというのが定理 A.20 の主張である．D が双対ディラック作用素 (5.6) のときには，ペアリングは $l = d$ かつ多重指数 $k = 0$ の項のみが寄与することが容易にわかる[51]．つまり，例えば d が偶数ならば

$$\langle [p], [\phi] \rangle := \frac{\Gamma(d/2)}{d!} \operatorname*{Res}_{z=0} \mathrm{STr}(p[D,p] \cdots [D,p]|D|^{-d-2z}). \tag{A.2}$$

上式と定理 6.39，そしてディクシミエトレースの関係を述べる（参考: [65, Section IV.2]）．正値線形汎関数 $\varpi\colon c_b(\mathbb{N})/c_0(\mathbb{N}) \to \mathbb{R}$ で，$\varpi(1) = 1$ と $\varpi \circ r^* = \varpi$（ここで $r(x_1, x_2, \cdots) := (x_2, x_4, \cdots)$）を満たすものをひとつ取る．コンパクト作用素 T に対して，T の固有値のうち絶対値が n 番目に大きいものを $\mu_n(T)$ と書く．減少列 $|\mu_n(T)|$ が $O(n^{-1})$ で上から評価できるような作用素のなす $\mathbb{K}(\mathcal{H})$ の両側イデアルを $\mathcal{L}^{(1,\infty)}(\mathcal{H})$ と置く．写像

$$\mathrm{Tr}_{\mathrm{Dix},\varpi}\colon \mathcal{L}^{(1,\infty)}(\mathcal{H}) \to \mathbb{C}, \quad \mathrm{Tr}_{\mathrm{Dix},\varpi}(T) := \varpi\biggl(\Bigl(\frac{1}{\log n} \sum_{k=1}^{n} \mu_k(T)\Bigr)_n\biggr)$$

は実は線形で，トレース条件 $\mathrm{Tr}_{\mathrm{Dix},\varpi}(ST) = \mathrm{Tr}_{\mathrm{Dix},\varpi}(TS)$ を満たす．これをディクシミエトレースと呼ぶ．これは $\mathrm{Tr}_{\mathrm{Dix},\varpi}(\mathcal{L}^1(\mathcal{H})) = 0$ を満たす．

一般に，$T \in \mathcal{L}^{(1,\infty)}(\mathcal{H})$ に対して，$\mathrm{Tr}(T|\mathsf{D}|^s)$ が正則で $s = d$ に単純極を持つことと $\mathrm{Tr}_{\mathrm{Dix},\varpi}(T|\mathsf{D}|^{-d})$ が ϖ によらず定まることは同値である（[60, Corollary 3.7]）．エルゴード的なランダム作用素に対しては以下が成り立つ．

定理 A.21. $T \in \mathscr{A}_{\mathcal{G}}$ とする．$(\Omega, \mathbb{P})$ がエルゴード的ならば，a.s. $\omega \in \Omega$ に対して $\mathrm{Tr}(\pi_\omega(T)|\mathsf{D}|^s)$ が $s = d$ で単純極を持ち，さらに以下が成り立つ．

$$\mathrm{Tr}_{\mathrm{Dix}}(\pi_\omega(T)|\mathsf{D}|^{-d}) = \operatorname*{Res}_{s=d} \mathrm{Tr}(\pi_\omega(T)|\mathsf{D}|^s) = \mathfrak{Tr}(\pi_\omega(T)) \quad \text{a.s. } \omega \in \Omega.$$

今, 定理 6.39 は定理 A.20 と定理 A.21 から従う．1 つ目の等号は [60, Corollary 3.7]，2 つ目の等号は [51, Lemma 8.15] を参照．

参考文献

[1] M. Aizenman and S. Molchanov. *Localization at large disorder and at extreme energies: An elementary derivation.* Commun. Math. Phys. **157** (2), 245–278, 1993.

[2] M. Aizenman and S. Warzel. *Random Operators*, GSM vol. 168. Amer. Math. Soc., 2015.

[3] A. Alldridge, C. Max, and M. R. Zirnbauer. *Bulk-Boundary Correspondence for Disordered Free-Fermion Topological Phases.* Commun. Math. Phys. **377** (3), 1761–1821, 2020.

[4] J. E. Anderson and I. F. Putnam. *Topological invariants for substitution tilings and their associated C-algebras.* Ergod. Theory Dyn. Syst. **18**, 509–537, 1998.

[5] H. Araki. *On Quasifree States of CAR and Bogoliubov Automorphisms.* Publ. Res. Inst. Math. Sci. **6**, 385–442, 1970.

[6] W. Arveson. *A Short Course on Spectral Theory*, GTM vol. 209. Springer-Verlag, 2002.

[7] M. F. Atiyah. *K-theory and reality.* Q. J. Math. **17**, 367–386, 1966.

[8] ——. *Bott periodicity and the index of elliptic operators.* Q. J. Math. **19**, 113–140, 1968.

[9] ——. *Global theory of elliptic operators.* In: Proc. Internat. Conf. on Functional Analysis and Related Topics (Tokyo, 1969), 21–30. Univ. of Tokyo Press, 1970.

[10] ——. *K-Theory*, 2nd edition. The Advanced Book Program. Addison-Wesley Inc., 1989.

[11] M. F. Atiyah, R. Bott, and A. Shapiro. *Clifford modules.* Topology **3** (suppl. 1), 3–38, 1964.

[12] M. F. Atiyah, V. K. Patodi, and I. M. Singer. *Spectral asymmetry and Riemannian geometry. III.* Math. Proc. Camb. Philos. Soc. **79** (1), 71–99, 1976.

[13] M. F. Atiyah and G. Segal. *The index of elliptic operators. II.* Ann. Math. **87**, 531–545, 1968.

[14] ——. *Twisted K-theory.* Ukr. Mat. Visn. **1** (3), 287–330, 2004.

[15] M. F. Atiyah and I. M. Singer. *The index of elliptic operators. I.* Ann. Math. **87**, 484–530, 1968.

[16] ——. *The index of elliptic operators. III.* Ann. Math. **87**, 546–604, 1968.

[17] ——. *Index theory for skew-adjoint Fredholm operators.* Publ. Math. Inst. Hautes Études Sci. **37**, 5–26, 1969.

[18] A. Avila and S. Jitomirskaya. *The Ten Martini Problem.* Ann. Math. **170** (1), 303–342, 2009.

[19] J. E. Avron, R. Seiler, and L. G. Yaffe. *Adiabatic theorems and applications to the quantum hall effect.* Commun. Math. Phys. **110** (1), 33–49, 1987.

[20] J. E. Avron, R. Seiler, and B. Simon. *Quantum Hall effect and the relative index for projections.* Phys. Rev. Lett. **65** (17), 2185–2188, 1990.

[21] ——. *Charge deficiency, charge transport and comparison of dimensions.* Commun. Math. Phys. **159** (2), 399–422, 1994.

[22] M. Baake and U. Grimm (editor). *Aperiodic order volume 1: A mathematical invitation.* Encyclopedia of mathematics and its applications. Cambridge University Press, 2017.

[23] ——. *Aperiodic order volume 2: Cristallography and almost periodicity.* Encyclopedia of mathematics and its applications. Cambridge University Press, 2017.

[24] S. Bachmann, A. Bols, W. De Roeck, and M. Fraas. *A many-body index for quantum charge transport.* Commun. Math. Phys. **375** (2), 1249–1272, 2020.

[25] ——. *Rational indices for quantum ground state sectors.* J. Math. Phys. **62** (1), 011901, 2021.

[26] M. A. Bandres, M. C. Rechtsman, and M. Segev. *Topological photonic quasicrystals: Fractal*

topological spectrum and protected transport. Phys. Rev. X **6** (1), 011016, 2016.

[27] R. G. Bartle and L. M. Graves. *Mappings between function spaces.* Trans. Amer. Math. Soc. **72** (3), 400–413, 1952.

[28] P. Baum and R. G. Douglas. *Toeplitz operators and Poincaré duality.* In: Toeplitz Centennial, Operator Theory: Adv. Appl. vol. 4, 137–166. Birkhäuser, 1982.

[29] J. Bellissard, D. J. L. Herrmann, and M. Zarrouati. *Hulls of aperiodic solids and gap labeling theorems.* In: Directions in Mathematical Quasicrystals, CRM Monogr. Ser. vol. 13, 207–258. Amer. Math. Soc., 2000.

[30] J. Bellissard. *K-theory of C^*-algebras in solid state physics.* In: Statistical Mechanics and Field Theory: Mathematical Aspects, Lecture Notes in Phys. vol. 257, 99–156. Springer, 1986.

[31] J. Bellissard, A. van Elst, and H. Schulz-Baldes. *The noncommutative geometry of the quantum Hall effect.* J. Math. Phys. **35** (10), 5373–5451, 1994.

[32] J. Bellissard, R. Benedetti, and J.-M. Gambaudo. *Spaces of tilings, finite telescopic approximations and gap-labeling.* Commun. Math. Phys. **261** (1), 1–41, 2006.

[33] W. A. Benalcazar, B. A. Bernevig, and T. L. Hughes. *Quantized electric multipole insulators.* Science **357** (6346), 61–66, 2017.

[34] M. T. Benameur and V. Mathai. *Gap-labelling conjecture with nonzero magnetic field.* Adv. Math. **325**, 116–164, 2018.

[35] ——. *Proof of the magnetic gap-labelling conjecture for principal solenoidal tori.* J. Funct. Anal. **278** (3), 108323, 9, 2020.

[36] M. T. Benameur and H. Oyono-Oyono. *Index theory for quasi-crystals I. Computation of the gap-label group.* J. Funct. Anal., **252** (1), 137–170, 2007.

[37] B. A. Bernevig, T. L. Hughes, and S.-C. Zhang. *Quantum spin hall effect and topological phase transition in HgTe quantum wells.* Science **314** (5806), 1757–1761, 2006.

[38] B. Blackadar. *K-Theory for Operator Algebras*, 2nd edition, Mathematical Sciences Research Institute Publications vol. 5. Cambridge University Press, 1998.

[39] D. D. Bleecker and B. Booß-Bavnbek. *Index Theory—with Applications to Mathematics and Physics.* International Press, 2013.

[40] J. L. Boersema and T. A. Loring. *K-theory for real C^*-algebras via unitary elements with symmetries.* N. Y. J. Math. **22**, 1139–1220, 2016.

[41] B. Booß-Bavnbek and K. P. Wojciechowski. *Elliptic Boundary Problems for Dirac Operators.* Mathematics: Theory & Applications. Birkhäuser Boston, Inc., 1993.

[42] R. Bott and L. W. Tu. *Differential Forms in Algebraic Topology*, GTM vol. 82. Springer-Verlag, 1982.

[43] A. Böttcher and S. M. Grudsky. *Spectral Properties of Banded Toeplitz Matrices.* Society for Industrial and Applied Mathematics (SIAM), 2005.

[44] C. Bourne, A. L. Carey, M. Lesch, and A. Rennie. *The KO-valued spectral flow for skew-adjoint Fredholm operators.* J. Topol. Anal. **14** (2), 505–556, 2022.

[45] C. Bourne, A. L. Carey, and A. Rennie. *The Bulk-Edge Correspondence for the Quantum Hall Effect in Kasparov Theory.* Lett. Math. Phys. **105** (9), 1253–1273, 2015.

[46] ——. *A non-commutative framework for topological insulators.* Rev. Math. Phys. **28** (2), 1650004, 2016.

[47] C. Bourne, J. Kellendonk, and A. Rennie. *The K-theoretic bulk-edge correspondence for topological insulators.* Ann. Henri Poincaré **18** (5), 1833–1866, 2017.

[48] ——. *The Cayley transform in complex, real and graded K-theory.* Int. J. Math. **31** (9), 2050074,

2020.
[49] C. Bourne and B. Mesland. *Index theory and topological phases of aperiodic lattices.* Ann. Henri Poincaré **20** (6), 1969–2038, 2019.
[50] ——. *Localised module frames and Wannier bases from groupoid Morita equivalences.* J. Fourier Anal. Appl. **27** (4), No. 69, 39, 2021.
[51] C. Bourne and E. Prodan. *Non-commutative Chern numbers for generic aperiodic discrete systems.* J. Phys. A **51** (23), 235202, 2018.
[52] C. Bourne and A. Rennie. *Chern numbers, localisation and the bulk-edge correspondence for continuous models of topological phases.* Math. Phys. Anal. Geom. **21** (3), No. 16, 62, 2018.
[53] C. Bourne and H. Schulz-Baldes. *Application of Semifinite Index Theory to Weak Topological Phases.* In: MATRIX Annals. MATRIX Book Series vol. 1. Springer, Cham, 2018.
[54] ——. *On $\mathbb{Z}_2$-indices for ground states of fermionic chains.* Rev. Math. Phys. **32** (9), 2050028, 2020.
[55] P. Bouwknegt, J. Evslin, and V. Mathai. *T-duality: Topology change from H-flux.* Commun. Math. Phys. **249** (2), 383–415, 2004.
[56] O. Bratteli and D. W. Robinson. *Operator Algebras and Quantum-Statistical Mechanics. II.* Texts and Monographs in Physics. Springer-Verlag, 1981.
[57] J. Brodzki, G. A. Niblo, N. J. Wright. *Property A, partial translation structures, and uniform embeddings in groups.* J. London Math. Soc. **76**, 479–497, 2007.
[58] K. S. Brown. *Cohomology of Groups*, GTM vol. 87. Springer-Verlag, 1994.
[59] N. P. Brown and N. Ozawa. *C*-Algebras and Finite-Dimensional Approximations*, GSM vol. 88. Amer. Math. Soc., 2008.
[60] A. L. Carey, J. Phillips, and F. Sukochev. *Spectral flow and Dixmier traces.* Adv. Math. **173** (1), 68–113, 2003.
[61] A. L. Carey, J. Phillips, and H. Schulz-Baldes. *Spectral flow for skew-adjoint Fredholm operators.* J. Spectr. Theory **9** (1), 137–170, 2019.
[62] C.-K. Chiu, H. Yao, and S. Ryu. *Classification of topological insulators and superconductors in the presence of reflection symmetry.* Phys. Rev. B **88** (7), 075142, 2013.
[63] M. D. Choi, G. A. Elliott, and N. Yui. *Gauss polynomials and the rotation algebra.* Invent. Math. **99** (2), 225–246, 1990.
[64] A. Connes. *Non-commutative differential geometry.* Publ. Math. Inst. Hautes Études Sci. **62**, 41–144, 1985.
[65] ——. *Noncommutative Geometry.* Academic Press, Inc., 1994.
[66] A. Connes and H. Moscovici. *The local index formula in noncommutative geometry.* Geom. Funct. Anal. **5** (2), 174–243, 1995.
[67] J. B. Conway. *A Course in Functional Analysis*, 2nd edition, GTM vol. 96. Springer-Verlag, 1990.
[68] J. Cuntz and W. Krieger. *A class of C^*-algebras and topological Markov chains.* Invent. Math. **56** (3), 251–268, 1980.
[69] J. Cuntz. *A class of C^*-algebras and topological Markov chains. II. Reducible chains and the Ext-functor for C^*-algebras.* Invent. Math. **63** (1), 25–40, 1981.
[70] J. Cuntz. *Cyclic Theory, Bivariant K-Theory and the Bivariant Chern-Connes Character.* In: Cyclic Homology in Non-Commutative Geometry, Encyclopaedia of Mathematical Sciences vol. 121. Springer-Verlag, 2004.
[71] K. R. Davidson. *C^*-Algebras by Example*, Fields Institute Monographs vol. 6. Amer. Math. Soc.,

1996.

[72] G. De Nittis and K. Gomi. *Classification of "Real" Bloch-bundles: Topological quantum systems of type* **AI**. J. Geom. Phys. **86**, 303–338, 2014.

[73] ——. *Classification of "quaternionic" Bloch-bundles: Topological quantum systems of type* **AII**. Commun. Math. Phys. **339** (1), 1–55, 2015.

[74] ——. *Differential geometric invariants for time-reversal symmetric Bloch-bundles: The "real" case.* J. Math. Phys. **57** (5), 053506, 2016.

[75] ——. *Chiral vector bundles.* Math. Z. **290**, 775–830, 2018.

[76] ——. *The cohomological nature of the Fu-Kane-Mele invariant.* J. Geom. Phys. **124**, 124–164, 2018.

[77] G. De Nittis, K. Gomi, and M. Moscolari. *The geometry of (non-Abelian) Landau levels.* J. Geom. Phys. **152**, 103649, 2020.

[78] G. De Nittis and H. Schulz-Baldes. *Spectral Flows Associated to Flux Tubes.* Ann. Henri Poincaré **17**, 1–35, 2016.

[79] ——. *The non-commutative topology of two-dimensional dirty superconductors.* J. Geom. Phys. **124**, 100–123, 2018.

[80] G. De Nittis and M. Lein. *Linear Response Theory,* SpringerBriefs in Mathematical Physics vol. 21. Springer, 2017.

[81] ——. *Symmetry classification of topological photonic crystals.* Adv. Theor. Math. Phys. **23** (6), 1467–1531, 2019.

[82] P. Delplace, J. B. Marston, and A. Venaille. *Topological origin of equatorial waves.* Science **358** (6366), 1075–1077, 2017.

[83] N. Doll and H. Schulz-Baldes. *Skew localizer and $\mathbb{Z}_2$-flows for real index pairings.* Adv. Math. **392**, 108038, 2021.

[84] N. Doll, H. Schulz-Baldes, and N. Waterstraat. *Parity as $\mathbb{Z}_2$-valued spectral flow.* Bull. Lond. Math. Soc. **51** (5), 836–852, 2019.

[85] Peter Donovan and M. Karoubi. *Graded Brauer groups and K-theory with local coefficients.* Publ. Math. Inst. Hautes Études Sci. **38**, 5–25, 1970.

[86] S. Echterhoff, W. Lück, N. C. Phillips, and S. Walters. *The structure of crossed products of irrational rotation algebras by finite subgroups of $SL_2(\mathbb{Z})$.* J. Reine Angew. Math. **2010** (639), 173–221, 2010.

[87] P. Elbau and G. M. Graf. *Equality of bulk and edge Hall conductance revisited.* Commun. Math. Phys. **229** (3), 415–432, 2002.

[88] A. Elgart, G. M. Graf, and J. H. Schenker. *Equality of the bulk and edge Hall conductances in a mobility gap.* Commun. Math. Phys. **259** (1), 185–221, 2005.

[89] D. E. Evans and Y. Kawahigashi. *Quantum Symmetries on Operator Algebras.* Oxford Mathematical Monographs. The Clarendon Press, Oxford University Press, 1998.

[90] E. E. Ewert and R. Meyer. *Coarse Geometry and Topological Phases.* Commun. Math. Phys. **366** (3), 1069–1098, 2019.

[91] R. Exel and T. A. Loring. *Almost commuting unitary matrices.* Proc. Aer. Math. Soc. **106** (4), 913–915, 1989.

[92] C. Fang, M. J. Gilbert, and B. A. Bernevig. *Bulk topological invariants in noninteracting point group symmetric insulators.* Phys. Rev. B **86** (11), 115112, 2012.

[93] B. V. Fedosov. *Analytic formulae for the index of elliptic operators.* Tr. Mosk. Mat. Obš. **30**, 59–241, 1974.

[94] C. L. Fefferman, J. P. Lee-Thorp, and M. I. Weinstein. *Honeycomb schrödinger operators in the strong binding regime.* Commun. Pure Appl. Math. **71** (6), 1178–1270, 2018.

[95] D. S. Freed. *On Wigner's theorem.* In: Proceedings of the Freedman Fest, Geom. Topol. Monogr. vol. 18, 83–89. Geom. Topol. Publ., 2012.

[96] D. S. Freed, M. J. Hopkins, and C. Teleman. *Loop groups and twisted K-theory I.* J. Topol. **4** (4), 737–798, 2011.

[97] D. S. Freed and M. J. Hopkins. *Reflection positivity and invertible topological phases.* Geom. Topol. **25**, 1165–1330, 2021.

[98] D. S. Freed and G. W. Moore. *Twisted equivariant matter.* Ann. Henri Poincaré **14** (8), 1927–2023, 2013.

[99] L. Fu. *Topological crystalline insulators.* Phys. Rev. Lett. **106** (10), 106802, 2011.

[100] L. Fu and C. L. Kane. *Topological insulators with inversion symmetry.* Phys. Rev. B **76** (4), 045302, 2007.

[101] L. Fu, C. L. Kane, and E. J. Mele. *Topological insulators in three dimensions.* Phys. Rev. Lett. **98** (10), 106803, 2007.

[102] M. Furuta, Y. Kametani, H. Matsue, and N. Minami. *Stable-homotopy Seiberg–Witten invariants and Pin bordisms.* UTMS Preprint Series, 2000.

[103] R. Geiko and G. W. Moore. *Dyson's classification and real division superalgebras.* J. High Energy Phys. **2021** (4), 299, 2021.

[104] I. C. Gohberg and M. G. Kreĭn. *Fundamental aspects of defect numbers, root numbers and indexes of linear operators.* Uspehi Mat. Nauk (N.S.), **12**:2(74), 43–118, 1957.

[105] K. Gomi. *Freed–Moore K-theory.* To appear in Communications in Analysis and Geometry.

[106] ——. *Twists on the torus equivariant under the 2-dimensional crystallographic point groups.* SIGMA **13** 014, 2017.

[107] ——. *Homological bulk–edge correspondence for Weyl semimetals.* Prog. Theor. Exp. Phys. **2022** (4), 2021.

[108] K. Gomi, Y. Kubota, and G. C. Thiang. *Twisted crystallographic T-duality via the Baum–Connes isomorphism.* Int. J. Math. **32** (10), 2150078, 2021.

[109] K. Gomi and G. C. Thiang. *Crystallographic bulk-edge correspondence: Glide reflections and twisted mod 2 indices.* Lett. Math. Phys. **109** (4), 857–904, 2019.

[110] ——. *Crystallographic T-duality.* J. Geom. Phys. **139**, 50–77, 2019.

[111] G. M. Graf, H. Jud, and C. Tauber. *Topology in Shallow-Water Waves: A Violation of Bulk-Edge Correspondence.* Commun. Math. Phys. **383** (2), 731–761, 2021.

[112] G. M. Graf and M. Porta. *Bulk-Edge Correspondence for Two-Dimensional Topological Insulators.* Commun. Math. Phys. **324**, 851–895, 2013.

[113] G. M. Graf and C. Tauber. *Bulk–Edge Correspondence for Two-Dimensional Floquet Topological Insulators.* Ann. Henri Poincaré **19** (3), 709–741, 2018.

[114] J. Großmann and H. Schulz-Baldes. *Index pairings in presence of symmetries with applications to topological insulators.* Commun. Math. Phys. **343**, 477–513, 2016.

[115] T. Hahn, editor. *International Tables for Crystallography. Vol. A.* Published for the International Union of Crystallography, 2nd edition, 1987.

[116] F. D. M. Haldane. *Model for a quantum hall effect without landau levels: Condensed-matter realization of the "Parity Anomaly".* Phys. Rev. Lett. **61** (18), 2015–2018, 1988.

[117] M. B. Hastings and T. A. Loring. *Almost commuting matrices, localized Wannier functions, and the quantum Hall effect.* J. Math. Phys. **51** (1), 015214, 2010.

[118] M. B. Hastings and S. Michalakis. *Quantization of Hall Conductance for Interacting Electrons on a Torus.* Commun. Math. Phys. **334** (1), 433–471, 2015.

[119] Y. Hatsugai. *Chern number and edge states in the integer quantum Hall effect.* Phys. Rev. Lett. **71** (22), 3697–3700, 1993.

[120] ——. *Edge states in the integer quantum Hall effect and the Riemann surface of the Bloch function.* Phys. Rev. B **48** (16), 11851–11862, 1993.

[121] S. Hayashi. *Topological invariants and corner states for Hamiltonians on a three-dimensional lattice.* Commun. Math. Phys. **364** (1), 343–356, 2018.

[122] ——. *Toeplitz operators on concave corners and topologically protected corner states.* Lett. Math. Phys. **109** (10), 2223–2254, 2019.

[123] ——. *Classification of topological invariants related to corner states.* Lett. Math. Phys. **111** (5), No. 118, 54, 2021.

[124] J. Henheik and S. Teufel. *Justifying Kubo's formula for gapped systems at zero temperature: A brief review and some new results.* Rev. Math. Phys. **33** No. 01, 2060004, 2021.

[125] N. Higson. *The local index formula in noncommutative geometry.* In: Contemporary Developments in Algebraic K-Theory, ICTP Lect. Notes, XV, 443–536. Abdus Salam Int. Cent. Theoret. Phys., 2004.

[126] ——. *The residue index theorem of Connes and Moscovici.* In: Surveys in Noncommutative Geometry, Clay Math. Proc. vol. 6, 71–126. Amer. Math. Soc., 2006.

[127] N. Higson and E. Guentner. *Group C^*-algebras and K-theory.* In: Noncommutative Geometry, LNM vol. 1831, 137–251. Springer, 2004.

[128] N. Higson and J. Roe. *Analytic K-Homology.* Oxford Mathematical Monographs. Oxford University Press, 2000.

[129] N. Higson, J. Roe, and G. Yu. *A coarse Mayer-Vietoris principle.* Math. Proc. Camb. Philos. Soc. **114** (1), 85–97, 1993.

[130] T. L. Hughes, E. Prodan, and B. A. Bernevig. *Inversion-symmetric topological insulators.* Phys. Rev. B **83** (24), 245132, 2011.

[131] K. Imura, Y. Takane, and A. Tanaka. *Weak topological insulator with protected gapless helical states.* Phys. Rev. B **84** (3), 035443, 2011.

[132] G. Jotzu, et. al. *Experimental realization of the topological Haldane model with ultracold fermions.* Nature **515** (7526), 237–240, 2014.

[133] J. Kaminker and I. Putnam. *A proof of the gap labeling conjecture.* Michigan Math. J. **51** (3), 537–546, 2003.

[134] A. Kapustin and N. Sopenko. *Local Noether theorem for quantum lattice systems and topological invariants of gapped states.* J. Math. Phys. **63** (9), 091903, 2022.

[135] C. L. Kane and E. J. Mele. *$\mathbb{Z}_2$ topological order and the quantum spin hall effect.* Phys. Rev. Lett. **95** (14), 146802, 2005.

[136] ——. *Quantum Spin Hall Effect in Graphene.* Phys. Rev. Lett. **95** (22), 226801, 2005.

[137] M. Karoubi. *K-Theory.* Classics in Mathematics. Springer-Verlag, 2008.

[138] G. G. Kasparov. *The operator K-functor and extensions of C^*-algebras.* Izv. Akad. Nauk SSSR Ser. Mat. **44** (3), 571–636, 1980.

[139] ——. *Equivariant KK-theory and the Novikov conjecture.* Invent. Math. **91** (1), 147–201, 1988.

[140] T. Kato. *On the adiabatic theorem of quantum mechanics.* J. Phys. Soc. Japan **5** (6), 435–439, 1950.

[141] H. Katsura and T. Koma. *The noncommutative index theorem and the periodic table for disor-*

dered topological insulators and superconductors. J. Math. Phys. **59** (3), 031903, 2018.

[142] J. Kellendonk, T. Richter, and H. Schulz-Baldes. *Edge current channels and Chern numbers in the integer quantum Hall effect.* Rev. Math. Phys. **14** (1), 87–119, 2002.

[143] J. Kellendonk and H. Schulz-Baldes. *Quantization of edge currents for continuous magnetic operators.* J. Funct. Anal. **209** (2), 388–413, 2004.

[144] J. Kellendonk. *Noncommutative geometry of tilings and gap labelling.* Rev. Math. Phys. **7** (7), 1133–1180, 1995.

[145] ——. *On K_0-groups for substitution tilings.* preprint, 1995. `arXiv:cond-mat/9503017`.

[146] ——. *On the C^*-algebraic approach to topological phases for insulators.* Ann. Henri Poincaré **18** (7), 2251–2300, 2017.

[147] ——. *Cyclic cohomology for graded $C^{*,\mathfrak{r}}$-algebras and its pairings with van Daele K-theory.* Commun. Math. Phys. **368** (2), 467–518, 2019.

[148] J. Kellendonk and I. F. Putnam. *Tilings, C*-algebras, and K-theory.* In: Directions in Mathematical Quasicrystals, CRM Monogr. Ser. vol. 13, 177–206. Amer. Math. Soc., 2000.

[149] D. Kerr and H. Li. *Ergodic Theory: Independence and Dichotomies.* Springer International Publishing, 2016.

[150] W. Kirsch. *An invitation to random Schrödinger operators.* In: Random Schrödinger Operators, Panor. Synthèses vol. 25, 1–119. Soc. Math. France, 2008.

[151] A. Kitaev. *Anyons in an exactly solved model and beyond.* Ann. Phys. **321** (1), 2–111, 2006.

[152] ——. *Periodic table for topological insulators and superconductors.* AIP Conference Proceedings **1134** (1), 22–30, 2009.

[153] ——. *On the classification of short-range entangled states.* Talk at Simons Center, 2013.

[154] ——. *Homotopy-theoretic approach to SPT phases in action: $\mathbb{Z}_{16}$ classification of three-dimensional superconductors.* Symmetry and Topology in Quantum Matter Workshop, 2015.

[155] M. König, et. al. *Quantum spin hall insulator state in HgTe quantum wells.* Science **318** (5851), 766–770, 2007.

[156] Y. Kubota. *Notes on twisted equivariant K-theory for C*-algebras.* Int. J. Math. **27** (6), 1650058, 2016.

[157] ——. *Controlled topological phases and bulk-edge correspondence.* Commun. Math. Phys. **349** (2), 493–525, 2017.

[158] ——. *The bulk-dislocation correspondence for weak topological insulators on screw-dislocated lattices.* J. Phys. A **54** (36), 364001, 2021.

[159] ——. *The index theorem of lattice Wilson-Dirac operators via higher index theory.* Ann. Henri Poincaré **23** (4), 1297–1319, 2022.

[160] Y. Kubota, M. Ludewig, and G. C. Thiang. *Delocalized Spectra of Landau Operators on Helical Surfaces.* Commun. Math. Phys. **395**, 1211–1242, 2022.

[161] D. Kucerowsky. *The KK-product of unbounded modules.* K-theory **11**, 17–34, 1997.

[162] A. Kumjian, D. Pask, and I. Raeburn. *Cuntz–Krieger algebras of directed graphs.* Pacific J. Math. **184** (1), 161–174, 1998.

[163] J. C. Lagarias. *Meyer's concept of quasicrystal and quasiregular sets.* Commun. Math. Phys. **179** (2), 365–376, 1996.

[164] ——. *Geometric models for quasicrystals I. Delone sets of finite type.* Discrete Comput. Geom. **21** (2), 161–191, 1999.

[165] E. C. Lance. *Hilbert C^*-Modules,* London Mathematical Society Lecture Note Series vol. 210. Cambridge University Press, 1995.

[166] R. B. Laughlin. *Quantized Hall conductivity in two dimensions.* Phys. Rev. B **23** (10), 5632–5633, 1981.

[167] H. B. Lawson, Jr. and M.-L. Michelsohn. *Spin Geometry*, Princeton Mathematical Series vol. 38. Princeton University Press, 1989.

[168] J.-L. Loday. *Cyclic Homology*, 2nd edition, Grundlehren Der Mathematischen Wissenschaften vol. 301. Springer-Verlag, 1998.

[169] T. A. Loring and H. Schulz-Baldes. *Finite volume calculation of K-theory invariants.* N. Y. J. Math. **23**, 1111–1140, 2017.

[170] ——. *The spectral localizer for even index pairings.* J. Noncomm. Geom. **14** (1), 1–23, 2020.

[171] J. Lott. *Real anomalies.* J. Math. Phys. **29** (6), 1455–1464, 1988.

[172] M. Ludewig and G. C. Thiang. *Good Wannier bases in Hilbert modules associated to topological insulators.* J. Math. Phys. **61** (6), 061902, 2020.

[173] ——. *Gaplessness of Landau Hamiltonians on Hyperbolic Half-planes via Coarse Geometry.* Commun. Math. Phys. **386** (1), 87–106, 2021.

[174] ——. *Large-scale geometry obstructs localization.* J. Math. Phys. **63** (9), 091902, 2022.

[175] G. Marcelli, G. Panati, and C. Tauber. *Spin Conductance and Spin Conductivity in Topological Insulators: Analysis of Kubo-Like Terms.* Ann. Henri Poincaré **20** (6), 2071–2099, 2019.

[176] M. Marcolli and V. Mathai. *Twisted index theory on good orbifolds. I. Noncommutative Bloch theory.* Commun. Contemp. Math. **1** (4), 553–587, 1999.

[177] ——. *Twisted index theory on good orbifolds. II. Fractional quantum numbers.* Commun. Math. Phys. **217** (1), 55–87, 2001.

[178] V. Mathai and G. C. Thiang. *Differential topology of semimetals.* Commun. Math. Phys. **355** (2), 561–602, 2017.

[179] ——. *Global topology of Weyl semimetals and Fermi arcs.* J. Phys. A **50** (11), 11LT01, 2017.

[180] ——. *T-Duality Simplifies Bulk-Boundary Correspondence.* Commun. Math. Phys. **345** (2), 675–701, 2016.

[181] N. P. Mitchell, et. al. *Amorphous topological insulators constructed from random point sets.* Nature Physics **14** (4), 380–385, 2018.

[182] D. Monaco and C. Tauber. *Gauge-theoretic invariants for topological insulators: A bridge between Berry, Wess-Zumino, and Fu-Kane-Mele.* Lett. Math. Phys. **107** (7), 1315–1343, 2017.

[183] R. S. K. Mong, A. M. Essin, and J. E. Moore. *Antiferromagnetic topological insulators.* Phys. Rev. B **81** (24), 245209, 2010.

[184] T. Morimoto and A. Furusaki. *Topological classification with additional symmetries from Clifford algebras.* Phys. Rev. B **88** (12), 125129, 2013.

[185] G. J. Murphy. *C*-Algebras and Operator Theory.* Academic Press, Inc., 1990.

[186] S. Nakajima, et. al. *Topological Thouless pumping of ultracold fermions.* Nature Physics **12** (4), 296–300, 2016.

[187] L. M. Nash, D. Kleckner, A. Read, V. Vitelli, A. M. Turner, and W. T. M. Irvine. *Topological mechanics of gyroscopic metamaterials.* Proc. Natl. Acad. Sci. **112** (47), 14495–14500, 2015.

[188] R. Nest. *Cyclic cohomology of crossed products with $\mathbb{Z}$.* J. Funct. Anal. **80** (2), 235–283, 1988.

[189] Y. Ogata. *A $\mathbb{Z}_2$-Index of Symmetry Protected Topological Phases with Time Reversal Symmetry for Quantum Spin Chains.* Commun. Math. Phys. **374** (2), 705–734, 2020.

[190] N. Okuma, K. Kawabata, K. Shiozaki, and M. Sato. *Topological origin of non-hermitian skin effects.* Phys. Rev. Lett. **124** (8), 086801, 2020.

[191] R. S. Palais. *Homotopy theory of infinite dimensional manifolds.* Topology **5**, 1–16, 1966.

[192] T. W. Palmer. *Real C^*-algebras*. Pacific J. Math. **35** (1), 195–204, 1970.

[193] E. Park and C. Schochet. *On the K-theory of quarter-plane Toeplitz algebras*. Int. J. Math. **2** (2), 195–204, 1991.

[194] G. K. Pedersen. *Analysis Now*, GTM vol. 118. Springer-Verlag, 1989.

[195] M. Perrot, P. Delplace, and A. Venaille. *Topological transition in stratified fluids*. Nature Physics **15** (8), 781–784, 2019.

[196] J. Phillips. *Self-adjoint Fredholm operators and spectral flow*. Canad. Math. Bull. **39** (4), 460–467, 1996.

[197] N. C. Phillips. *Equivariant K-theory and Freeness of Group Actions on C^*-algebras*, LNM vol. 1274. Springer, 1987.

[198] M. Pimsner and D. Voiculescu. *K-groups of reduced crossed products by free groups*. J. Operator Theory **8** (1), 131–156, 1982.

[199] H. C. Po, A. Vishwanath, and H. Watanabe. *Symmetry-based indicators of band topology in the 230 space groups*. Nat. Commun. **8** (1), 2017.

[200] E. Prodan. *Virtual topological insulators with real quantized physics*. Phys. Rev. B **91** (24), 245104, 2015.

[201] ——. *A Computational Non-Commutative Geometry Program for Disordered Topological Insulators*, SpringerBriefs in Mathematical Physics vol. 23. Springer, 2017.

[202] ——. *Topological lattice defects by groupoid methods and Kasparov's KK-theory*. J. Phys. A **54** (42), 424001, 2021.

[203] E. Prodan and H. Schulz-Baldes. *Bulk and Boundary Invariants for Complex Topological Insulators*. Mathematical Physics Studies. Springer, 2016.

[204] S. Raghu and F. D. M. Haldane. *Analogs of quantum-Hall-effect edge states in photonic crystals*. Phys. Rev. A, **78** (3), 033834, 2008.

[205] Y. Ran, Y. Zhang, and A. Vishwanath. *One-dimensional topologically protected modes in topological insulators with lattice dislocations*. Nat. Phys. **5** (4), 298–303, 2009.

[206] J. Roe. *Band-dominated Fredholm Operators on Discrete Groups*. Integral Equ. Oper. Theory **51**, 411–416, 2005.

[207] ——. *Coarse cohomology and index theory on complete Riemannian manifolds*. Memoirs of AMS 497, 1993.

[208] ——. *Index Theory, Coarse Geometry, and Topology of Manifolds*, CBMS Regional Conf. Ser. in Math. vol. 90. Amer. Math. Soc., 1996.

[209] ——. *Elliptic Operators, Topology and Asymptotic Methods*, 2nd edition, Pitman Research Notes in Mathematics Series vol. 395. Longman Scientific & Technical, 1998.

[210] ——. *Lectures on Coarse Geometry*, University Lecture Series 31. Amer. Math. Soc., 2003.

[211] M. Rørdam, F. Larsen, and N. Laustsen. *An Introduction to K-Theory for C^*-Algebras*, London Mathematical Society Student Texts vol. 49. Cambridge University Press, 2000.

[212] S. Ryu, A. P. Schnyder, A. Furusaki, and A. W. W. Ludwig. *Topological insulators and superconductors: Tenfold way and dimensional hierarchy*. New J. Phys. **12** (6), 065010, 2010.

[213] C. Sadel and H. Schulz-Baldes. *Topological boundary invariants for Floquet systems and quantum walks*. Math. Phys. Anal. Geom. **20** (4), No. 22, 16, 2017.

[214] J. Savinien and J. Bellissard. *A spectral sequence for the K-theory of tiling spaces*. Ergod. Theory Dyn. Syst. **29** (3), 997–1031, 2009.

[215] A. P. Schnyder, S. Ryu, A. Furusaki, and A. W. W. Ludwig. *Classification of topological insulators and superconductors in three spatial dimensions*. Phys. Rev. B **78** (19), 195125, 2008.

[216] ——. *Classification of topological insulators and superconductors*. AIP Conference Proceedings **1134** (1), 10–21, 2009.

[217] H. Schröder. *K-theory for real C*-algebras and applications*, Pitman Research Notes in Mathematics Series vol. 290. Longman Scientific & Technical, 1993.

[218] H. Schulz-Baldes. *$\mathbb{Z}_2$-indices and factorization properties of odd symmetric Fredholm operators*. Doc. Math. **20**, 1481–1500, 2015.

[219] J. Shapiro. *The topology of mobility-gapped insulators*. Lett. Math. Phys. **110** (10), 2703–2723, 2020.

[220] K. Shiozaki and S. Ono. *Symmetry indicator in non-Hermitian systems*. Phys. Rev. B **104** (3), 035424, 2021.

[221] K. Shiozaki, M. Sato, and K. Gomi. *Topological crystalline materials: General formulation, module structure, and wallpaper groups*. Phys. Rev. B **95** (23), 235425, 2017.

[222] ——. *Atiyah–Hirzebruch Spectral Sequence in Band Topology: General Formalism and Topological Invariants for 230 Space Groups*. Phys. Rev. B **106**, 165103, 2022.

[223] K. Shiozaki, C. Z. Xiong, and K. Gomi. *Generalized homology and Atiyah-Hirzebruch spectral sequence in crystalline symmetry protected topological phenomena*. Preprint, 2018. `arXiv:1810.00801`.

[224] M. A. Shubin. *The spectral theory and the index of elliptic operators with almost periodic coefficients*. Russ. Math. Surv. **34** (2), 109–157, 1979.

[225] G. Skandalis. *Some remarks on Kasparov theory*. J. Funct. Anal. **56** (3), 337–347, 1984.

[226] M. Takesaki. *Theory of Operator Algebras I*. Springer Berlin Heidelberg, 2002.

[227] C. Tauber, P. Delplace, and A. Venaille. *A bulk-interface correspondence for equatorial waves*. J. Fluid Mech. **868**:R2, 2019.

[228] J. C. Y. Teo and C. L. Kane. *Topological defects and gapless modes in insulators and superconductors*. Phys. Rev. B **82** (11), 115120, 2010.

[229] G. C. Thiang. *On the K-theoretic classification of topological phases of matter*. Ann. Henri Poincaré **17** (4), 757–794, 2016.

[230] G. C. Thiang, K. Sato, and K. Gomi. *Fu–Kane–Mele monopoles in semimetals*. Nucl. Phys. B **923**, 107–125, 2017.

[231] D. J. Thouless. *Quantization of particle transport*. Phys. Rev. B **27** (10), 6083–6087, 1983.

[232] D. J. Thouless, M. Kohmoto, M. P. Nightingale, and M. den Nijs. *Quantized hall conductance in a two-dimensional periodic potential*. Phys. Rev. Lett. **49** (6), 405–408, 1982.

[233] V. G. Turaev. *Euler structures, nonsingular vector fields, and torsions of Reidemeister type*. Math. USSR-Izv. **34** (3), 627, 1990.

[234] A. Van Daele. *K-theory for graded Banach algebras. I*. Q. J. Math. **39** (154), 185–199, 1988.

[235] ——. *K-theory for graded Banach algebras. II*. Pacific J. Math. **134** (2), 377–392, 1988.

[236] D. Voiculescu. *Asymptotically commuting finite rank unitary operators without commuting approximants*. Acta Sci. Math. (Szeged) **45**:1 (4), 429–431, 1983.

[237] Z. Wang, X.-L. Qi, and S.-C. Zhang. *Topological field theory and thermal responses of interacting topological superconductors*. Phys. Rev. B **84**(1), 014527, 2011.

[238] H. Watanabe, H. C. Po, and A. Vishwanath. *Structure and topology of band structures in the 1651 magnetic space groups*. Sci. Adv. **4** (8), eaat8685, 2018.

[239] N. E. Wegge-Olsen. *K-Theory and C^*-Algebras*. Oxford Science Publications. The Clarendon Press, Oxford University Press, 1993.

[240] J. Weis and K. von Klitzing. *Metrology and microscopic picture of the integer quantum Hall ef-*

fect. Philosophical Transactions of the Royal Society A: Mathematical, Physical and Engineering Sciences **369** (1953), 3954–3974, 2011.

[241] X.-G. Wen. *Quantum Field Theory of Many-Body Systems: From the Origin of Sound to an Origin of Light and Electrons.* Oxford University Press, 2007.

[242] R. Willett and G. Yu. *Higher Index Theory.* Cambridge Studies in Advanced Mathematics. Cambridge University Press, 2020.

[243] D. P. Williams. *A Tool Kit for Groupoid C*-algebras*, Mathematical Surveys and Monographs vol. 241. Amer. Math. Sci., 2019.

[244] E. Witten. *An SU(2) anomaly.* Phys. Lett. B **117** (5), 324–328, 1982.

[245] ——. *D-branes and K-theory.* J. High Energy Phys. **12**, 41, 1998.

[246] L. Yamauchi, T. Hayata, M. Uwamichi, T. Ozawa, and K.Kawaguchi. *Chirality-driven edge flow and non-Hermitian topology in active nematic cells.* Preprint, 2020. `arXiv:2008.10852`.

[247] G. Yu. *K-Theoretic Indices of Dirac Type Operators on Complete Manifolds and the Roe Algebra.* K-theory **11**, 1–15, 1997.

[248] M. F. アティヤ. *K*-理論. 岩波書店, 2022.

[249] J.v. ノイマン. 新装版 量子力学の数学的基礎. みすず書房, 2021.

[250] J. W. ミルナー, J. D. スタシェフ. 特性類講義. 数学クラシックス. 丸善出版, 2017.

[251] D. ヴァンダービルト. ベリー位相とトポロジー 現代の固体電子論. 朝倉書店, 2022.

[252] 安藤 陽一. トポロジカル絶縁体入門. 講談社サイエンティフィク, 2014.

[253] 浅野 健一. 固体電子の量子論. 東京大学出版会, 2019.

[254] 新井 朝雄. ヒルベルト空間と量子力学. 共立講座 21 世紀の数学 16. 共立出版, 2012.

[255] 深谷 友宏. 粗幾何学入門. SGC ライブラリ 152. サイエンス社, 2019.

[256] 古田 幹雄. 指数定理. 岩波講座 数学の展開. 岩波書店, 2008.

[257] 五味 清紀. トポロジカル絶縁体入門—トポロジーの視点から—. 数学 74 巻 (1 号). 2022.

[258] 日合 文雄, 柳 研二郎. ヒルベルト空間と線形作用素. オーム社, 2021.

[259] 泉 正己. 数理科学のための関数解析学. サイエンス社, 2021.

[260] 松井 卓. 作用素環と無限量子系. SGC ライブラリ 111. サイエンス社, 2014.

[261] 夏目 利一, 森吉 仁志. 作用素環と幾何学. 数学メモアール. 日本数学会, 2001.

[262] 中神 祥臣, 生西 明夫. 作用素環論入門 I, II. 岩波書店, 2007.

[263] 中村 周. 量子力学のスペクトル理論. 共立講座 21 世紀の数学 26. 共立出版, 2012.

[264] 野村 健太郎. トポロジカル絶縁体・超伝導体. 丸善出版, 2016.

[265] 齊藤 英治, 村上 修一. スピン流とトポロジカル絶縁体—量子物性とスピントロニクスの発展—. 基本法則から読み解く物理学最前線 1. 共立出版, 2014.

[266] 佐藤 昌利. トポロジカル超伝導体入門. 物性研究 97 巻 3 号: 311–349, 2010.

[267] 玉木 大. ファイバー束とホモトピー. 森北出版, 2020.

[268] 田中 由喜夫. 超伝導接合の物理. 名古屋大学出版会, 2021.

[269] 田崎 晴明. 統計力学 I, II. 新物理学シリーズ. 培風館, 2008.

[270] 梅垣 壽春, 日合 文雄, 大矢 雅則. 復刊 作用素代数入門—Hilbert 空間より von Neumann 代数—. 共立出版, 2008.

[271] 渡辺 悠樹. 空間群の表現論とバンド構造のトポロジー 1–5. 固体物理 638, 639, 641, 644, 650 号, 2019-2020.

[272] ——. 量子多体系の対称性とトポロジー. SGC ライブラリ 179. サイエンス社, 2022.

[273] 吉岡 大二郎. 量子ホール効果. 新物理学選書. 岩波書店, 1998.

索　引

ア

カ

サ

タ

著 者 略 歴

窪田 陽介
くぼた ようすけ

2017 年 東京大学大学院数理科学研究科博士課程修了．
博士（数理科学）
理化学研究所 iTHEMS 研究員，信州大学理学部数学科講師を経て
2023 年 京都大学大学院理学研究科准教授
現在に至る．
専門 幾何学，作用素環論，数理物理

SGC ライブラリ-184

物性物理とトポロジー

非可換幾何学の視点から

2023 年 4 月 25 日 © 初 版 発 行

著 者 窪田 陽介 発行者 森 平 敏 孝
印刷者 山 岡 影 光

発行所 株式会社 サ イ エ ン ス 社

〒151–0051 東京都渋谷区千駄ヶ谷 1 丁目 3 番 25 号
営業 ☎ (03) 5474–8500 (代) 振替 00170–7–2387
編集 ☎ (03) 5474–8600 (代)
FAX ☎ (03) 5474–8900 表紙デザイン：長谷部貴志

印刷・製本 三美印刷 (株)

ISBN978–4–7819–1571–5

PRINTED IN JAPAN

SGC ライブラリ-182：for Senior & Graduate Courses

ゆらぐ系の熱力学

非平衡統計力学の発展

齊藤　圭司　著

定価 2750 円

非平衡熱力学の発展は，アインシュタインがブラウン運動から見出した揺動散逸定理の種やオンサーガーが見抜いた非平衡系に存在する普遍性を，久保らが線形応答理論へ体系付け，今日の「ゆらぎの定理」や「熱力学不確定性関係」へとつながっていく．本書では「揺動散逸定理」や「エントロピー」に着目し，ゆらぐ系の熱力学に関する発展をまとめた．

サイエンス社